高等学校计算机应用规划教材

Linux基础教程

(第3版)

黄丽娜　陈忠盟　陈彩可　编著

清華大学出版社

北　京

内 容 简 介

本书以 Red Hat Linux 9.0 为蓝本，详细介绍了 Linux 操作系统的基础知识及相关应用，共包括五部分内容：第 1 部分(第 1～5 章)介绍了 Red Hat Linux 基础知识；第 2 部分(第 6～9 章)介绍了 Linux 的文件系统、进程管理、常用命令及常用软件；第 3 部分(第 10～15 章)介绍了 Linux 系统管理的方方面面；第 4 部分(第 16～19 章)介绍了 Linux 的网络应用；第 5 部分(第 20 章和第 21 章)介绍了 Linux 编程。

本书可作为高等学校计算机相关专业的教材，对于 Linux 系统管理员或具有 Linux 系统使用经验的用户，也具有非常高的参考价值。

图书在版编目(CIP)数据

Linux 基础教程/黄丽娜，陈忠盟，陈彩可　编著. —3 版. —北京：清华大学出版社，2012.6（2025.1 重印）
(高等学校计算机应用规划教材)
ISBN 978-7-302-28872-5

Ⅰ. ①L…　Ⅱ. ①黄…　②陈…　③陈…　Ⅲ. ①Linux 操作系统—高等学校—教材　Ⅳ. ①TP316.89

中国版本图书馆 CIP 数据核字(2012)第 107547 号

责任编辑： 刘金喜　胡雁翎
装帧设计： 康　博
责任校对： 蔡　娟
责任印制： 宋　林

出版发行： 清华大学出版社
网　　址： https://www.tup.com.cn, https://www.wqxuetang.com
地　　址： 北京清华大学学研大厦 A 座　　**邮　　编：** 100084
社 总 机： 010-83470000　　**邮　　购：** 010-62786544
投稿与读者服务： 010-62776969，c-service@tup.tsinghua.edu.cn
质 量 反 馈： 010-62772015，zhiliang@tup.tsinghua.edu.cn
课 件 下 载： https://www.tup.com.cn，010-62794504
印 装 者： 涿州市般润文化传播有限公司
经　　销： 全国新华书店
开　　本： 185mm×260mm　　**印　　张：** 23.75　　**字　　数：** 548 千字
版　　次： 2012 年 6 月第 3 版　　**印　　次：** 2025 年 1 月第 12 次印刷
定　　价： 69.00 元

产品编号：040134-04

前　言

Linux是在1991年发展起来的与UNIX兼容的操作系统。众所周知，操作系统分为UNIX和Windows两大阵营，在PC桌面操作系统中Windows占据了绝大部分的市场。然而，在服务器、网络、数据库还有当今如日中天的嵌入式领域，那却是Linux的天下。可以这样说，如果你想成为一个 IT 专业开发人员或者打算深入地研究计算机，那么不可避免地要接触Linux。

Linux 系统能有这么广泛的应用并不是偶然的，它有非常多的优点。最广为人知的优点是Linux系统是开源的，用户可以自由地获取其源代码，然后进行修改并发布。除去开源这一点，Linux 还有着许多其他优点。首先是它的安全性，很少有黑客能攻破 Linux 系统，因此Linux系统基本不会遭受病毒的袭击；其次是Linux有很好的可伸缩性，它可以应用在很小的手持设备上，也可以应用在PC或者大型的服务器上；还有Linux系统非常稳定，它可以一年365天不间断地运行，这在服务器应用上非常重要，如果重要的数据库服务器发生运行崩溃的现象，那么带来的损失是难以估量的。当然在拥有这些优点的同时，Linux 也具备多任务和多用户等特性。

本书的目的在于引导读者由浅入深地了解Linux的应用，并不是帮助读者深入研究Linux内核。当然要想深入研究Linux内核，第一步还是要熟悉Linux的应用，学习必须从头做起。如果你已经非常熟悉Linux系统了，那么本书并不适合你；如果你还是一个Linux新手，并且打算学习Linux系统，那么本书对你是非常有用的。

本书以Red Hat Linux 9.0为背景进行Linux应用的介绍。Red Hat Linux在1994年发布了第一个版本，在版本9.0发布之后，Red Hat Linux分成了两个分支：一个是开源的Fedora，另一个是企业版本的Red Hat Enterprise Edition。Red Hat Linux 9.0是Fedora和Red Hat合并开发的最后一个版本。因此无论你是打算使用Fedora或者Red Hat Enterprise Edition，本书都适合你。当然如果你想选择一个非Red Hat的Linux系统，本书同样也会对你有所帮助，因为只要同属于Linux系统，它们的命令和大部分应用是共通的。本书从零开始引导大家进入Linux 的世界，读者可以根据自己的基础选择相应的章节进行学习。相信读者在阅读完本书后，一定会对Linux应用有深入的了解。

本书编写过程中得到了很多老师及同事的帮助。参与本书编写的人员还有沈应逵、陈策、李东玉、唐兵、杨强、王军茹、李龙、尹建民、高燕、张利波及张海霞等，在此一并表示感谢。

由于编者水平有限，书中难免有疏漏之处，欢迎广大读者批评指正。

本书教学课件下载地址为http://www.tupwk.com.cn/downpage；服务邮箱为wkservice@vip.163.com。

编　者

2012年1月

目　录

第1部分　快速入门

第 2 部分 基本操作

第 3 部分 系统管理

第 4 部分　网络互联

第1部分

快 速 入 门

部分内容

第1章　Red Hat Linux简介

本章从 Linux 和 UNIX 的渊源、发展历史、Linux 的特点与优点、Linux 的总体设计和各种发行版本、Red Hat Linux 9.0 的特点与版本升级等几个方面对 Linux 进行介绍，使读者能够对其有一个初步的了解。

除此之外，本章还列举并介绍了一些关于 Linux 系统发行版本、Linux 公告板、Linux 软件资源、Linux 开发情况、最新的 Linux 新闻等方面的在线信息资源和 Web 站点，以方便读者在这些站点上找到自己所需的信息。

本章学习目标：

- 了解 Linux 与 UNIX 的历史
- 明确 Linux 的特点与优点
- 掌握 Linux 的结构
- 了解 Linux 的发行版本
- 明确 Red Hat Linux 9.0 的特点
- 了解 Linux 软件
- 获取 Linux 资源
- 明确 Linux 的发展方向与发展趋势

1.1　UNIX 与 Linux

UNIX 是世界上最早流行的操作系统之一，它对操作系统的设计技术起了巨大的作用。UNIX 最初是由美国电话电报公司贝尔实验室(AT&T Bell Laboratories)的 Ken Thompson、Dennis Ritchie 和其他人开发的。它是一个多用户操作系统，早在 20 世纪 70 年代就被设计为运行于大型和小型计算机上的多任务系统。后来，以 AT&T 的 UNIX 版本发展而来的是 System V UNIX，另一重要版本是加州大学伯克利分校的 Berkeley System Divison(BSD)。UNIX 源程序开放以后，还产生了多种版本，如 DEC 专门用于 VAX 系列的 Ultrix、HP 的 HP-UX、SCO UNIX、Sun Microsystem 的 Sun OS 及 Solaries 等。

UNIX 技术成熟，稳定性好，可扩展性强，加之具有丰富的应用软件，绝大多数的关键性部门，如金融、邮政、电信、交通、能源及政府部门都使用 UNIX 作为其操作系统。为了统一规范不同厂商的 UNIX，1986 年 IEEE 专门制定了“基于 UNIX 的可移植操作系统”的标准，命名为 POSIX，并得到广泛的认可。

随着个人计算机的功能越来越强大，人们已经将力量投入到开发 UNIX 的 PC 版本中。Xenix 和 System V/386 是为 IBM 兼容机而设计的 UNIX 的商业版本；AUX 是运行在 Macintosh 机器上的 UNIX 版本，因此它几乎可以应用于任何类型的计算机上，包括工作站、小型机，甚至是超级计算机等，UNIX 的这种可移植性使得开发一种能够在 PC 上运行的 UNIX 版本成为可能。

那什么是 Linux 呢？Linux 是当前流行的一种计算机操作系统，也可以认为是 UNIX 在 PC 上的新变种，但它并不是 UNIX。为什么这么说呢？因为，虽然从操作及结构上看起来非常像 UNIX，但它的所有代码都是重新编写的。这一切都归功于芬兰人 Linus Torvalds 的一个想法，当他还是赫尔辛基大学的学生时，为了演示操作系统中一些简单的科学概念，就一直梦想将它们集成到一种类似 UNIX 的单机系统上。后来，他在网络中实现了这个梦想，这就是 Linux，一个经过成千上万程序员编写的，并由 Linus 进行统一发布的类似 UNIX 的操作系统，从表面看来，Linux 与 UNIX 几乎一模一样。现在，网上有成千上万的关于 Linux 的各种技术精华文章，有英文的也有中文的，还有数万程序员和网络专家在为这个系统努力工作，使其成为有史以来发展最快、最神奇的计算机操作系统。

因此，有人说自由与合作的精神才是 Linux 的真正起源。

1.2　Linux 的特点

Linux 以高效性和灵活性著称。它能够在个人计算机上实现全部的 UNIX 特性，具有多任务、多用户的能力，并且符合 POSIX 操作系统标准。但特别的是它在 GNU 公共许可权限下可以获得源代码并进行自由修改，并且通常可以免费获得。现在它不再是一个类似 MS-DOS 的简陋的字符操作界面，它包括了完整的文本编辑器、高级语言编译器及具有多个窗口管理器的 X-Windows 图形用户界面，如同使用 Windows 一样，允许使用者使用窗口、图标和菜单对系统进行操作，而且用户可以根据自己的爱好选用操作界面，还可以对它进行进一步的定制，如添加面板(Panel)、程序插件(Applet)、虚拟桌面(Virtual Desktop)和菜单(Menu)等，而这些元素全部具备拖放操作和对 Internet 资源进行操作的能力。

但对普通用户来说，Linux 还太年轻，大家对其了解还远远不够，并且其发展太快，以至于大家了解的往往只是其较早的版本，对其现状与发展并不清楚，许多人只是听说而没有使用过。下面概括了 Linux 操作系统的一些特点。

1. 开源

Linux 的内核源代码和大多数软件的源代码都是开放的，用户可以自由地下载、阅读和修改其源代码。同时因为其开源的特性，全世界有很多优秀的工程师在围绕 Linux 开发新的应用。现在可能有上百种不同的 Linux 发行版本，但是大部分 Linux 发行包都很简单，包括的内容也非常相似，另外就是加上一些发行商自己的软件包，增加了一些自己的应用程序。其他的差别并不太多，操作系统最核心的内核版本则是由 linus 本人来控制，也就是说全世界的各种发行版本的内核其实是统一的。如 Red Hat Linux 9.0 的内核是 2.4.18，与其他发行版本的 2.4.18 是同样的。

除了 Linux，类似 UNIX 的免费操作系统还有一些，比如 FreeBSD，其性能上的某些方面甚至超过了 Linux。但是，如果要问为什么选择 Linux，那就是 Linux 上的程序员非常多，资料也更丰富，并且得到了大多数硬件厂商的支持。

2. Linux 能够完成关键业务

Linux 是一个严谨的操作系统，拥有成熟操作系统的一切共有特性，被成功用在许多关键业务上。例如 google 搜索引擎，其核心系统就是构建在一个数百台 Linux 系统组成的巨型网络集群上的。

在许多公司，他们的服务器都运行着 Linux 系统，现在网络中的 Linux 服务器越来越多，可以说每天都有成千上万个 Linux 系统为我们提供服务。

3. Linux 更加安全可靠

应该从两个角度评价系统的可靠性。一是系统自身的可靠性，人们普遍认为 Windows 不如 Linux 可靠，原因是 Windows 中存在众多良莠不齐的软件，当然，Linux 比 Windows 结构简单，在一定程度上也可以提高可靠性；二是就安全性角度而言，Linux 的源代码开放机制使得发现和消灭漏洞很快，而且，其明显借鉴了非常成熟的 UNIX 系统模型，故在稳定性方面更有保证。

4. Linux 花费很小

大部分的 Linux 发行包是需要花少量钱购买的。当然，有些版本可以从网络上免费下载。有时，发行包未必符合您的应用，需要经过一些改动和定制才能更好地运行，这时需要支付再次开发的成本费用。但总的来说，不论是直接购买、从网上下载还是进行二次开发，所需的成本都会大大低于选择商业操作系统。而且其代码容易获得，程序员能够浏览和进行修改，也会降低开发人员的培训成本，提高开发效率，因此能够降低开发成本。

1.3 Linux 的结构

由 CPU、内存和 I/O 接口组成的主设备通常称为主机，人们把没有加载操作系统的主机叫做裸机。操作系统对于用户来说是裸机上的第一层软件，它是对计算机硬件功能的首次扩展。操作系统把应用软件(或用户)与机器硬件隔开，目的是让用户不需要了解机器硬件的工作原理就可以很方便地使用计算机。

计算机系统软件一般分为两个部分：内核又称核心(kernel)及应用程序(包括命令解释器、汇编程序、编译器和编辑器等)。操作系统位于硬件和软件的中间，因此人们把操作系统称为计算机系统软件的核心，它要为应用软件提供一组命令或系统调用接口，供应用程序调用，从而向用户隐藏了系统使用的硬件设备。

1.3.1 Linux 内核

操作系统就是为用户提供的一个操作界面，从用户那里接收命令，通过内核调用硬件执行，然后将结果返回给用户。内核是操作系统的心脏，包括文件管理、进程管理、内存管理和 I/O 设备管理，并向用户程序提供系统调用接口。

1. 进程与内存管理

进程是正在运行的程序，占用 CPU 和内存，它是操作系统需要管理的最主要的任务。Linux 提供了非常高效的多用户、多进程管理功能。它能够轻松支持多达上千个进程同时运行，并且进程的切换效率非常高，这一特性使得许多网站和 BBS 系统选择了 Linux。

2. 文件管理

文件结构是文件存放在磁盘等存储设备上的组织方法，主要体现在对文件和目录的组织上，目录提供了管理文件的一个方便而有效的途径。用户能够从一个目录切换到另一个目录，而且可以设置目录和文件的权限，以及设置文件的共享程度。

使用 Linux，用户可以设置目录和文件的权限，以便允许或拒绝其他人对其进行访问。Linux 目录采用多级树形结构，用户可以浏览整个系统，进入任何一个已授权进入的目录，访问其中的文件。 文件结构的相互关联性使共享数据变得容易，多个用户可以轻松访问同一文件。

3. I/O 设备管理

I/O 设备管理通常指系统管理除内存、硬盘之外的其他硬件设备，其中有的作为静态模块加入内核中，如键盘等，也有的是能够在设备运行时再加载相应的驱动。

Linux 能够通过动态加载的方式来扩展系统，从而也就提供了一个非常方便的添加 I/O 设备驱动的方法。

1.3.2　应用程序

应用程序在操作系统内核层之上，便于用户进程调用系统内核提供的接口来完成所要执行的任务。当然直接调用接口是非常麻烦和困难的，于是系统提供 Shell 来帮助用户使用和控制计算机。系统还提供其他一些软件来支持环境(如输入法)，以支持用户程序的运行。

注意：

Shell 是系统的用户界面，提供了用户与内核进行交互操作的一种接口，它可以描述为一个解释器，对用户输入的命令进行解释，再将其发送到内核。

Linux 拥有 3 种用户操作环境，分别是桌面(Desktop)、窗口管理器(Window Manager)和命令行 Shell(Command Line Shell)。每个用户都可以设置自己的用户操作界面。

Shell 是一个命令解释器，它解释由用户输入的命令并且把它们送到内核。不仅如此，

Shell还有自己的编程语言用于对命令进行编辑，它允许用户编写由Shell命令组成的程序。Shell编程语言具有普通编程语言的很多特点，例如它也有循环结构和分支控制结构等，用这种编程语言编写的Shell程序与其他应用程序具有同样的效果。

Shell有多种不同的版本，目前主要有下面几种。

- Bourne Shell：它是由贝尔实验室开发的Shell。
- BASH：它是GNU的Bourne Again Shell，也是GNU操作系统上默认的Shell。
- Korn Shell：它是对Bourne Shell的发展，在大部分内容上与Bourne Shell兼容。
- C Shell：它是SUN公司Shell的BSD版本。

作为命令行操作界面的替代选择，Linux还提供了像Microsoft Windows那样的可视的命令输入界面——X Window的图形用户界面(GUI)。它提供了很多窗口管理器，其操作方式就像Windows一样，有窗口、图标和菜单，所有的管理都通过鼠标来进行控制。现在比较流行的窗口管理器是KDE和GNOME(其中GNOME是Red Hat默认使用的界面)，两种桌面都能够免费获得。在第5章和第21章将分别对Shell操作及Shell的编程进行详细的介绍。

1.4　Linux发行版本

任何一个软件都有版本号，Linux也不例外。Linux的版本号分为两部分：内核(Kernel)与发行套件(Distribution)版本。

虽然Linux只有一个标准化的版本，但存在着好几个不同的发行版本。Linux的发行版本就是将Linux核心与应用软件打包，发行版本的不同主要是指不同的公司和组织在打包Linux软件时的差异。较知名的有：Red Hat、SlackWare、Debain、Fedora Core、Ubuntu、Mandrake、SuSE、TurboLinux、BluePoint及RedFlag等。

1. Red Hat Linux

Red Hat Linux(http://www.redhat.com/)是最成熟也是目前最流行的一种Linux发行版本，无论在销售还是装机量上都位居榜首。中国早期的Linux爱好者都是Red Hat的使用者。Red Hat Linux从4.0版开始便同时支持Intel、Alpha及Sparc 3种硬件平台，Red Hat公司率先开发RPM包(RPM Package)，用户可以利用它轻松地进行软件升级，彻底卸除应用软件和系统部件。Red Hat公司还承担了大部分GNOME桌面的应用软件的开发工作，同时又是KDE桌面环境的主要支持者之一。在它的发行版本中同时包括了GNOME和KDE桌面环境，并提供了一套X Window下的系统管理软件，让用户可以在图形方式下进行增加/删除用户、改变系统设置、安装新软件，以及安装打印机等系统管理方面的工作，非常直观和方便。Red Hat收集的软件包非常完整和精美，不仅包括大量的GNU和自由软件，还包括了一些优秀的ShareWare软件。Linux的Red Hat发行版本可以在众多的FTP站点上在线获得。Red Hat公司有自己的FTP站点(http://ftp.redhat.com)，用户可以从这里下载到完整的 Red Hat Linux 的最新版本，还可以下载到最新的升级补丁和第三方软件。

2. SuSE Linux

SuSE Linux(http://www.SuSE.com/)是来自德国公司的发行版本，同德国其他产品一样，它的性能稳定、界面清晰流畅，非常值得一用，并且提供了许多易用的功能，非常适合家用。

3. RedFlag(红旗)Linux

RedFlag(http://www.redflag-linux.com/)是由中科院、北大方正及康柏公司联合开发的，它是基于 Red Hat Linux 改进的中文版，它的特点是开发力量强大，比较权威。

相对来说，Red Hat、SlackWare 和 Debain 这 3 种发行版比较适合有一定基础，或很强调性能及稳定性的用户使用，当然还是强烈推荐使用 Red Hat Linux。

注意：

很多初学者误认为 Red Hat 就是 Linux 的同义词，而忽略了 GNU/Linux 的 Distribution(发行版)的观念。其实 Red Hat Linux 只是厂商把 GNU/Linux 与其他相关的软件打包成一个便于安装的套件(Package)而已，而 Linux 操作系统的内核从 www.kernel.org 下载，各种发行版本的配置情况可能会不同，但使用的内核都是同一个。

1.5　Red Hat Linux 9.0 的新特性

提起 GNU/Linux 操作系统，人们脑海里首先浮现的是那顶可爱的小红帽，Red Hat 曾一度被当做是 Linux 的代名词，市场占有率也非常高。

从软件的版本上将 9.0 版本和 8.0 版本做一个简单的比较，见表 1-1。Red Hat Linux 9.0 的新特性具体归纳为以下几个方面。

表 1-1　Red Hat Linux 8.0 与 Red Hat Linux 9.0 版本的比较

比 较 项 目	8.0 版 本	9.0 版 本
kernel	2.4.18-14	2.4.20-8
WuFTPd	2.6.2-8	未含
OpenSSH	3.4pl	3.5pl
Iptables	1.2.6a	1.2.7a
OpenSSL	0.9.6b	0.9.7a
GNOME	2.0	2.2
KDE	3.0	3.1
Evolution	1.0.8	1.2.2
Mozilla	1.0.1	1.2.1
Samba	2.2.5-10	2.2.7a

1. 最新技术

新版本最大的变化是采用了处理同步编程任务的新方法。这种新技术叫做 NPTL，即本地 UNIX 可移植操作系统接口线程库技术。此外，该软件的另一个变化是采用了通用 UNIX 打印系统(CUPS)，可支持更多的打印机和具备更强的打印功能。

2. 高性能的新内核

最新版本的 Red Hat Linux 9.0 采用稳定的 2.4.20 内核，在对硬件支持和稳定性方面都较以前版本有了长足的进步。随着 USB、IEEE1394 和 PCMCIA 接口的普及，市场上出现了越来越多采用上述接口的设备。在旧版本的 Linux 中，用户只能对这些设备望洋兴叹，而在 Red Hat Linux 9.0 中，所有的设备都能实现即插即用。

3. 桌面环境更丰富

Red Hat Linux 9.0 简便的安装以及专业设计的“蓝色弧线”界面使其操作更简单，最新版本的 KDE(K Desktop Environment)3.1 和 GNOME(GNU Network Object Model Environment)2.2 桌面环境中包含了各种最流行的应用程序，可以方便地修改系统配置和桌面主题，对中文的支持也上了一个新的台阶。

4. 同 Windows 一样易操作的图形界面

Linux 的桌面应用是否成功很大程度上取决于其图形界面(Xfree86 Server)是否完善、方便。Red Hat Linux 9.0 采用了最新的 4.3.0-2 版本的 X Server，所有的显卡都能被正确识别，除此以外，还有界面友好的显卡配置向导程序，因此，广大初学者能像在 Windows 中一样轻松配置自己的显卡了。

5. 管理功能齐全

每套产品中包含了邮件、日历、办公套件工具(附带美国 Sun Microsystems 面向办公用途的套装软件 StarOffice 的开放源代码版 OpenOffice.org，包含文档、电子表格(SpreadSheet)以及演示制作工具)、防火墙、安全、数码相机支持、掌上电脑同步支持、项目管理、图形设计，以及 Web 浏览器等各种功能。

1.6　Linux 软件资源及发展方向

1.6.1　常用软件

Linux 的发展是人们通过因特网共同努力的结果，同样，基于 Linux 软件的开发也是在因特网环境中由世界各地的程序员共同参与完成的。

大多数 Linux 软件都是有版权的，它们遵守自由软件协会(Free Software Foundation)的 GNU 公共许可证制度，因此通常 GNU 软件(http://www.gnu.com)是免费发行的，并且是可靠和高效的。C 语言编译器、各种 Shell、文本编辑器等众多流行的 Linux 工具软件都是 GNU 应用软件。随 Linux 发行版本一起安装的有 GNU 的 C++和 Lisp 编译器、Vi 和 Emacs 文本编译器、BASH、TCSH、Shell、TeX 和 Ghostscript 文档排版软件等。许多 GNU 应用软件可以从网站上获得。Linux 下的一些常用工具软件列举如下。

1. GNOME 相关

(1) Applications(应用软件)

- Calendar：一个集日历与日程表于一身的好工具。
- Address Book：一个通讯录。
- gEdit：一个功能类似于 Windows 下的记事本的文本编辑器。
- Gnumeric：Linux 下的一个类似于 Excel 的电子表格软件。
- Time tracking tools：一个用于提醒时间的小工具。

(2) Games(游戏软件)

- GNOME Milnes：GNOME 下的扫雷。
- Gnibbles：贪吃蛇游戏。
- Freecell：Windows 下的空当接龙游戏。

(3) Graphics(图形处理软件)

- Electric Eyes：一个十分优秀的图形处理软件，可以说是 GNOME 下的 ACDSee。
- XPDF：一个在 Linux 中阅读 PDF 文档的工具。
- The Gimp：一个十分优秀的绘图软件，与 Photoshop 类似。

(4) Internet(Internet 应用软件)

- Dialup Configuration Tool：一个界面十分友好的拨号上网设置工具。
- gFTP：一个 FTP 客户端。
- pine：E-mail 客户端软件。
- Netscape：大名鼎鼎的浏览器软件。
- Mozilla：非常优秀的浏览器软件。

(5) Multimedia(多媒体软件)

- Audio Mixer：声音控制器。
- CD Player：CD 播放器。
- XMMS：与 Winamp 类似。

2. KDE 相关

(1) Office：办公软件，大名鼎鼎的 Koffice 套件。

(2) Kdevelop：一个 KDE 下的集成开发环境。

(3) Applications(应用软件)

- Advanced Editor：一个增强型的文本编辑软件。
- Organizer：一个日程安排软件。

(4) Internet(Internet 软件)

- Kppp：十分友好的拨号上网配置工具。
- Kmail：十分漂亮的 E-mail 客户端，有点像 Outlook。
- Netscape：大名鼎鼎的 Web 浏览器，在 GNOME 中也有集成。

1.6.2　常用的 Linux 网上资源

本节用表格的形式分类列出了因特网上各种不同的 Linux 资源。

表 1-2 列举了几个比较流行的 Linux 发行版本的 Web 站点及操作系统内核站点。

表 1-2　Linux 发行版本站点与系统内核站点

URL	站 点 介 绍
www.redhat.com	Red Hat Linux 发行版本站点(Red Hat 公司)
www.suse.com	Linux 的 SuSE 发行版本
www.debian.org	Linux 的 Debian 发行版本
www.slackware.com	Slackware Linux 项目
www.kernel.com	Linux 操作系统内核
www.kernelnotes.org	Linux 操作系统内核的发行信息
www.LinuxMama.com	非正式内核补丁站点

表 1-3 列举了 Linux FTP 站点，这些站点可供用户下载软件升级和最新版本。

表 1-3　Linux 发行版本的 FTP 站点

URL	站 点 介 绍
ftp.redhat.com	Red Hat Linux 发行版本和升级站点(Red Hat 公司)
ftp.redhat.com/contrib	为 Red Hat 公司 Linux 发行版本打包的软件
ftp.suse.com	Linux 的 SuSE 发行版本
ftp.debian.org	Linux 的 Debian 发行版本

表 1-4 列举了提供 Linux 发展方面的新闻、资讯信息和文章的站点，其中一些站点还提供了文档、软件链接及其他资源。

表 1-4　Linux 新闻资讯站点

URL	站 点 介 绍
www.slashdot.org	Linux 论坛
www.lwn.net	《Linux 每周新闻》杂志
www.linux.org	《Linux 在线》杂志
www.li.org	Linux 国际站点
www.uk.linux.org	Linux 欧洲站点
www.linuxworld.org	《Linux 世界》杂志

表 1-5 列举了 Linux 系列文档及对应的因特网站点。

表 1-5 Linux 文档管理

URL	站 点 介 绍
www.oswg.org:8080/oswg	开放源代码的集萃站点
Linux Installation and Getting Started Guide	Linux 资源
www.gnu.org/doc/doc.html	GNU 工程文档
Linux User's Guide	DVI、Postscript、LaTeX、PDF 和 HTML
Linux System Administration'Guide	Postscript、LaTeX、PDF 和 HTML
《Linux 程序员指南》	DVI、Postscript、LaTeX、PDF 和 HTML
《Linux 内核》	DVI、Postscript、LaTeX、PDF 和 HTML

表 1-6 列举了一些 Usernet 上的 Linux 新闻组供用户访问，非常适合提出自己的问题。

表 1-6 Usernet 新闻组

新闻组名称	内 容 介 绍
comp.os.linux.development.system	针对 Linux 内核开发人员的新闻组
comp.os.linux.hardware	Linux 硬件参数指标
comp.os.linux.help	帮助、各种问题和解答

表 1-7 列举了 Linux 的通用硬件站点。

表 1-7 Linux 通用硬件站点

URL	站 点 介 绍
www.tomshardware.com	汤姆的硬件指南
www.linuxhardware.net	Linux 系统所有的硬件信息数据库
www.lhd.datapower.com	硬件数据库

接下来的几个站点列举了 Linux 软件方面的几个站点。表 1-8 列举了 Linux 软件开发和软件设计的站点，对那些有志于 Linux 编程的人会有所帮助；表 1-9 列举了 Linux 软件档案及软件仓库站点；表 1-10 列举了 Linux 数据库和办公软件站点；表 1-11 列举了 Linux 图形与多媒体站点。

表 1-8 Linux 软件开发和软件设计站点

URL	站 点 介 绍
www.SourceForge.net	SourceForge——VA Linux 针对开发人员的入口
www.idiom.com/free-compilers	包括许多编程工具和编译器
www.cosource.com	专门给源代码开发人员提供的付费站点
www.developer.gnome.org	GNOME 开发人员的 Web 站点
www.Developer.kde.org	KDE 的开发库

表 1-9 Linux 软件档案及软件仓库站点

URL	站点介绍
www.linuxapps.com	Linux 软件仓库
www.happypenguin.org	Linux 游戏站点

表 1-10 数据库和办公软件

URL	站点介绍
www.koffice.kde.org	KOffice
www.Linux.corel.com	WordPerfect
www.helixcode.com	Helix Code 及 GNOME 桌面环境中的办公软件

表 1-11 Linux 图形与多媒体站点

URL	站点介绍
www.linuxartist.org	Linux 系统下综合的图形站点
www.gimp.org	包含最好的图形程序和自己的美术作品
www.linux3d.org	包含有价值的 Linux 下的 3D 应用程序和 3D 相关链接

1.6.3 发展方向

Linux 的出现绝不仅是为用户带来了一种价廉物美的产品，使他们多了一种选择，其在更深层次上的意义是将给传统的软件版权制度、软件开发模式及企业经营模式带来革命性的影响。Linux 的开放源代码使用户拥有了知情权和参与权，更符合用户的希望和需求，将成为软件业未来的发展方向。

另一方面，Linux 是中国软件业摆脱目前低水平的二次开发，快速、健康发展的难得机遇。Linux 给我们提供了这样一个大好时机，我们应当抓住这一时机。

Linux 还需要解决以下几个问题。

- 技术支持和售后服务是自由软件的薄弱之处，而 Linux 的松散结构不太可靠，使一些 IT 专业人员心生顾虑，企业用户习惯于从固定的渠道获取支持。
- 微软的 Windows 系列产品之所以能取得今天的市场和地位，是与其产品中拥有众多的应用软件分不开的。而 Linux 在这方面发展太过缓慢。
- 标准化。UNIX 最初也是一个自由软件，但发展到今天，已被各大厂商把持，版本繁多，互不兼容，这实际上阻碍了 UNIX 的发展。

我们应该坚信，Linux 系统经历过市场的洗礼之后，一定会创造出更大的辉煌。

1.7 本章小结

本章主要回顾了 UNIX 和 Linux 的历史渊源，阐述了 Linux 的特点，分析了 Linux 的结构以及各种发行版本，特别是 Red Hat Linux 9.0 的新特性，并在最后列举了常用 Linux 的软件及网络资源。通过上述多方面对 Linux 及 Red Hat Linux 的介绍，帮助初学者能够较快、初步地了解 Red Hat Linux，从而引导他们学习后续章节。

1.8 习　题

思考题

(1) 什么是 Linux？它有什么特点？

(2) Linux 与 UNIX 有什么不同？

(3) Linux 与其他操作系统的开发模式有什么区别？

(4) Red Hat Linux 9.0 与之前的版本相比有什么新特性？

(5) Linux 操作系统发展现状和未来如何？

第2章　Red Hat Linux 9.0 安装与配置

学习使用 Linux 的第一步是安装 Linux 系统。Red Hat Linux 的安装其实非常简单，在安装过程中甚至可以由向导程序自动完成整个安装过程。对于更高级的不同配置，只要知道系统的一些基本概念，也可以非常方便地更改其设置。

现在应用的 PC 操作系统基本都是 Windows 系统，在安装 Linux 时，可以选择作为虚拟机安装，也可以把 Linux 作为另外一个操作系统进行安装，使自己的计算机拥有两套操作系统。本章是针对 Linux 初学者设计的，介绍了在已经安装了 Windows 系统的计算机上，不卸载原有操作系统的基础上安装 Linux，并利用 LILO 来作为开机管理器，使得一台计算机拥有两套操作系统。

本章学习目标：

- 明确安装前必须做的准备工作
- 安装时软、硬件方面的要求
- 创建引导盘
- 安装方法的选择
- 熟悉安装程序用户界面
- 掌握安装步骤
- 掌握一些基本的 Linux 日常工作

2.1　安装前的准备工作

在安装任何操作系统之前都必须对整个安装过程进行规划，Red Hat Linux 操作系统的安装也毫不例外。尽管 Red Hat Linux 的安装过程很简单，但初学者在安装之前仍需要做大量的准备工作，收集大量的系统信息资料，要全面考虑好在哪儿安装，如何安装及安装后的影响等一系列问题。

Red Hat 在它的 Web 站点上(http://www.redhat.com/docs/manuals/linux/)提供有详细的安装指导手册《Red Hat Linux 9.0 安装指南》(*Red Hat Linux 9.0 Installation Guides*)，建议用户在安装之前先阅读此手册。

2.1.1 选择安装方法

在进行 Linux 系统安装之前必须根据自己的系统和操作环境选择安装方法。主要的安装方法有：从本地(如 CD-ROM 或硬盘)安装，以及从局域网或 Internet 上安装。采用从局域网或 Internet 上安装时，主要的局域网和 Internet 来源包括网络文件系统(Network File System，NFS)、文件传输协议(File Transfer Protocol，FTP)和超文本传输协议(Hypertext Transfer Protocol，HTTP)。

一般来说，Linux 系统很大，需要通过光盘发布。本章主要介绍采用从 CD-ROM 和由该 CD-ROM 上启动程序映像生成的引导软盘进行安装的方法，这也是最常用的方法。

2.1.2 安装对系统磁盘空间的要求

为了在计算机硬盘上安装 Linux，首先必须确保硬盘上有足够的空间，因此必须先确定自己的 Linux 系统需要多大的空间。虽然现在主流配置的硬盘空间都能满足安装 Linux 系统的要求，在此还是以 Red Hat Linux 9.0 为例说明各种安装方式所需的硬盘空间，大家可以根据自己的需要选择安装。

1. 个人桌面(Personal Desktop)方式

如果你是一名 Linux 应用的新手，个人桌面安装是最恰当的选择。该类安装会为用户的家用及便携式计算机的桌面应用创建一种带有图形化环境的系统。

下面为只安装一种语言(如英语)的个人桌面安装所推荐的磁盘空间需求的最小值。

- 个人桌面：1.7 GB。
- 兼选 GNOME 和 KDE 的个人桌面：1.8 GB。

如果计划选择所有软件包组(如办公/生产应用程序是一个软件包组)，并且还选择了额外的单个软件包，这至少需要 5.0 GB 磁盘空间。

如果选择了自动分区，个人桌面安装会创建下列分区。

- 交换分区的大小取决于系统内存和硬盘驱动器上的可用空间的数量。例如，有 128MB 内存，那么创建的交换区可以是 128MB~256MB，可依据用户的可用磁盘空间数量而定。
- 大小为 100 MB，挂载为/boot 的分区，其中驻留着 Linux 内核和相关的文件。
- 挂载为“/”的根分区，其中存储着所有其他文件(分区的确切大小要依可用磁盘空间而定)。

2. 工作站(Workstation)方式

选择 GNOME(GNU Network Object Model Environment)工作站或是 KDE(K Desktop Environment)工作站的用户，打算将安装好的 Linux 作为工作站使用，X Window 图形桌面集成环境有 GNOME 和 KDE 两种可供选择，但因为 PC 只是相当单纯的工作站，所以不会安装任何的网络服务器(如 Web、FTP 和 News Server 等)，并且工作站模式会把硬盘上的所有 Linux 分区全部移除，并重新划分成 3 个分区。

- 交换分区的大小取决于用户的系统内存和硬盘驱动器上可用空间的数量。例如，有 128 MB 内存，那么创建的交换分区可以是 128MB~256MB(内存的两倍)。
- 大小为 100 MB，挂载为/boot 的分区，其中驻留着 Linux 内核和相关的文件。
- 挂载为“/”的根分区，其中存储着所有其他文件(分区的确切大小要依可用磁盘空间而定)。

注意：

工作站方式安装包括图形桌面环境和软件开发工具，至少需要 2.1GB 大小的磁盘空间，同时选择对 GNOME 和 KDE 桌面环境进行安装，至少需要 2.2GB 的磁盘空间大小。

而后续的安装步骤有硬盘分区、格式化硬盘、选择安装软件套件、设置 LILO(Linux Loader 和 Linux 加载器)多重启动系统，全由 Red Hat Linux 安装程序提供。只要不选择 Remove data(移除数据)，Red Hat 就不会自动对硬盘分区，但是在确定 Linux 分区硬盘数据不要的情况下，选择 Remove data 安装会更顺利。

选择 Workstation 安装模式，则不会删除任何的 DOS、Windows 9x 及 Windows 2000 的分区，因此若系统已经预先安装了 Windows 98/2000，安装完成之后，还会自动设置 LILO 为 Windows/Linux 多重启动模式。

3. 服务器(Server)方式

选择服务器安装模式，用户首先应确定预计安装 Red Hat Linux 的硬盘中的数据是完全不要的，因为此模式会将硬盘上的所有分区全部移除，然后对硬盘进行如下划分。

- 交换分区的大小取决于系统内存和硬盘驱动器上的可用空间的数量。例如，有 128 MB 内存，那么创建的交换区可以是 128MB~256MB，依据用户的可用磁盘空间数量而定。
- 大小为 100MB，挂载为/boot 的分区，其中驻留着 Linux 内核和相关的文件。
- 挂载为“/”的根分区，其中存储着所有其他文件(分区的确切大小要依可用磁盘空间而定)。

这种磁盘分区方案为多数服务器的工作造就了比较合理、灵活的系统配置。

下面是为只安装一种语言(如英语)的服务器安装所推荐的磁盘空间需求的最小值。

- 服务器(至少，无图形化界面)：850MB。
- 服务器(全部选择，无图形化界面)：1.5GB。
- 服务器(全部选择，包括图形化界面)：5.0GB。

如果计划选择所有软件包组，并且还选择了额外的单个软件包，则可能至少需要 5.0 GB 磁盘空间。

除了硬盘分区方式不同外，工作站方式与服务器方式的后续安装步骤都是一样的。另外，工作站方式与服务器安装模式不同的地方是，服务器模式不会安装任何的图形界面程序。至于服务器模式划分这么多分区，并将数据个别分开放置的目的是，除了可以有效提升服务器的网络服务器运行性能外，还可以降低数据毁损风险与系统重建的复杂度。

4. 定制(Custom)方式

定制安装模式就是凡事自己来，分割硬盘、配置各分区空间大小、格式化硬盘、选择软件套件，以及多重启动程序 LILO 的设置全由自己设定。这种安装方式具有很大的灵活性，适合那些熟悉 Linux 系统安装的用户。

如果选择了自动分区，一个定制的安装会创建下列分区。

- 交换分区的大小取决于系统内存和硬盘驱动器上的可用空间的数量。例如，有 128MB 内存，那么创建的交换区可以是 128MB~256MB，依据可用磁盘空间数量而定。
- 大小为 100MB，挂载为/boot 的分区，其中驻留着 Linux 内核和相关的文件。
- 挂载为“/”的根分区，其中存储着所有其他文件(分区的确切大小要依可用磁盘空间而定)。

定制安装推荐的磁盘空间需求如下。

- 定制(至少)：475MB。
- 定制(全部选择)：5.0GB。

5. 给系统升级

如果选择给系统升级，升级 Red Hat Linux 6.2(或更高版本)将不会删除任何现存数据，并且安装程序会更新模块化内核以及所有目前已安装的软件包。

2.1.3　磁盘分区和文件系统

磁盘分区长期以来一直是个人计算机领域中的一项基本的必备知识。然而，由于越来越多的人开始购买带有预安装操作系统的计算机，相对来说，只有极少数人理解分区的原理。本节简单介绍分区的原理及用法，使用户尽可能简捷地安装 Red Hat Linux。

1. 磁盘分区

硬盘的分区主要分为主分区(Primary Partition)和扩展分区(Extension Partition)两种，如图 2-1 所示。主分区和扩展分区的数目之和不能大于 4 个，且基本分区可以马上被使用但不能再分区。扩展分区必须再进行分区后才能使用，也就是说它必须进行两次分区；再分则为逻辑分区(Logical Partition)，逻辑分区没有数量上的限制。

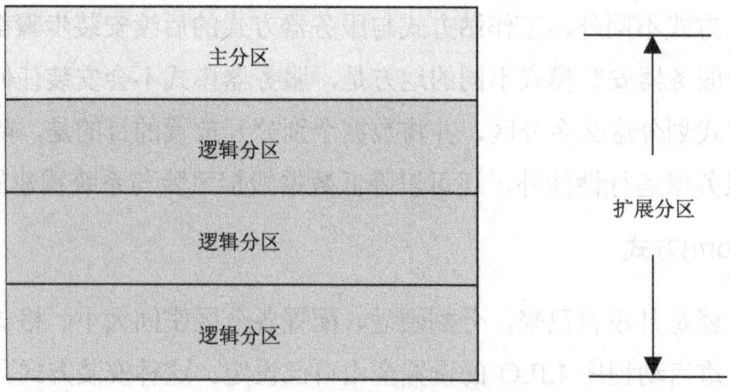

图 2-1　硬盘分区类型示意图

对于习惯使用 DOS 或 Windows 的用户来说，有几个分区就有几个驱动器，并且每个分区都会获得一个字母标识符，然后就可以选用这个字母来指定在这个分区上的文件和目录，它们的文件结构都是独立的，非常好理解。但对于 Red Hat Linux 的初学者来说就没有那么简单了。因为对 Red Hat Linux 用户来说无论有几个分区，分给哪一目录使用，它归根结底就只有一个根目录，一个独立且唯一的文件结构。Red Hat Linux 中每个分区都是用来组成整个文件系统的一部分，因为它采用了一种叫“载入(mount)”的处理方法，它的整个文件系统中包含了一整套的文件和目录，且将一个分区和一个目录联系起来，这时要载入的一个分区将使它的存储空间在一个目录下获得。

Linux 系统中的磁盘和磁盘中的每一个分区都为/dev 目录中的文件。不同设备类型，命名有所不同。对于 IDE 硬盘，驱动器标识符为“hdx~”，其中 hd 表明分区所在设备的类型，这里是指 IDE 硬盘，x 为盘号(a 为基本盘，b 为基本从属盘，c 为辅助主盘，d 为辅助从属盘)，“~”代表分区，最多可以使用 4 个驱动器，驱动器的名称分别为/dev/hda、/dev/hdb、/dev/hdc 和/dev/hdd，它们是主分区或扩展分区，从 5 开始就是逻辑分区了。例如，hda3 表示为第一个 IDE 硬盘上的第 3 个主分区或扩展分区，hdb2 表示为第 2 个 IDE 硬盘上的第 2 个主分区或扩展分区。即使驱动器并不实际存在，相应的文件还是有的。对于 SCSI 硬盘则可以使用多个控制器及多个驱动器，它标识为“sdx~”，SCSI 硬盘用 sd 来表示分区所在设备的类型。

注意：

如果将某个 IDE 硬盘驱动器安装成/dec/hda，则它必须为引导盘，而且要假设它在所有有效的 SCSI 硬盘的前面。如果要从 SCSI 硬盘启动，则不要将驱动器安装成/dev/hda。

2. 文件系统

分区告诉操作系统“往哪个区域里写信息”，而文件系统告诉操作系统“按哪种格式写文件”。Red Hat Linux 的分区格式是 EXT3(或 EXT2，Red Hat Linux 7.2 之前的版本默认使用 EXT2 文件系统)和 Swap 两种，EXT3 用于存放系统文件，Swap 则作为 Red Hat Linux 的交换分区。因此可以知道 Red Hat Linux 至少需要两个专门的分区(Linux Native 和 Linux Swap)。

Swap 分区是 Linux 暂时存储数据的交换分区，它主要是把主内存上暂时不用的数据存起来，在需要的时候再调进内存中。作为 Swap 使用的分区不用指定载入点(mount point)。作为交换分区，应给它指定大小，它至少要等于系统上实际内存的量。

另外，也可以创建和使用一个以上的交换分区，最多 16 个。

Linux Native 是存放系统文件的地方，使用 EXT3(或 EXT2)的分区类型，可以把系统文件分几个区来安装(必须说明载入点)，也可以安装在同一个分区中(载入点是“/”)。要对文件系统有一个更清楚的认识，可参阅本书第 6 章。

3. 建立磁盘分区

本章主要介绍如何配置系统，以便能够引导进入 Red Hat Linux 和另一个操作系统。在此另一个操作系统是指 Microsoft Windows。

需要获得足够的可用空闲空间才能在其中安装 Red Hat Linux，可供选择的方法如下。

- 添加一个新硬盘。
- 使用一个现存的硬盘或分区。
- 创建一个新分区。

(1) 添加新硬盘驱动器

如果给计算机添加了第 2 个 IDE 硬盘驱动器，Red Hat Linux 安装程序将会把它识别为 hdb，而把现存的驱动器(被 Windows 使用的)识别为 hda。对于 SCSI 硬盘驱动器，新安装的 Red Hat Linux 硬盘驱动器将会被识别为 sdb，而现存的硬盘驱动器将会被识别为 sda。

(2) 使用现存硬盘驱动器或分区

另一种为 Linux 腾出空间的方法是使用目前被 Windows 使用的磁盘驱动器或分区。例如，Windows 资源管理器显示了两个硬盘驱动器 C:和 D:，这可能表明计算机有两个硬盘驱动器，或一个带有两个分区的硬盘驱动器。在以上任何情况下(假设硬盘驱动器上有足够的磁盘空间)，都可以在 Windows 识别为 D:的硬盘驱动器或磁盘分区上安装 Red Hat Linux。

如果 C:和 D:是指一个驱动器上的两个分区，安装程序会把它们识别为 hda1 和 hda2(或 sda1 和 sda2)。在安装 Red Hat Linux 的分区阶段，删除第 2 个分区(hda2 或 sda2)，然后用未分配的空闲空间来分区。在开始安装 Red Hat Linux 之前，不必删除第 2 个分区。

(3) 创建新分区

第 3 种为 Linux 腾出空间的方法是在被其他操作系统使用的硬盘驱动器中为 Red Hat Linux 创建一个新分区。如果 Windows 资源管理器只显示了一个硬盘驱动器，则需要将硬盘分为两个以上的分区。一个安装 Windows，剩余空间来安装 Linux。

注意：

硬盘分区是一个非常危险的步骤，要想安全地在不丢失数据的情况下改变磁盘的分区有点不太现实，所以建议大家对重要的数据进行备份，以防不测。对待硬盘分区一定要慎之又慎，切记！

安装过程中可以采用 Red Hat Linux 9.0 自带的 Disk Druid 分区软件，在安装过程中用该软件将很容易地完成 Linux 系统分区。

4. 在双引导环境中安装 Red Hat Linux

在此主要介绍最一般的情况，也就是上面所说的第 2 种情况。当 Windows 已被安装，而且已为 Linux 准备了空闲磁盘空间之后，就可以启动 Red Hat Linux 安装程序了。

在安装过程中，当进行到“磁盘分区设置”这一步时，可以参考本节的内容。

(1) 磁盘分区

安装程序中的【磁盘分区设置】屏幕中有几个选项。可根据需要选择，配置双引导系统的方法也有所不同。

- 如果选择自动分区，选择【保留所有分区，使用现有空闲空间】选项，将会在硬盘驱动器上保留 Windows 分区。
- 如果选择 Disk Druid 手工分区，则不删除现存 Windows 分区(它们是类型为 vfat 的分区)，而在额外的硬盘驱动器或分区上创建。

(2) 配置引导装载程序

当在 Red Hat Linux 安装中运行到了【安装引导装载程序】对话框时，选择要安装的引导装载程序。可以使用第三方引导装载程序(如 System Commander 或 Partition Magic)来引导 Red Hat Linux 和 Windows。Red Hat 的引导装载程序有 GRUB 或 LILO。

(3) 安装完成

安装之后可以在【安装引导装载程序】对话框中指明想启动的是哪个操作系统。

2.2 安装 Red Hat Linux

现在一切准备就绪，接下来就可以按下面的步骤进行安装了。

Linux 安装主要包括图形化界面安装和文本模式安装两种。图形化界面美观，安装简便，因此本节着重介绍图形化安装模式。

注意：

如果不想使用 GUI 安装程序，可以使用文本模式的安装程序。要启动文本模式安装程序，则使用 boot: text 引导命令。

2.2.1 启动安装程序

要开始安装，必须首先引导安装程序。确定已具备安装中将会用到的所有资料。

可以使用下列任何介质来引导安装程序(这要根据用户系统所能支持的计算机而定)。

- 可引导的光盘。用户计算机支持可引导的光盘驱动器，并且预计执行网络或硬盘驱动器安装。

- 引导盘。用户计算机不支持可引导的光盘驱动器，并且从一个本地光盘、网络或硬盘驱动器上安装。

正常情况下，只需按 Enter 键来引导。注意引导消息以便查看 Linux 内核是否检测到了硬件。如果硬件被正确地检测到，继续下一个部分；如果它没有正确地检测到硬件，可能会需要在专家模式下重新开始安装。

2.2.2　用光盘安装

要用光盘安装 Red Hat Linux，在引导装载程序对话框中选择【光盘】选项，然后单击【确定】按钮。当出现提示时，在光盘驱动器中插入 Red Hat Linux 光盘(如果没有从光盘中引导)。一旦光盘已在驱动器中，单击【确定】按钮，然后按 Enter 键。

安装程序将会探测系统，并试图识别光盘驱动器。它会开始寻找一个 IDE(又称 ATAPI)光盘驱动器。如果找到了，就会进入安装进程的下一阶段。

如果 SCSI 光盘驱动器没有被检测到，可在提示时手工选择 SCSI 光盘类型。若被检测到则选择 SCSI 选项。然后，安装程序将会提示选择一个 SCSI 驱动程序。如果必要，可以为驱动程序指定选项。

Rescue Mode(boot：linux rescue)为系统修复模式，此模式用来维护安装好的 Linux 系统，初次安装 Linux 系统不能选择这种模式。最后一项 Driver Disk(boot：linux dd)则是专为拥有特殊硬件的计算机设计的安装模式，若 boot.img 制作的磁盘不能正确搜索到所有的硬件，则可以改用此种安装方法。但是 Driver Disk 安装方法必须另外制作驱动磁盘，该磁盘的 Image File(镜像文件)放置在 CD1 的 images/drivers.img，也就是说必须同时制作 boot.img 和 drivers.img 这两张磁盘，才可以选择 Driver Disk 这种安装模式。

如果用户在 boot 格式下按 Enter 键，或者在程序运行 1 分钟后没有反应，则进入 Red Hat Linux 图形安装程序。进入图形安装画面后，若计算机中已安装了 SCSI 卡，则会自动驱动这块 SCSI 卡；若没有安装 SCSI 卡，则会直接启动 X 窗口系统进行安装。

2.2.3　安装步骤

Linux 的安装过程可概括为：创建 Linux 分区、安装 Linux 软件、配置 X 窗口系统操作界面、安装 LILO(Linux Loader，Linux 加载器)以及创建新的用户账户。

1. 语系选择

使用鼠标来选择想在安装中使用的语言。选择恰当的语言会在稍后的安装中帮助定位时区配置。在选定了恰当的语言后，单击【下一步】按钮继续。

2. 键盘类型选择

使用鼠标选择要在本次安装中和今后用作系统默认的键盘布局类型(如美国英语式)，选定后，单击【下一步】按钮继续。

技巧：

要在安装结束后改变键盘类型，可在 Shell 提示下输入 redhat-config-keyboard 命令来启动键盘配置工具。如果不是根用户，根据提示输入根口令后再继续。

3. 鼠标选择

鼠标一般都是两键/3 键的 PS/2、USB 鼠标或是串口鼠标，按图 2-2 所示选择鼠标种类与连接端口。一般默认的选择就是正确的鼠标类型。若设置鼠标错误，可在安装之后，执行/usr/sbin/mouseconfig 重新设置。假若惯用左手鼠标，可以在安装好 Red Hat Linux 之后，执行 gpm-b 321，设置鼠标为左手鼠标。

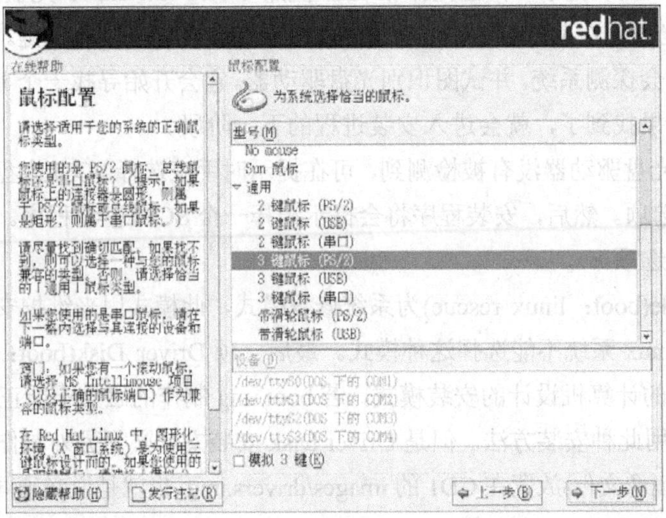

图 2-2 选择鼠标

4. 选择安装还是升级

如果安装程序在系统上检测到从前安装的版本，【升级检查】对话框就会自动出现。

注意：

如果/etc/redhat-release 文件的默认内容已被改变，在试图升级 Red Hat Linux 9.0 时就可能找不到 Red Hat Linux 安装。可以使用 boot: linux upgradeany 引导命令在引导时放松对这个文件的检查。如果 Red Hat Linux 安装没有作为升级选项被给出，则使用 linux upgradeany 命令。

要在系统上执行 Red Hat Linux 的新安装，选择【执行 Red Hat Linux 的新安装】选项，然后单击【下一步】按钮。

5. Red Hat 安装模式选择

选择要执行的安装类型。Red Hat Linux 允许的选项有【个人桌面】、【工作站】、【服务器】、【定制】和【升级】。这里千万要小心，因为选择工作站或服务器后，Red Hat Linux 会自动帮助用户分区并格式化硬盘。但是若使用完整的一个硬盘来安装 Red Hat，并不怕任何格式化，则安装和设置会非常顺利。

6. 磁盘分区设置

如图 2-3 所示，可以选择自动分区或用 Disk Druid 来手工分区。

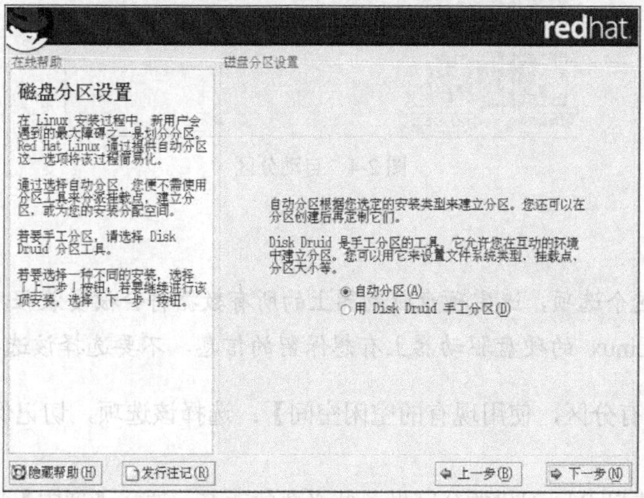

图 2-3　磁盘分区设置

自动分区用户不必亲自为驱动器分区而执行安装。如果对在系统上分区信心不足，建议不要选择手工分区，而是让安装程序自动进行分区。

提示：

Red Hat 更新代理默认把更新的软件包下载到 /var/spool/up2date 中。如果要手工给系统分区，并创建一个分开的 /var 分区，必须确定为这个分区保留足够的空间来容纳下载的更新软件包。

7. 自动分区

自动分区对话框，如图 2-4 所示。用来决定哪些数据要从系统中删除(若适用)。

可供选择的选项功能如下。

- 【删除系统内所有的 Linux 分区】：选择该选项，只删除 Linux 分区(以前安装 Linux 时创建的分区)。这将不会影响硬盘驱动器上可能会有的其他分区，例如，VFAT 或 FAT32 分区。
- 【删除系统内的所有分区】：选择该选项，删除硬盘驱动器上的所有分区，包括由其他操作系统所创建的分区。

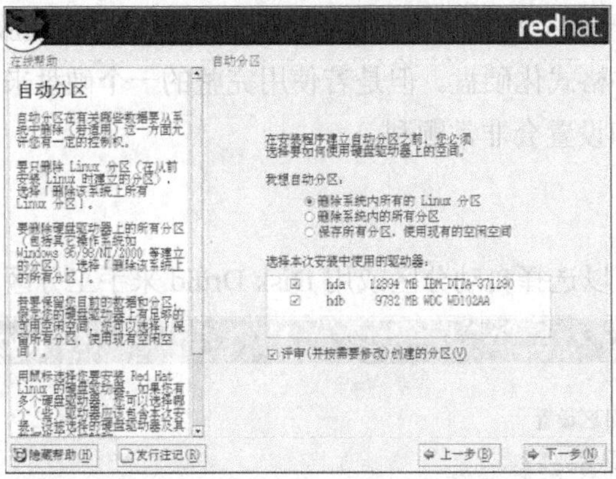

图 2-4　自动分区

注意：

如果选择了这个选项，选定硬盘驱动器上的所有数据将会被安装程序删除。如果在预计安装 Red Hat Linux 的硬盘驱动器上有想保留的信息，不要选择该选项。

- 【保存所有分区，使用现有的空闲空间】：选择该选项，切记保留当前的数据和分区。

要评审并对自动分区创建的分区做一些必要的改变，选择【评审】选项。如果它们没有满足预计需要，还能够对这些分区进行修改。

8. 创建系统分区

如果选择了自动分区，但没有选择【评审】选项，则跳转到【引导程序装载配置】对话框。

如果选择了自动分区，并选择了【评审】选项，可以接受目前的分区设置，单击【下一步】按钮，或者使用手工分区工具 Disk Druid 来修改设置。

这一步安装程序要指定在哪里安装 Red Hat Linux，通过定义一个或多个分区的挂载点来设置。需要时还可创建或删除分区，如图 2-5 所示。

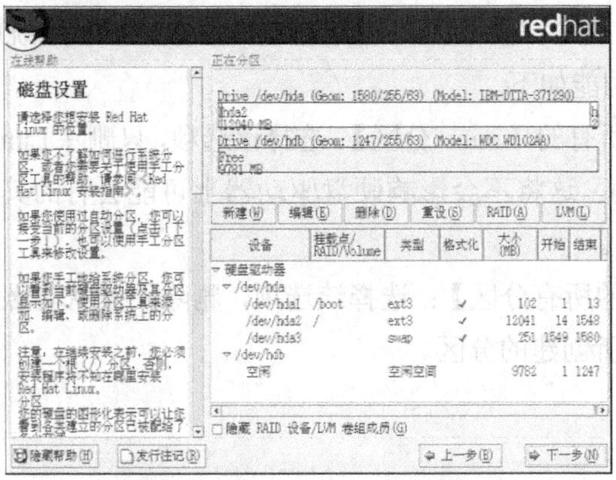

图 2-5　使用 Disk Druid 来分区

(1) 硬盘的图形化表示

Disk Druid 提供了对硬盘的图形化表示。

单击鼠标突出显示图形化表示中的某一字段，双击可编辑某个现存的分区或从现存空闲空间中创建分区。

(2) Disk Druid 的按钮

这些按钮控制着 Disk Druid 的行为。它们用来改变一个分区的属性(如文件系统类型和挂载点)，还可用来创建 RAID(独立磁盘冗余阵列)设备，这些按钮的功能如下。

- 【新建】：用来请求一个新分区。
- 【编辑】：用来修改当前在分区部分中所选定分区的属性。
- 【删除】：用来删除在当前磁盘分区部分中突出显示的分区。
- 【重设】：用来把 Disk Druid 恢复到它最初的状态。
- RAID：用来给部分或全部磁盘分区提供冗余性。
- LVM：允许创建一个 LVM (逻辑卷管理器)逻辑卷。

(3) 分区字段

在分区层次之上的信息是代表用户正创建的分区的标签，这些标签功能如下。

- 【设备】：该字段显示分区的设备名。
- 【挂载点/RAID/Volume】：挂载点是文件卷在目录层次内存在的位置，文件卷在该位置上被“挂载”。该字段标明分区将被挂载的位置。如果某个分区存在，但还没有设立，那么需要为其定义挂载点。双击分区或单击【编辑】按钮可以为其定义挂载点。
- 【类型】：该字段显示了分区的类型，例如，EXT2、EXT3 或 VFAT。
- 【格式化】：该字段显示了正创建的分区是否会被格式化。
- 【大小(MB)】：该字段显示了分区的大小(MB)。
- 【开始】：该字段显示了分区在硬盘上开始的柱面。
- 【结束】：该字段显示了分区在硬盘上结束的柱面。
- 【隐藏 RAID 设备/LVM 卷组成员】：如果不想看到创建的 RAID 设备或 LVM 卷组成员，则选中该复选框。

(4) 推荐的分区方案

建议用户创建下列分区。

- 一个交换分区(至少 32 MB)：交换分区用来支持虚拟内存。交换分区应该相当于计算机内存的两倍。例如，内存小于等于 1GB，交换分区应至少与系统内存相等或是它的两倍，如果内存大于 1GB，建议使用 2GB 交换分区。
- 一个/boot 分区(100MB)：这个挂载在/boot 上的分区包含操作系统的内核(允许系统引导 Red Hat Linux)，以及其他几个在引导过程中使用的文件。由于多数 PC 有 BIOS 的限制，因此最好创建一个较小的分区来存储这些文件。对大多数用户来说，100MB 引导分区应该是足够了。

- 一个根分区(1.7GB~5.0GB)：这是“/”(根目录)将被挂载的位置。在这个设置中，所有文件(除了存储在/boot分区上的以外)都位于根分区上。一个大小为1.7GB的根分区可以容纳与“个人桌面”或“工作站”方式相当的安装(只剩极少空闲空间)，而一个大小为5.0GB的根分区将会允许安装每一个软件包。

(5) 添加分区

要添加一个新分区，单击【新建】按钮，出现如图2-6所示的【添加分区】对话框。

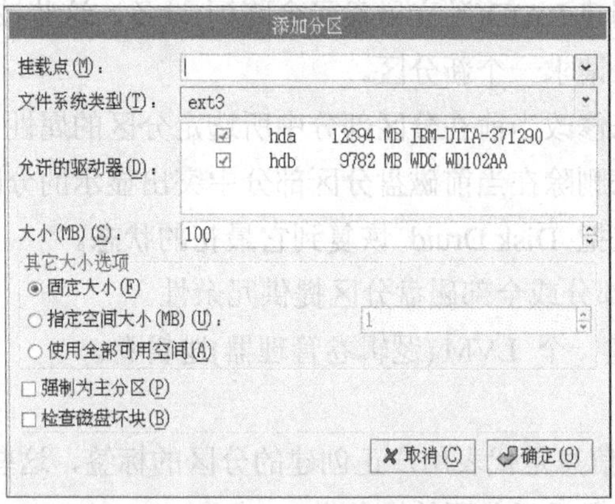

图2-6 创建一个新分区

- 【挂载点】：输入分区的挂载点。如果这个分区是根分区，输入“/”；如果是/boot分区，输入/boot等。还可以使用该下拉列表框为系统选择正确的挂载点。
- 【文件系统类型】：在该下拉列表框中选择用于该分区的合适的文件系统。
- 【允许的驱动器】：这个列表框包括在系统上安装的硬盘列表。
- 【大小(MB)】：输入分区的大小(MB)。注意，该字段从100MB开始。若不改变，创建的分区将只有100MB。

【其他大小选项】选项组中各单选按钮的功能如下。

- 【固定大小】：选择是否要将分区保留为固定大小，允许它“扩大”(使用硬盘驱动器上的可用空间)到某一程度，也允许它“扩大”到使用全部硬盘驱动器上可用的剩余空间。
- 【指定空间大小(MB)】：必须在这个选项右侧的文本框内给出大小限制。这会允许在硬盘驱动器上保留一定的空间为将来使用。
- 【使用全部可用空间】：该选项可令全部可用空间处于使用状态。
- 【强制为主分区】：选择所创建的分区是否应为硬盘上的4个主分区之一。
- 【检查磁盘坏块】：检查磁盘坏块，能够定位磁盘上的坏块。如果想在格式化每一个文件系统时检查磁盘坏块，应确定此复选框被选中。

选择【检查磁盘坏块】可能会显著增加安装的时间，因为多数新型的硬盘驱动器都容量庞大，检查坏块可能会花很长一段时间；时间长短要依硬盘驱动器的大小而定。如果选择了检查坏块，可以在第2~6号虚拟控制台中任意一个监视它的进程。

(6) 编辑分区

要编辑一个分区，单击【编辑】按钮或双击该分区。

(7) 删除一个分区

要删除分区，在【分区】部分将之突出显示，然后单击【删除】按钮，并需要确认此项被删除。

9. 引导装载程序配置

为了不使用引导盘引导系统，通常需要安装一个引导装载程序，如图 2-7 所示。

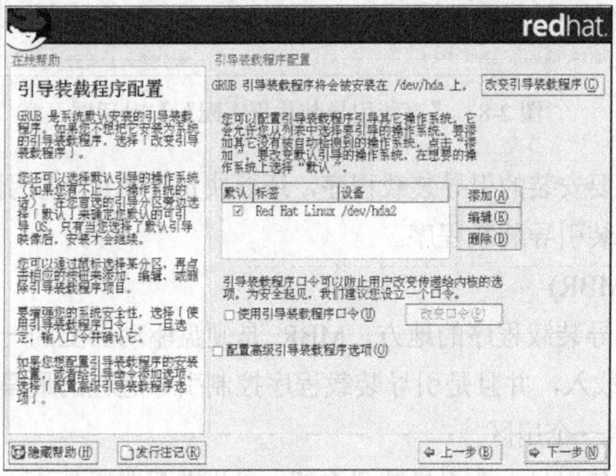

图 2-7 配置引导装载程序

引导装载程序是计算机启动时所运行的第一个软件，它的责任是载入操作系统内核软件并把控制权转交给它，然后，内核软件再初始化剩余的操作系统。

安装程序提供了两个引导装载程序：GRUB 和 LILO。

GRUB(GRand Unified Bootloader)是一个默认安装的功能强大的引导装载程序。GRUB 能够通过连锁载入另一个引导装载程序，来载入多种免费程序和专有操作系统。LILO 是 Linux 的灵活多用的引导装载程序，它并不依赖于某一特定文件系统，能够从软盘和硬盘引导 Linux 内核映像。

如果不想把 GRUB 安装为引导装载程序，单击【改变引导装载程序】按钮。然后，便可以选择安装 LILO 或干脆不安装引导装载程序。

在想要的引导分区左边选中【默认】复选框，来选择默认的可引导操作系统。选定了默认引导映像后，安装才会继续。而引导装载程序口令为用户提供了一种安全机制。

要配置更高级的引导装载程序选项，如改变驱动器顺序或向内核传递选项，单击【下一步】按钮前选中【配置高级引导装载程序选项】复选框。

(1) 配置高级引导装载程序

【高级引导装载程序配置】对话框如图 2-8 所示。

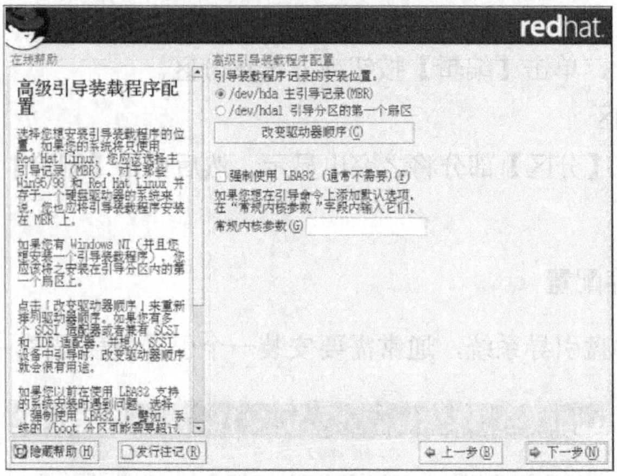

图 2-8 【高级引导装载程序配置】对话框

现在，已选定了要安装的引导装载程序，还要决定在哪里安装引导装载程序。可以在下面两个位置之一安装引导装载程序。

- 主引导记录(MBR)

这是推荐安装引导装载程序的地方，MBR 是硬盘驱动器上的一个特殊区域，它会被计算机的 BIOS 自动载入，并且是引导装载程序控制引导进程的最早区域。

- 引导分区的第一个扇区

如果已在系统上使用另一个引导装载系统，在此推荐选择“引导分区的第一个扇区”。在这种情况下，另外的引导装载系统会首先取得控制权，然后可以配置它来启动 GRUB(或 LILO)，继而引导 Red Hat Linux。

对于只使用 Red Hat Linux 或安装有 Windows 的系统来说，都应该把引导装载程序安装到 MBR。 可以单击【改变驱动器顺序】按钮来改变驱动器顺序。如果有多个 SCSI 适配器或者兼有 SCSI 和 IDE 适配器，并想从 SCSI 设备中引导，则可改变驱动器顺序。

【强制使用 LBA32(通常不需要)】选项允许/boot 分区超过 1024 柱面限制。如果系统支持使用 LBA32 扩展来引导超过 1024 柱面限制的操作系统，并且想把/boot 分区放置在 1024 柱面之外，则应该选中该复选框。

(2) 模式

如果需要使用救援模式，有几个选项可供选择。

- 使用光盘来引导，在 boot: 提示下输入 linux rescue。
- 通过 boot.img 映像制作的安装引导盘来引导系统。这种方法要求插入 Red Hat Linux 的第 1 张光盘或硬盘上的 ISO 映像作为救援映像。用该磁盘引导后，在 boot:提示下输入 linux rescue。
- 通过 bootnet.img 制作的网络引导盘或根据 pcmcia.img 制作的 PCMCIA 引导盘来引导。用该磁盘引导后，在 boot: 提示下输入 linux rescue。只有在联网时才能这么做，并需要识别网络主机和传输类型。

(3) 其他可选择的引导装载程序

如果不想使用引导装载程序，还有其他几种选择。

- 引导盘

可以使用由安装程序创建的引导盘(如果已制作了一个)。

- LOADLIN 程序

可以从 MS-DOS 中载入 Linux，其需要在 MS-DOS 分区上有一份 Linux 内核(以及一个初始内存磁盘，如果已有一个 SCSI 适配器)。使用其他方法(如引导盘)来引导 Red Hat Linux 系统，然后将内核复制到 MS-DOS 分区。LOADLIN 在以下网页以及相关的镜像网站中可以找到。

```
ftp://metalab.unc.edu/pub/Linux/system/boot/dualboot/
```

- 商用引导装载程序

可以使用商用引导装载程序来载入 Linux，如 System Commander 和 Partition Magic。

10. 网络连接配置

如果没有网络设备，将看不到【网络配置】对话框，如图 2-9 所示。

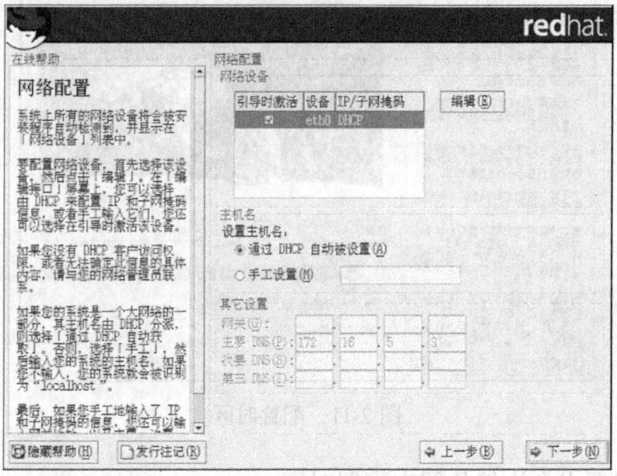

图 2-9　网络连接配置

如果有网络设备则可直接配置它。安装程序会自动检测到用户拥有的任何网络设备，并把它们显示在【网络设备】列表中。

选定网络设备后，单击【编辑】按钮，出现【编辑接口】对话框，如图 2-10 所示。可以选择通过 DHCP(动态主机配置协议)来配置网络设备的 IP 地址和子网掩码(若没有选择 DHCP，则手工配置)，也可以选择在引导时激活该设备。如果选中了【引导时激活】复选框，网络接口就会在引导时被启动。

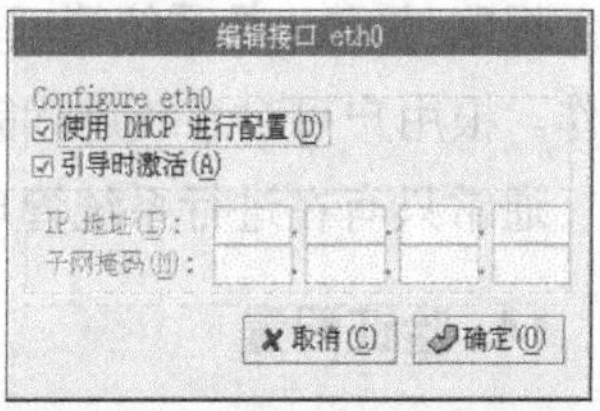

图 2-10　编辑网络设备

如果网络设备有一个主机名(全限定域名)，可以选择 DHCP 自动检测它，或者在提供的字段中手工输入主机名。

最后，如果手工输入了 IP 地址和子网掩码信息，可能还得输入网关、主要、次要、和第 3 DNS 地址。

11. 选择支持语言

系统上可以安装并支持多种语言，但必须选择一种语言作为默认语言。当安装结束后，系统中将会使用默认语言。如只安装使用一种语言，会节省大量磁盘空间。

要在系统上使用多种语言，具体指定要安装的语言，或者选择在用户的 Red Hat Linux 系统上安装所有可用语言。

12. 配置时区

可以通过选择计算机的物理位置，或者指定时区和通用协调时间(UTC)偏移来设置用户时区。

【时区选择】对话框上部有两个标签，如图 2-11 所示。

图 2-11　配置时区

- 【位置】选项卡允许按位置来配置时区。
- 【UTC 偏移】选项卡允许用户指定 UTC 偏移。这个选项卡显示了一个可从中选择的偏移列表，以及设立夏时制的选项。

13. 设置 root 口令

根账号(root)是系统管理员，被用来安装软件包，升级 RPM，以及执行多数系统维护工作。根用户可对系统进行完全的控制。

通常只有在进行系统管理时才使用根账号。

14. 验证配置

如果执行的是个人桌面、工作站或服务器安装，可直接跳到下一步。

如果不设置网络密码，可以跳过这一部分。

除非正在设置网络信息服务(Network Information Services，NIS)验证，将会注意到只有【启用 MD5 口令】和【启用屏蔽口令】被选中，如图 2-12 所示。在此建议两者都使用，以便使系统尽可能地安全。

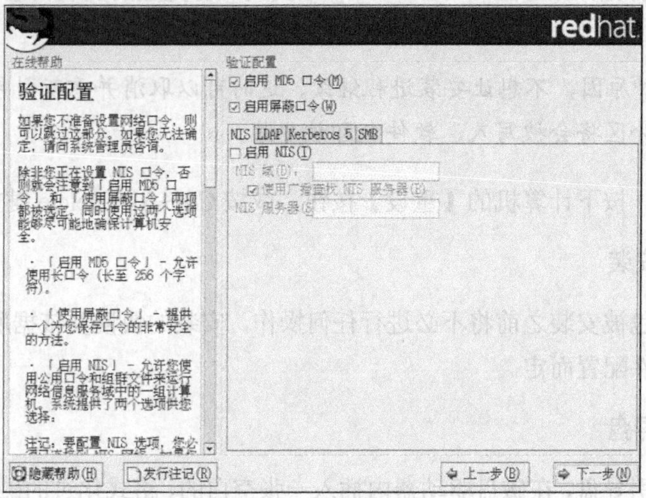

图 2-12　验证配置

15. 安装包的选择

当分区被选定并按配置格式化后，便可以选择要安装的软件包了。除非选择的是定制安装，安装程序将会自动选择多数软件包。例如，如果要执行个人桌面安装，会看到一个和图 2-13 类似的个人桌面默认设置对话框。

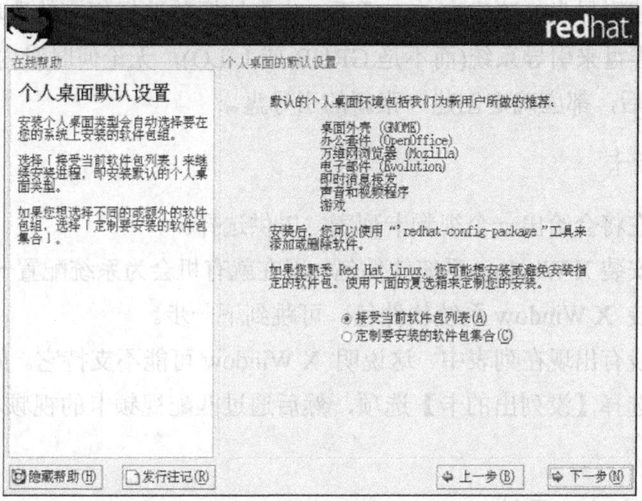

图 2-13　个人桌面默认设置

要选择单个软件包，选中【定制要安装的软件包集合】单选按钮，之后会打开下一个页面，可以选择根据功能归类的软件包组(如【X Window 系统】和【编辑器】)、单个软件包或者两者的组合。

16. 准备安装

进入准备安装步骤后，应该看到一个为安装 Red Hat Linux 做准备的对话框。

当重新引导系统后，可在/root/install.log 中找到一份完整的安装日志，以备今后参考。

提示：

如果由于某种原因，不想让安装进程继续，这时可以取消并重新引导系统。单击【下一步】按钮后，分区将会被写入，软件包即被安装。

要取消安装，按下计算机的【重设】按钮，或按 Ctrl+Alt+Delete 键重启计算机。

17. 软件包安装

在所有软件包被安装之前将不必进行任何操作，安装的快慢要依据所选择的软件包数量和计算机的硬件配置而定。

18. 创建引导盘

要创建一张引导盘，在磁盘驱动器内插入一张空白的、格式化过的磁盘，然后单击【下一步】按钮。强烈建议用户创建一张引导盘。当系统无法使用 GRUB、LILO 或第三方的引导装载程序来正确引导时，引导盘将能够正确地引导 Red Hat Linux 系统。

注意：

也可以在安装结束后再创建引导盘，详情可参阅 mkbootdisk 的说明书，在 shell 提示后输入 man mkbootdisk 即可。

如果不想创建引导盘，确定在单击【下一步】按钮前选择相应的选项。

如果使用引导盘来引导系统(而不是 GRUB 或 LILO)，无论何时对内核做了改变(包括安装一个新内核)后，都应确定创建一张新的引导盘。

19. 配置显示卡

安装程序现在将会给出一个视频卡列表，以供选择。

如果决定要安装 X Window 系统软件包，现在就有机会为系统配置一个 X 服务器；如果没有选择要安装 X Window 系统软件包，可跳到下一步。

如果视频卡没有出现在列表中，这说明 X Window 可能不支持它。如果对视频卡的技术有了解，可以选择【没列出的卡】选项，然后通过匹配视频卡的视频芯片与 X 服务器来配置它。

20. 配置 X Window 系统

为了完成 X Window 系统配置，必须配置显示器并定制 X Window 设置，如图 2-14 所示。如果不选择 X Window 系统配置，可跳到下一步。

图 2-14　配置 X Window 系统

(1) 配置显示器

安装程序会提供一个显示器列表。既可以使用自动检测到的显示器，也可以在这个列表中另选一个。

如果断定所选的显示器或频率数值不正确，可以单击【恢复原值】按钮来返回到建议的设置。当显示器配置完成后，单击【下一步】按钮。

(2) 定制配置

为 X 配置选择正确的色彩深度和分辨率，如图 2-15 所示。

图 2-15　X Window 定制

如果执行的是定制或服务器安装，还可以选择在安装结束后，要将系统引导入文本还是图形化环境。除非有特殊需要，建议引导入图形化环境(与 Windows 环境相似)。如果选择引导入文本环境，将会看到一个命令提示(与 DOS 环境相似)。

21. 完成安装

祝贺你！Red Hat Linux 9.0 安装现已完成。

安装程序会提示做好重新引导系统的准备。重启后，可以进行以下的操作。

- 按 Enter 键，使默认的引导项目被引导。
- 选择一个引导标签，接着按 Enter 键，引导与该引导标签相对应的操作系统。在 LILO 的引导提示下按【?】或 Tab 键，可得到一个有效的引导标签的列表。
- 什么操作都不做，引导装载程序的超时时间过后(默认为 5 秒)，引导装载程序将会自动引导默认的引导项目。

做引导 Red Hat Linux 的恰当选择时，能看到一行一行的信息向上滚屏，最终，能看到一个 login: 提示或 GUI 登录屏幕(如果安装了 X Window 系统)。

在第一次启动 Red Hat Linux 系统时，会看到设置代理对话框，它会引导用户进行 Red Hat Linux 配置。使用这个工具，可以设置系统时间和日期、安装软件，以及在 Red Hat 网络上注册系统等。

2.3　基本的日常工作

从开机到关机，无论是工作还是娱乐，Red Hat Linux 都为用户提供了充分利用计算机环境的工具和应用程序。本节详细介绍在日常工作中 Red Hat Linux 系统经常会执行的一些基本任务。

2.3.1　设置代理

首次启动 Red Hat Linux 系统时，会看到“设置代理”，它引导用户进行 Red Hat Linux 配置。

设置代理首先提示用户创建一个用户账号，如图 2-16 所示。建议不要登录到根账号从事普通任务，因为这有可能会损坏系统或无意地删除文件。这个步骤会创建一个用户账号，它在系统上有自己的可存储文件的主目录，可以用它来登录 Red Hat Linux 系统。

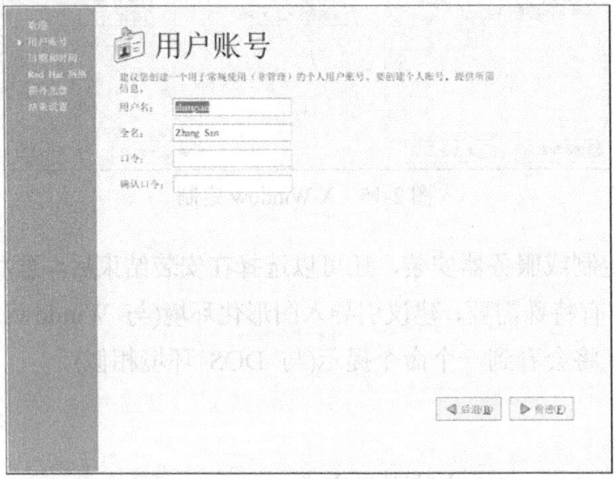

图 2-16　用户账号

如果想在 Red Hat 网络注册系统，并接收关于 Red Hat Linux 系统的自动更新，如图 2-17 所示，这会启动 Red Hat 更新代理——一个会引导用户进行 Red Hat 网络注册的向导工具。

图 2-17　Red Hat 网络注册

如果想安装在安装过程中没有安装的 Red Hat Linux RPM 软件包、第三方的软件，或是正式版 Red Hat Linux 文档光盘上的文档，可以在【安装附加软件】对话框中进行。插入包含想安装的软件或文档的光盘，单击【安装】按钮，然后遵循说明逐步进行设置。

现在，系统已被配置，并做好登录和使用 Red Hat Linux 的准备。

注意：

关于 Red Hat 网络和注册系统的详细信息，可参阅网站 http://www.redhat.com/docs/manuals/RHNetwork/上的 Red Hat 网络文档。

2.3.2　登录

Red Hat Linux 系统使用账号来管理特权、维护安全等。若用户名或口令错误，则无法进入系统。

注意：

与 UNIX 类似，Linux 区分大小写，这意味着输入 root 和输入 Root 指代的账号不同。在默认情况下，root 代表根用户(又称超级用户)或系统管理员。

建议用户登录为一般用户，而不是根用户，以防止对 Red Hat Linux 安装的无意破坏。

1. 图形化登录

在安装中，如果选择了图形化登录类型，会看到如图 2-18 所示的图形化登录界面。除非为系统选择了一个主机名(主要用于网络设置)，否则系统可能会被叫做 localhost。

图 2-18 图形化登录界面

2. 虚拟控制台登录

在安装中，如果选择了文本登录类型，在系统引导后，会看到一个与下面相仿的登录提示。

```
Red Hat Linux release 9.0
Kernel 2.4.20-8 on an i686
localhost login:
```

在登录后，可以输入 startx 命令来启动图形化桌面。

2.3.3 打开 shell 提示

图形化桌面提供了到 shell 提示(shell prompt)的访问。shell 提示允许输入命令而非使用图形化界面来满足计算需要。可以选择【主菜单】|【系统工具】|【终端】命令，打开 shell 提示。或是双击【从这里开始】图标，然后选择【应用程序】|【系统工具】|【终端】命令，打开 shell 提示。要退出终端窗口，单击该窗口右上角的【关闭】图标按钮，或者在提示下输入 exit，或者在提示下按 Ctrl+D 键。

2.3.4 文档资料

Red Hat Linux 指南手册都在所提供的安装光盘中，可从 http://www.redhat.com/docs/ 网站上个别下载 HTML、RPM 及 PDF，以及压缩的 tarball 格式的文档(.tar.gz)。

安装了所需文档后，可以随时选择【主菜单】|【文档】命令阅读它们。

如果从 Red Hat 网站(http://www.redhat.com/docs)中个别下载了文档，可以从 shell 提示下安装这些文档。打开 shell 提示，在命令行中输入命令 su，在提示下输入根口令，登录为根用户。如果 4 本手册都安装了，改换到包含 RPM 文件的目录中，输入以下命令。

```
rpm -ivh rhl-*.rpm
```

如果只安装了其中的某一本手册，则把 rhl-*.rpm 替换成该手册的文件名，如下所示。

```
rpm -ivh/mnt/cdrom/rhl-gsg-en-9.0.noarch.rpm
```

2.3.5 注销

1. 图形化注销

要注销图形化桌面会话，选择【主菜单】|【注销】命令，或者按 Ctrl+Alt+BackSpace 键，也可以关掉所有进程来注销。

2. 虚拟控制台注销

如果想使用 X 窗口系统，却在控制台上登录了，输入 exit 或按 Ctrl+D 键，即可从控制台会话中注销。

2.3.6 关机

1. 图形化关闭

选择【主菜单】|【注销】命令，选择【关闭计算机】单选按钮，然后单击【确定】按钮确认。某些计算机会在关闭 Red Hat Linux 后自动切断电源。如果用户的计算机不能执行，看到下面这条消息后，便可以切断计算机的电源了。

```
Power down.
```

2. 虚拟控制台关闭

如果在控制台上登录，输入下列命令来关闭计算机。

```
halt
```

某些计算机会在关闭 Red Hat Linux 后自动切断电源。如果用户的计算机不能执行，看到下面这条消息后，便可以切断计算机的电源了。

```
System halted
```

2.4 本章小结

本章以 Linux 的安装为核心，首先介绍了安装之前的一些准备工作，包括硬件、软件资料的收集；安装方法和安装类型的选择；如何确保是否有足够的磁盘空间；理解磁盘分区的基本概念；然后着重介绍了 Linux 图形化界面的安装步骤；最后介绍了在安装成功后的一些基本操作，包括设置代理、登录和注销以及关机等操作。Linux 的安装简单易学，相信初学者能很快掌握 Linux 的安装步骤和安装要领。

2.5 习 题

1. 填空题

(1) Linux 可以使用______、______安装方式，其中______方式可以有 NFS、FTP 和 HTTP 等安装方式。

(2) Linux 可以_______主磁盘分区，最多能够分_______磁盘分区。

(3) _______模式不会安装任何的图形界面程序，目的是为了让各类_____发挥最大的性能，而不要将系统资源消耗在无谓的 X Window 系统上。

2. 选择题

(1) 如下哪个操作是不一定非要安装的过程？(　)

A. 定义交换分区　　B. 定义挂载点分区

C. 定义扩展分区　　D. 选择启动分区

(2) 如下哪个不是安装引导方式？(　)

A. 光盘引导　B. 软盘引导　C. 从 MS-DOS 引导　D. 从网络引导

3. 思考题

(1) Linux 有几种安装类型？试述每种安装类型的特点和所需的最小磁盘空间。

(2) 什么是主分区？什么是扩展分区？什么是逻辑分区？

(3) 什么是“挂载点”？

(4) 如何使用 Disk Druid 工具建立磁盘分区？

(5) 如何理解“主引导记录(MBR)”的概念？

4. 上机题

(1) 试着获取系统的硬件资料。

(2) 试着制作一张网络安装启动盘。

(3) 用图形和终端完成系统注销与关机。

第3章 X Window系统

X Window 是 UNIX 和 Linux 系统上的图形用户界面系统。如果在安装 Linux 时，用户选择安装 X Window 系统环境，则可以直接进入 X Window 界面。当然，也有人非常喜欢字符界面，因为它显得十分专业，但字符界面还是有命令复杂、学习困难等缺点。

就像 Microsoft 公司的低端服务器 Windows NT，Linux 也具有十分漂亮的用户图形界面，这也是操作系统发展的趋势，而且方便的图形界面也能够帮助用户更快地学习和进行系统操作。本章详细介绍了 X Window 系统、窗口管理器、文件管理器、桌面环境的概念及 X Window 系统的一些基本配置。

本章学习目标：

- 了解 X Window 系统和 XFree86
- 明确 X Window 与 Micro soft Windows 的差别
- 理解窗口的概念
- 学会使用窗口管理器
- 学会使用文件管理器
- 了解 X Window 系统的配置

3.1 X Window 简 介

读者打开 Red Hat Linux 的图形桌面，可能会觉得非常的眼熟，好像与 Windows 没有什么区别。X Window 是从 UNIX 成熟的图形界面发展而来的，它使 Linux 系统的操作变得很简单。

3.1.1 什么是 X Window

X Window 是一种图形化操作系统，也即通常所指的 GUI(Graphical User Interface)。但它不同于 Windows 的是，它的实现包括服务器和客户端，两者可以独立开发和使用。

20 世纪 80 年代初期，X Windows 在麻省理工学院开发成功。X Window 的第一个商业版本 X10 在 20 世纪 80 年代中期推出。1987 年，X Window 联盟成立，推出了 X11R1 版本，它是由 IBM、Digital Equipment 和 MIT 组成的。有关 X11 的信息可以在网站 http://www.x.org/上获取。

1. 常见的 X Window 名称

常见的 X Window 名称如图 3-1 所示。

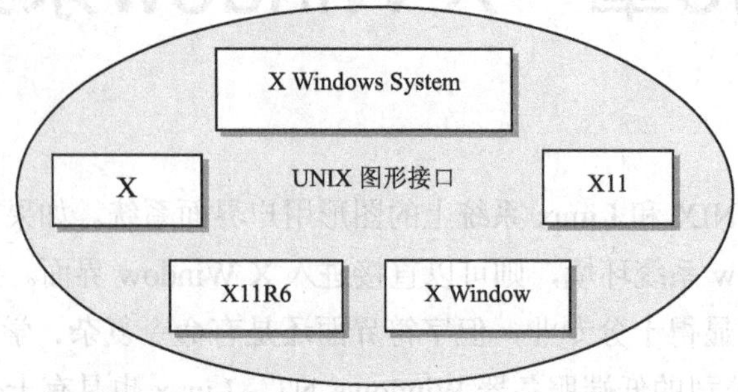

图 3-1　不同的 UNIX 图形界面

在图中显示出不同 UNIX 下 GUI 的名称。

- X：最初，在 MIT 开发的图形界面中，因为其是在 W 版本之后，故命名为 X，就是今天使用的 X 窗口的最初版本。虽然之后又进行了改进，但名称一直沿用至今。
- X Window：它是最常用的一种称呼，含义同 X。
- X Window System：主要是用来在操作系统中特指图形界面的显示系统。
- X11：一种公开源码的 X 窗口系统，使用的是 X Window 的图形协议及模型。
- X11R6：X11 的最新版本，就是现在 Red Hat Linux 下使用的版本。

这里列出这些系统名称，只是为了说明，X 并不是某一种产品名称，而是在 UNIX 系统中的通用图形界面的实现。

2. X Window 的组成

从本质上讲 X Window 是一系列标准，读者可能会推断任何人都可以写应用软件，只要它符合这些标准。现在有几种 X Window 的实现工具，无论具备哪一种，都可以运行符合这些标准的应用程序。运行于 Linux 的最流行的 X Window 实现工具是 XFree86。XFree86 是最初开发 XFree86 的人员组成的 XFree86 Project 公司的注册商标，XFree86 Project 也加入了 X Window 联盟。

图 3-2 中说明了 X Window 的组成。

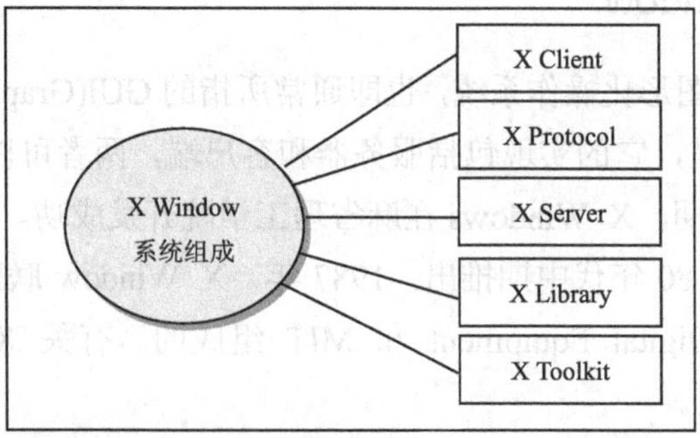

图 3-2　X Window 的组成

UNIX 系统最初被设计成为一个通用的多用户平台，所以，不同于单用户环境，需要考虑诸多用户共用的因素，X Window 系统也不例外。不仅要考虑每一个用户界面的元素及组合，还需要考虑多用户共用的资源。

在图 3-2 中，最上面就是客户，服务器通过 X Protocol 访问服务器。一个系统中可以有多个客户，但是只有一个服务器，服务器管理着所有系统图形资源，最下面的两层就是图形资源，包括所需要的类库和工具集等。

3. X Window 系统的特点

从 X Window 的组成中，我们可以看到 X 系统巧妙的设计给它带来了许多优异的特性，主要有如下优点。

- 可扩展性强

因为 X 系统是基于服务器/客户端模式实现的，因此，在修改显示界面时，不需要从最底层改起，只需要改变一下客户端就可以了，这就是我们在 Linux 下看到了许多种风格迥异的图形界面的原因，如最常见的 GNOME 和 KDE。

- 通用性好

目前，由于 X Window 统一使用 X Protocol 协议进行客户端与服务器的访问，这就使其能够非常容易地支持多种应用程序，只需要很少的改动，就可以支持许多全新的图形应用程序。

- 能够进行远程访问

前面说过，只要是使用了 X Protocol 协议，不管客户端是什么，X Window 系统都可以支持，因此，哪怕是远程用户，也可以使用 X 窗口。

在后面要介绍的远程管理中，就有一个具体的实例，在远程使用 X Window 就像在本地使用一样便捷。

3.1.2 设置 X Window

在安装时没有设置好 X Window 系统，或是硬件配置变更，必须先利用 XFree86 设置鼠标、键盘、显示器以及显卡。然后，就可以启动 X Window 了。这些信息都存储在/etc/X11/XF86Config 文件中。如果打开浏览一下，就会发现里面包括了 X Window 的各种设置，内容相当复杂，一般都使用工具进行配置，常见的工具有 xf86config 和 xf86cfg 等。

3.2 与 Microsoft Windows 的异同

从上面对 X Window 系统的介绍可以看出，X Window 与 Microsoft Windows 非常相似，但实际上两者有本质的区别。

3.2.1　相似处

X Window 与 Microsoft 的标准操作系统主要相似之处是，两者都提供图形界面，都可以处理多个窗口。此外，它们都允许用户通过键盘和简单字符以外的方式完成信息交互。用户可以利用键盘和鼠标，建立组合菜单、窗体、窗口和对话框的界面等。

1. 均使用图形化元素

其实不论 X Window 还是 Microsoft Windows，都是 20 世纪 90 年代图形用户接口提出来后形成的新的人机交互方式。

2. 均使用事件驱动

图形界面中能够用鼠标、键盘进行系统操作，从而能够非常方便地对系统进行管理和执行相应的任务，这就是图形界面的基于事件驱动编程。

3. 均支持多用户程序

X Window 和 Microsoft Windows 都支持多用户程序同时运行并显示。

4. 均能够使用集成图形环境

X Window 和 Microsoft Windows 现在都已发展到集成图形环境，在集成图形环境中，可以将操作系统中的一切资源统一地进行管理。

3.2.2　差异处

Microsoft Windows 是完整的操作系统，具有从内核到 shell 到窗口环境的全部设置，而 X Window 只是操作系统的一部分——窗口环境。这就决定了 X Window 与 Microsoft Windows 之间存在本质的差别，主要可概括为如下几个方面。

1. 界面的灵活性

X Window 环境中一个重要的概念就是窗口与界面的分离。在 X Window 环境中，必须运行两个应用程序才能提供完整的图形化用户界面。一个是 X 服务器，建立图形显示(即分辨率、刷新率和颜色深度)，显示窗口和跟踪鼠标的运动、击键及多个窗口。但 X 服务器并不提供菜单、窗口边框和移动、切换、最大化及最小化窗口的机制。这些特性由第二个应用程序——窗口管理器提供。窗口管理器以标准的预定义方式与 X 服务器交流，就像 X 服务器和 X 应用程序之间一样。即具有不同界面特性的不同窗口管理器，可以按标准方式与 X 服务器交流。同样，支持不同图形卡、监视器和其他特性的不同 X 服务器也可以按标准化方式与应用程序交流。

X Window 界面的这种灵活性是许多用户喜欢这种环境的原因之一。用户界面层与基本窗口层的分离，使 X Window 可以通过生成不同窗口管理器来生成多个界面。

2. 界面配置的微调控制

X Window 环境的另一优势是对窗口环境和界面的各个方面提供了微调控制。通过设置几十个选项中的任何一个，就可以控制窗口环境和界面的各个方面，从背景和前景的窗口颜色到光标颜色、默认字体以及默认窗口尺寸，用户还可以定义交互方式。

另外，用户还可以定义每次启动 X 环境时打开哪个窗口和应用程序，以及让系统按逻辑选择启动 X Window 系统时用哪个窗口管理器。

3. 客户机/服务器技术

X Window 系统与 Microsoft Windows 环境最大的不同在于：它既是一个网络窗口系统，又是一个机器/操作系统相互独立的网络化的客户/服务器程序。这个系统由两部分组成，即 X Window 系统服务器和客户程序。在机器上运行并与显示器和显卡的直接交互作用称为 X Window 系统服务器；在 X 中的程序或应用程序称为客户程序，客户程序可以是终端仿真器(如 xterm)、图形界面(如 xpat2)或管理屏幕的显示方式(如 X11 窗口管理器)。X 客户并不直接对显示器绘制或操作图形，而是与 X 服务器通信，再由服务器来控制显示器。在一台计算机上，许多用户可以启动客户和一个 X 服务器，同样可以在单台计算机上运行多个 X 服务器(和 X 会话)，并从远程计算机启动客户，通过本地服务器在本地显示。

这种分离的好处是在网络环境中，复杂图形桌面能够显示在维护良好、功能强大、易于管理的中央应用程序服务器上运行的应用程序。这种功能使 UNIX 和 X Window 在专业大型网络系统管理员中广受欢迎。

3.3　X Window 系统基本组件

在对 X Window 系统的基本知识有所了解之后，下面介绍 X Window 系统的基本组件——X 服务器、窗口管理器、文件管理器和桌面环境。正是这些组件及其表示的模块提供了 X Window 系统模型的功能和灵活性。

3.3.1　X 服务器

X 服务器是 X Window 系统的核心，X 服务器处理以下工作。

- 支持各种显示卡和监视器类型。
- X Window 显示的分辨率、刷新率和颜色深度。
- 基本窗口管理，显示和关闭窗口，跟踪鼠标运动和击键。

目前已经出现多种具有这些基本功能的 X 服务器，Linux 系统中主要有 XFree86、MetroX 及 Accelerated-X 3 种选择。

1. XFree86

XFree86 几乎是非商业化 Linux 版本的默认 X 服务器，因为它和 Linux 一样免费提供，全部源代码公开。Red Hat Linux 支持 XFree86 服务器 RPM 软件包的发行版本，用户可以通过 kpackage 或 GNOMERPM 等 RPM 软件包管理器来安装它，也可以在命令行上使用 rpm –i 命令来安装它，包含 XFree86 服务器的每一个软件包都以“XFree86”字样开头。

在 XFree HOWTO 中列出了完整的 XFree86 支持的图形卡芯片清单，如果在 Linux 安装中选择【完整文档】，这些清单便已装好。用下面命令可以阅读这个文档：$zless /usr/doc/HOWTO/XFree-HOWTO.gz。

XFree86 Web 服务器可以对 Intel x86 PC 环境中的普通硬件提供广泛的支持。Red Hat Linux 9.0 采用了最新的 4.3.0-2 版本的 X Server，所有的显卡都能被正确识别。它有界面友好的显卡配置向导程序，广大初学者能像在 Windows 中一样轻松配置自己的显卡。如果读者想获得不同 XFree86 服务器软件包归类支持的显卡的最新清单，可以访问 X11 和 XFree86 的 Web 站点(http://www.xfree86.org 或 www.x11.org)。

XFree86 服务器配置文件的名字是 XF86Config，它保存在/etc/X11 子目录中，该文件中有图形卡、显示器、键盘及鼠标等设备的全部技术指标参数，如果对 XF86Config 文件进行配置，一定要准备好有关硬件设备的详细资料。

在 Red Hat Linux 系统中附带了优秀的 XConfigurator 实用程序，此程序是基于屏幕的 X 窗口系统配置工具，用于 Red Hat 发行版本的安装过程中。它可以大大简化 XFree86 的配置工作，甚至可以探测某些硬件，并提出对该硬件的最佳选项。在一些不适当的硬件组合下，可以进行 XFree86 的手工配置。

2. 商业化 X 服务器

除了 XFree86，还有两个一流的商业化 X 服务器，即 Metro-X 和 Accelerated-X。这两种产品能更广泛地支持各种图形芯片和图形卡，并且能有效地利用这些图形芯片和图形卡的加速特性。此外，Metro-X 和 Accelerated-X 还提供了更加智能化的配置，通常几分钟就可以完成安装并投入工作。

3.3.2　窗口管理器

1. 窗口

一个窗口就像一扇窗户，它是用户运行软件、显示信息或列出文件清单的工具。大多数窗口都包括几个基本的组件，如边框、标题栏和窗口中的各种按钮及窗口菜单。边框用来对窗口尺寸进行调整，各种按钮能控制窗口的大小或者关闭窗口。窗口的这些部件都通过窗口管理器来进行设置，因此对于那些运行于同一会话框下的窗口看上去都是一样的。

在许多窗口中还可能出现另外一些功能组件，这些组件(如菜单栏和工具栏)是由应用程序本身提供的。应用程序使用的图形库决定了它们的外观，例如所有使用 Troll Tech 的 QT 库的 KDE 应用程序都具有同样类型的按钮、菜单和滚动条。其他的应用程序可能使用不同的工具包来提供这些功能。例如，Netscape 的按钮和菜单就与 KDE 的外观不同，而 Xterm 的滚动栏也和 KVT 的不同。

2. 风格

许多窗口管理器(如 Enlightenment、Window Maker、AfterStep 和 FVWM2 等)都支持风格。风格影响着用户桌面元素的观感，提供不同的背景图像、动画和动作音效。有了不同的风格，窗口管理器相同的用户可以有观感差异极大的不同桌面，但窗口管理器的内部功能并没有任何改变。

3. 工作区菜单

工作区菜单是用来启动应用软件、配置窗口，以及退出窗口管理器的菜单，用户可以单击面板上的【主菜单】按钮来把它扩展成一个大型的菜单集合。这个菜单的操作与 Microsoft Windows 的【开始】菜单很相似。

从这里，你可以启动多数包括在 Red Hat Linux 中的应用程序。

4. 桌面区域和虚拟桌面

初学者往往对虚拟桌面和桌面区域的概念不太理解，因而在初始化状态下可能搞不懂自己的桌面区域——一种内建的扩大功能。其实，只要用户理解了虚拟桌面和桌面区域的概念，就知道屏幕上显示的区域只是桌面的一部分，把鼠标指针移到屏幕边缘就会看到桌面原来隐藏的部分。在桌面上或者窗口管理器上的图标栏、任务栏或者控制面板中的一个小方块，我们称之为“桌面调度器”，如图 3-3 所示。

图 3-3　桌面调度器

用户可以通过它来查看自己虚拟桌面的不同区域。调度器会用小矩形块来代表每个活跃的虚拟桌面。不同的窗口管理器显示的方块数不同，FVWM2 只显示两个；AfterStep 显示 4 个；FVWM 显示 1 个。

每个方形的桌面又被分成多个更小的方形区域，我们称之为“桌面区域”(Desktop Areas)。用户可以把一个桌面区域看成是自己桌面的一个延伸。这就好比用户有一张大桌子，屏幕上显示的只是它的一部分。桌子的活跃部分是一个通常被显示为反白色的区域，这就是桌面在当前的用户屏幕上显示出来的区域。一个桌面最多可以有 25 个区域，默认是 4 个。单击代表桌面的矩形里的某个方块，就会移到对应的区域，并显示出想看的窗口。这样，用户想放在桌面上的东西就不必都一起显示在屏幕上，以引起桌面的混乱，也可以让一些内容一直显示在屏幕上而不管屏幕上显示的是用户虚拟桌面的哪个部分，这个功能称为“粘滞(Sticky)”。桌面调度器、任务条和控制面板则是粘滞的。

大多数窗口管理器还支持虚拟桌面(Virtual Desktop)。虚拟桌面包括所有的桌面区域以及显示在它们上面的东西，如图标、菜单和窗口等。Enlightenment、AfterStep 和 FVWM2 这些窗口管理器可以让用户使用多个虚拟桌面。虚拟桌面与只能扩展桌面的桌面区域不同，它们是彼此独立的实体。大多数桌面调度器用不同的矩形代表不同的虚拟桌面，而每个矩形又各自被划分为多个桌面区域。用户如果想移动到某个虚拟桌面，就要单击与之对应的矩形。窗口管理器会在自己的主菜单项里提供用来选择虚拟桌面的菜单项，甚至还能提供把窗口从一个桌面移到另一个桌面的菜单项。用户可以使用窗口管理器的配置程序或者配置文件来定义自己想要的虚拟桌面的个数。

5. 控制面板、按钮栏、任务栏和窗口清单

控制面板，如图 3-4 所示。显示的是频繁使用的 X 窗口系统命令的按钮。流行的控制面板包括 AfterStep、FVWM2 上的 Wharf、Zharf Window Maker 上的 Clip 和 FVWM 上的 GoodStuff 等。控制面板上的每个图标都有自己的图案和自己的程序名。单击某个按钮就会启动与之对应的程序。不同的窗口管理器会使用不同的方法把应用程序加到控制面板中。大多数情况下，需要用户编辑窗口管理器配置文件中的控制面板设置项。例如，以关键字“*.GoodStuff”开始的设置项会对 FVWM2 配置文件中的 GoodStuff 控制面板进行配置。

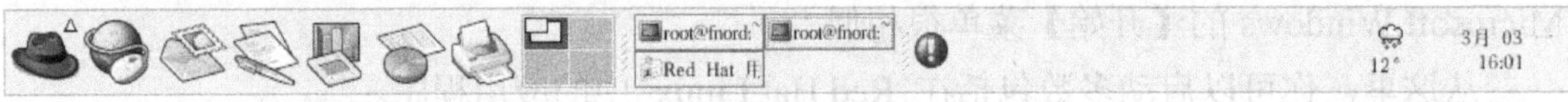

图 3-4　控制面板

此外，有些窗口管理器还支持保存应用软件小图标的按钮栏。任务栏如图 3-5 所示，它显示的是正在运行的任务，它可以存放显示菜单用的菜单按钮。FVWM2 的任务栏上就有一个应用软件的【开始】菜单，会列出当前运行的任务所对应的按钮。窗口可最小化到任务栏上，而且打开的窗口也会显示在任务栏上。大多数窗口管理器还提供一个窗口清单，当用户工作在不同的桌面区域和虚拟桌面上时，窗口清单会很有帮助。在窗口清单中选中一个窗口项，就可以让用户直接移到该窗口和他所在的虚拟桌面或桌面区域。

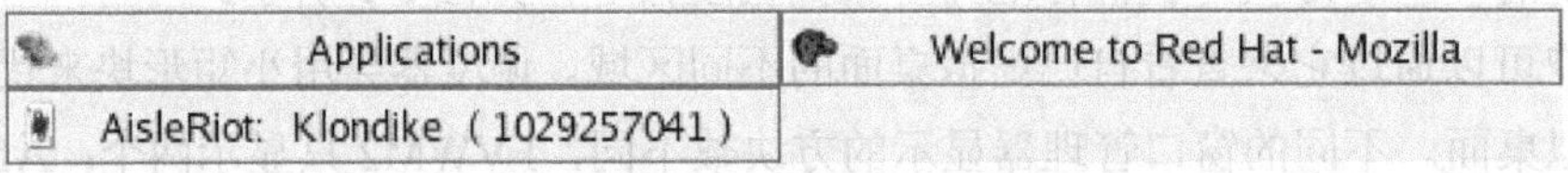

图 3-5　任务栏

6. 终端窗口：Xterm

在窗口管理器的内部可以打开一个称为终端窗口(Terminal Window)的特殊窗口，如图 3-6 所示，它向用户提供了一个标准的命令行操作界面。用户可以在此窗口中的命令行提示符处，输入带变量与参数的命令。有好几个程序可以用来创建一个终端窗口，最常用的程序名为 Xterm。大多数窗口管理器的工作区菜单和控制面板中都有用 Xterm 启动终端窗口的选项，它被标记为其名字或显示器图案的图标。

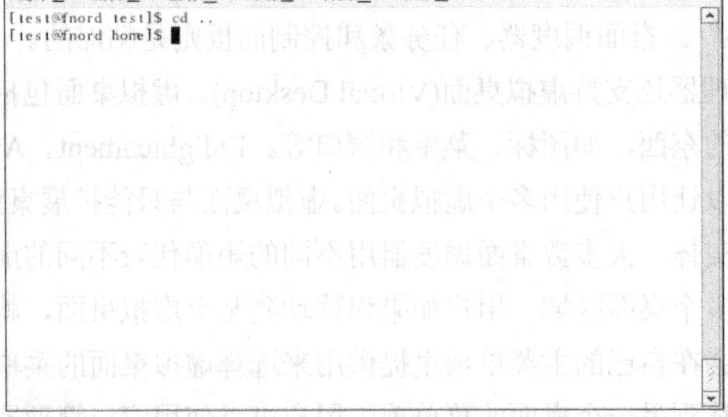

图 3-6　终端窗口

终端窗口打开之后会显示一个 shell 提示符“$”，用户可以在该提示符之后输入 Linux 命令，与在命令行上操作是一样的。命令行执行的结果显示在该终端窗口上，随后又出现 shell 提示符，表示的是命令行的开始。

终端窗口能够从它的命令行运行任何 X 程序，这是终端窗口的一个重要功能。终端窗口在 X 系统环境中进行操作，要想运行 X 程序，首先打开 Xterm 窗口，输入命令后按 Enter 键，X 程序就在自己的窗口里启动运行。例如，如果想运行 Netscape 浏览器，先打开一个终端窗口，再输入命令“Netscape”；Netscape 就会在一个新窗口中运行起来。

当终端窗口正运行程序时，它好像把自己挂起来了，此时终端窗口正忙于执行命令，只有当程序运行结束后，shell 提示符才会再次出现。用户可以释放该终端窗口，让它在运行程序的同时能够接受并且执行其他命令。方法是在调用前一个程序的时候加上连字符“&”，这样做实际上是把该程序放到终端窗口的后台去运行，用户因此能回到该运行程序的窗口去执行另外一个程序。例如运行 Netscape 浏览器，然后释放该窗口，使其能再执行其他命令，可输入命令：$ Netscape &。输入命令 exit 可以将终端窗口关闭。

X 窗口系统具有多任务的功能。能够同时打开多个窗口，每个窗口分别执行不同的任务。在 X 窗口系统中，用户可以同时运行几个不同的软件，把鼠标指针从一个窗口移到另一个窗口就可以让用户从一个应用软件转移到另一个应用软件，这就能体现出 Linux 系统最显著的优点和特点之一——多进程。用户可以在自己的 X 窗口系统操作界面里同时运行多个应用软件，每个应用软件都有自己的窗口。

3.3.3　文件管理器

Linux 系统中的“文件管理器”和 Windows 系统中的文件资源管理器相类似，如图 3-7 所示。文件管理器能方便用户通过菜单、图标和窗口对文件及子目录进行管理，它可以给出文件的详细资料。在 Red Hat Linux 9.0 中 GNOME 使用的桌面文件管理器 Nautilus 和 KDE 的文件管理器 Konqueror 都支持拖放操作，使用户能够通过把文件从一个文件管理器窗口拖放到另一个窗口来复制或移动文件。只要用户系统中安装了 GNOME 或 KDE，即使 Nautilus 和 Konqueror 不在他们的桌面环境中，也可以在其他任何一种窗口管理器中运行。

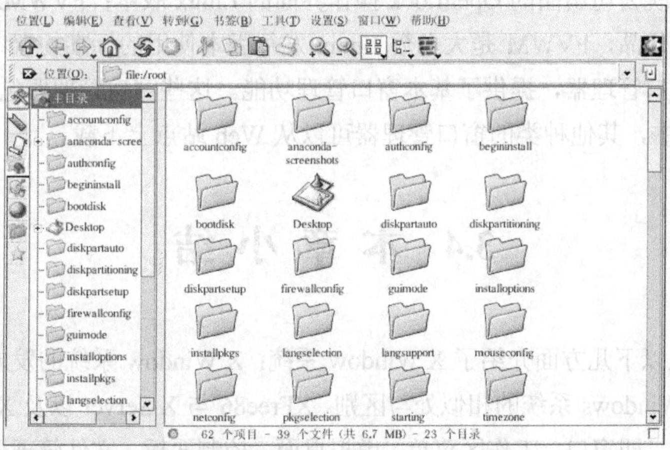

图 3-7　“文件管理器”窗口

3.3.4 桌面环境

“桌面”是一个综合性的程序和文件管理器，桌面上有供用户管理文件、运行程序和配置系统用的菜单和图标(见图 4-1)。Linux 发行版本中都提供有两种桌面，即 KDE 和 GNOME。通过它们能够快速地访问因特网，快速地访问各种各样的 Linux 程序。用户可以利用各种桌面功能，比如工具栏、配置工具、文件管理窗口以及历史记录等。KDE 在它的桌面上有自己的窗口管理器，当然用户也可以选择使用其他任何一种窗口管理器。

GNOME 没有自己的窗口管理器，用户可以自行选用，但必须像 Enlightenment 那样能够配合 GNOME 桌面环境。Red Hat 公司同时为大家提供了 KDE 和 Enlightenment 两种桌面环境。如果用户想在两者之间进行切换，可以使用桌面切换工具 Switchdesk。它们的操作界面彼此不同，但都包括某些特定的基本功能。例如，支持桌面上的拖放操作、控制面板上有应用软件的启动器菜单、各种小工具和启动程序的图标等。这两种桌面还包括具备因特网访问功能的文件管理器，能够访问 FTP 程序；且如果是 KDE，还可以用作 Web 浏览器。

用户可以为每个子目录打开一个窗口，把子目录中的文件以图标的方式显示出来。双击应用软件的图标就可以运行它们(在 KDE 中要单击鼠标)，也可以把图标从文件管理器窗口移动到桌面上以方便使用。用鼠标在屏幕上选用不同的窗口、菜单或图标就可以调用与之关联的应用软件，并在打开的新窗口中运行它。

3.3.5 Linux 窗口管理器

Linux 有几个主要的窗口管理器，包括 FVWM2(Free Virtual Window Manager 2.0，自由虚拟窗口管理器)、Enlightenment、TWM、Window Maker(WMaker)、Xview(olwm)、AfterStep 和 Motif(MWM)等，除 Motif 外都是免费的。它们中的大多数都比较容易进行配置，并且都具有风格支持。

Enlightenment 目前是 GNOME 默认的窗口管理器；KDE 使用的窗口管理器为 KWM；Xview 是 Sun 系统公司出品的 OpenLook 操作界面的 Linux 版本；FVWM2 是早期 FVWM 窗口管理器的替代品，FVWM 是大多数 Linux 发行版本使用的标准的窗口管理器。TWM 是一个早期的窗口管理器，提供了基本窗口管理功能。这些窗口管理器包括在大多数 Red Hat 的发行版本中，其他种类的窗口管理器可以从 Web 站点上下载。

3.4 本 章 小 结

本章主要从以下几方面介绍了 X Window 系统：X Window 系统的发展、X Window 系统与 Microsoft Windows 系统的相似处与区别、XFree86 与 X Server 以及 X Window 系统中的一些基本组件，即窗口、工作区菜单、虚拟桌面、控制面板、文件管理器与窗口管理器。

特别是本章介绍了 Linux 图形界面的基础，这将有助于读者理解之后将要介绍的集成图形环境，以及用户图形界面编程的基础。

3.5 习　题

1. 填空题

(1) X Window 是一种图形化操作系统，即通常所指的 GUI。但它不同于 Windows 的是，它的实现包括________和________，两者可以独立开发、使用。

(2) X Window 系统与 Microsoft Windows 环境最大的不同在于它是一个________，是一个机器/操作系统相互独立的网络化的客户/服务器程序，它支持网络图形，提供一些基本的________和________。

(3) 在窗口管理器的内部可以打开一个称为________的特殊窗口，它向用户提供了一个标准的命令行操作界面。

2. 选择题

(1) 如下哪条不是 X Window 的优点？(　　)

A. 使用简单　　B. 通用性好　　C. 扩展性好　　D. 易于远程访问

(2) 如下哪个是最新的 X 窗口系统？(　　)

A. X Window　　B. X11　　C. X11R6　　D. KDE

3. 思考题

(1) 试比较 X Window 系统与 Microsoft Windows 系统之间的相似处与区别。

(2) 什么是虚拟桌面？

(3) 窗口管理器与桌面操作的优缺点分别是什么？

第4章　GNOME和KDE图形环境

在第3章，我们对X Window窗口系统进行了总体的介绍，在本章我们将具体介绍X Window系统中两种典型的整合图形环境：KDE和GNOME。

在所有的Linux发行版本中都提供了这两种桌面，而且GNOME已经成为安装Red Hat时默认使用的操作界面。本章主要目的是让读者熟悉和使用Red Hat Linux 9.0中GNOME及KDE桌面，了解它们的基本组件：控制面板、桌面、桌面管理器和文件管理器。关于其他方面的工具和应用软件，如Web浏览器、FTP和E-mail客户程序、系统管理与网络配置工具及应用软件等，将分别在本书的其他部分进行介绍。

本章学习目标：

- 理解控制面板的组成元素
- 掌握改变控制面板组成元素和属性元素的操作
- 掌握在桌面上建立各种项目的方法
- 掌握桌面菜单的使用和相关属性设置
- 掌握窗口管理器的操作
- 熟练掌握文件管理器中对文件的操作
- 学会切换GNOME和KDE

4.1　GNOME 概 述

GUN网络对象模型环境(GUN Network Object Model Environment，GNOME)，它是用户可以便捷使用和配置计算机的友好用户环境，也是Red Hat公司大力支持的一种GUI操作界面，用户在安装Red Hat时默认使用的操作界面就是GNOME。

GNOME在GNU公共许可证(GUN Public License)制度下是完全免费的，没有任何限制。从GNOME的Web站点http://www.gnome.org 上可以直接获得它的源代码。如果读者准备开发GNOME程序，可以查阅GNOME开发者的Web站点http://developer.gnome.org，该站点提供了教程、编程指南和开发工具。

4.2　GNOME 入门

GNOME 操作界面由 GNOME 面板和桌面组成，如图 4-1 所示。

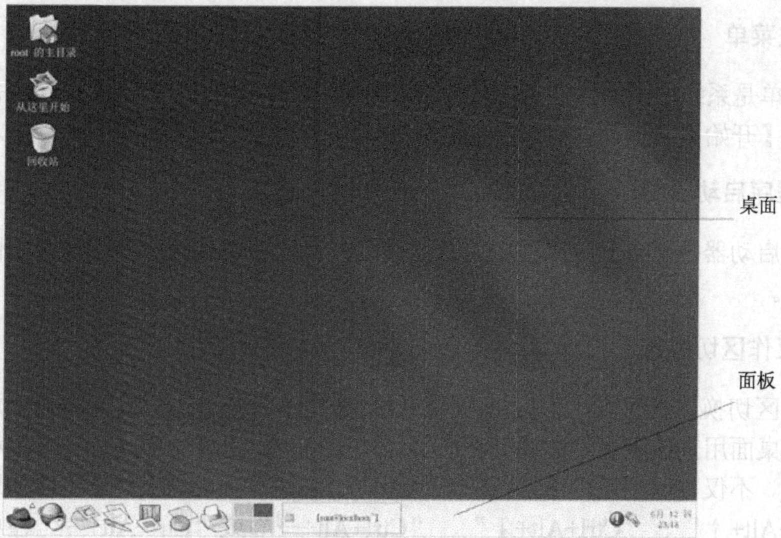

图 4-1　GNOME 操作界面

GNOME 面板位于屏幕的底部，它是 GNOME 操作界面的核心，包含系统应用程序、小程序和主菜单。用户可以把 GNOME 的控制面板看成是一个可以在桌面上使用的工具。Red Hat Linux 9.0 的 GNOME 面板程序为 2.2.0.1 版。

屏幕的其余部分是桌面。GNOME 包括了一个功能强大的图形化桌面环境。用户可以从中快捷地运行应用程序、文件和系统资源，以充分利用 Linux 系统。

GNOME 桌面环境的各种操作都通过图形界面组件来完成，因此下面将重点介绍 GNOME 的 4 个组件：控制面板、桌面、窗口管理器和文件管理器。

4.3　GNOME 的控制面板

通过 GNOME 的控制面板(Panel)，用户可以启动应用软件、运行程序和访问桌面区域。用户可以把 GNOME 的控制面板看成是常用的工具集合。

4.3.1　面板的基本组成

GNOME 面板上的内容很丰富，主要由以下内容组成：主菜单、程序启动器图标、工作区切换器、窗口列表、通知区域和插件小程序等，如图 4-2 所示。

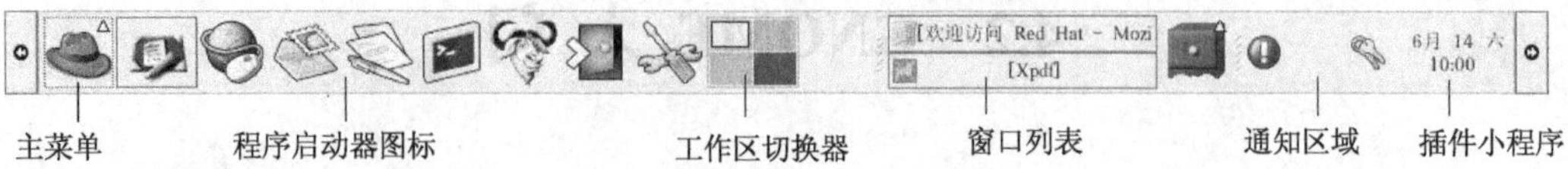

图 4-2　GNOME 面板组成

1. 主菜单

主菜单是系统中所有应用程序的起点，用来启动大多数的应用程序。单击主菜单按钮，将会弹出【开始】菜单。

2. 程序启动器图标

程序启动器是 Linux 应用程序的启动链接，它能够通过应用程序链接来快速启动一些常用程序。

3. 工作区切换器

工作区切换器把每个工作区(即桌面区域)都显示为一个小方块，因此用户可以得到多个虚拟的桌面用来放置更多的图标，而不必把所有正在运行的应用程序都堆积在一个可视桌面区域。不仅可以用鼠标单击任何一个小方块来切换到桌面上；还可以使用键盘快捷方式“Ctrl+Alt+↑”、“Ctrl+Alt+↓”、“Ctrl+Alt+→”或“Ctrl+Alt+←”在桌面间进行切换；或者设定切换的快捷键进行快速切换。

4. 窗口列表

窗口列表里显示任意虚拟桌面上运行的应用程序名称。选择列表中的程序名，可以使最小化了的应用程序重现在桌面上。

5. 通知区域

Red Hat 网络更新通知工具是通知区域的一部分。它提供了一种简捷的系统更新方式，确保系统时刻使用 Red Hat 的最新勘误和错误修正来更新。该小程序显示不同的图像来表明系统处于最新状态还是需要升级，如图 4-2 中的叹号图标说明系统需要升级，如果图标是个蓝色的“√”，说明系统处于最新状态。需要升级时，单击该图标，出现 Red Hat 网络警告通知工具对话框，如图 4-3 所示，通过可到 www.redhat.com 网站进行升级。

图 4-3　“Red Hat 网络警告通知工具”对话框

通知区域有时会显示一个钥匙图标。这是一个安全通知，当取得系统的根权限验证时，它就会警告用户；当验证超时后，它就会消失。单击它出现图 4-4 所示的对话框，选择“Keep Authorization”按钮，则继续保留权限；选择“Forget Authorization”按钮，表明放弃系统根权限，小钥匙图标也会消失，如图 4-4 所示。

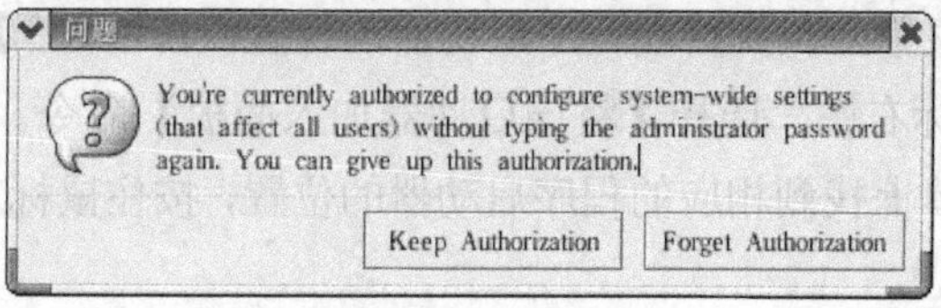

图 4-4　安全通知确认对话框

如果看不到任何通知警告图标，则可能是通知区域被从面板上删除了，可以通过 4.4 节介绍的方法把它重新加入面板。

6. 插件小程序

插件小程序(Applets)是完成特定任务的小程序，如电子邮件检查器、时钟日历、CPU 和内存负荷情况查看器等。

4.3.2　面板个性化配置一：自由组合内容元素

主菜单、程序启动器图标、工作区切换器、窗口列表、通知区域和插件小程序都可以看成是 GNOME 面板上的内容元素，它们可以自由组合与排列，这是 GNOME 图形界面的特色。用户可以根据个人的喜好，增添或者删除相应的内容元素，也可以任意改变内容元素所在面板的位置。

1. 组合主菜单

常用 Windows 的读者会感到奇怪，GNOME 中可以有两个或者更多的主菜单，如图 4-5 所示，每个主菜单可以在不同位置，还可以删除主菜单，一个都不剩。

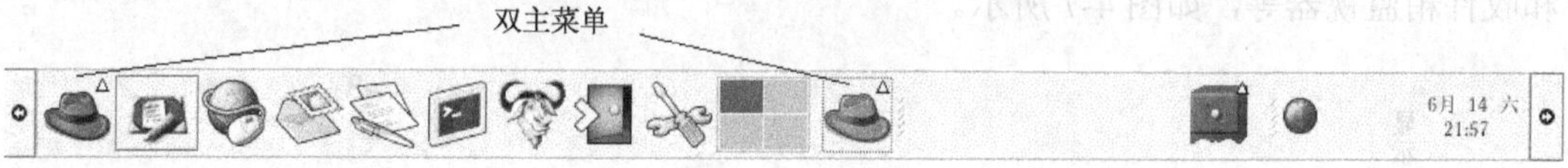

图 4-5　GNOME 中的双主菜单

增加主菜单：在面板上单击鼠标右键，选择【添加到面板】|【主菜单】命令。

如何删除主菜单呢？只要将鼠标移到要删除的主菜单上，单击鼠标右键，选择【从该面板上删除】即可。

如果想尝试与 Windows 不同的位置风格：将鼠标移到主菜单上，单击鼠标右键，并选择【移动】命令，移到相应位置后，单击鼠标右键，主菜单就可以在想要的地方“安家落户”了。

2. 组合程序启动器

(1) 添加程序启动器

- 方法一：在面板上单击鼠标右键，选择【添加到面板】|【从菜单启动】|【系统工具】|【终端】命令。
- 方法二：在主菜单上找到终端程序启动器的位置，【主菜单】|【系统工具】|【终端】，单击鼠标右键，选择【将该启动器加入面板】命令。
- 方法三：在菜单上找到相应的程序启动器的位置，按住鼠标左键不放直接拖到面板上，松开左键。

(2) 删除程序启动器

删除的方法同删除主菜单的方法一样，将鼠标放到该程序启动器图标上，单击鼠标右键，并选择【从该面板上删除】即可。

3. 用抽屉组合命令

GNOME 中的抽屉(Drawer)，如图 4-6 所示，工具极具戏剧色彩，在抽屉工具中可以加入自己喜欢的东西，操作方法与为面板添加元素一样。

图 4-6　“抽屉工具”图标

添加抽屉工具的方法为：在面板上单击鼠标右键，选择【添加到面板】|【抽屉】命令。

有了抽屉后，单击抽屉，就可以看到抽屉中的程序启动器或者插件程序，再单击抽屉上方的小箭头，抽屉就会还原。抽屉有些类似菜单，但与菜单又不相同。菜单中包含的是程序名，而抽屉里包含的是程序图标。GNOME 面板中能将整个子菜单变成抽屉，方法是在该子菜单上单击鼠标右键，选择【整个菜单】|【将它作为抽屉加入面板】命令。

不论是主菜单、程序启动器图标、工作区切换器、窗口列表、通知区域或插件小程序，还是抽屉，都可以进行添加、删除和移动操作。读者可以将 GNOME 的面板设置得和 Windows 一样，例如可以将通知区域删除，添加显示桌面按钮、音量控制器、系统监视器和收件箱监视器等，如图 4-7 所示。

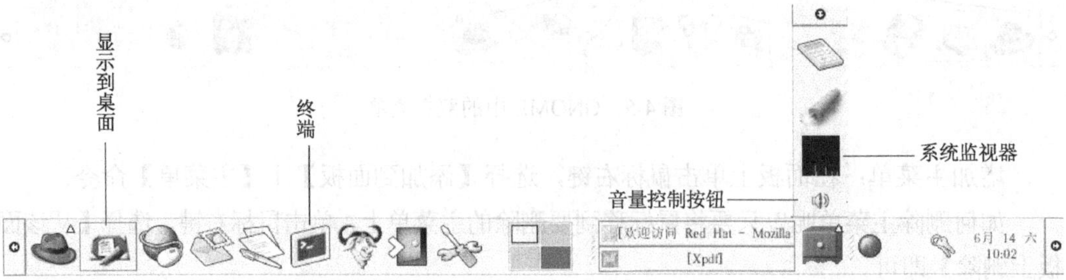

图 4-7　个性化面板

4.3.3　面板个性化配置二：自由组合属性元素

GNOME 面板和 Windows 面板的不同之处，不仅体现在它的内容元素多样性和灵活组合上，更体现为面板属性设置的多样性和自由性，可以说，Windows 能做到的，GNOME 也能做到；GNOME 能做到的，Windows 下却不一定能做得到。

GNOME 有边缘面板、角落面板、浮动面板、滑动面板和菜单面板 5 种不同属性的面板，如图 4-8 所示。除菜单面板只能添加一个外，其他种类的面板都可以添加多个。读者可以根据个人喜好，根据实际需要添加和删除。操作方法很简单，在任何一个面板上单击鼠标右键，选择【新建面板】，然后选择相应的面板即可，各种面板都可以按照 4.4.2 节介绍的方法自由组合各种元素。

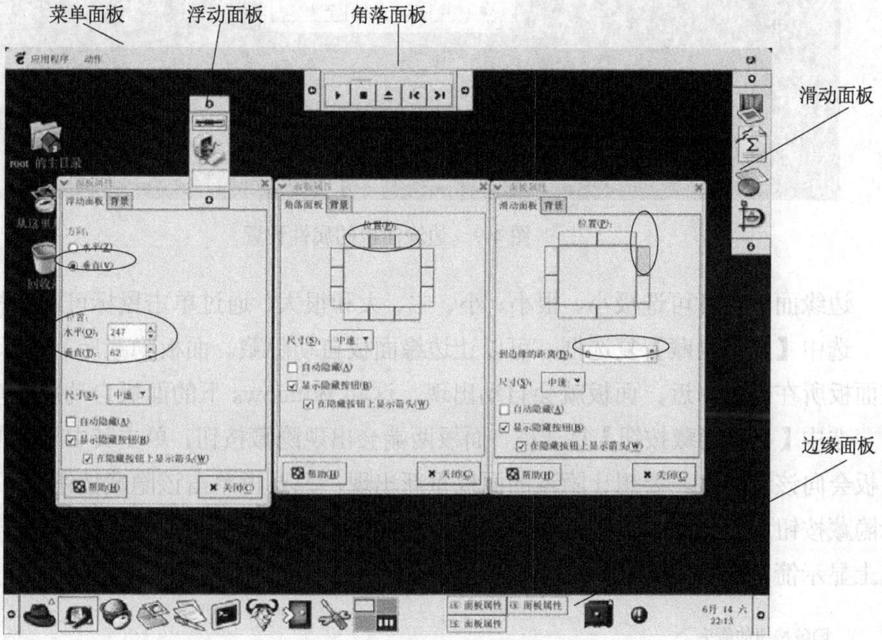

图 4-8　不同属性的面板

1. 边缘面板的属性设置

GNOME 在默认情况下具有一个边缘面板，通常是置于屏幕底部，如果想进行设置，则可在边缘面板上单击鼠标右键，选择【属性】命令，弹出属性设置对话框。

边缘面板可以放置在顶部、底部、左侧及右侧 4 种位置，通过单击鼠标可以选择相应的位置，在单击鼠标的同时面板的位置会发生改变，如图 4-9 所示。

图 4-9　边缘面板的属性设置

边缘面板尺寸可选极小、很小、小、中、大和很大，通过单击鼠标可选择相应的尺寸。

选中【自动隐藏】复选框，可以让边缘面板自动隐藏。面板隐藏后，鼠标指针会出现在面板所在位置附近，面板就会自动出现。这和 Windows 下的面板自动隐藏功能一样。

选中【显示隐藏按钮】复选框，面板两端会出现隐藏按钮，单击其中一端的隐藏按钮，面板会向该端隐藏。要想让隐藏的面板重新出现，只要再单击该隐藏按钮即可。选中“显示隐藏按钮”复选框后，可以再选中“在隐藏按钮上显示箭头”复选框，这样将在隐藏按钮上显示箭头，如图 4-10 所示。

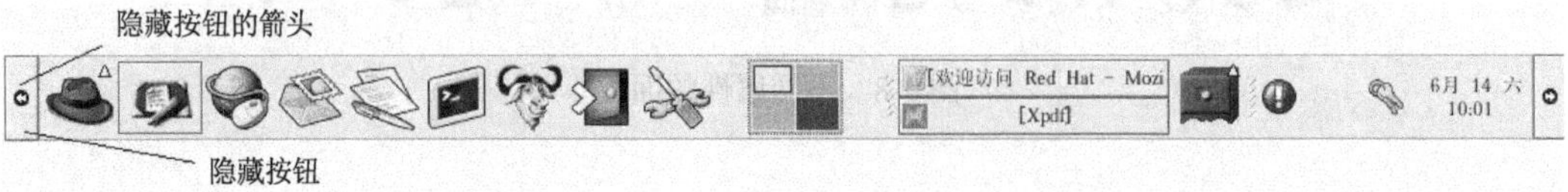

图 4-10　带隐藏按钮的面板

还可以改变边缘面板的背景设置、背景类型、颜色及图像等，读者可以根据自己的喜好来设置。

2. 角落面板属性设置

角落面板比较小，其设置可以比边缘面板更细，在顶部、底部、左侧和右侧分别有 3 个选项可供选择，如图 4-8 所示。

3. 浮动面板的属性设置

浮动面板的位置可以位于桌面上的任何位置，不但可以水平放置，还可以垂直放置，如图 4-8 所示。

4. 滑动面板的属性设置

滑动面板是可以沿着边缘自由滑动的一种面板，也可以分别放置在不同的位置，不仅可以选在上下左右的 4 个位置上，还可以设置离边框的距离。

5. 菜单面板的属性设置

菜单面板将主菜单中的内容分为【应用程序】和【动作】两部分，在【应用程序】中能找到绝大部分的应用程序启动器；【动作】中包括【运行程序】、【查找文件】、【最近打开的】、【屏幕抓图】、【锁住屏幕】和【注销】。菜单面板没有可设置的属性。

4.4 GNOME 桌 面

GNOME 桌面可以用来放置自己最需要的常用项目。

4.4.1 初始桌面

初始桌面为用户登录后首先看到的基本桌面环境，包括“主目录”(/home/[user name])、“从这里开始”和“回收站”。“主目录”是用户默认的文件目录，用来存储用户的文件；“从这里开始”包含绝大部分的程序启动器以及系统设置首选项，读者可以运行相应程序或者对系统进行相应设置；“回收站”是删除文件的临时存放处，读者可以通过单击鼠标右键，选择“清空回收站”命令来清空回收站中的文件，也可以还原其中的文件，目的是将回收站中的文件移回到原来的目录。

GNOME 桌面上所保存的所有项目都位于/home/[user name]/.gnome-desktop/目录中，gnome-desktop 目录是一个点文件，读者可以通过下面的方式看到它：在桌面上单击鼠标右键，选择【新建文件夹】，会在桌面上出现一个未命名文件夹，打开该文件夹，再回到该文件夹的上层目录，就可以看到.gnome-desktop 目录。

GNOME 桌面默认使用 Enlightenment 窗口管理器，该管理器可以让用户使用多个虚拟桌面。GNOME 通过工作区切换器来管理多个虚拟桌面。GNOME 桌面是由 GNOME 文件管理器中的后端进程提供的，但使用桌面并不需要打开一个文件管理器。如果桌面死机，也就是后端进程停止了运行，则可以通过重新启动 GNOME 文件管理器的办法来重新启动桌面。

4.4.2 拖放操作

图形桌面的优势就是可以更快捷、更友好地使用系统资源，将项目放到桌面上则可以快捷地使用，最简单的方法是用拖放操作来完成。

1. 程序启动器的拖放

程序启动器是用来帮助用户执行应用程序的链接，它是用户经常面对的项目。可以通过主菜单直接拖放到桌面上，也可以通过面板拖放到桌面，即按住鼠标左键不放，移动鼠标指针到桌面，放开鼠标左键，就可以将相应的程序启动器拖放到桌面。

拖放程序启动器到桌面，并不是将程序也拖到桌面上，它仅是该程序的链接图标。单击图标，系统会自动执行对应的应用程序。但如果要拖放的程序不是为 GNOME 或者 Motif 开发的应用软件，则只能到系统的隐藏目标.gnome-desktop 中手动建立链接。

要删除已经拖放到桌面的程序启动器，则选中该启动器，按住鼠标左键不放，直接拖到回收站，然后放开鼠标左键即可。已经在桌面上的启动器也可被拖到面板上，拖放的操作和前面介绍的方法一样。将程序启动器拖到面板上，并不是移动到面板上，而是复制到面板上。

2. 文件的拖放

如果把任何项目从文件管理器窗口拖放到桌面上，则该项目对应的图标就会出现在桌面上。但是，默认的拖放操作实际上是移动操作。例如，用户在文件管理器中选择一个文件夹拖放到桌面上，那么实际上是把它从所在的子目录移到.gnome-desktop 目录中。

在大多数情况下，用户通常只是想在桌面上另外创建一个访问文件或者文件夹的途径，并不需要把它从原来的目录移出来。这可以通过创建链接的方法来实现，如图 4-11 所示。创建链接可以有以下两种方法。

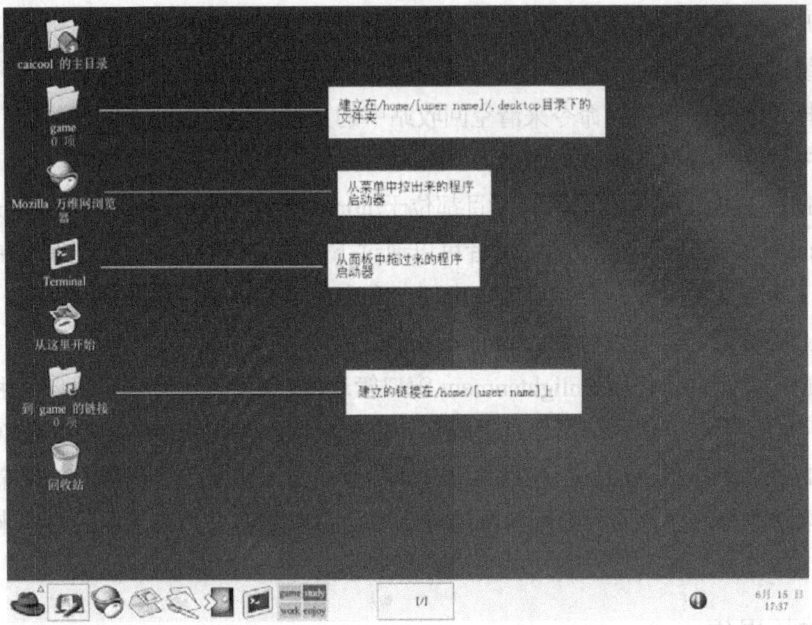

图 4-11　在桌面上建立的各种项目

● 在文件管理器中选中该项目，单击鼠标右键，选择【创建链接】命令，则在文件管理器的窗口中出现一个图标，名字是【到……的链接】，并且带有一个小箭头符号。只要将该图标拖放到桌面，就可以建立到该项目的链接。

- 选中该项目，按住鼠标中键(3 键鼠标的滚轮键)，拖到桌面上，当放开鼠标中键时，会弹出【移动到此处】、【复制到此处】及【在此处创建链接】等命令，选择【在此处创建链接】命令，就可以在桌面创建该项目的链接。

注意：

默认执行的动作是移动操作。例如，用户在文件管理器中选择了一个文件夹拖放到桌面上，那么实际上是把它从所在的子目录移到.gnome-desktop 目录中，原文件夹中的文件就不存在了。

4.4.3　桌面菜单

桌面菜单是最常用的一些操作命令的集合，在桌面空白处单击鼠标右键，就会弹出桌面菜单，包括下面几项。

- 【新建窗口】：选择该命令，打开的文件的目录为/home/[user name]。
- 【新建文件夹】：在桌面上出现新文件夹，实际建在.gnome-desktop 目录下。
- 【新建启动器】：可以将新的应用程序启动器放在桌面上。选择该选项时将打开程序启动器对话框，可以指定应用程序及其启动属性。
- 【新建终端】：启动新的 GNOME 终端窗口，并自动转到/home/[user name]目录下。
- 【脚本】|【打开脚本文件夹】：运行当前的脚本文件。
- 【按名称清理】：自动排列桌面上的图标。
- 【剪切文件】、【复制文件】和【粘贴文件】：它们都是对.gnome-desktop 目录下的文件进行操作。
- 【磁盘】|【软驱】：挂载或者卸载软驱；若选择【光驱】则挂载或者卸载光驱。
- 【使用默认背景】：恢复到 GNOME 默认的背景。
- 【改变桌面背景】：弹出【背景首选项】对话框，可以进行桌面背景的设置。

4.4.4　相关属性设置

1. 桌面背景设置

在【背景首选项】对话框中，可以更改背景图片、设置背景图片、选择背景风格和顶部或底部颜色。

2. 屏幕保护设置

屏幕保护程序最初是用来使显示屏不要太长时间显示相同的内容而开发的图像显示程序，现在则多数用来使桌面显得不再单调。其设置方法是单击【主菜单】，进入【首选项】，选择【屏幕保护程序】。

3. 工作区切换器属性设置

在面板上选中工作区切换器，单击鼠标右键，选择【属性】，出现【工作区切换器首选项】对话框，如图 4-12 所示。选中【在切换器中显示工作区名称】复选框，则在切换器中显示右边各个工作区的名称；不选，则切换器中的各个工作区无名称显示，默认时各工作区无名称。在【工作区】列表框中，单击其中一个工作区，该工作区名称显示为蓝色，此时可以输入新名字，即给工作区更名。工作区的数量可以通过改变【工作区的数量】中的数值来设置，工作区的数量最多为 25 个。【只显示当前工作区】指在工作区切换器中显示当前工作区。

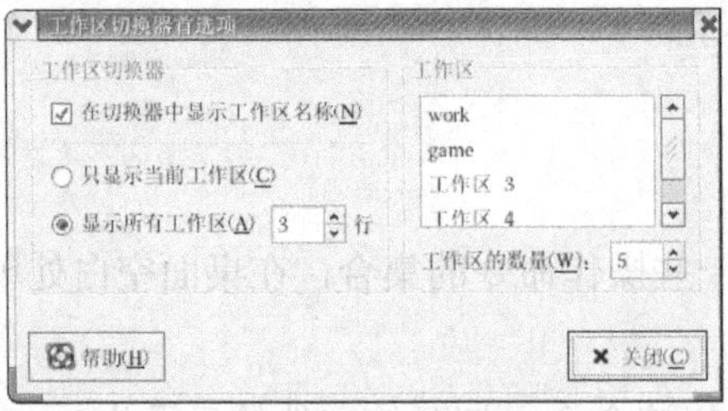

图 4-12　工作区切换器首选项

4.5　GNOME 窗口管理器

第 3 章中介绍过，窗口管理器是管理窗口的位置、边框和装饰的管理软件。GNOME 处理窗口管理器的方式与其他桌面环境有所不同，其窗口相关元素如图 4-13 所示。

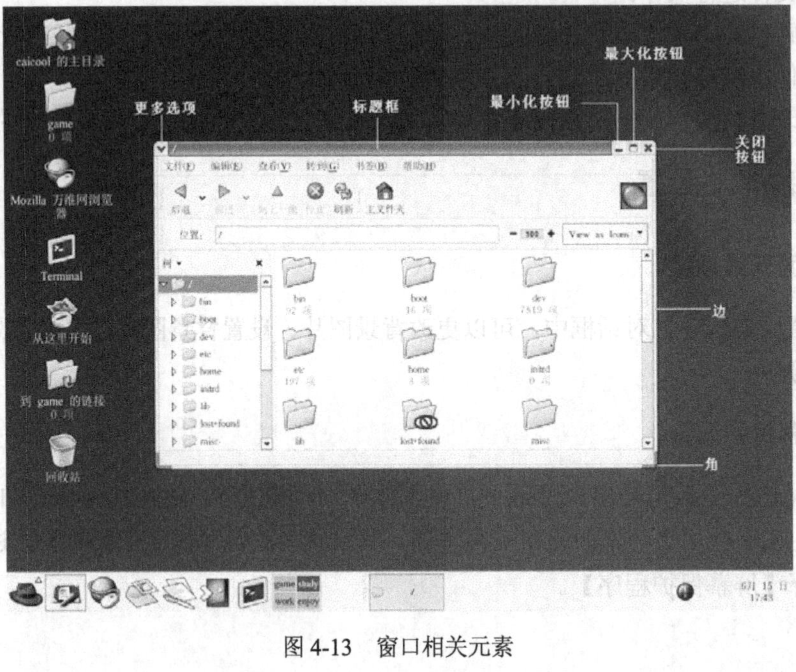

图 4-13　窗口相关元素

GNOME 并不依赖任何窗口管理器，即桌面环境的主要部分不会因为窗口管理器的改变而改变。GNOME 利用窗口管理器提供更简化的工作环境。GNOME 并不考虑窗口位置，而是从窗口管理器取得位置信息。

GNOME 可以使用任何窗口管理器。但某些桌面功能，如拖放功能和 GNOME 桌面调度器只能在与 GNOME 配套的窗口管理器中使用。目前只有 Enlightenment 窗口管理器完全与 GNOME 配套。

Enlightenment 使用的窗口操作与其他窗口管理器使用的相差无几，对窗口的操作和 Windows 几乎一样。

- 调整窗口的大小：用户可以单击拖拽窗口边界的任何一个边、角；也可以在【更多选项】菜单中选择【改变大小】命令，再用键盘中的“↑”、“↓”、“←”和“→”方向键选择要调整大小的边界。
- 移动窗口：可以在窗口标题栏中单击鼠标左键并按住不放，然后移动鼠标到合适的位置，放开鼠标左键，就可以将窗口移动到相应的位置。
- 最大化：单击【最大化】按钮，可以将窗口最大化到整个桌面区域。
- 最小化：单击【最小化】按钮，窗口将从桌面区域消失，并在面板的列表中创建一个与该窗口对应的小窗口，单击该小窗口可以恢复原来的大小。同样，也可以在【更多选项】菜单中选择【最小化】将窗口最小化。
- 关闭窗口：单击【关闭】按钮，窗口将关闭；也可以在【更多选项】菜单中选择【关闭】以及按 Alt+F4 来关闭窗口。
- 卷起：这是 GNOME 操作界面提供的和 Windows 不同的操作，窗口卷起后只剩下窗口标题栏可见。GNOME 默认将鼠标在窗口标题栏上的双击关联为窗口的卷起操作，同样可以在【更多选项】菜单中选择【卷起】来卷起窗口。
- 移动到别的工作区：由于 Windows 没有工作区的概念，所以这一操作是 Linux 操作界面特有的。从【更多选项】菜单中选择【移动到工作区……】即可将该窗口移动到指定工作区，同时该窗口从原来的工作区中消失。
- “复制”到别的工作区： GNOME 中并没有这样的操作命令，不过读者可以选择【放在所有工作区】，将该窗口在各个工作区内生成一个备份。

4.6　GNOME 文件管理器

GNOME 文件管理器可以方便、有效地用图形显示操作系统中的文件。Red Hat Linux 9.0 用的文件管理器是 Nautilus 文件管理器。

4.6.1　文件管理器的组成

GNOME 文件管理器主要由菜单栏、工具栏、位置栏、侧栏、状态栏和浏览窗格等组成，如图 4-14 所示。其中菜单栏和浏览窗格是必需的，工具栏、位置栏、状态栏和侧栏都可以通过在【查看】菜单中取消相应的命令而从文件管理器中隐藏起来。

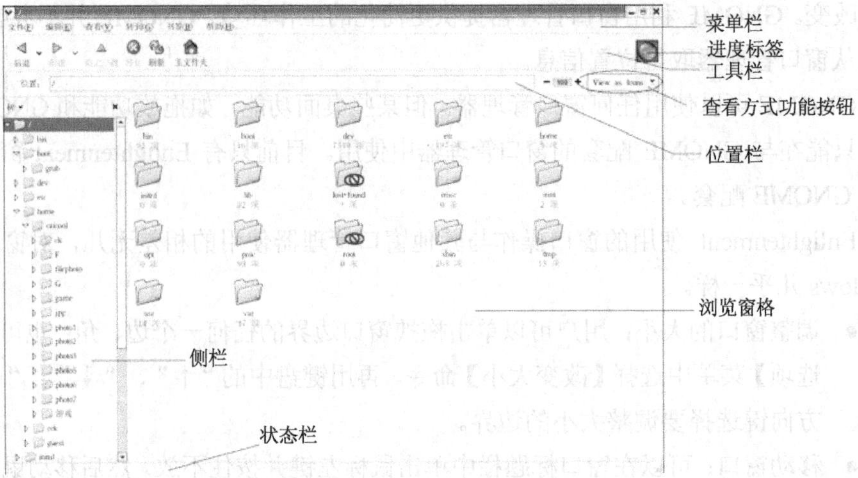

图 4-14　文件管理器的组成

4.6.2　文件管理器的基本操作

1. 选择文件

同 Windows 下的操作相同，选择文件主要有以下 3 种方法。

- 用鼠标单击文件管理器中的文件，被选中的项目将高亮显示。
- 要选择多个文件时，在空白位置单击鼠标并拖动，进行区域选中；选择多个相邻文件时，先用鼠标选中一个文件，再按下 Shift 键的同时单击要选文件的最后一个，则从第一个文件到最后一个文件组成的矩形区域内的文件都会被选中；要选择不相邻的多个文件，在按住 Ctrl 键的同时单击要选择的各个文件即可。
- 要全部选择文件管理器中当前目录下的所有文件或文件夹，可以在【编辑】菜单中选择【选择全部文件】或按 Ctrl+A 快捷键。

2. 打开文件

打开文件的方法如下。

- 在该文件上双击鼠标左键，也可以设成单击鼠标，具体设定在下文介绍。
- 在该文件上右击鼠标，从弹出的快捷菜单中选择【打开】命令。或者选中该文件，在菜单栏中选择【文件】|【打开】命令。用单击鼠标右键的方式打开文件时，可以选择打开的方式。
- 将文件拖放到已经打开的应用程序中，前提是该文件能以已经运行的应用程序的方式打开。

3. 更改文件名

更改文件名的方法如下。

- 在该文件上单击鼠标右键，选择【重命名】命令。此时，文件名处于可编辑状态。文件可以以中文命名，用 Ctrl+空格键或者 Ctrl+Shift 键可以切换到中文输入法。
- 右击文件，选择【属性】命令，在弹出的属性对话框中的【名称】中将原来的文件名更改为新的文件名。

4. 移动和复制文件

移动和复制文件的方法如下。

- 用鼠标拖放移动文件。在一个文件目录下按下鼠标左键不放，然后拖动鼠标到目标目录中，放开鼠标左键，即可将该文件从原来的目录移到目标目录中。如果将上面的操作换成鼠标中键，也就是 3 键鼠标的滚轮，那么在放开中键时，会弹出菜单选项，选择【移动到此处】命令，则将该文件移动到目标目录中，如果选择【复制到此处】命令，则在目标目录中建立一个该文件的副本。
- 在文件上右击，选择【剪切文件】，再在目标目录下的浏览窗格空白处右击鼠标，选择【粘贴文件】，则将该文件从原目录移动到目标目录。若选择【复制文件】命令，再选择【粘贴文件】则复制文件到目标目录。同时，也可以用快捷键实现，GNOME 中"剪切"文件的快捷键是 Ctrl+X，复制文件是 Ctrl+C，粘贴文件用 Ctrl+V。在右击鼠标弹出的快捷菜单中，有一项是【就地复制】，它是指在与原文件相同的目录下建一个原文件的副本文件，该副本文件同原文件相比文件名多了"(复件)"字样。

5. 给文件建立链接

在桌面操作中，我们已经介绍了建立文件链接的方法。除了选中文件，右击并选择【创建链接】命令这种方法以外，还可以用快捷键 Ctrl+K 的方法来建立链接。

6. 删除文件

删除文件的方法如下。

- 按 Del 键，可将选中的文件删除。
- 右击文件，选择【移动到回收站】命令；或者在菜单栏的【编辑】中选择【移动到回收站】命令。
- GNOME 中默认的删除文件都在/home/[user name]/.Trash/目录下，如果想撤销删除操作，或者恢复被删除的文件，将该目录下的相应文件移回即可；如果要彻底删除，则右击桌面上的回收站图标，选择【清空回收站】命令。

7. 定位

具体方法如下。

- 通过侧栏的树来定位。GNOME 默认状态下，侧栏是隐藏的，选择菜单栏中的【查看】|【侧栏】命令，则侧栏出现在文件管理器的左侧。在默认时，侧栏里以【信息】显示，单击小箭头，选择【树】，如图 4-15 所示。显示树的侧栏是展现整体

文件的信息，小箭头向右表示该目录下有未打开的子目录，小箭头向下表示已经打开下一级子目录。通过树，读者可以很快定位想找的文件。

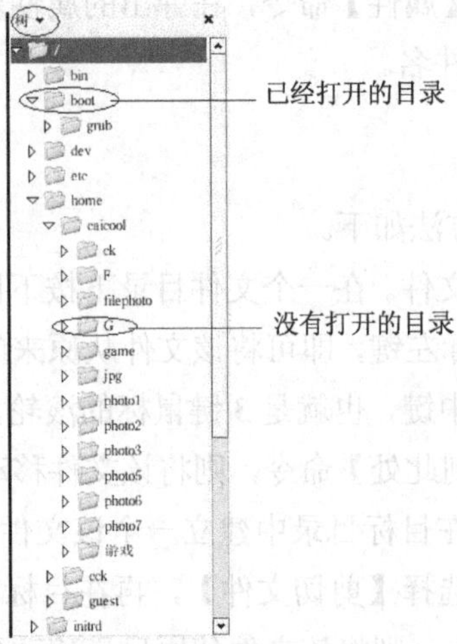

图 4-15 侧栏

- 以【主文件夹】为导航点，定位文件目录。在工具栏中，单击【主文件夹】快速到达主菜单文件夹目录，或者打开一个新窗口，也能到达主菜单目录。再通过打开操作(下级)和工具栏中的后退、前进和上级等按钮操作定位文件。工具栏中的后退、前进按钮的边上都有一个可以下拉的小按钮，单击该按钮，会出现一串目录，这些目录是最近操作留下的历史目录，如果读者的目标目录在那些目录中，则选中后可以快速到达。

8. 改变文件的查看方式

GNOME 下文件的查看方式有以图标查看和以列表查看两种，以图标查看显示文件的某些具体信息，则能预览图形文件；以列表查看，则显示文件的权限设置、修改日期和大小等，后者比前者在查看速度上要快。通过单击查看方式切换按钮，或者在菜单栏的【查看】菜单中，选择以图标查看或者以列表查看。

4.6.3 文件管理器个性化操作

1. 改变鼠标单击行为关联

在上文提到，可以设定鼠标单击打开文件。设定方法如下：选择【主菜单】|【首选项】|【文件管理】命令，打开【文件管理首选项】对话框，选择【行为】选项卡中的【单击时激活项目】单选按钮，即可将鼠标单击和激活项目关联起来，如图 4-16 所示。

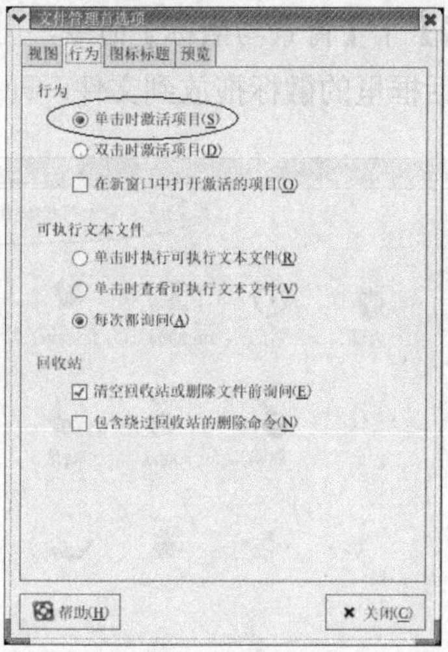

图 4-16　【文件管理首选项】对话框

2. 给文件增加徽标

徽标是 GNOME 相当个性化的一项，给每个文件使用不同的徽标，可以使该文件的用途、性质一目了然。添加徽标有以下 3 种途径。

- 在属性中修改。右击文件，选择【属性】命令，打开【属性首选项】对话框，并选择【徽标】一栏，在相应的徽标选项中单击，选中的徽标以打钩显示；如果想去除徽标，再单击该徽标图案，取消小勾标志即可。
- 通过侧栏将徽标拖到文件上来。在侧栏的【树】选项中，选择【徽标】，侧栏内显示所有徽标图案，选择相应的徽标并拖到文件上，则文件上出现与该徽标相同的徽标，如图 4-17 所示。

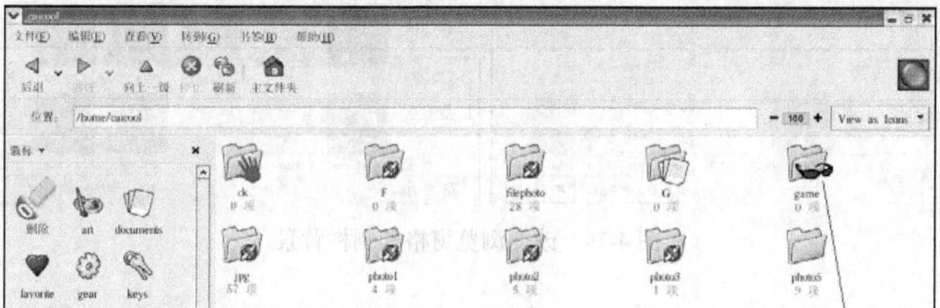

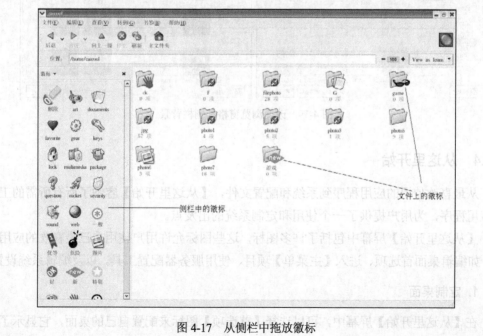

图 4-17　从侧栏中拖放徽标

- 从菜单栏中选择【编辑】|【背景与徽标】命令，出现【背景和徽标】对话框，如图4-18所示。将该对话框里的徽标拖放到文件，即可在该文件上方出现该徽标。

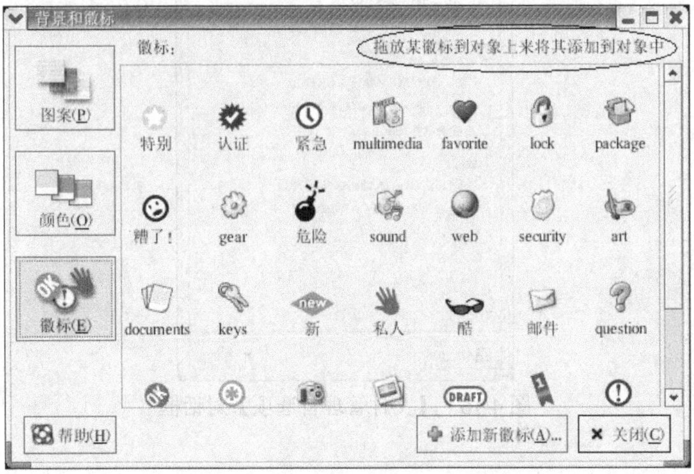

图4-18 从【背景和徽标】对话框中拖放徽标

3. 改变侧栏和浏览窗格的背景或者颜色

在【背景和徽标】对话框中，还可以改变侧栏和浏览窗格的背景。方法是将喜欢的背景或者颜色，拖到侧栏或者浏览窗格中，如图4-19所示。改变后，如果想复原默认的情况，将图中的【复位】拖到侧栏或者浏览窗格即可。

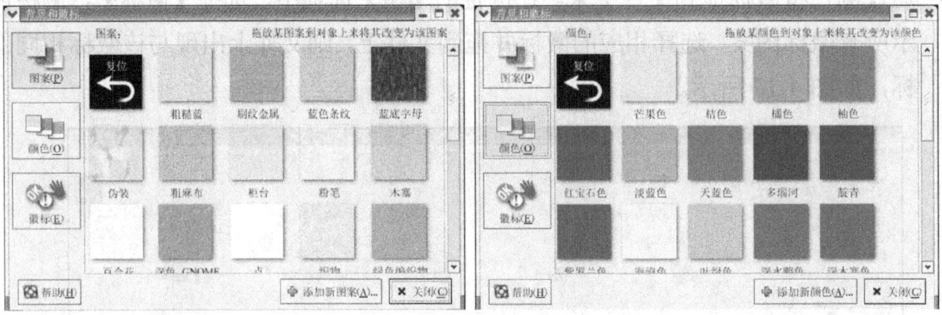

图4-19 改变浏览窗格和侧栏背景

4.6.4 从这里开始

从最喜欢使用的应用程序到系统和配置文件，【从这里开始】容纳了所有所需的工具和应用程序，为用户提供了一个使用和定制系统的出发点。

【从这里开始】屏幕中包括了许多图标，这些图标允许用户使用自己最喜欢的应用程序，如编辑桌面首选项、进入【主菜单】项目、使用服务器配置工具，以及编辑系统设置。

1. 定制桌面

在【从这里开始】屏幕中，可以选择【首选项】图标来配置自己的桌面，它显示了广泛的配置选项。以下列举了各区域内的几个选项和工具。

- 背景：可以把背景配置为另一种颜色或图像。
- 音效：在这个部分中，可以为各类功能配置系统音效。例如，如果想在登录到桌面时播放音效，就可以在这里进行配置。
- 键盘快捷键：用户可以配置快捷键(键盘上的某个组合键)——按住它在应用程序或桌面中执行操作。

2. 定制系统

【从这里开始】屏幕包含一些附加的配置工具，它们能够为用户新安装的 Red Hat Linux 系统以及所包括的服务器应用程序提供帮助。

【系统设置】图标包括能够帮助用户设置系统以便用于日常工作的工具，【系统设置】中的工具以及它们的用途如下。

- 日期和时间：该工具允许设置系统的日期和时间，还能够设置系统的时区信息。
- 声卡检测：声卡配置工具会在机器上探测可用的声音设备。
- 用户和组群：用户管理器允许用户在系统上添加和删除用户。
- 打印：打印机配置工具允许用户给自己的系统添加新打印机。

从【从这里开始】还可以找到服务器配置工具，这要依据安装类型而定。这些工具会帮助配置在本地计算机上用来为其他计算机提供服务的服务和应用程序。可以通过单击【系统设置】图标，然后单击【服务器设置】图标来找到这些服务器配置工具。

4.7　KDE 概述

K 桌面环境(K Desktop Environment，KDE)是一个模拟 Windows 开发得到的集成桌面环境，它除了包括标准的桌面功能(如窗口管理器、文件管理器)外，还包括许多 Linux 应用程序组，例如全套集成的网络应用程序：Web 浏览器、新闻阅读器和邮箱系统等。KDE 的目标是提供与 Windows 和 Mac OS 操作系统相同级别的桌面功能，并方便使用，同时能够体现 UNIX 操作系统的强大功能和灵活性。

KDE 最早开始于 1996 年 10 月 German Lyx 开发人员 Matthias Ettirch 发表的一篇 Usenet 文章。不久，一组感兴趣的开发人员开始规划和编程新项目的部件。一年后，窗口管理器、文件管理器、终端仿真程序和帮助系统与显示配置工具推出 Alpha 和 Beta 测试版。

1998 年 7 月，稳定版本 KDE 1.0 推出，接着在 1999 年 1 月，新的标准稳定版 1.1 版推出。2.0 版在 1.1 版的基础上做了很大的改进，在 2.0 版中有一个新的文件管理和控制中心，它包括一个新的基于音频和视频应用程序的模拟实时合成器(Analog Realtime Synthesizer，ARTS)的多媒体结构，并且提供了一套办公应用程序 KOffice 包，在该包中包含一个专业级别的发布程序、一个图解器、一个电子图表系统以及其他应用程序。Red Hat Linux 9.0 中使用的是 KDE3.1-10 版。

KDE是GNU公用许可证允许的完全免费的开放式软件，包括各个KDE组件。关于KDE更详细的信息，可以访问KDE的主站点http://www.kde.org，那里包括申明、缺陷修复、开发人员信息、式样指南、文档以及源代码下载。

Red Hat Linux 9.0默认的集成桌面环境是GNOME，KDE可以在定制安装时选择安装，但也可在GNOME中安装，安装过程非常简单，在此不再赘述。

切换到KDE的方法有以下两种。

1. 在GNOME环境中切换

第1种方法是在GNOME环境中，完成切换选择。选择【主菜单】|【系统工具】|【更多系统工具】| Desktop Swithing tool(桌面切换工具)，打开Desktop Switcher(桌面切换器)对话框，如图4-20所示。

默认选中的是当前的桌面环境。选择KDE单选按钮，改变注销当前环境后使用的桌面环境为KDE。如果选中Change only applies to current display复选框，则仅将切换环境的改变保留一次。进入改变后的环境中再注销，则又回到改变前的桌面环境。单击OK按钮后，出现切换信息提示对话框，如图4-21所示。

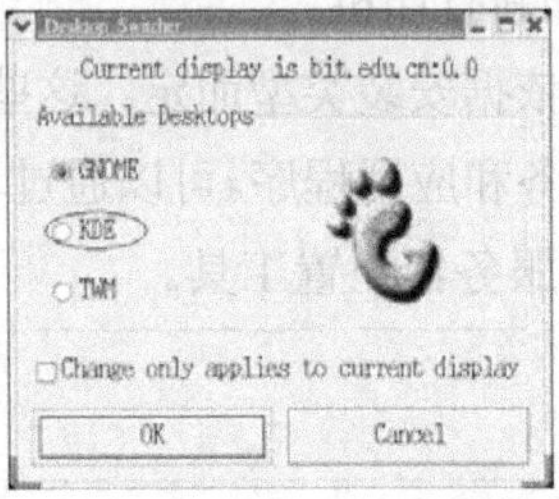

图4-20　桌面切换器对话框

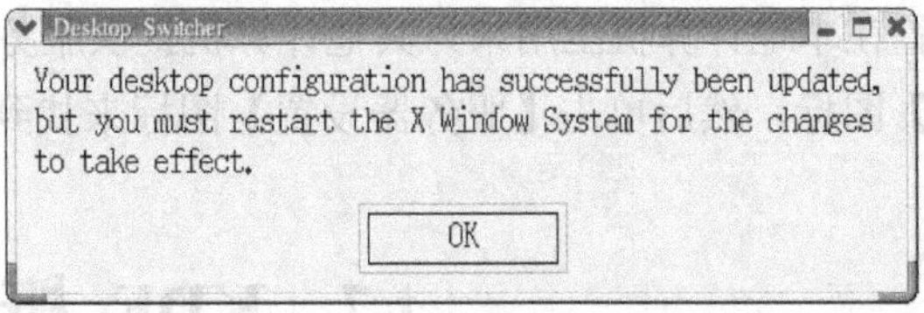

图4-21　切换信息提示对话框

该提示对话框表明，切换选择已经成功，但是在注销当前桌面环境，并重新登录后才能生效。因此，用户注销GNOME后，重新登录，就可以看到令人向往的KDE了！

2. 登录时切换

第2种方法是在登录界面中实现选择。在登录界面的下方，单击【会话】按钮，再选择KDE单选按钮，单击OK按钮，再重新登录，就可以进入KDE界面了。在登录的过程中，可能会出现【默认设置改变】对话框，提示如下“你已为该会话选择了KDE，但是默认的设置为GNOME，是否希望成为以后会话的默认设置”。若单击【是】，则以后登录的默认桌面环境都是KDE；若单击【否】按钮，则下次登录的桌面环境还是切换前的桌面环境。

当然，从KDE切换回GNOME以及其他桌面环境，都可以用以上两种办法。

4.8 本章小结

本章主要介绍了 GNOME 及 KDE 两种集成图形环境的基本组件：控制面板、桌面、窗口管理器和文件管理器的相关概念和操作。本章提供了不同的操作方法，读者可以根据个人的喜好加以选择。GNOME 及 KDE 都是 Linux 下非常优秀的集成图形环境，几乎可以同微软公司的 Windows 环境相媲美，用户还可以根据自己的喜好及特殊要求进行切换，其最新的版本甚至加入了许多 Windows 都不具备的高级显示效果。

4.9 习　题

1. 填空题

(1) 用户在安装 Red Hat Linux 时默认使用的操作界面是_____。

(2) GNOME 操作界面由_____和______组成。

(3) _____是一个模拟 Windows 开发得到的集成桌面环境。

2. 选择题

(1) 哪些项不是 GNOME 桌面的组成部分？(　　)

A. 桌面　　B. 窗口菜单　　C. 窗口管理器　　D. 面板

(2) 如下哪项不属于集成窗口环境？(　　)

A. GNOME　　B. KDE　　C. TWN　　D. Enlightenment

3. 思考题

(1) GNOME 操作界面和 Windows 操作系统有哪些相同和不同？

(2) GNOME 的风格设置中能改变 GNOME 面板、桌面、窗口管理器和文件管理器的属性，请试着操作并分析有什么变化。

(3) 文中在文件管理器操作中并没有提到文件夹而仅使用的是文件，为什么？

(4) 比较 KDE 和 GNOME 的异同，分析 KDE 的优势。

4. 上机题

(1) GNOME 的文件图标可以自由选择，并且大小可变，请试着操作。

(2) 执行文件管理的基本操作，新建一个文件，然后再选择、打开、更改文件名以及删除该文件。

(3) 定制系统菜单项目以及增加一个主菜单。

(4) 改变鼠标单击的关联。

(5) 在 GNOME 和 KDE 环境中进行切换。

第5章　字符操作环境

虽然 Linux 提供了漂亮的 X Window 图形操作环境，但在许多特殊情况下更合适在字符操作环境中工作。特别是，如果将 Linux 用作服务器，图形界面就会因占用大量系统资源而造成提供的服务不稳定，故在字符环境中非常适宜管理系统。Linux 下字符操作环境有两种：一种是虚拟控制台(Console)或终端(Terminal)，另一种是在图形界面中提供的多种虚拟终端工具，如 Xterm、rxvt 等，甚至可能是 Windows 环境中的虚拟终端工具 Hyper Terminal。故我们将其均称为终端。

本章学习目标：

- 使用终端
- 使用 shell
- 字符编辑器 vi

5.1 使 用 终 端

5.1.1 虚拟终端简介

终端又称控制台，它是 UNIX 的一个标准特性，早期的 UNIX 都是多用户多任务系统，每个用户都是通过终端访问计算机资源的。终端是用户的显示和输入设备(主要是显示器和键盘)，通过并口线路接入到计算机上。

Linux 不仅能够支持多达 256 个终端连接到计算机上，还实现了 6 个虚拟终端，也就是说，将计算机主机上的显示器和键盘，当成多达 6 个终端接入到系统中。

本章介绍的仅是在字符操作环境中，并在图形界面中，使用的 X Window 虚拟终端，也可以认为是连接到系统中的多个终端设备。

1. 终端启动

安装 Linux 时，可以选择启动后进入文字模式还是图形模式。如果选择的是文字模式，则在系统启动后，进入字符操作环境，否则进入的就是前面所介绍的图形界面。

字符界面非常简单，会看到如下的提示。

```
Red Hat Linux release 9(Shrike)
Kernel 2.4.20-8 on an i686
```

```
localhost login:
localhost passwd:
```

在 login:提示下输入用户名后，系统会提示输入密码。

输入正确的密码后就进入了系统，如果使用的是超级用户 root，会看到提示符 #，否则就是$。同时系统还提示上一次用户从控制台登录的时间。

2. 虚拟控制台

Linux 设计的一个非常鲜明的特点是，系统带有 6 个虚拟控制台，用 tty1~tty6 表示。它们之间可以通过使用 Ctrl+F*n* 快捷键来切换，其中 *n* 为从 1~6，分别表示 6 个虚拟控制台。

登录到系统中，系统就会告诉你登录的是哪个控制台。还可以用一个用户登录到第 1 个控制台后，切换到第 2 个控制台，用另一个身份登录系统。

如果使用 X Window，系统会将图形界面认为是第 7 个控制台。这时使用 Alt+F*n* 快捷键切换窗口，其实只是在图形界面中切换多个桌面；如果想切换到文字模式的虚拟控制台，则需要使用 Ctrl+Alt+F*n* 组合键。

系统认为图形窗口是第 7 个控制台，因此，在使用某个虚拟控制台时，还可以切换显示图形界面，按快捷键 Ctrl+F7 就可以立刻回到图形界面。

3. 从虚拟控制台启动 X Window

从虚拟控制台启动 X Window 只需要使用命令 startx，输入如下命令。

```
[root@localhost root]#startx
```

就可以进入前面介绍的 X Window 图形环境中了。但不用再重新登录，因为 X Window 已经使用了现在的权限来启动。

另一个启动 X Window 的命令是 initx，它启动初始 X Window 窗口。其实 startx 是一个 shell 程序(一种调用系统命令的脚本程序，在后面章节要介绍)，也要调动 initx，只是增加了一些用户的特殊设置。

5.1.2　shell 的历史

Linux 系统的 shell 作为操作系统的外壳，为用户提供使用操作系统的接口。它是命令语言、命令解释程序及程序设计语言的统称。shell 是用户和 Linux 内核之间的接口程序，如果把 Linux 内核想象成一个球体的中心，shell 就是围绕内核的外层。当从 shell 或其他程序向 Linux 传递命令时，内核会做出相应的反应。

1. 系统中的 shell

在 AT&T 的 Dennis Ritchie 和 Ken Thompson 设计 UNIX 的时候，他们想要为用户创建一种与系统交流的方法。那时的操作系统带有命令解释器。命令解释器接受用户的命令，然后解释它们，因而计算机可以使用这些命令。但是 Ritchie 和 Thompson 不只想要这些，他们想提供比当时的命令解释器有更多功能的工具。这导致了 Bourne shell(通称为 sh)的开发，并由 S.R. Bourne 创建。Bourne shell 创建后，其他 shell 也一一被开发，如 C shell(csh) 和 Korn shell(ksh)。之后，开发者们开始致力于 Bourne shell 以及当时其他 shell 中某些流行功能背后的语言，这个开发结果是 Bourne Again shell，或称 BASH。虽然 Red Hat Linux 带有几种不同的 shell，但 BASH 是为互动用户提供的默认 shell。

想了解更多关于 BASH 的知识，可以通过阅读 BASH 的说明书，在 shell 提示下输入 man bash 即可。

2. 启动 shell

shell 随着 UNIX 操作系统问世多年，已经开发出了很多种不同的版本，它们各有各的特点。Linux 下就支持很多种 shell，都集中在/etc/shells 目录下，使用 cat 命令可以查看它们，如下所示。

```
[root@localhost root]#cat /etc/shells
/bin/sh
/bin/bash
/bin/bash2
/bin/ash
/bin/bsh
/bin/tcsh
/bin/csh
```

虽然 Red Hat Linux 系统带有几种不同的 shell，但是默认 shell 是 BASH。从终端登录进入系统后，系统的提示就是 BASH 提示。用户可以切换 shell，在切换时，首先需要知道当前的 shell，操作如下所示。

```
[hello@localhost hello]$echo $SHELL
/bin/bash
```

以上所示说明当前使用的正是 bash。

如果运行时变换成 Csh 的话，只需要输入以下命令。

```
[hello@localhost hello]$csh
```

这样的设置很简单，但也有一个缺点，就是它只是临时切换，用户重新登录系统后，还是会使用原来的 shell。

要在 X Window 下启动 shell 提示，选择【主菜单】|【系统工具】|【终端】命令，启动的 shell 是 Linux 默认的 BASH；还可以双击【从这里开始】图标，然后选择【应用程序】|【系统工具】|【终端】来打开 shell 提示。

要退出 shell 终端窗口，单击该窗口右上角的×按钮，或者输入命令 exit，或者在 shell 下按快捷键 Ctrl+D 即可。

5.1.3　转换系统模式

如果安装时设定以图形界面启动，但是又经常需要启动后先在字符操作环境下工作，则可以改变系统以字符模式启动，还可以在运行中改变及切换图形与文字模式。

1. 设置启动模式

要设置启动时直接进入文字模式，可以修改文本文件/etc/inittab，步骤如下。

首先，使用任何一个文本编辑器(可以使用 5.3 节介绍的文本工具 vi，或是在 X Window 下启动 gEdit 程序)，打开/etc/inittab 文件。

找到文件中的“id:5:initdefault”这一段文字，然后修改为“id:3:initdefault”，修改后的文件如下所示。

```
#Defaulf runlevel. The runlevels used by RHS are:
#0 - halt ( Do NOT set initedfalt to this)
#1 - Single user mode
#2 - Multiuser, without NFS(The helloe as 3,if you do not have networking)
#3 - Full multiuser mode
#4 - unused
#5 - X11
#6 - reboot (Do NOT set initdefault to this)
#
id:3:initedfault
…
```

这样就设置了系统默认的启动级别为 3 级。

2. 运行时设为文字模式

有时希望在运行时将系统从图形显示模式转变成文字模式，但又不想重启，这时可以借助系统的转换运行级别来实现切换。

在前面我们介绍了系统运行级别，知道在第 3 级别时，系统是文字模式。使用设置系统级别命令 init 来实现切换，在 shell 提示下，输入以下命令。

```
[root@localhost root]# init 3
```

在运行时，系统就可以切换到文字模式了。但这种方法切换并没有改变系统启动时的显示模式，当下次系统启动时，还会进入到原来设定的模式。

同理，也可以使用 init 5 将系统从文字模式转换到图形界面。

5.2　使 用 shell

熟悉 Linux 的用户都知道，使用 shell 提示往往能够更快地完成某些任务，也能够了解

Linux 图形界面中无法了解的一些其他内容。

5.2.1 为什么使用 shell

Linux 的图形化环境最近这几年有了很大改进。在 X 窗口系统中，可以完成大部分的任务，只需打开 shell 提示来完成极少量的任务。

然而，许多 Red Hat Linux 功能在 shell 提示下要比在 GUI 下完成得快。例如，图形操作需要打开文件管理器来定位目录，然后从 GUI 中用鼠标和菜单创建、删除或修改文件，而在 shell 提示下，只需使用几个命令就可以完成这些操作。

shell 提示看起来类似其他命令行界面。用户在 shell 提示下输入命令，shell 解释这些命令，然后告诉操行系统该怎么做，并将结果显示出来。有经验的用户可以编写 shell 脚本来进一步扩展这些功能。

5.2.2 shell 环境变量

shell 是一个系统与用户交互式的环境，想要了解使用 shell 的一些特性，可以通过 shell 的环境变量。环境变量是 shell 本身的一组用来存储系统信息的变量。不同的 shell 有不同的环境变量设置方法，下面以 Linux 的 BASH 为例来介绍 shell 环境变量及其设置。

1. 显示环境变量

虽然不同的 shell 拥有不同的环境变量，但它们彼此间的差别并不大，要显示环境变量及环境变量值，需要使用命令 set，如下所示。

```
[root@localhost root]$set
BASH=/bin/bash
BASH_ENV=/root/.bashrc
…
```

如果仅想知道某一环境变量的值，可以使用命令 echo，并在环境变量前加$号。如查看系统主机名的命令如下。

```
[hello@localhost hello]$echo $HOSTNAME
localhost.localdomain
```

2. 修改环境变量

可以直接使用“变量名=变量值”的方式给变量赋新值，如下所示。

```
[hello@localhost hello]$ echo  $LINES
24
```

如果希望给环境变量增加内容，可以使用如下方法。

```
[hello@localhost hello]$echo $PATH
/usr/local/sbin:/usr/local/bin:/sbin:/bin:/usr/sbin:/usr/bin
[hello@localhost hello]$PATH=$:/mydir
[hello@localhost hello]$echo $PATH
/usr/local/sbin:/usr/local/bin:/sbin:/bin:/usr/sbin:/usr/bin:/mydir
```

除了可以修改已经存在的环境变量，还可以自行加入新的环境变量。但新变量只能使用数字、英文字母和下划线，而且变量名不能以下划线开始。另外，系统设置的环境变量都是大写字母，但不是必须大写，自己定义时，可以使用小写字母。

上面介绍的都是临时改变系统环境变量的方法，用户注销再登录系统后，环境变量的值还会恢复。解决方法是修改用户主目录下的.bashrc 文件。下面以某个.bashrc 文件的部分来说明如何修改。

```
#.bashrc
#User specific aliases and functions
…
PAHT="$PATH:/mydir"
…
```

在文件中加入新的一行，修改后每次系统启动，都会自动启动改变后的环境变量。

5.2.3　常用的 shell 操作

本节主要介绍常见的 shell 操作。

1. 浏览目录及文件

(1) 使用 pwd 判定当前目录

在默认情况下，BASH 只显示当前目录名，而不是整个路径。可以通过 pwd 命令显示当前目录位置。pwd 命令代表 print working directory(打印工作目录)。

用 hello 用户登录系统后，执行 pwd 命令，应该看到类似如下的输出。

```
/home/hello
```

这说明，你是在用户 hello 的目录下，而这个目录又是在/home 目录下。

(2) 改变所在目录

要改变所在目录，使用 cd 命令，cd 命令选项如表 5-1 所示。只使用这个命令本身会返回到你的主目录；要转换到其他目录中，需要一个路径名。

表 5-1　cd 命令选项

命　令	功　能
cd	送回到登录目录
cd ~	送回到登录目录
cd /	把用户带到整个系统的根目录

(续表)

命　令	功　能
cd /root	把用户带到根用户或超级用户(在安装时创建的账号)的主目录；只有根用户才能访问该目录
cd /home	把用户带到主目录，用户的登录目录通常储存在此处
cd ..	向上移动一级目录
cd ~其他用户	把用户带到其他用户的登录目录，前提是其他用户授予该用户相应的权限
cd /dir1/subdirfoo	无论在哪一个目录中，这个绝对路径都会把用户直接带到 dir1 的子目录 subdirfoo 中
cd ../../dir3/X11	这个相对路径会带用户向上移动两级，转换到根目录，然后转到 dir3，再转到 X11 目录中去

我们可以使用绝对或相对路径名。绝对路径从“/(指代根)”开始，然后循序到你所需的目录；相对路径从当前目录开始，它可以是任何地方。

下面以 1 个 3 层的目录结构作为实例，介绍使用 cd 浏览目录的方法，如下所示。

```
/                                      根目录
/directory1                            第 1 层，根的一个子目录 directory1
/directory1/directory2                 第 2 层，directory1 的子目录 directory2
/directory1/directory2/directory3      第 3 层，directory2 的子目录 directory3
```

执行 pwd 命令，如果发现当前位置是在 directory3 之下，要想转换到 directory1，则需要执行如下命令。

```
[hello@localhost directory3]$ cd /directory1
```

或者

```
[hello@localhost directory3]$ cd ../../
```

(3) 使用 ls 查看目录内容

使用 ls 命令，可以显示当前目录的内容。

ls 命令有许多可用的选项。ls 命令本身不会显示目录中所有的文件，某些文件是隐藏文件(又称“点文件”)，只有在 ls 命令后指定附加的选项才能看到它们。如果想打印这个说明书，在 shell 提示下，输入 man ls 即可。

需要查看全部的文件，包括隐藏文件，输入命令 ls-a，就会看到以点“.”起首的文件，如图 5-1 所示。隐藏文件多数是配置文件。通过添加更多的选项，可以看到更多的细节。如果想查看一个文件或目录的大小及创建时间等，在 ls-a 命令后面添加 long(长)选项(－l)就可以了，这个命令会显示文件创建的日期、大小、所有者和权限等。

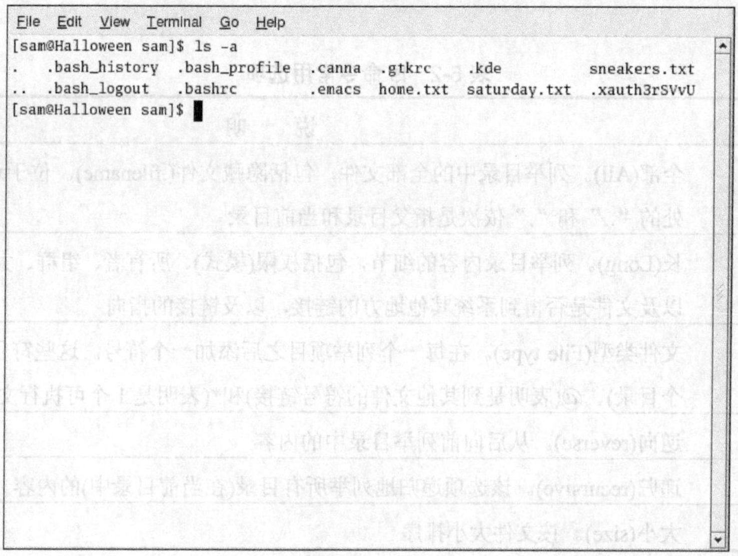
File Edit View Terminal Go Help
[sam@Halloween sam]$ ls -a
. .bash_history .bash_profile .canna .gtkrc .kde sneakers.txt
.. .bash_logout .bashrc .emacs home.txt saturday.txt .xauth3rSVvU
[sam@Halloween sam]$

图 5-1　带有-a 选项的 ls 命令

当要使用 ls 命令来查看某个目录内容时，并不必位于该目录。例如，要在用户主目录中查看/etc 目录中的内容，请输入如下命令。

```
[hello@localhost hello]$ ls  -al /etc
```

结果如图 5-2 所示。

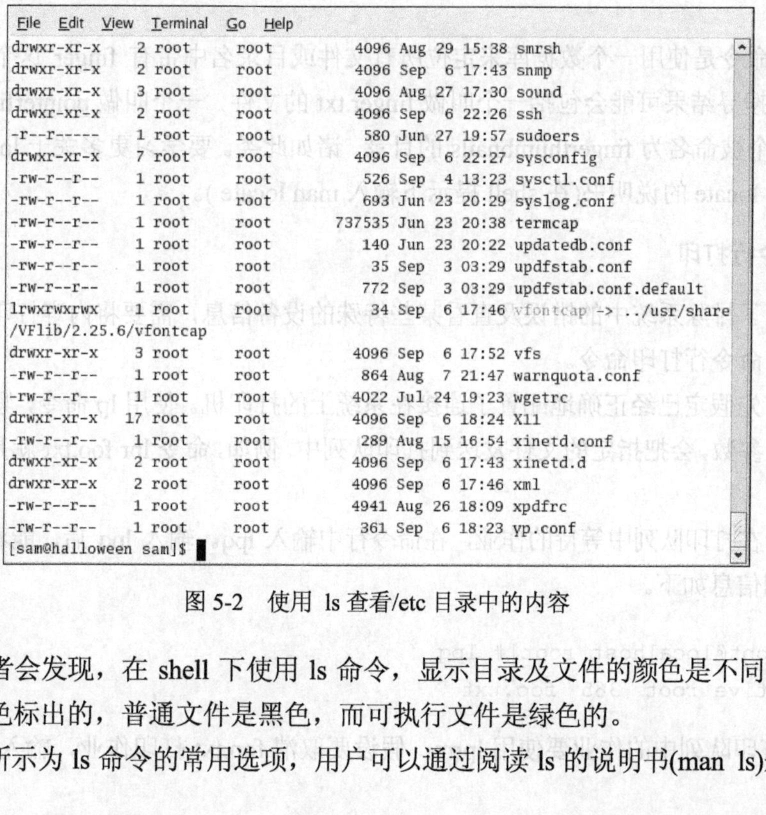
File Edit View Terminal Go Help
drwxr-xr-x 2 root root 4096 Aug 29 15:38 smrsh
drwxr-xr-x 2 root root 4096 Sep 6 17:43 snmp
drwxr-xr-x 3 root root 4096 Aug 27 17:30 sound
drwxr-xr-x 2 root root 4096 Sep 6 22:26 ssh
-r--r----- 1 root root 580 Jun 27 19:57 sudoers
drwxr-xr-x 7 root root 4096 Sep 6 22:27 sysconfig
-rw-r--r-- 1 root root 526 Sep 4 13:23 sysctl.conf
-rw-r--r-- 1 root root 693 Jun 23 20:29 syslog.conf
-rw-r--r-- 1 root root 737535 Jun 23 20:38 termcap
-rw-r--r-- 1 root root 140 Jun 23 20:22 updatedb.conf
-rw-r--r-- 1 root root 35 Sep 3 03:29 updfstab.conf
-rw-r--r-- 1 root root 772 Sep 3 03:29 updfstab.conf.default
lrwxrwxrwx 1 root root 34 Sep 6 17:46 vfontcap -> ../usr/share
/VFlib/2.25.6/vfontcap
drwxr-xr-x 3 root root 4096 Sep 6 17:52 vfs
-rw-r--r-- 1 root root 864 Aug 7 21:47 warnquota.conf
-rw-r--r-- 1 root root 4022 Jul 24 19:23 wgetrc
drwxr-xr-x 17 root root 4096 Sep 6 18:24 X11
-rw-r--r-- 1 root root 289 Aug 15 16:54 xinetd.conf
drwxr-xr-x 2 root root 4096 Sep 6 17:43 xinetd.d
drwxr-xr-x 2 root root 4096 Sep 6 17:46 xml
-rw-r--r-- 1 root root 4941 Aug 26 18:09 xpdfrc
-rw-r--r-- 1 root root 361 Sep 6 18:23 yp.conf
[sam@halloween sam]$

图 5-2　使用 ls 查看/etc 目录中的内容

有的读者会发现，在 shell 下使用 ls 命令，显示目录及文件的颜色是不同的。例如，目录是用蓝色标出的，普通文件是黑色，而可执行文件是绿色的。

表 5-2 所示为 ls 命令的常用选项，用户可以通过阅读 ls 的说明书(man ls)来获得选项

的完整列表。

表 5-2　ls 命令常用选项

选　项	说　明
-a	全部(All)。列举目录中的全部文件，包括隐藏文件(.filename)。位于这个列表的起首处的“..”和“.”依次是指父目录和当前目录
-l	长(Long)。列举目录内容的细节，包括权限(模式)、所有者、组群、大小、创建日期，以及文件是否得到系统其他地方的链接，以及链接的指向
-F	文件类型(File type)。在每一个列举项目之后添加一个符号。这些符号包括/(表明是 1 个目录)、@(表明是到其他文件的符号链接)和*(表明是 1 个可执行文件)
-r	逆向(reverse)。从后向前列举目录中的内容
-R	递归(recursive)。该选项递归地列举所有目录(在当前目录中)的内容
-S	大小(size)。按文件大小排序

(4) 定位文件和目录

有时候，我们知道某一文件或目录存在，但却不知该到哪里去找它。使用 locate 命令会使搜寻文件或目录的工作变得更容易。

使用 locate 命令，将会看到每一个包括搜寻条件的目录或文件。例如，如果想搜寻所有名称中带有 finger 这个词的文件，则输入以下命令。

```
[hello@localhost hello]$ locate finger
```

locate 命令是使用一个数据库来定位所有文件或目录名中带有 finger 这个词的文件和目录。这个搜寻结果可能会包括一个叫做 finger.txt 的文件，一个叫做 pointerfinger.txt 的文件，以及一个被命名为 fingerthumbnails 的目录，诸如此类。要学习更多关于 locate 的知识，请阅读有关 locate 的说明书(在 shell 提示下输入 man locate)。

2. 命令行打印

有时为了排除系统中的错误及查看某些特殊的设备信息，需要将内容打印出来，就可能需要使用命令行打印命令。

这里首先假定已经正确地配置了连接在系统上的打印机。使用 lp 命令，紧跟着用一个文件名作为参数，会把指定的文件发送到打印队列中。例如，命令 lpr foo.txt 就是打印 foo.txt 文件。

要查看在打印队列中等待的作业，在命令行中输入 lpq。输入 lpq 后，能看到系统报告的打印队列信息如下。

```
[root@localhost root]# lpq
active root  365  foo.txt
```

取消打印队列中的作业要使用 lprm，假设要取消 foo.txt 打印作业，输入以下命令。

```
[root@localhost root]#lprm  389
```

3. 清除和重设终端机

在 shell 提示下，即便只使用了一个 ls 命令，所在工作的终端窗口也会显得拥挤。虽然可以从终端窗口中退出再打开一个新窗口，但是要清除终端中显示的内容，可在 shell 提示下使用 clear 命令。

4. 管道和重定向

管道和重定向是字符操作模式下特殊命令的使用方法。它通过组合常用命令，极大地方便了用户的使用，并且还提供了许多强大的功能。

(1) 使用重导向

重导向就是使 shell 改变它所认定的标准输出，或者改变标准输出的目标。

要重导向标准输出，使用“>”符号。“>”会把本来在屏幕中显示的内容重导向到跟在符号之后的文件中。

例如：在 shell 提示下输入下面的命令(按 Enter 键会把用户带到下一个空白行)。

```
[hello@halloween hello]$cat > sneakers.txt
buy some sneakers
then go to the coffee shop
then buy some coffee
```

按 Enter 键到下一个空白行，然后使用 Ctrl+D 键退出 cat。

这与直接执行 cat 命令不相同，在直接执行 cat 命令时，当按 Enter 键后，刚输入的内容会重新显示一次，而此时并没有重复显示。这是因为 cat 的标准输出已经被重导向了。

重导向的地方是刚刚制作的一个叫做 sneakers.txt 的新文件。如前所示，我们可以使用 cat 来读取刚生成的文件 sneakers.txt。在提示下输入以下命令。

```
[hello@halloween hello]$ cat sneakers.txt
```

注意：

在输出重导向文件时，请谨慎从事，因为输出重导向文件时很容易覆盖一个现存文件。除非想代替该文件，否则请确保所创建的文件名与预先存在的文件名不一样。

(2) 后补重定向

用户可以使用输出重导向来在一个现存文件之后添加新信息，其符号为“>>”。这与使用“>”符号相似，就是告诉 shell 把信息发送到标准输出之外的某个地方。与使用“>”不同的是“>>”是在原文件尾添加内容，不会破坏原有文件的内容。

(3) 重导向标准输入

重导向不但可以将标准输出重导向，还可以将标准输入重导向。

使用重导向标准输入符号“<”时是将一个文件当做命令输入的，如下所示。

```
[hello@localhost hello]$cat < sneakers.txt
```

(4) 管道和换页器

介绍完重导向之后，再介绍另一类特殊的操作管道。在 Linux 中，管道连接着一个命令的标准输出和另一个命令的标准输入，使用方法是用符号“｜”将两个命令连接。

下面用 ls 命令做例子，介绍如何使用管道。

在前面介绍的ls有许多可用的选项，但是如果目录的内容卷动速度太快，该怎么办呢？例如/etc 目录的文件内容非常多，可以填满很多屏幕，操作如下。

```
[hello@localhost hello]$ls -al /etc
```

执行完命令后，屏幕卷动得非常快，只能看到最后输出的内容。因此，需要一个在输出卷过屏幕之前仔细查看的方法。 方法之一，把输出用管道导入到一个叫做 less 的工具。less 是一个换页工具，它允许用户一页一页(或一个屏幕一个屏幕)地查看信息。使用垂直线条“|”把输出用管道导入到命令中，如下所示。

```
[hello@localhost hello]$ls -al /etc | less
```

现在可以一个屏幕一个屏幕地查看/etc 目录的内容了，也可用 more 代替 less。

还有一个使用的例子，如查看文件时，使用 grep 查看包含某个词的内容。如我们需仔细查看 myfile.txt 文件中包含 stat 的地方，请输入如下命令。

```
cat myfile | grep stat
```

当然，还可以使用通配符进行更便捷地查找，表 5-3 列出了常见的通配符及其含义。

表 5-3 通配符及其含义

通 配 符	含 义
*	匹配所有字符
?	匹配字串中的一个字符(例如 sneaker?.txt)
\	转义符，与特殊字符一起使用，表示某个特殊字符
*	匹配“*”字符
\?	匹配“?”字符
\)	匹配“)”字符

5. 阅读文本文件的其他命令

前面已经介绍了几个基本的阅读文本编辑器内文件的 shell 提示下的命令，下面列举此类中的其他命令。

(1) 使用 cat 操作文件

准确地说，cat 原本并不是阅读文本文件的。Red Hat Linux 有一个工具程序，它能够保留简短列表，将这些列表收集起来，甚至透露一些系统信息。它是 concatenate(连接)的简写，意思是合并文件。

(2) head 命令

使用 head 命令可以查看文件的开头部分。此项命令格式如下。

```
[hello@localhost hello]$ head  <filename>
```

(3) tail 命令

与 head 命令恰恰相反，使用 tail 命令，可以查看文件结尾处的 10 行内容。

(4) grep 命令

grep 命令对于在文件中查找指定的字符串很有用处。

6. 命令历史和 Tab 自动补全

(1) 查看命令历史

刚使用命令时，会发现一遍遍地重复输入相同命令，很令人头痛。特别是在使用一长串的命令中，有时，一个小小的输入错误会破坏整个命令行，需要重新输入。

解决办法之一是使用命令行历史。通过使用滚动条中向上和向下的箭头键进行上下滚动，会发现许多曾经输入过的命令。

我们可以在 sneakers.txt 文件中试一下。

首先，在 shell 提示下输入如下命令，建立命令历史。

```
[hello@localhost hello]$ cat sneakrs.txt
```

当然，什么也不会发生，因为 sneakrs.txt 文件并不存在。

然后，我们只需使用向上箭头键来把命令取回，再使用向左箭头键移到漏掉“e”的地方，插入这个字母后再按 Enter 键。现在我们就可以看到 sneakers.txt 的内容了。

提示：

BASH 命令行历史文件中可以默认存储 500 条命令。通过 shell 下的环境变量命令 env，能查看到控制命令行历史中有多少条命令。HISTFILESIZE=500 的句行显示了 BASH 将会储存的命令数量。

(2) 自动补全命令

另一个省时的工具又称为命令自动补全。如果输入了文件名、命令或路径名的一部分，然后按 Tab 键，BASH 要么会把文件或路径名的剩余部分补全，要么会给它一个响铃(如果系统中启用了声效)。如果得到的是响铃，只需要再按一次 Tab 键来获取与已输入的部分匹配的文件或路径名的列表即可。

7. 使用多重命令

Linux 允许一次输入多重命令，唯一的条件是要使用分号来分隔命令。与管道不同，多重命令是顺序执行多个命令，第 1 个命令执行结束后，才会执行第 2 个命令，依此类推。

例如想知道在线时间，只需把 date 命令和 Mozilla 的命令组合在一起就行了，如下所示。

```
[hello@localhost hello]$date; mozilla; date
```

请记住，命令是区分大小写的，因此，启动 Mozilla 浏览器的命令必须是小写，如下所示。

```
[hello@halloween hello]$date; mozilla; date
Mon Feb 17 13:26:27 EST 2003
Mon Feb 17 14:28:32 EST 2003
[hello@halloween hello]$
```

使用该命令组合会显示出时间和日期；启动 Mozilla；然后关闭 Mozilla，会再一次显示时间和日期。两次 date 命令所显示的结果表明了 Mozilla 的使用时间刚好超过 1 小时。

8. 所有权和许可权限

当普通用户试图使用 cd 来转换到根用户的登录目录时，就会收到下面的信息。

```
[hello@halloween hello]$cd/root
bash:/root: Permission denied
```

这是 Linux 的一个安全功能。Linux 和 UNIX 一样，它是一个多用户系统。文件权限是系统防止文件被故意篡改的一种方法。图 5-3 显示了各目录的权限设置。

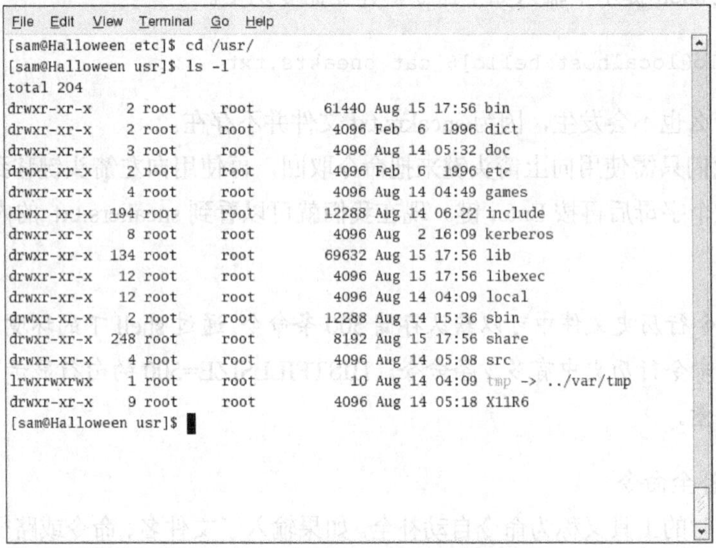
File　Edit　View　Terminal　Go　Help
[sam@Halloween etc]$ cd /usr/
[sam@Halloween usr]$ ls -l
total 204
drwxr-xr-x   2 root   root   61440 Aug 15 17:56 bin
drwxr-xr-x   2 root   root   4096 Feb 6 1996 dict
drwxr-xr-x   3 root   root   4096 Aug 14 05:32 doc
drwxr-xr-x   2 root   root   4096 Feb 6 1996 etc
drwxr-xr-x   4 root   root   4096 Aug 14 04:49 games
drwxr-xr-x 194 root   root   12288 Aug 14 06:22 include
drwxr-xr-x   8 root   root   4096 Aug 2 16:09 kerberos
drwxr-xr-x 134 root   root   69632 Aug 15 17:56 lib
drwxr-xr-x   12 root   root   4096 Aug 15 17:56 libexec
drwxr-xr-x   12 root   root   4096 Aug 14 04:09 local
drwxr-xr-x   2 root   root   12288 Aug 14 15:36 sbin
drwxr-xr-x 248 root   root   8192 Aug 15 17:56 share
drwxr-xr-x   4 root   root   4096 Aug 14 05:08 src
lrwxrwxrwx   1 root   root   10 Aug 14 04:09 tmp -> ../var/tmp
drwxr-xr-x   9 root   root   4096 Aug 14 05:18 X11R6
[sam@Halloween usr]$

图 5-3　查看目录的许可权限

在组群右侧的信息包括文件大小、创建的日期和时间，以及文件名。

第一列显示了当前的权限，它有 10 位。第 1 位代表文件类型，其余 9 位实际上是用于 3 组不同用户的权限，如下所示。

```
-rw-rw-r--
```

3 组分别是文件的所有者、文件所属的组群和“其他人”，“其他人”是前面没有包括的用户和组群。

```
-       (rw-)   (rw-)   (r--) 1 hello hello
|          |        |         |
类型     所有者     组群      其他人
```

(1) 权限类型

指定文件类型的第 1 个项目，可以显示为下面几种。

d：目录。

-(短线)：常规文件(而不是目录或链接)。

l：系统上其他地方的，另一个程序或文件的符号链接。

在第 1 个项目之后的 3 组中，可以看到下面几种。

r：文件可以被读取。

w：文件可以被写入。

x：文件可以被执行(如果它是程序)。

在所有者、组群或“其他人”中看到一个短线(“-”)，这意味着相应的权限还没有被给予。再看下面的文件 sneakers.txt 的第 1 列，然后辨别它的许可权限。

```
[hello@halloween hello]$ls -l sneakers.txt
-rw-rw-r--    1 hello hello     150 Mar 19 08:08 sneakers.txt
[hello@halloween hello]$
```

(2) 使用 chmod 命令改变权限

使用 chmod 命令来快捷地改变权限。接下来的例子显示了如何使用 chmod 命令改变 sneakers.txt 文件的权限。

在下面的例子中，想给每个人以写入文件的权限，因此他们可以读取、修改并储存文件。这意味着用户必须改变文件权限中的“其他人”部分了。

让我们先来看一看这个文件。在 shell 提示下，输入如下命令。

```
[hello@halloween hello]$ls -l sneakers.txt
```

前面的命令显示了这个文件信息如下。

```
-rw-rw-r--    1 hello hello     150 Mar 19 08:08 sneakers.txt
```

现在，输入下面的命令。

```
[hello@halloween hello]$chmod o+w sneakers.txt
```

o+w 命令告诉系统用户想给“其他人”写入文件 sneakers.txt 的权限。要查看一下结果，再列出文件的细节。现在，这个文件看起来与如下的输出相似。

```
-rw-rw-rw-    1 hello hello     150 Mar 19 08:08 sneakers.txt
```

现在，每个人都可以读取和写入这个文件了。

要从 sneakers.txt 中删除读写权限，使用 chmod 命令来取消读取和写入这两者的权限如下。

```
[hello@halloween hello]$chmod go-rw sneakers.txt
```

通过输入 go-rw，告诉系统删除文件 sneakers.txt 中组群和其他人的读取和写入权限。结果与下面的输出相似。

```
-rw-------    1 hello hello    150 Mar 19 08:08 sneakers.txt
```

当想用 chmod 命令来改变权限时，把它们当做速记符号，因为我们实际要做的只是记住几个符号而已。

表 5-4 是一个速记符号含义的列表。

表 5-4　权限速记符号含义

功　能	符　号	含　义
用户身份	u	拥有文件的用户(所有者)
	g	所有者所在的组群
	o	其他人(不是所有者或所有者的组群)
	a	每个人或全部(u、g 和 o)
权限	r	读取权
	w	写入权
	x	执行权
执行	+	添加权限
	−	删除权限
	=	使它成为唯一权限

(3) 使用数字来改变权限

除了 chmod 速记符号，还可以使用数字来改变权限，仍以 myfile.txt 文件的原始权限为例，如下所示。

```
[hello@halloween hello]$ls -l myfile.txt
-rw-rw-r--    1 hello mygoup     150 Mar 19 08:08 myfile.txt
```

每种权限设置都可以用一个数值来代表，其实也可以将对某个用户设置的权限看成是一个二进制的数字。

```
r = 4      (二进制 100)
w = 2      (二进制 010)
x = 1      (二进制 001)
- = 0      (二进制 000)
```

当这些值被加在一起后，它的总和便用来设定特定的权限。例如，如果想有读取和写入的权限，将读写按二进制相加，即 100+010=110(十进制的 6)，所以权限设为 6。

myfile.txt 文件的数字权限设置如下。

```
-  (rw-)    (rw-)    (r--)

     |        |        |

   4+2+0    4+2+0    4+0+0
```

所有者的总和为 6，组群的总和为 6，“其他人”的总和为 4，这个权限设置读作 664。

5.3　字符编辑器 vi

如果希望在字符模式下进行一些配置及系统维护工作，就需要一个字符界面下的编辑器。本节将介绍编辑器中的常青树——vi 编辑器，其功能强大、使用方便，它是 Linux 和 UNIX 下最著名的编辑器。

5.3.1　vi 的执行与退出

1. 启动 vi

vi 是 Visual 可视化的意思。当然，现在看来并不会觉得它是可视化的编辑器，但在当初的计算机应用程序中，vi 可以说是有相当大的突破。如今任何一个像 UNIX 的操作系统中，都会包含 vi。

打开 vi 编辑器，会看到系统打开的如下界面。

```
~                  VIM - Vi Improved
~
~                  version 5.8.7
~                  y Bram Moolenaar et al.
~
~                  Vim is freely distributable
~                  type :  help Uganda<Enter>       if you like Vim
~
~                  type :  q<Enter>                 to exit
~                  type :  help<Enter> or <F1>      for on-line help
~                  type :  help version5<Enter>     for version info
```

可能读者会感到奇怪，怎么出现的是 Vim，而不是提到的 vi。其实准确地说，这里介绍的应用是 Vim 是一个加强版的 vi。因为其操作与传统的 vi 完全相同，所以一般用简单的 vi 来表示。输入 vim 也会出现与上面完全相同的界面。如果想下载更新的版本，可以访问 VI 的网站(http://www.vim.org/)，别忘了 Linux 下所有程序都是通过互联网分发、修改与完善的。如果要查看 VIM 的在线帮助，可以在启动 vi 后输入“:help”即可。

注意：

必须先输入冒号，将光标停在屏幕的下方后，才可进行命令输入；若事先没有输入冒号，系统则不接受任何命令。

2. 退出 vi

如果想要退出 vi，按 Esc 后，再输入“:q”然后按 Enter 键即可。与查看帮助相同，需要先输入冒号。

5.3.2　vi 的操作模式

1. 操作模式简介

vi 的界面分为编辑区和命令区两个部分。命令区是屏幕最下方的一行，可在此处输入命令；其他的区域属于编辑区，它是实际进行文字编辑的地方。

vi 包含 3 种操作模式，分别为 Command Mode、Insert Mode 和 Last Line Mode。它们的基本功能如下。

- Command Mode：控制光标的移动、删除字符、段落复制，以及进入 Insert Mode 和 Last Line Mode。
- Insert Mode：新增文字及修改文字，按 Esc 键可进入 Command Mode。
- Last Line Mode：保存文件、退出 vi 以及其他的设置，如可以查找字符串。

2. 编辑实例

为了更清楚地说明编辑区和命令的使用，下面用新建一个文本文件 myfile.txt 为例，说明如何使用 vi。在命令行输入如下命令。

```
[hello@halloween hello]$vi myfile.txt
```

出现的屏幕如图 5-4 所示，这时显示了刚才想要建立的文件名，进入系统后立即进入的是模式 Command Mode(命令模式)。但要注意，这时文件并没有真正在文件系统中生成 myfile.txt 文件。如果没有执行保存文件操作，直接退出后，会发现目录中并没有 myfile.txt 文件。

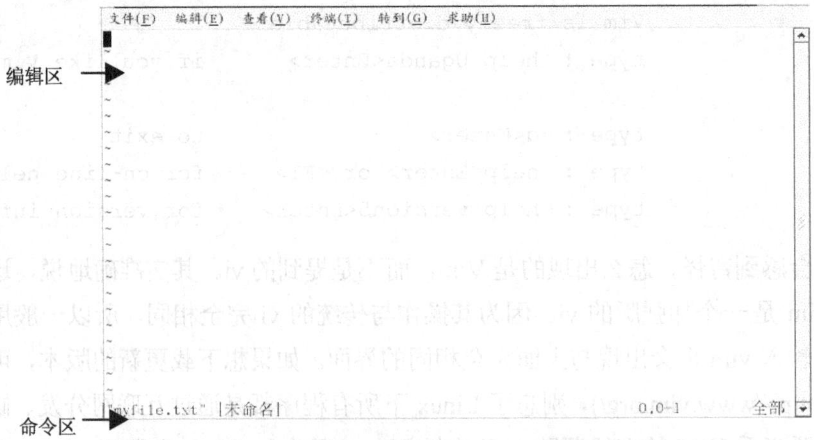

图 5-4　使用 vi 编辑文件

然后，直接接入 i 或 a，进入 Insert Mode 模式。就会发现屏幕上的光标移动到编辑区的左上角，并且屏幕最下一行出现提示输入符，以及提示现在所在行和列的坐标和打开区域占全文件的比例。

一般进入 vi 后，需要告诉系统所要做的编辑工作类型。例如插入、增加还是修改。vi 的输入方式有如下 3 种。

- i 插入(Insert)：表示在当前的光标位置输入文字。
- a 增加(Append)：表示在当前光标的下一个位置输入文字。
- o 插入新行：表示加入新行并且在行首开始输入文字。

除此以外，还可以使用 r 修改光标所在的位置。

在编辑完成后，必须回到命令行 Command Mode 以执行保存和结束等工作。按 Esc 键返回 Command Mode；如果要进入 Last Line Mode，那么只需要再按“：”键即可。

如图 5-5 是 3 种模式的转换关系。

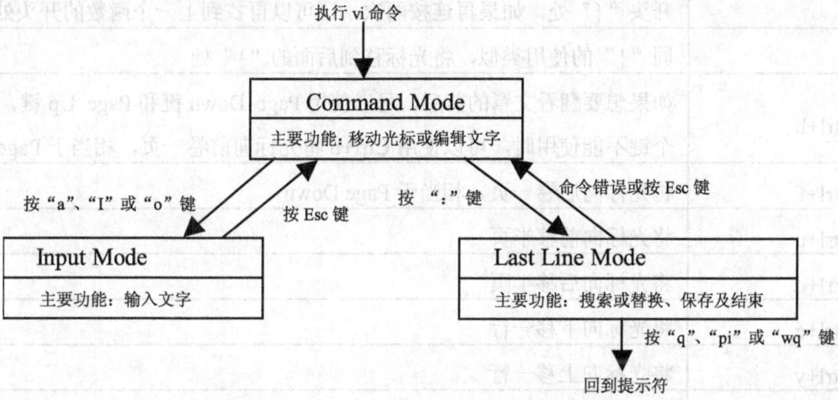

图 5-5　vi 的 3 种模式转换关系

5.3.3 Command Mode 命令

Command Mode 提供了相当多的按键及组合键，用来帮助用户修改文件。在此介绍一些常用的命令。

1. 移动光标

常用的移动光标按键如表 5-5 所示。

表 5-5　常用的移动光标按键

命　令	说　明
h	将光标向左移动 1 格
l	将光标向右移动 1 格
j	将光标向下移动 1 格
K	将光标向上移动 1 格

（续表）

命 令	说 明
0	数字 0，将光标移到该行的最前面
$	将光标移到该行的最后面
G	将光标移到最后一行的开头
w 或 W	将光标移到下一个字
e	将光标移到单词的最后一个字符；如果光标所在位置为单词的最后一个字符，则跳到下一个单词的最后一个字符。标点及特殊符号如“.”、“,”及“/”等都被认为是一个单词
b	将光标移到单词的第 1 个字符；如果光标所在位置为本单词的第 1 个字符，则跳到上一个单词的第 1 个字符
{	将光标移到该行前面的“{”处，在 C 语言编程时，连按两次就会找到函数的开头“{”处，如果再连按两次，还可以再找到上一个函数的开头处
}	同“{”的使用类似，将光标移到后面的“}”处
Ctrl+b	如果想要翻看文章的前后，可以使用 Page Down 键和 Page Up 键，但当这两个键不能使用时，可以使用 Ctrl+b 将光标向前卷一页，相当于 Page Up
Ctrl+f	将光标向后卷一页，相当于 Page Down
Ctrl+u	将光标向前移半页
Ctrl+d	将光标向后移半页
Ctrl+e	将光标向下移一行
Ctrl+y	将光标向上移一行
n+\	将光标移至第 *n* 行，*n* 为数字

2. 复制文字

常用的复制文字的按键如表 5-6 所示。

表 5-6 复制文字常用按键

命 令	说 明
y+y	连续输入两个 y，将光标所在位置的整行进行复制
y+w	将光标向右移动 1 格
n+y+w	*n* 为数字，表示要复制的单词数目。例如“5+y+w”将光标所在位置及其后的 5 个单词一起复制
n+y+y	*n* 为数字，表示要复制的行数。例如“5+y+y”将光标所在位置及其后的 5 行一起复制
p	将要复制的内容粘贴在目前光标所在的位置，若复制内容为整行文字，则会粘贴在光标所在位置的下一行

3. 删除命令

常用的删除文字的按键如表 5-7 所示。

表 5-7　删除文字常用按键

命　令	说　明
d+d	连按两次 d，可将光标所在的行删除，若是连续删除，可以按住 d 不放
d+w	删除光标所在位置的单词，若光标在两个字之间，则删除光标后面的一个字符
n+d+d	*n* 为数字，删除包括光标所在行及向下的 *n* 行
n+d+↑键	删除包括光标所在行及向上的 *n* 行
n+d+↓键	同 *n*+d+d
D	将光标所在行后所有的单词删除
x	将光标所在位置的字符删除
X	将光标所在位置前 1 个字符删除
n+x	删除光标所在位置及其后的 *n* 个字符
n+X	删除光标所在位置及其前面的 *n* 个字符

4. 位置显示及其他按键

在编写程序时，可能会用到需要跳转到某一行进行修改，或是取消某一次操作等。常用位置显示及其他按键如表 5-8 所示。

表 5-8　位置显示及其他按键

命　令	说　明
Ctrl+g	在最后一行中显示光标所在位置的行数及文章的总行数
*n*G	*n* 为数字，将光标移至 20 行
r	修改光标所在字符
R	修改光标所在位置的字符，可以一直替换字符，直到按下 Esc 键取消为止
u	表示复原功能
U	取消对行所做的所有操作
.	重复执行上 1 个命令
Z+Z	连续两次输入 Z，表示保存文件并退出 vi
%	符号匹配功能，在编程时，如果输入“%(”，系统将会自动匹配相应的“)”

5.3.4　Last Line Mode 命令

vi 的 Last Line Mode 是指可以在界面最后一行显示输入的命令，一般可以用来执行查找特定字符串、保存及退出等任务。如果从 Command Mode 下输入冒号“：”，就可以进入 Last Line Mode，使用“?”和“/”键也可以进入 Last Line Mode，如表 5-9 所示为此模式下的一些常用命令。

表 5-9 常用的 Last Line Mode 模式下的命令

命 令	说 明
e	在 vi 中编辑时，还可以使用 e 创建新的文件
n	加载新文件
w	写文件，也就是将编辑的内容保存到文件系统中
w!	如果想写只读文件，可以使用 w!来强制写入文件
q	退出 vi，系统会提示保存修改；如果不想保存退出，使用命令 q!可强制退出
wq	将修改文件存盘，然后退出
set nu	set 可以设置 vi 的某些特性，在此设置为每行开头提示行数。想取消此命令输入 set none 即可
/	查找匹配字符串功能。可以按“n”键继续向下查找，按“N”键继续向前查找
?	也可以使用“?”字符串来查找特定的字符串，与“/”相似，但“?”是向前查找字符串

5.4 本 章 小 结

本章重点介绍了 Linux 下的字符环境，即在终端或虚拟终端上查看和修改系统，这对于想要管理 Linux 服务器非常有用，如前介绍的，在 Red Hat Linux 服务器安装中，并没有图形环境，因此想对其进行管理只能通过字符界面来完成。本章除了介绍用终端进行管理外，还介绍了操作系统核心概念之一的 shell 以及在终端操作中使用最为频繁的 vi 编辑器。

5.5 习 题

1. 填空题

(1) ______又称______，是 UNIX 的一个标准特性，早期的 UNIX 都是多用户多任务系统，每个用户都是通过其访问计算机资源的。

(2) Linux 不仅能够支持多达_____个终端连接到计算机上，还实现了_____虚拟终端，也就是说，将计算机主机上的显示器和键盘当成多达 6 个终端接入到系统中。

2. 选择题

(1) 如下哪个命令解释器是 Red Hat Linux 系统默认命令解释器(shell)？(　　)

A. sh　　B. bsh　　C. csh　　D. ksh

(2) 如下哪个命令不能在终端显示文件 README？(　　)

A. cat README　　B. ls README

C. more README　　D. vi README

3. 思考题

(1) 为什么使用字符操作界面，使用它有什么优点？

(2) 终端与 shell 是什么关系？

(3) 系统命令是如何通过 shell 进入操作系统内核的？

4. 上机题

(1) 在虚拟终端上查看系统文件结构。

(2) 使用 vi 编辑一个文本文件 README。

(3) 尝试使用切换 vi 的 3 种模式。

(4) 编辑完成后不保存文件退出。

第2部分

基 本 操 作

部分内容

第6章　Linux文件系统

文件系统是 Linux 系统结构中非常重要的一部分。文件系统可以有不同的格式，叫做文件系统类型。这些格式决定信息是如何被存储为文件和目录的。某些文件系统类型可存储重复数据，某些文件系统类型可加快硬盘驱动器的存取速度。

本章对文件系统的结构、安装与创建进行了详细介绍。从 Red Hat Linux 7.2 开始，默认的文件系统已从 ext2 格式转换成 ext3 登记式文件系统。因此，本章还专门介绍了如何进行 ext3 与 ext2 格式之间的转换。本章在最后还对交换分区的概念以及如何创建、删除交换分区进行了介绍。

本章学习目标：

- 理解什么是文件系统
- 理解 Linux 文件系统的结构
- 掌握 Linux 文件的类型和访问权限
- 掌握如何安装和卸载文件系统
- 掌握如何创建文件系统
- 如何进行 ext3 与 ext2 文件系统之间的转换
- 理解和掌握交换分区和交换文件

6.1　Linux 文件系统简介

在计算机中，需要保存以机器数据码的形式组织的程序和数据，并永久存储在磁盘、磁带以及光盘等介质中。因此，任何一个操作系统无论其简单与否，都必须提供管理存放在这些存储设备中的程序和数据的手段。完成这一任务的内核程序就是操作系统的文件管理系统，简称文件系统。有时文件系统也指一个用于存储文件的分区或磁盘，或者是指给定文件系统的类型。因此说“有两个文件系统”，意思是有两个存储文件的分区，还可以指“扩展文件系统”，意思为文件系统的类型。

文件是一个抽象概念，它是存放一切数据信息的仓库。用户创建一个文件，然后把数据或信息写入该文件，并最终具体存储在磁盘等物理介质上。有了文件管理系统，用户无须指明其在设备中的物理位置，通过路径和文件名即可使用程序和数据，为用户使用计算机提供了方便。

6.1.1　Linux 与 DOS 文件系统的区别

Linux 文件系统是一个目录树的结构，它的根是根目录“/”，往下连接各个分支，例如，/bin、/usr、/sbin 等，如图 6-1 所示。

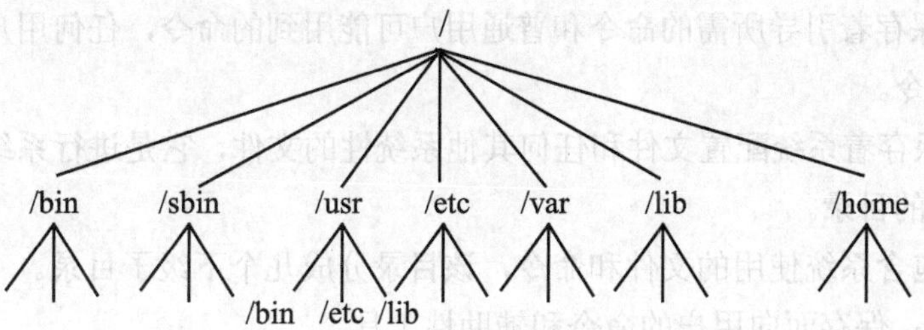

图 6-1　Linux 文件系统

DOS 也采用目录树的结构，但是与 Linux 略有不同，如图 6-2 所示。

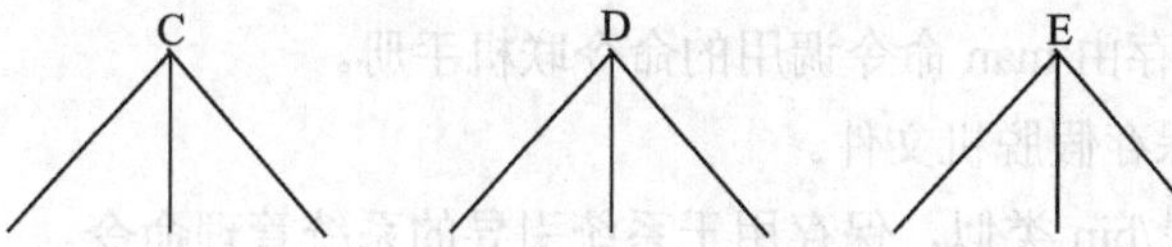

图 6-2　DOS 文件系统

DOS 以每个分区为树根，由于有多个分区，所以形成了多个树并列的情形。

Linux 所有的文件系统安装在一个树根上，它是一个目录树。因此在分区时，必须将一个分区安装在树根上，而将其他的分区安装到树根下面。如果将一个分区安装到/etc，一个分区安装到/usr，则每一个分区安装的位置(如/etc、/usr)就称为安装点。

Linux 不仅将分区安装为一个目录，而且还将其他的硬件设备都安装成一个个的设备文件，对设备的操作是通过文件的操作完成的。

6.1.2　Linux 文件系统结构

Linux 将文件存放到逐层继承排列的子目录中，这种结构的形状很像是一棵树，所以称为“树状结构”。这个树状结构是倒挂的，它的根被置于最顶部，从根向下延伸的是枝，每个枝向上只有一个连接，但向下可以分为更多个枝。从这个角度看，也可以说是“父—子”结构。即每个子目录都是另一个子目录的下级子目录。一个子目录可以有多个下级子目录，但它自身只能是一个父目录的子目录。

1. 用户的系统子目录

Linux 的文件结构从一个根目录(即“/”目录)开始向下分成多个子目录。根目录中的几个系统级子目录里容纳着形成 Linux 操作系统各种功能的文件和程序。标准的、原始的文件系统包括/、/home、/usr、/var、/bin、/sbin、/etc、/dev、/lib。Linux 系统是以文件的目的为依据对文件进行分组的，即相同目的的命令都放在同一子目录中。系统子目录中文件的作用是保证系统的正常运行。它们中许多还有自己的下级子目录，并容纳着完成 Linux

操作系统的特定功能的程序。

- /：文件系统结构的起始位置，称为根(root)。
- /root：根用户(超级管理员)的登录目录。
- /home：容纳用户登录子目录的 home 子目录。
- /bin：保存着引导所需的命令和普通用户可能用到的命令，任何用户都可以使用这里的命令。
- /etc：保存着系统配置文件和任何其他系统性的文件，它是进行系统配置管理最需要留意的目录。
- /usr：包含系统使用的文件和命令，该目录分成几个下级子目录。
- /usr/bin：保存面向用户的命令和辅助性工具。
- /usr/sbin：保存系统管理方面的命令。
- /usr/lib：保存程序语言的库文件。
- /usr/doc：保存 Linux 文档。
- /usr/man：保存由 man 命令调用的命令联机手册。
- /usr/spool：保存假脱机文件。
- /sbin：与目录/bin 类似，保存用于系统引导的系统管理命令。
- /dev：保存设备的文件接口，如终端和打印机等，当然软盘、硬盘等也都以一个文件的形式存在其中。
- /var：保存经常变动的文件，如记录文件、临时文件和电子邮箱文件等。

2. 用户的登录子目录

根目录里有一个名为 home 的子目录，它容纳着系统上全体用户的登录子目录(Home Directory，也叫主目录或家目录等)。

默认子目录也叫做工作子目录(Working Directory)。从这个意义上说，工作子目录就是用户目前正在使用的子目录。

3. 路径名

子目录间继承性的嵌套关系构成了路径，而这些路径用来唯一地确定和引用一个子目录或者一个文件。在图 6-1 中，从根目录“/”到 usr 子目录再到 bin 子目录是一个路径，路径名写成/usr/bin。系统标识某个子目录时实际用的名字总是从根目录开始的，并由堆叠在该子目录上面的各级子目录组成。

路径名可以是绝对的也可以是相对的。绝对路径名指的是一个文件或子目录从根目录开始的完整的路径名。相对路径名指的是从当前子目录算起的，它是一个文件相对于工作子目录的路径。实际上可能绝对路径名会相当复杂，而且只有系统管理员才能修改它，为了方便引用，用户可以使用一个特殊字符“~”，它代表的是用户登录子目录的绝对路径名。

6.2　Linux 的 文 件

6.2.1　文件名

Linux 的文件名长度允许在 256 个字符内，名字可以由字母、下划线和数字组成，也可以加上“.”和“，”。文件名的第 1 个字符不能是数字，短划线、点号和星号等其他由系统用作特殊字符的符号，它们也不能用在文件中。

用户还可以给文件名加上一个扩展名，文件名和扩展名之间用“.”隔开，扩展名对文件的归类很有用，但也可以不给文件加扩展名。一般情况下是不能将“.”作为文件名的第 1 个字符的。Linux 系统中包括一种特殊的文件，例如 shell 的配置命令保存在特殊的初始化文件中，它们是一些隐含文件，总是以“.”(英文句号)作为其文件名的第 1 个字符，称之为“点文件”。

6.2.2　文件类型

Linux 中各种文件都有相同的物理格式——字节流。字节流就是一个字节序列，它使得 Linux 操作系统能够把文件的概念应用到系统中的每个数据元。子目录也被归入文件类，设备也是一样的。将各种事情都当做文件，使 Linux 操作系统能够更容易地组织和交换数据。文件中的数据可以直接发送给显示器等设备，因为设备与操作系统之间与普通文件一样使用的都是同一种字节流文件格式。最常见的文件类型有 4 种：普通文件、目录文件、连接和设备文件。

1. 普通文件

普通文件是用户接触最多的文件类型。最普通的文件可算是各种各样的文本文件，如用户的日记和 shell 脚本等，在 Linux 下可用多种方法来编辑它，还有用户每时每刻都在使用的二进制程序，它们也是普通文件。

普通文件的种类很多。Linux 将它分为 ASCII 文件、C 语言源文件、字符文件和脚本文件等。根据文件扩展名，又可将普通文件分成以下几类。

(1) 压缩的和归档的文件

- .bz2：表示使用 bzip2 压缩的文件。
- .gz：表示使用 gzip 压缩的文件。
- .tar：表示使用磁带归档(tape archive，tar)压缩的文件，又称为 tar 文件。
- .tbz：表示使用 tar 和 bzip 压缩的文件。
- .tgz：表示使用 tar 和 gzip 压缩的文件。
- .zip：表示使用 ZIP 压缩的文件，在 MS-DOS 应用程序中常见。多数 Linux 压缩的文件使用 gzip 进行压缩，因此 Linux 文件中的.zip 文档较少见。

(2) 文件格式

- .au：表示音频文件。
- .gif：表示 GIF 图像文件。
- .html/.htm：表示 HTML 文件。
- .jpg：表示 JPEG 图像文件。
- .pdf：表示文档的电子映像，可移植文档格式(Portable Document Format，PDF)。
- .png：表示可移植网络图形(Portable Network Graphic，PNG)图像文件。
- .ps：表示 PostScript 文件，为打印而格式化过的文件。
- .txt：表示纯 ASCII 文本文件。
- .wav：表示音频文件。
- .xpm：表示图像文件。

(3) 系统文件

- .conf：表示一种配置文件，配置文件有时也使用.cfg。
- .lock：表示锁(lock)文件，用来判定程序或设备是否正在被使用。
- .rpm：表示 Red Hat 用来安装软件的软件包管理器文件。

(4) 编程和脚本文件

- .c：表示 C 程序语言的源码文件。
- .cpp：表示 C++程序语言的源码文件。
- .h：表示 C/C++程序语言的头文件。
- .o：表示程序的对象文件。
- .pl：表示 Perl 脚本。
- .py：表示 Python 脚本。
- .so：表示库文件。
- .sh：表示 shell 脚本。
- .tcl：表示 TCL 脚本。

文件扩展名不一定总会被使用。如果一个文件没有扩展名，或者它与它的扩展名不符时，可以使用 file 命令。

例如，找到了一个叫做 saturday 的文件，它没有扩展名。使用 file 命令，就可以判定这个文件的类型，如下所示。

```
file saturday
```

2. 目录文件

目录中包含着文件或其下级子目录，然而目录也是文件。在这个文件中记录着它的文件和子目录的名称与它所处的地址。当对目录中的文件进行操作时，系统会在目录文件中找出与文件名对应的地址，然后再从这个地址读取文件。

只有目录文件中记录着文件的名字，文件本身的记录中是没有文件名的。对文件名进行的更改，实际是对目录文件中的一条文件记录的修改。当移动一个文件时，系统就从被移动文件的目录文件中删除了该文件的信息，并将该文件的信息(文件名和地址)增加到目标目录文件中。当对文件进行复制时，就需要对文件的内容进行复制，并将复制的地址增加到目标目录中。

在进行文件移动时，如果源目录与目标目录不在一个分区上时，这时就要移动目录，需要进行实际的复制，并将源文件从该区中删除。

在 Linux 下只要文件不在一个目录下，两个文件就可以拥有一样的文件名和系统内容。在实际磁盘上存储这些文件的时候，文件系统给每个文件都赋予一个唯一的整数值。例如，根目录的值为 1。这些值就叫做索引节点 inode(index node)。在磁盘的开始部分存储着盘上所有文件的 inode，所有的这些记录被称为 inode table(索引节点表)。在 inode table 里还记录着其他的内容。没有任何两个文件的 inode 会是相同的。这些 inode 指向唯一的一个文件，就好像是一个个的指针。

在对文件进行操作时，就可能修改 inode table。例如，删除一个文件，在 inode table 里对应这个文件的 inode 就会被删除；复制一个文件，就会在 inode table 里增加一个 inode。

3. 连接

连接是 Linux 比较独特而非常有用的一种文件。连接的作用与 Windows 下的快捷方式相似，它自己不包含内容，而指向别的文件或目录。如果连接指向一个可执行文件，那么执行连接就可以执行那个可执行文件。

连接事实上并不是文件，它是在目录文件中的记录。这个记录的内容为连接指向的文件和目录的 inode。在 inode table 里对每个文件都记录了连接的数量。

4. 设备文件

将所有的设备都用文件来表示，这是 Linux 的特点，也是 Linux 的优点。

设备文件都存放在/dev/下，设备文件的文件名就是设备名，设备分为块设备和字符设备。

- 块设备如/dev/had。系统能够从这些设备的内容中进行随机读取。这种设备以块为最小单位，不能从块设备里只读、写一个字符。读写的最小数据量为一块。块的大小不一样，一般应将块定义为 1KB。
- 字符设备如/dev/lp1。系统能够从字符设备读入字符串，字符设备按顺序一个一个地传递字符，字符设备有终端和串行口两种。

设备文件名通常都是尾部带有设备编号数字的缩写名称。例如，fd0 表示连接到用户系统的第一个软盘驱动器。在运行于个人计算机的 Linux 系统上，硬盘分区都有一个 hd 作为前缀，后面按照字母表顺序与一个代表第几块硬盘的字母，再加上一个代表第几个分区的数字。例如，hda2 就表示第 1 块硬盘上的第 2 个分区。在大多数情况下，使用 man 命令和一种设备名前缀就可以获取关于此种设备更为详细的资料。例如，man sd 给出了 SCSI 设备的使用手册。在 Web 站点 http://www.kernel.org/linux/doc/device-list 子目录里有一个 device 文件，它的内容就是所有设备名的一个完整清单。表 6-1 列举了几个比较常用的设备名。

表 6-1　设备名及其说明

设 备 名	说 明
hd	IDE 硬盘驱动器，1~4 是主分区，从 5 以上是逻辑分区
sd	SCSI 硬盘驱动器
sr	SCSI CD-ROM 驱动器
tty	终端
lp	打印机端口
pty	伪设备(用于远程登录)
ttyS	串行口
cua	呼出设备(COM 串行口)
modem	对调制解调器设备文件的链接
cdrom	对 CD-ROM 设备文件的链接

IDE 硬盘驱动器使用 hd 作为前缀，而 SCSI 硬盘驱动器使用 sd 作为前缀。代表硬盘的前缀后面按照字母表顺序跟着一个代表第几块硬盘的字母和一个代表第几个分区的数字。如果不知道硬盘分区所对应的设备名，可以使用 df 命令查看硬盘的分区情况，也可以直接查看/etc/fstab 文件的内容。

CD-ROM 驱动器的设备名根据用户的光驱类型的不同而不同。IDE CD-ROM 光驱的设备名有一个与 IDE 硬盘分区相同的前缀 hd，后面加上一个把它与其他 IDE 设备区分开的字母。例如，连接到第 2 个 IDE 端口第 1 个位置上的 IDE CD-ROM 光驱名是 hdc，连接到第 2 个 IDE 端口第 2 个位置上的 IDE CD-ROM 光驱名是 hdd。最终使用的名字在安装该 CD-ROM 光驱时确定，而这是在安装 Linux 系统时完成的。用户可以通过检查/etc/fstab 文件或者在自己的根用户桌面上使用 Linuxconf 来确定它是什么设备。

6.2.3　文件权限

由于 Linux 是一个多用户的系统，它的文件当然不可避免地要根据用户来划分，并对文件进行保护。Linux 的文件、目录对于不同的用户允许不同的操作。例如根用户的目录/root，其他的用户不能访问。如图 6-3 所示，用“ls -l”命令给出的目录中的文件的详细信息。显示在最前面的是文件的权限，随后是链接个数、文件属主名、用户分组名、以字节计算的文件长度、文件上次被修改的日期和时间，最后是文件名。

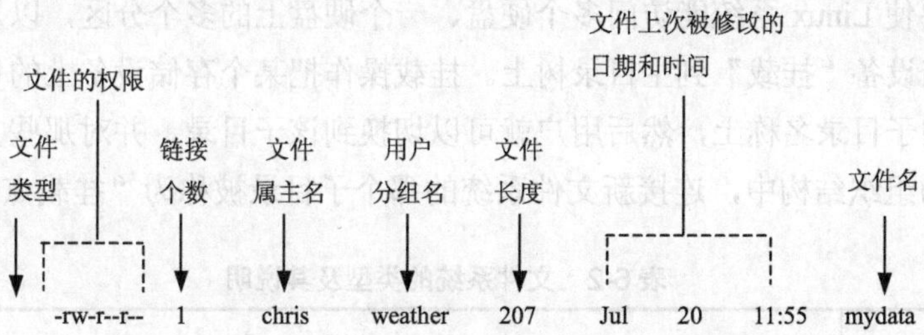

图 6-3　使用带 -l 参数的 ls 命令列出的文件信息

用户分组名指出组权限分配给哪一个用户分组。如图 6-3 所示，mydata 文件的类型为普通文件；只有一个链接，表明该文件没有其他名字和其他链接；属主名为 chris，与用户的登录名相同；用户分组名为 weather，这个 weather 组里可能还有其他用户；文件的长度为 207 字节；上次的修改日期是 7 月 20 日上午 11：55；文件名为 mydata。

Linux 中的每个文件和子目录都有一套用来决定谁可以访问它们，以及如何访问它们的权限。文件权限分为 3 个安全级别：所有者级别、组访问级别和其他用户访问级别。分别针对 Owner(文件属主)、Group(用户所在的组)和 Other(其他人)这 3 个读、写和执行权限的集合，共形成 9 种访问权限的类型。

6.3　ext3 文件系统简介

从 Red Hat Linux 7.2 版开始，默认的文件系统已从 ext2 格式转换成 ext3 登记式文件系统。

6.3.1　文件系统的类型

Linux 下所有的设备都表示为文件，硬件设备分成字符设备和块设备两种。

字符设备是指计算机能够从它那里获取字符串的设备。最简单的如键盘，计算机可以从键盘接受字符串；块设备文件如硬盘及光盘等。同普通文件一样，但不同之处是这个文件的长度是确定的，因为设备的容量是一定的。

文件系统的意义就是文件的组织。由于文件是保存在物理设备(如硬盘、光盘或软盘)上的。每一种设备上的全体文件都被组织为一种文件系统。Linux 支持多种文件系统(见表 6-2)，所以在 Linux 中可以安装多种类型的文件系统，它们可以协同工作。例如，Windows 的 FAT32 系统与 Linux 的 ext2 系统共存。

如果要访问文件系统中的文件，必须将文件系统连接到一个指定的子目录中，这个过程叫做“挂载”文件系统。这是因为在将该文件系统连接到树状子目录结构之前，它们其实是与目录树毫不相干的。一个文件系统能够把属于它自己的文件组织到它自己的子目录树中去，但是这个子目录树并没有和从根目录开始的主树相连，因此在将子目录和主目录进行连接之前，不能读取该存储设备中的文件。

例如，要使 Linux 系统能访问多个硬盘、一个硬盘上的多个分区，以及光盘和软盘，就必须将存储设备“挂载”到主目录树上。挂载操作把某个存储设备上的目录树作为子树连接到指定的子目录名称上，然后用户就可以切换到该子目录，并对那些文件进行存取操作。在文件的组织结构中，连接新文件系统的那个子目录被称为“挂载点”。

表 6-2　文件系统的类型及其说明

类　型	说　明
Minux	Minux 文件系统(文件名的长度被限制在 30 个字符以内)
ext	Linux 文件系统的早期版本，现已不再使用
ext2(ext3)	标准的 Linux 文件系统，支持长文件名和大文件
xiaf	xiaf 文件系统
msdos	对应于 MS-DOS 分区的文件系统(16 位)
vfat	对应于 Windows 分区的文件系统(32 位)
proc	由操作系统使用，对应于进程
nfs	对应于来自远程系统挂载分区的 NFS(Network File System)文件系统
swap	Linux 的 swap 数据交换分区或者 swap 文件
iso9660	挂载光盘的文件系统

Linux 系统有好几种挂载文件系统的方法。用户可以用 Linuxconf 方便地选择并挂载一个文件系统；如果使用了 GNOME 或者 K 桌面环境，则可以通过特殊的桌面图标来挂载一个文件系统；在一个 shell 命令行中，可以使用 mount 命令。挂载文件系统的操作只能以根用户的身份来完成。因此，如果准备挂载一个文件系统，必须以根用户的身份登录，一旦成为根用户，就可以对某个特定的设备(如光盘)进行设置，使普通用户也能对其执行挂载操作。

6.3.2　ext3 文件系统

ext3 文件系统是 ext2 文件系统的增进版本，它具有以下优越性。

1. 可用性

在异常断电或系统崩溃发生时，每个在系统上挂载的 ext2 文件系统必须要使用 e2fsck 程序来检查其一致性。而 ext3 文件系统只提供登记报表，在异常关机后没必要再进行此类文件系统检查。使用 ext3 系统时，一致性检查只在某些罕见的硬件失效(如硬盘驱动器失效)的情况下才会发生。

2. 数据完好性

ext3 文件系统在特殊情况下关机时会提供更强健的数据完好性。ext3 文件系统允许用户选择数据接受的保护类型和级别。Red Hat Linux 9.0 默认配置 ext3 文件卷来保持数据与文件系统状态的高度一致。

3. 速度

尽管 ext3 把数据写入不止一次，它的总处理能力在多数情况下仍比 ext2 系统强。这是因为 ext3 的登记报表方式优化了硬盘驱动器的头运动。用户可以从 3 种登记模式中选择优化速度，但是这样做会在保持数据完好性方面做得稍差一些。

4. 简易转换

用户可以不用重新格式化，把 ext2 转换为 ext3 系统，从而获得强健的登记式文件系统。

6.4　安装和卸载文件系统

6.4.1　使用 mount 命令挂载文件系统

可以在 shell 命令行中使用 mount 命令挂载任何文件系统。在窗口管理器或者桌面上，用户可以打开一个终端窗口并在那里输入命令。mount 的语法格式如下。

```
mount[-fnrsvw][-t vfstype][-o options]device dir
```

其中 option 指选项，vfstype 指设备的类型，device 指设备，dir 是安装的目录(挂载点)。

在使用 mount 命令时需要指定包含安装文件的设备、文件系统的类型以及安装点。表 6-3 列出了 mount 命令的各参数选项。

表 6-3　mount 命令

参　数	说　明
-f	模拟一个文件系统的挂载过程，用它可以检查一个文件系统是否可以被正确挂载
-n	挂载一个文件系统，但不在 fstab 文件中生成与之对应的设置项
-s	忽略文件系统不支持的安装类型，而不导致安装失败
-v	命令进展注释状态。给出 mount 命令每个操作步骤的注释
-w	以可读写权限挂载一个文件系统
-r	以只读权限挂载一个文件系统
-t	定义准备挂载的文件系统的类型(有效的类型参见表 6-2)
-a	把/etc/fstab 文件中列出的所有文件系统挂载好
-o	根据各参数选项挂载文件系统。参数选项跟在-o 后面，用逗号彼此隔开

1. 挂载光盘

在 Red Hat 中，子目录/mnt/cdrom 是专门为 CD-ROM 文件系统保留的，可以在/etc/fstab 中找到对应的设置项。因此，挂载光盘不需要指定设备名。挂载完后，在/mnt/cdrom 中可以读取 CD-ROM 中文件的内容，如下所示。

```
mount/mnt/cdrom
```

如果挂载的是 1 张 CD-ROM 而不是光驱，要更换光盘时，必须先将光驱中的光盘卸载下来，此时 CD-ROM 光驱的仓门被打开，再放入 1 张新的光盘，并用 mount 命令挂载它。

卸载光盘如下。

```
umount/mnt/cdrom
```

取出光盘，再放入新光盘，再挂载它，操作如下所示。

```
mount/mnt/cdrom
```

如果想把光盘挂载到另一个子目录中，那么需要在 mount 命令后面加上设备名。例如，将光驱中的光盘挂载到/mydir 子目录中，且分配给光驱的设备名为/dev/hdc，如下所示。

```
mount/dev/hdc/mydir
```

如果想更换光盘，首先要卸载光盘，然后再挂载新的光盘，如下所示。

```
umount/mydir
mount/dev/hdc/mydir
```

2. 挂载磁盘分区 Linux 和 MS-DOS

Linux 和 MS-DOS 硬盘分区都可以通过 mount 命令进行挂载，但更实用的方法是使用 6.4.3 节介绍的/ect/fstab 方法进行自动挂载。在安装过程中建立的各种 Linux 硬盘分区都能自动被挂载。下面是一个把/dev/hda8 上的 Linux 硬盘分区挂载到/mnt/mydir 子目录中的例子，如下所示。

```
Mount-t ext2/dev/hda8/mnt/mydir
```

如果要在 Linux 系统中访问 MS-DOS 硬盘上的目录或文件，那么必须挂载 MS-DOS 分区，类似于使用 mount 命令，但此时必须将文件系统的类型指定为 MS-DOS。例如，将 MS-DOS 分区/dev/hda1 挂载到 Linux 文件结构中的/mnt/dos 子目录中。/mnt/dos 是 MS-DOS 文件系统最常见的挂载位置，也可以将它挂载到任何其他目录，但这个目录必须是已经建立好的，如下所示。

```
Mount-t vfat/dev/hda1/mnt/dos
```

6.4.2　使用 umount 命令卸载文件系统

如果想使用另外一个文件系统代替已挂载的那个文件系统，首先需要卸载那个已挂载的文件系统。与安装相比较，卸载文件系统的操作就显得简单多了。卸载文件系统的命令是 umount，注意不要写成 unmount。

umount 命令的语法格式如下。

```
umount device or dir
```

其中 device 为设备名，dir 为挂载点。

例如，卸载原来挂载在/mydir 子目录处的软盘如下。

```
umount/dev/fd0
```

或者

```
umount/mydir
```

umount 命令的一个重要原则是不能卸载一个正在使用的文件系统。如果当前工作在该已挂载文件系统中的某个子目录中，可现在又想卸载它，就会收到一条错误信息，告诉文件系统忙。例如，用户已把 Red Hat 的 CD-ROM 挂载到/mnt/cdrom 子目录中，并且进入到这个目录中，如果现在想更换 CD-ROM，就必须先使用 umount 命令卸载当前的光盘。在卸载光盘之前必须先退出子目录，操作如下。

```
mount/dev/hdc/mnt/cdrom
cd/mnt/cdrom
umount/mnt/cdrom
umount:/dev/hdd:device is busy
cd/root
umount/mnt/cdrom
```

6.4.3　手工编辑/etc/fstab 文件

/etc/fstab 是一个文本文件(File System TABle)，它能够被机器识别，又方便阅读。用户可以通过把挂载信息放在/etc/fstab 配置文件中，而不需要使用 mount 命令就可以让某些特定的文件系统在系统运行时自动挂载。对那些没有被自动挂载的文件系统，也可以在该文件中设定一些诸如挂载点和访问权限之类的配置信息，而不必把这些信息作为 mount 命令的参数选项输入到命令行中。为了进入 Linux 系统后能方便地对本机 Windows 系统中的文件进行存取，我们经常希望在开机启动时能自动将 Windows 系统的某个磁盘分区自动挂载，而在关机的时候自动卸载它，此时通过/etc/fstab 文件进行编辑就显得很方便了。因为要让 Linux 自动挂载此硬盘上的磁盘分区，只需把它的名字添加到 fstab 文件中。/etc/fstab 文件分成好几个列，列与列之间通过空格或制表符 Tab 隔开，其格式如表 6-4 所示。

表 6-4　/etc/fstab 配置文件格式

<设备名>	<挂载点>	<系统类型>	<选项列表>	<dump>	<fsck 顺序>
/dev/hda3	/	ext2	defaults	1	1
/dev/hda2	/usr	ext2	defaults	1	2
/dev/hda4	swap	swap	defaults	0	0
/dev/fd0	/mnt/floppy	vfat	noauto	0	0
/dev/hdc	/dev/cdrom	iso9660	noauto	0	0

(续表)

<设备名>	<挂载点>	<系统类型>	<选项列表>	<dump>	<fsck 顺序>
/proc	/proc	proc	defaults	0	0
/hda1	/mnt/dos	vfat	defaults	0	0

其中<选项列表>项中列出了挂载文件系统时的各参数选项，挂载一个文件系统时可用的参数选项参见表 6-5，default 参数表示该设备是可读/写的异步设备；对于 CD-ROM 和软盘驱动器都需要加上 noauto 参数，因为它们不是自动挂载的。<dump>是系统备份工具，决定是否需要在备份文件系统时导出，在此“1”表示上一次用 dump 备份至今的天数；“0”表示从不备份。<fsck 顺序>表示启动时用 fsck 检查文件系统的顺序，顺序相同的将同时检查，“0”表示不检查。

表 6-5　文件系统的挂载参数选项(/ect/fstab 文件)

参　数	说　明
async	对此文件系统的所有 I/O 操作都必须异步完成
auto	可以使用-a 参数进行挂载
defaults	使用默认的挂载参数，如 rw、suid、exec、auto、nouser 和 async
dev	标识文件系统上特殊的字符或块设备
noauto	只有通过明确的操作才能挂载，-a 参数表示不能用来挂载这一类设备
exec	允许执行二进制程序
nouser	不允许普通用户(即非根用户)挂载此文件系统
user	允许一名普通用户挂载此文件系统。普通用户通常带有属性：noexec、nosuid 和 nodev
suid	允许设置用户标识符或者设置用户组标识符
ro	把此文件系统挂载为只读属性
rw	把此文件系统挂载为可读写属性
sync	此文件系统上的所有 I/O 操作都必须异步进行
nodev	不对文件系统上的特殊字符或块设备做出标识
nosuid	不允许设置用户标识符或者设置用户组标识符

例如，在 Linux 系统开机引导时将 MS-DOS 操作系统使用的 MS-DOS 分区自动挂载到 Linux 文件目录结构中，在/etc/fsab 文件中设置一个 MS-DOS 分区项如下。

```
/dev/hda1       /mnt/dos       vfat       defaults       0   0
```

除非使用 noauto 参数明确指定关闭了自动挂载功能，在/etc/fstab 文件中列出的文件都将在开机引导时被自动挂载。CD-ROM 和软盘设备都设有一个 noauto 参数。如果发出了一个 mount-a 命令，则全体没有 noauto 参数的文件系统都将被挂载。如果想让普通用户也能挂载 CD-ROM 设备，则需要加上一个 user 参数，如下所示。

```
/dev/hdc       /mnt/dcrom     iso9660     ro,noauto,user   0    0
```

6.5 创建一个 ext3 文件系统

安装后，有时会需要创建一个新的 ext3 文件。例如，给 Red Hat Linux 系统添加了一个新的磁盘驱动器，可能就想给这个磁盘驱动器分区，并使用 ext3 文件系统。

创建 ext3 文件系统的步骤如下。

(1) 使用 parted 或 fdisk 创建分区。

(2) 使用 mkfs 把分区格式化为 ext3 文件系统。

(3) 使用 e2label 给分区标签。

(4) 创建挂载点。

(5) 把分区添加到/etc/fstab 文件中。

6.5.1 使用 parted 创建磁盘分区

必须安装 parted 软件包才能使用 parted 工具。要启动 parted，在 shell 提示下以根用户身份输入命令 parted/dev/hdb，这里的/dev/hdb 是要配置的设备名称。用户会看到一个 parted 提示，输入 help 来查看可用命令的列表。

如果驱动器不包含任何正在被使用的分区，则可以使用 umount 命令来卸载分区，使用 swapoff 命令来关闭硬盘驱动器上的交换空间。

表 6-6 包含了最常用的 parted 命令。

表 6-6 parted 命令

命令	描述
check minor-num	执行文件系统的简单检查
cp from to	把文件系统从一个分区复制到另一个分区；from 和 to 是分区的次要号码
help	显示可用的命令列表
mklabel label	为分区表创建磁盘标签标识
mkfs minor-num file-system-type	创建类型为 file-system-type 的文件系统
mkpart part-type fs-type start-mb end-mb	不创建新文件系统而制作分区
mkpartfs part-type fs-type start-mb end-mb	制作分区并创建指定的文件系统
move minor-num start-mb end-mb	移动分区
print	显示分区表
quit	放弃分区
resize minor-num start-mb end-mb	重新划分分区大小，从 start-mb 到 end-mb
rm minor-num	删除分区
select device	选择另一个设备来进行配置
set minor-num flag state	在分区上设置标志；state 要么是 on，要么是 off

1. 查看分区表

启动 parted 后，输入以下命令来查看分区表。

```
print
```

会出现一个类似于下面的表。

```
Disk geometry for /dev/hda: 0.000-9765.492 megabytes
Disk label type: msdos
Minor      Start       End        Type      Filesystem    Flags
1          0.031     101.975     primary       ext3        boot
2        101.975     611.850     primary    linux-swap
3        611.851     760.891     primary       ext3
4        760.891    9758.232    extended                    lba
5        760.922    9758.232     logical       ext3
```

第 1 行显示了磁盘的大小，第 2 行显示了磁盘标签类型，剩余的输出显示了分区表。在分区表中，Minor(次要)标签是分区号码。例如，次要号码为 1 的分区和/dev/hda1 相对。Start(开始)和 End(结束)值以 MB 为单位。Type(类型)是 primary、extended 和 logical 中的一个。Filesystem(文件系统)是文件系统的类型，它可以是 ext2、ext3、FAT、hfs、jfs、linux-swap、ntfs、reiserfs、hp-ufs、sun-ufs 或 xfs 之一。Flags(标志)列出了分区被设置的标准，可用的标志有：boot、root、swap、hidden、raid、lvm 或 lba。

2. 创建分区

在创建分区前，导入救援模式(或卸载设备上的所有分区并关闭设备上的交换空间)。启动 parted，/dev/hda 是要在其中创建分区的设备，如下所示。

```
parted/dev/hda
```

输入 print 命令，查看当前的分区表来判断设备上是否有足够的空闲空间。

3. 制作分区 Print

如果空闲空间不够，可以重新划分现存分区的大小。根据分区表来决定新分区的起止点和分区类型。每个设备上只能有 4 个主分区(无扩展分区)。如果想有 4 个以上的分区，可以有 3 个主分区，一个扩展分区，在扩展分区内可以有多个逻辑分区。关于磁盘分区的概述，请参阅《Red Hat Linux 安装指南》中的附录"An Introduction to Disk Partitions"。

例如，要在某个硬盘驱动器上从 1 024MB~2 048MB 间创建一个文件系统为 ext2 的主分区，输入以下命令。

```
mkpart primary ext3 1024 2048
```

创建了分区后，使用 print 命令来确认所建分区在分区表中，并具备正确的分区类型、文件系统类型和大小。另外还需要记住新分区的次要号码，这样才可以给它注以标签。应该查看以下命令的输出来确定内核能够识别这个新分区。

```
cat/proc/partitions
```

4. 格式化分区

分区现在还没有文件系统。使用 mkfs 格式化分区，mkfs 的具体用法见 man mkfs 帮助。用下面的命令来创建文件系统。

```
/sbin/mkfs -t ext3/dev/hdb3
```

5. 给分区注明标签

下一步，给分区注明标签。例如，如果新分区是/dev/hda3，想把它标为/work，则输入以下命令。

```
e2label/dev/hda3/work
```

Red Hat Linux 安装程序默认使用分区的挂载点作为分区的标签来确定标签的独特性，可以使用任何想用的标签。

6. 创建挂载点

以根用户身份创建挂载点，命令如下。

```
mkdir/work
```

7. 添加到/etc/fstab

以根用户身份编辑/etc/fstab 文件来包括新分区。新添的这一行应该类似以下内容。

```
LABEL=/work     /work     ext3      defaults
1 2
```

第 1 列应该包含“LABEL=”，然后跟随给分区注明的标签。第 2 列应该包含新分区的挂载点，下一列应该是文件系统类型(如 ext3 或 swap)。如果想了解更多关于格式化的信息，请阅读 man fstab 的说明书(man)。

如果第 4 列是 defaults 这个词，分区就会在引导时被挂载。若不重新引导而挂载分区，则可以用根用户身份执行如下命令。

```
mount/work
```

6.5.2　删除分区

如果想要删除系统中不用的分区，那么必须提前考虑导入救援模式(或卸载设备上的所有分区，关闭设备上的交换空间)。

注意：

不要试图删除正在被使用的设备上的分区。

删除操作可以使用命令 parted。假设要操作的分区在硬盘设备/dev/had 中，其中第 3 个分区是想删除的分区。

删除分区的操作步骤如下。

(1) 首先启动 parted 程序，执行 parted/dev/hda。

(2) 查看当前的分区表来判断要删除分区的次要号码：print。

(3) 使用 rm 删除分区。例如，要删除次要号码为 3 的分区：rm 3。只要按一下 Enter 键，就会发生改变，因此在执行前请检查一下命令。

(4) 删除了分区后，使用 print 命令来确认分区在分区表中已被删除。还应该查看以下命令的输出来确定内核，知道分区已被删除：cat/proc/partitions。

(5) 最后一步是把它从/etc/fstab 文件中删除，找到和已被删除的分区相应的行，然后从文件中删除它。

6.5.3 重新划分分区大小

在重新划分分区大小前，导入救援模式(或卸载设备上的所有分区，并关闭设备上的交换空间)。启动 parted/dev/hda，其中/dev/hda/是要重新划分分区大小的设备。

```
parted/dev/hda
```

查看当前的分区表来判断要重新划分大小的分区的次要号码以及它的起止点，如下所示。

```
print
```

注意：

要重划大小的分区上已用的空间必须大于新建的大小。

要重新划分分区大小，使用 resize 命令，然后跟随分区的次要号码，以 MB 为单位的起始点和终止点。如下所示。

```
resize 3 1024 2048
```

分区被重新划分了大小后，使用 print 命令来确认分区已被正确地重新划分了大小，并且具备正确的分区类型和文件系统类型。

在正常模式下重新引导系统后，使用 df 命令来确定分区已被挂载，并且重新设置的大小也已被识别。

6.6 转换到 ext3 文件系统

tune2fs 程序能够不改变分区上的已存数据来给现存的 ext2 文件系统添加一个登记报表。如果文件系统在改换期间已被挂载，该登记报表就会被显示为文件系统的根目录中的.journal 文件。如果文件系统没有被挂载，登记报表就会被隐藏，根本就不会出现在文件系统中。

转换分区的操作步骤如下。

(1) 要把 ext2 文件系统转换成 ext3，登录为根用户后输入/sbin/tune2fs -j/dev/hdbX，把/dev/hdb 替换成设备名，把 X 替换成分区号码。

(2) 命令执行完毕后，再确定把/etc/fstab 文件中的 ext2 文件系统改成 ext3 文件系统。

如果要转换根文件系统，将需要使用一个 initrd 映像(或 RAM 磁盘)来引导。可以通过运行 mkinitrd 程序来创建它。关于使用 mkinitrd 程序的信息，可输入 man mkinitrd 了解。另外还要确定 GRUB 或 LILO 配置会载入 initrd。

如果转换没有成功，系统仍旧能够引导，只不过文件系统将会被挂载为 ext2，而不是 ext3 文件系统格式。

6.7 还原到 ext2 文件系统

因为 ext3 文件系统格式相对来说比较新，某些磁盘工具可能还不支持它。在这种情况下，可以试着把文件系统暂时还原到 ext2，执行完后再转换回 ext3 文件系统。

还原分区的操作步骤如下。

(1) 要还原分区，必须首先卸载分区。方法是登录为根用户，然后输入 umount /dev/hdbX，把/dev/hdb 替换成设备名称，把 X 替换成分区号码。本节以后的示例命令将会使用 hdb1 来代表设备和分区。

(2) 把文件系统类型改回 ext2，以根用户身份输入以下命令：/sbin/tune2fs-0^has_journal /dev/hdb1。

(3) 以根用户身份输入以下命令来检查分区的错误：/sbin/e2fsck -y /dev/hdb1。

(4) 通过输入以下命令来把分区重新挂载为 ext2 文件系统：mount -t ext2/dev/hdb1 /mount/point，把/mount/point 替换成分区的挂载点。

(5) 最后是删除根目录下的.journal 文件。方法是转换到分区的挂载目录中，然后输入 rm-f .journal

这样就有一个 ext2 分区了。如果想永久地把分区改换成 ext2，请记住更新文件系统表文件/etc/fstab。

6.8　交换文件与交换分区

交换文件与交换分区的作用就是虚拟内存，即让一个不是很强大的系统也能够处理一些复杂的情况。交换文件的缺点在于单个文件的空间可能不连续，与用户文件同处在一个文件系统中可能会遭到破坏。

交换分区则没有上述问题，其优点如下。

- 将整个分区用作交换，与用户文件系统分开。用户对交换分区不可见，这就不会影响交换分区的工作。
- 既然是一个分区，那么它的磁盘空间就是连续的。若是交换文件则必须要划分出一个连续的磁盘空间，交换分区则省了这个问题。
- 交换分区的磁盘空间比交换文件大得多。

然而对于硬盘比较紧张的用户，就不得不使用交换文件了，而且交换分区需要事先在分区时就预先分配，没有交换文件灵活。对于现在的计算机，硬盘空间均很大，应该足够应付任何要求了。

6.8.1　交换文件

虽然提倡使用交换分区，但也可能需要使用交换文件。一般在创建交换文件时，都会用到一个 dd 命令。有关 dd 的详细使用方法请看它的 man 帮助。

dd 的作用是将源文件复制到目标文件中，它的语法格式如下。

```
dd if=sourcefile of=destfile bs=BYTE count=BLOCKS
```

if 指定源文件，of 指定目标文件，bs 指定块的单位，count 指定有多少个块，dd 适合于大文件的复制。

6.8.2　交换分区

通过磁盘管理工具(如 fdisk 等)，可以非常容易地建立交换分区，一般要求其大小与系统物理内存差不多。

6.8.3　关闭交换

如果不想使用交换区，则可以用 swapoff 命令来关闭交换分区或交换文件。

使用命令格式如下。

```
swapoff/extra-swap
```

或

```
swapoff/hda4
```

要把交换空间从某处移到另一处，也需要借助该方法。首先删除交换空间，再遵循添加交换空间的说明，建立交换区或交换文件。

6.9　本 章 小 结

本章主要介绍了 Linux 文件系统，它是操作系统的重要组成部分，对熟悉和使用系统都非常有意义。本章重点介绍了文件系统的结构、安装、创建和下载，常用的文件系统操作命令以及交换分区和交换文件的创建等内容。

6.10　习　　题

1. 填空题

(1) 文件系统(filesystem)是操作系统用以明了______或______上文件的一种方法以及_____；即磁盘上文件组织的方法。

(2) Red Hat Linux 9.0 默认使用的文件系统是_____。

(3) Linux 文件系统是一个_____结构。

2. 选择项

(1) 以下哪项不是 Linux 文件系统与 DOS 文件系统的区别？(　　)

A. 单树与多树结构　　B. 存不存在分区

C. 分区是否为项级　　D. 存不存在根

(2) 如下哪类分区是 Linux 所独有的？(　　)

A. 交换分区　　B. 主分区

C. 扩展分区　　D. 逻辑分区

(3) 在 Linux 下，哪个不是以文件形式独立存在的？(　　)

A. 文本文件　　B. 数据文件

C. 光盘设备　　D. 驱动程序

(4) 如下哪项说法是错误的？(　　)

A. Linux 与 UNIX 渊源深厚，但是文件名的长度允许在 256 个字符内。

B. Linux 文件的名字可以由字母字符、下划线和数字组成，也可以加上句号和逗号。

C. 文件名的第 1 个字符不能是数字，短划线、句号和星号等其他符号由系统用作特殊字符，也不能用在文件中。

D. 用户还必须给文件名加上一个扩展名。

3. 思考题

(1) 试描述 Linux 文件系统的结构。

(2) Linux 具有哪几种文件类型？

(3) 什么是交换分区和交换文件。

(4) 分区与文件系统是什么关系？

4. 上机题

(1) 对 Linux 中的文件的访问权限进行设置。

(2) 安装和卸载 CD-ROM 的文件系统。

(3) 创建一个独立的文件系统。

(4) 查看系统的分区情况。

(5) 编辑分区表，使得系统启动时就把 MS-DOS 分区/dev/hda1 安装到/DOS 目录下。

第7章　进 程 管 理

进程(Process)这一术语最早是20世纪60年代开发MULTICS以及IBM公司CTSS/360系统时提出来的。现在已成为现代操作系统中最核心的概念之一，所有的操作系统的基本控制原理都是围绕进程展开的。

本章主要介绍关于进程的基本知识和相关管理命令。多进程是Linux系统的一个特色，但其也带来了进程的并发控制，控制以及管理系统中同时运行的进程，是进程管理所要解决的问题。同时，也就可能需要后台执行或终止进程等管理操作。

本章学习目标：

- 理解进程和多进程的概念
- 了解进程类型
- 掌握如何运行后台进程
- 掌握如何进行进程控制

7.1　进 程 概 述

7.1.1　什么是进程

所有正在运行的程序都叫做进程，即程序只有在被系统载入了内存并运行后才能够叫做进程。程序是磁盘文件，而进程则是内存中工作着的代码。程序与进程的概念是不一样的。但是，由于进程是“运行着的程序”，很多时候对这两个概念并不做很严格的区分。

Linux允许同时运行多个程序，为了分清楚每一个运行的程序，Linux给每一个都做了标号，每一个进程的标号都是唯一的。这个标号被称为进程号(Process ID)。对于进程的管理操作，都通过这个标号来操作。

在Linux系统下很多程序都在后台运行，最明显的就是init，它是进程之父，但是用户一般都看不见它的存在。控制台在任一时刻只能接受一个程序的输出，因此在任一时刻也只有一个进程能够接受终端的输入。也就是说任一时刻，用户所能够看到的只有一个进程。在系统接收到运行的某个程序的请求后，系统就在内存(广义的内存，包括交换分区和交换文件等)里精确地复制这个程序或是进程，然后执行它。可以用ps命令获得当前运行的程序及其进程号。ps命令的用法如下。

```
ps [参数]
```

7.1.2　进程间的关系

Linux 是通过复制机制来产生进程的。复制进程的本身也是个进程。假设由进程 1 复制了进程 2，那么进程 1 就是进程 2 的父进程，进程 2 就是进程 1 的子进程。Linux 系统中进程关系是一种树形关系，如图 7-1 所示。

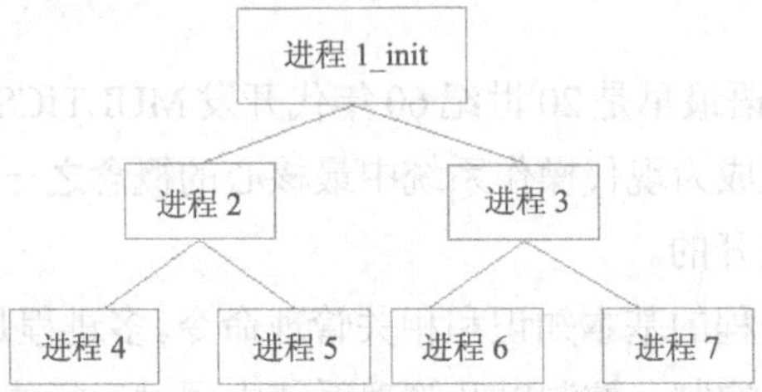

图 7-1　进程的树形关系

init 是众进程之父，由 init 产生了 shell。init 是仅有的一个 Linux 内核所直接运行的进程。对于用户的大多数命令而言，它们的父进程是 shell。

shell 同样能够产生子 shell 进程，子进程是通过完全复制父进程而获得的，是通过调用 fork 对父 shell 进程进行复制而实现的。在复制完毕后，子进程就和父进程完全一样。然后用一个叫做 exec 的进程转换子进程，使其成为所需要的进程。在子 shell 里用 exit 命令可以退出并结束当前的 shell。子进程拥有与父进程完全一样的环境。

每一个进程都记录了它的父进程和子进程的 ID，这样在这个进程结束之后就退回到它的父进程。

7.1.3　多进程

Linux 是一个多用户的操作系统，每一个用户起码都会有一个任务——用户登录的 shell，多用户就意味着多任务。任务其实就是一个被用户指定运行的程序。

一个多任务的操作系统，要能完成多个用户的要求，而且还能够让用户感觉不出来系统在同时为多个用户服务，就好像每一个用户都单独拥有这个系统一样。和其他操作系统一样，Linux 使用“分时”机制来完成多任务。分时是这样实现的：所有进程排成一个队列，系统按顺序每次从队列中抽取一个来执行。执行很短时间后(毫秒级)系统就对这个进程重新排队，然后执行队列中下一个进程。由于 CPU 的速度非常快，一般情况下，以人的感觉不可能觉察到 CPU 隔了一段时间才执行程序，所以用户就会觉得程序一直在不间断地运行。

Linux 是个多用户系统，它必须要协调各个用户。Linux 给每一个进程都打上了运行者的标记。每一个用户都可以控制自己的进程，给自己的进程分配不同的优先级，如果有必要，还可以随时终止自己的进程。

7.2 进程类型

1. 前台进程和后台进程

前台进程就是指一个程序控制着标准输入输出。在执行程序的时候，shell被暂时挂起，程序执行完毕之后退回到shell。因为当前台运行一个程序的时候，用户不能再执行其他的程序。最普通的情况就是输入ps这样的命令，shell执行它，然后在屏幕上将结果显示出来。在计算机处理ps命令的时候，用户不能干其他事情，这就是一个前台的例子。

后台进程就是指一个程序不从标准输入接受输入，一般也不将结果输出到标准输出。一些运行之后不要求用户输入的程序就适合在后台运行，特别是那些想要退出交互界面后而继续运行的任务。

2. 守护进程

一般系统的服务都是以后台进程的方式存在的，而且都是开机即被载入到系统中并常驻在系统中，直到关机时才结束，这类服务有时也被专称为即守护进程(Daemon)，或者称为精灵进程。守护进程必须一直运行着。Linux 系统中包含许多守护进程，可以通过进程名看出，如HTTP服务的守护进程(httpd)。

7.3 进程控制命令

进程控制就是监视进程运行状态，在用户退出后让进程继续运行，更改进程的优先级以及在进程有问题的时候杀死进程等。

7.3.1 监视进程

使用ps显示当前进程

ps命令用来报告系统当前的进程状态，其命令格式与常用命令选项，如表7-1所示。

表7-1 ps命令常用选项

选 项	意 义
-a	显示所有用户进程
-e	显示进程环境变量
-l	给出长列表
-r	只显示正在运行的进程
-S	增加子CPU时间和页面出错

(续表)

选　项	意　义
-w	按宽格式显示输出。默认情况下，如果输出结果不能在一行里显示，将会缩短结果输出，使用该选项可以避免这种情况
-txx	只显示受 tty.xx 控制的进程
-u	打印用户格式，显示用户名和进程起始时间
-x	显示不带控制终端的进程

例如，分页查看当前所有进程，同时显示进程的用户名和起始时间，可使用如下命令：

```
[root@localhost root]# ps -axu|more
```

结果如图 7-2 所示，其中 ps 输出报告各列的含义如表 7-2 所示。

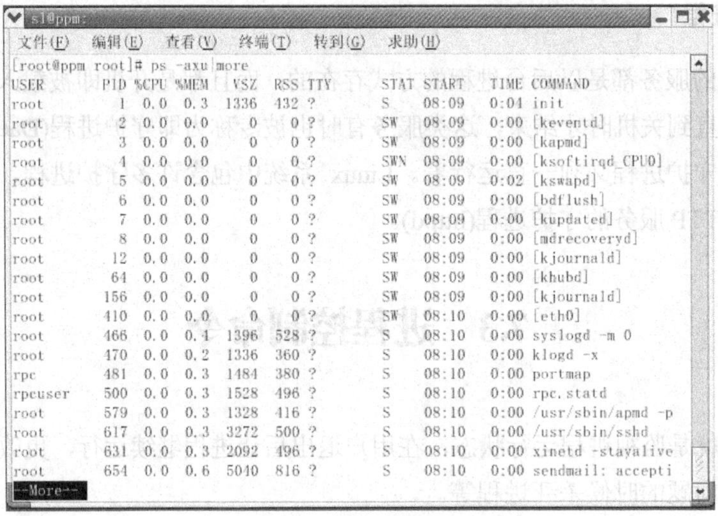

图 7-2　显示系统进程

表 7-2　ps 命令输出字段含义

字 段 名	意　义
USER	进程所有者的用户名
PID	进程号，可以唯一标识该进程
%CPU	进程自最近一次刷新以来所占用的 CPU 时间和总时间的百分比
%MEM	进程使用内存的百分比
VSZ	进程使用的虚拟内存大小，以 KB 为单位
RSS	进程占用的物理内存的总数量，以 KB 为单位
TTY	进程相关的终端
STAT	进程状态，用表 7-3 字符中的一个给出

(续表)

字 段 名	意 义
TIME	进程使用的总 CPU 时间
COMMAND	被执行的命令行
NI	进程的优先级值，较小的数字意味着占用较少的 CPU 时间
PRI	进程优先级
PPID	父进程 ID
WCHAN	进程等待的内核事件名

Linux 使用不同的字符来表示进程的状态，各字符含义如表 7-3 所示。

表 7-3 进 程 状 态

字 符	含 义
R	运行或准备运行
S	睡眠状态
I	空闲
Z	僵尸
D	不间断睡眠
W	进程没有驻留页
T	停止或跟踪

7.3.2 调整优先级

在后台运行的程序并不享有同等的占有 CPU 的几率，这一点也是一个“抢占式”多进程的特点。每一个进程有一个优先级，优先级用数字组成，从-20~20。优先级为-20 的进程享有最大的优先级，而优先级为 20 的进程则拥有最少的 CPU 时间。在用&在后台运行进程时，这些进程拥有默认的优先级 10。

有两种方法可以调整进程的优先级：在启动进程的时候就给它指定优先级，或者在进程运行当中更改它的优先级。

下面就对这两种方法进行介绍。

1. 在启动进程时指定优先级

如果用&在后台启动一个进程，它的语法如下。

命令 [参数] [对象]&

这种情况下，进程的优先级为 10。如果想在输入命令行时就决定进程的优先级，就得使用 nice。

nice 的语法如下。

```
nice -优先级改变量 命令[参数][对象]&
```

注意："优先级改变量"前面的符号-不是负号。"优先级改变量"是一个数字，指定"优先级改变量"会使进程在当前的优先级上加上这个数字。所以如果这个增加量是正值，就会使进程的优先级降低；而如果这个数字是一个负数，就会增加这个进程的优先级。

如果在 nice 后面没有接命令，nice 就会在屏幕上显示出由前面继承而来的当前的优先级；如果接有命令但是没有"优先级改变量"，nice 默认为给后面这个程序的优先级增加 10。

一般用户是不能够使用一个负值的，如果普通的用户可以随便提高进程的优先权，势必会妨碍系统的其他重要操作，因而只有超级用户才能提高进程的优先权。

例如，在后台打印一个文件，一般情况下命令如下。

```
[echo@echo echo]$lp file1 &
```

这样此进程的优先级就是 10，但有时用户的系统负荷较大，而这个打印的文件很长，用户希望它能够不影响其他的进程，就应该用 nice，如下所示。

```
[echo@echo echo]$ nice -5 lp file1 &
```

因此这个打印程序的优先级就为 15。其他的进程相对于它就会拥有更高的优先权，CPU 在分时的时候就会分给打印进程较少的时间。

注意：

使用 nice 不一定是后台进程，不加&的进程同样可以改变优先级。

超级用户总是拥有特权的，在一个系统中可能有很多人在后台进行庞大的运算，超级用户想要做一些特别重要的事情，他就可以使用 nice 将自己的进程优先权定位到最高。

将优先级改变量制定为一个负值，这个进程的优先级就从 10 往下降一个值，优先权则提高了。

例如，超级用户忙着打印一份演讲稿，代码如下。

```
[root@echo \root]# nice --10 lp paper &
```

这样就将这个进程的优先级提到了 0。注意--10 前的"-"是参数引导符，后一个"-"是负号。

nice 还有两个参数。

- help：显示帮助信息。
- version：显示 nice 的版本。

2. 进程运行时调整优先级

进程已经运行了，这时候登录上了许多用户，他们使进程分得的 CPU 时间下降。超级用户很忙，只好提高进程的优先级。

而最为普通的用户也会遇上系统资源紧张的情况，然而普通用户不能够提高进程的优先级，那么就将已经运行的一些不那么着急完成的任务的优先级降低，这样可以使着急用的程序按比例分得更多的 CPU 时间。

这种情况下，就需要用到一个命令——renice。

renice 的语法如下。

```
renice 优先级的改变量[PID][ -u 用户…][-p PID…][-g GID…]
```

下面解释各个参数的意义。

- -u 标志后面的是用户名，即按用户名来改变进程的优先级。
- -p 标志后面的是进程号。
- -g 标志后面的是组。

有一点要注意的是在用 renice 设定优先级的改变时，用+来增加优先级，而用-来表示降低优先级。

例如：

```
[echo@ echo echo]$ ps
PID TTY          TIME        CMD
610 tty1     00:00:00       bash
793 tty1     00:00:00          ps
[echo@echo echo]$ renice + 1 610
```

首先用 ps 显示当前的进程，然后用 renice 更改它的优先级。renice 给出信息“610：旧的优先级为 0，新的优先级为 1”。

7.3.3　终止进程

作为一个超级用户，要担负起系统的维护工作。有时候，用户可能会发现系统运行很慢。那肯定是有什么东西在吞噬着系统的资源，也许是以前运行的一个进程；也许是某个恶意的“黑客”干的。这时候，就应该用 ps 检查哪一个进程在运行。而那些运行时间很久的进程就比较可疑，对于危害系统的进程应该将其杀死。

还有一种需要杀死进程的情况，那就是在某种情况下程序陷入了死循环。对于一般的前台程序可以用 Ctrl+C 来终止这个程序。如果按键没有反应，就应该切换到别的虚拟终端，然后终止这个终端上运行的进程。

杀死进程的命令是 kill。kill 允许发送一个结束进程的信号到某个当前运行的特定进程，从而结束进程。其命令格式与常用命令选项如下。

```
# kill  [选项]  [信号] 进程号
```

常用选项如下。

- –s：指定需要送出的信号，既可以是信号名又可以是数字。
- –p：指定 kill 命令只是显示进程的 pid，并不真正发出结束信号。

- -l：显示 kill 命令能给进程发送的信号名表，可以在/usr/include/linux/signal.h 文件中找到。
- 信号：送入可选信号，默认值是 SIGTERM。其他两个常用值，一个是 SIGHUP，是调制解调器通过电话挂起的设备；另一个是 SIGKILL，不能被进程忽略。
- 进程号：希望送指定信号的进程号，可以使用 ps 命令查看进程号。

结束进程方法也有正常结束和强制结束两种方式。

1. 正常结束

正常结束后台进程的方法是 kill PID。

进程号可以不止一个。如果给 kill 传递多个进程号，kill 就会给这些进程都发送结束信号。例如：

```
[root@localhost]#kill 123 243 245
```

这个命令将给进程号为 123、243 和 245 的 3 个进程发送结束命令。如果这些进程没有被设定为不接受信号，就会正常地结束。在 Linux 里，对于当前运行的程序可以用以下两个组合键改变其运行。

- Ctrl＋C 组合键将结束当前运行的程序，一般情况下这个组合键都能够发挥作用，在某些情况下可能会失效。
- Ctrl＋Z 组合键将使当前运行的程序放到后台去运行，这个组合键是另一种启动后台进程的方法。

2. 强制结束

在用户退出登录时，系统就会发送结束信号给这个用户创建的所有的后台进程。一般情况下，这个用户创建的后台进程就会结束。然而像 nohup 这样的程序，为了使进程在用户退出之后仍然能够运行，设置了后台进程不接受某些结束信号。这样当用户退出时，系统给该用户的后台进程发送结束信号的时候，这些程序仍能够继续运行。

为了结束这些后台进程，应该在 kill 后面加上信号参数。kill 可以发出多达 20 个信号。正常退出情况下使用 kill PID…，即使用默认的信号，信号数值为 15。如果这个信号不能够使某进程退出，那么就应该给它传递数值为 9 的“强制信号”。任何进程接收到这个信号都会结束。

其用法如下。

```
kill -9 PID…
```

如果某个进程退出，那么该进程创建的子进程也将被强制退出。所以在用 kill -9 退出进程的时候一定要小心。比如，用 kill -9 退出登录进程 login 的时候，这个用户所创建的进程也全部被退出。一般情况下，使用不带参数的 kill 就可以了。这样不会造成意外的损失。

7.4 运行后台进程

通常程序在运行时，会不断地显示其运行状态或是与用户进行交互，但有时需要程序不显示运行状态，只在后台默默地执行，即所谓的后台进程。在后台运行进程的方法很多，下面将详细介绍各种方法之间的区别。

1. 使用&符号

如果要让一个程序在后台运行，用户可以在输入完命令之后，在整个命令行的末尾添加一个&，显示如下。

```
[echo@echo echo]$ ls -R>dirlist &
[1] 561
```

ls 命令显示当前目录下的所有文件的信息，包括子目录，用>重新定向输出，将输出保存至文件 dirlist 中。shell 检测到命令行后面有一个&，它就生成一个子 shell 在后台运行这个程序，并立即显示提示符等待用户的下一个命令。

在命令输入完之后，在下一行输出了一行数字。561 就是这个在后台运行的程序的进程号。使用&来使程序在后台运行，适合于以下程序。

- 该程序运行过程中不需要用户的干预。
- 程序执行时间较长。

2. 使用 nohup

使用&指定在后台执行的程序处在后台不算太深的地方，若要想让程序在更深的地方执行，可以使用不挂起(no-hang-up，nohup)，其用法如下。

```
nohup 命令[参数]输出文件&
```

命令行作为参数传递给 nohup，nohup 在运行后面的程序时将忽略“挂起”信号。在 nohup 命令的最后加上一个&是必须的，这样才能够真正让这个程序在后台运行。

使用 nohup 运行某个程序，这个程序的优先级增加了 5，因此即使用户退出了系统，这个命令仍然能够在后台运行。

如果标准输出是一个终端，那么标准输出和标准错误都被重新定向。这两个输出的内容被添加到文件 nohup.out 的最后；如果能写这个文件，这两个输出的内容就被添加到文件$HOME/nohup.out 中；如果这个文件不能写，传递给 nohup 的命令就不会被执行。

3. 使用 cron

cron 是一个守护进程，是一个标准的后台服务程序。cron 这个名字来自 chronograph(计时机)。使用 nohup 运行的程序立即就在后台执行，而使用 cron，用户可以让系统在稍后一个指定的时间内运行该程序。

cron 可以定时地、周期地执行程序。例如，用户可以要求系统每天的凌晨 2:00 执行某一程序，在每周一执行另外一个程序。要使用 cron 服务，必须安装了 vixie-cron RPM 软件包，而且必须再运行 crond 服务。要判定该软件包是否已安装，可使用 rpm -q vixie-cron 命令；要判定该服务是否在运行，可使用/sbin/service crond status 命令。

cron 的主配置文件是/etc/crontab，它包括以下代码。

```
SHELL=/bin/bash
PATH=/sbin:/bin:/usr/sbin:/usr/bin
MAILTO=root
HOME=/
# run-parts
01 * * * * root run-parts /etc/cron.hourly
02 4 * * * root run-parts /etc/cron.daily
22 4 * * 0 root run-parts /etc/cron.weekly
42 4 1 * * root run-parts /etc/cron.monthly
```

前 4 行是用来配置 cron 任务运行环境的变量。SHELL 变量的值告诉系统要使用哪个 shell 环境(在这个例子里是 bash shell)；PATH 变量定义用来执行命令的路径。cron 任务的输出被邮寄给 MAILTO 变量定义的用户名。如果 MAILTO 变量被定义为空白字符串(MAILTO="")，电子邮件就不会被寄出；HOME 变量可以用来设置在执行命令或脚本时使用的主目录。

4. 使用 crontab

使用 cron 的时候能够定期、定时地执行用户想要进行的操作。若要使 cron 知道该如何运行哪一个程序，则必须使用 crontab。传递给 cron 执行的程序必须以 crontab 的格式在一个文件里描述，这个文件被分成 6 个字段，它的格式如下。

```
minute   hour   day   month   dayofweek   command
```

前面 5 个字段用来描述程序运行的时间，这 5 个字段分别是：分(00~59)、时(00~23)、日(01~31)、月(01~12)和星期(0~6)。星期这个字段值中 0 代表星期日，1 代表星期一，6 代表星期六。第 6 个字段是命令字符串。5 个字段中的数字可以表示连续的日期，如日中的 01~05 表示一个月 1~5 日，也可以表示成离散的集合，如 01,03。如果某个字段用*代替，就表示所有的合法值。Linux 规定程序重复执行的最小时间间隔为 1 分钟，这一点从字段里最小的时间单位为分钟也可以看出。

例如：0,20,40 * 1-10 * * echo "I'm echo"

第 1 个字段“0,20,40”表示从 0 分钟开始每隔 20 分钟执行，第 3 个字段“1~10”，表示每月的 1~10 日，其余的字段都是*号，表示是任何允许的时候，所以这个例子就是在每个月的 1~10 日，每隔 20 分钟显示 I'm echo。

编写完这个文件之后，cron 还是不能按上述配置文件执行。用户必须用 crontab 把这个文件装到 cron 系统中。

假设上面这个文件的名字是 crontest，使用 crontab 就应该如下所示。

```
crontab crontest
```

所有用户定义的 crontab 都被保存在/var/spool/cron 目录中，并使用创建它们的用户身份来执行。要以某用户身份创建一个 crontab 项目，登录为该用户，然后输入 crontab -e 命令。该文件使用的格式和/etc/crontab 相同。当对 crontab 所做的改变被保存后，该 crontab 文件就会根据该用户名而保存，并写入文件/var/spool/cron/username 中。

cron 守护进程每分钟都检查/etc/crontab 文件、etc/cron.d/目录，以及/var/spool/cron 目录中的改变。如果发现了改变，它们就会被载入内存。这样，当某个 crontab 文件改变后就不必重新启动守护进程了。

/etc/cron.allow 和/etc/cron.deny 文件被用来限制对 cron 的使用，这两个使用控制文件的格式都是每行一个用户。两个文件都不允许空格。如果使用的控制文件被修改了，cron 守护进程(crond)不必被重启。使用控制文件在每次用户添加或删除一项 cron 任务时都会被读取。

无论使用控制文件中的规定如何，根用户都可以使用 cron。根用户以外的用户可以使用 crontab 工具来配置 cron 任务。如果 cron.allow 文件存在，只有其中列出的用户才被允许使用 cron，并且 cron.deny 文件会被忽略；如果 cron.allow 文件不存在，所有在 cron.deny 中列出的用户都被禁止使用 cron。

5. 使用 anacron

anacron 是和 cron 相似的任务调度器，只不过它并不要求系统持续运行。它可以用来运行通常由 cron 运行的每日、每周和每月的作业。anacron 任务被列在配置文件/etc/anacrontab 中。文件中的每一行都代表一项任务，格式如下。

```
period   delay   job-identifier   command
```

- period：命令执行的频率(天数)。
- delay：延迟时间(分钟)。
- job-identifier：任务的描述，用在 anacron 的消息中，并作为作业时间戳文件的名称，只能包括非空白的字符(除斜线“/”外)。
- command：要执行的命令。

对于每项任务，anacron 先判定该任务是否已在配置文件的 period 字段中指定的期间内被执行了。如果它在给定期间内还没有被执行，anacron 会等待 delay 字段中指定的分钟数，然后执行 command 字段中指定的命令。任务完成后，anacron 在/var/spool/anacron 目录内的时间戳文件中记录日期。只有日期被记录(无时间)，而且 job-identifier 的值被用作时间戳文件的名称。和 cron 配置文件一样，SHELL 和 PATH 之类的环境变量可以在/etc/anacrontab 文件的前部定义。

6. 使用 at

at 命令的语法如下。

```
at 时间
    命令 1
    命令 2
    命令 3
    ...
```

这样 at 就在“时间”所规定的时候执行下面的命令 1，命令 2，命令 3 等。

at 接受 HH:MM(小时：分钟)这样的格式来指定程序在一天的某个时间运行，如果这个时间已经过去了，就认为是第二天的这个时候。用户还可以给 at 输入 midnight、noon 或者 teatime 这样的时间，其中 midnight 代表子夜；noon 代表正午；teatime 代表下午 16：00。

用户可以给时间后面加上后缀即 AM 和 PM，从而方便地表示是在上午还是在下午运行程序。规定年份及年月日还可以这样来表示：MMDDYY(月月日日年年)、MM/DD/YY 或者 DD.MM.YY。在日期的描述后面必须要跟上那一天的时间。用户还可以用“now+数字+时间单位”的方式来给出一个时间，这里所说的时间单位必须是 minutes(分钟)、hours(小时)、days(天数)和 weeks(周数)之一。如果用户要告诉 at 命令是在今天还是在明天执行，还可以用更为人性化的两个词语 today(今天)和 tomorrow(明天)。

例如，要想在两天后的下午 13：00 运行，代码如下。

```
[root@localhost]#at 1pm + 2days
```

7. 使用 atq

atq 用来列出用户未执行完的任务，但是如果用户是个超级用户，就不一样了。它列出所有人的任务。用 at -l 也能列出这些任务，这两个命令是相同的。

8. 使用 atrm

如果用户让程序在后台执行之后，又不想再让它继续执行了，就可以用 atrm 来删除这个任务，atrm 其实就等于 at -d。

9. 使用 batch

batch 在系统负载允许的情况下执行命令，当系统负载下降到低于 0.8 时，batch 就运行程序。一般情况下，batch 相当于立即执行的 at 命令。

注意：

batch 本来就是批处理的程序，DOS 下的.bat 文件也是一个 batch 文件。在 Linux 里，batch 也相当于是个批处理。

7.5 本 章 小 结

本章主要介绍了Linux操作系统的命令行环境，这个命令行环境称为shell，它是一种命令解释器，类似于Windows操作系统下的DOS命令提示，在其中可以输入命令、启动程序和操作文件。

Windows中的DOS提示是固定环境，灵活性有限；而UNIX/Linux中的shell则不同，它是在登录时作为进程运行的小应用程序，能提供各种命令行接口特性和功能，适合不同的用户和应用环境。因此，熟练使用shell命令行才能真正掌握Linux的精髓。

7.6 习 题

1. 填空题

(1) 程序只有再被系统载入内存并运行后才能够叫做_____。

(2) 在 Linux系统下很多的程序都是在_____，最明显的就是init，它是进程之父，但是用户一般都看不到它的存在。

(3) 在后台运行的程序并不享有同等的占有CPU的几率，这一点也是一个“_____”多进程的特点。

2. 思考题

(1) 什么是进程？

(2) 如何显示进程？

(3) 进程之间具有什么样的关系？

(4) 什么是多进程和多任务？

3. 上机题

(1) 查看系统运行后台进程。

(2) 如何启动多个进程？

(3) 如何调整进程的优先级？

第8章　常用命令介绍

在第 5 章我们已说过 Linux 图形界面功能虽然已经很强大了，但在字符界面下，用户能够非常快捷地完成一些特定的任务，这也是 Unix 类系统的一大特点。

本章主要介绍 Linux 下的常用命令，希望读者能够对常用的命令有所了解。还特别介绍了命令帮助 man 及 info 手册，利用它们用户能够随时查到命令的使用方法和选项。

本章学习目标：

- 目录及文件操作命令
- 磁盘操作命令
- 用户管理命令
- 进程管理命令
- 文件编辑命令
- 帮助命令

8.1　目录及文件操作命令

文件和目录是操作系统中十分重要的概念，在 Linux 中，系统采用树形结构，用“/”表示根目录和目录间隔符，用“..”表示上层目录，“.”表示当前目录。在第 5 章中我们已经介绍过部分目录及文件浏览命令，本章将集中介绍更多的常用命令。

8.1.1　常用的目录操作 pwd、cd 和 ls

pwd、cd 和 ls 表示显示当前目录、转到相应目录和显示当前目录，在第 5 章中已经详细介绍过，在此不再赘述。

8.1.2　查找文件 find

Linux 中查找文件的命令通常为 find 命令。对于 Linux 新手来说，find 命令也是了解和学习 Linux 文件特点的方法。因为 Linux 发行版本繁多，版本升级很快，在 Linux 书籍中往往写明某个配置文件的所在位置，Linux 新手往往按图索骥还是不能找到，这时就需要 find 命令了。

1. 使用格式

find 命令的命令格式和常用选项如下。

```
# find [目录列表] [匹配标准]
```

项目解释如下。

- 目录列表：希望查询文件或文件集的目录列表，目录之间用空格分隔。
- 匹配标准：指定搜索条件的匹配标准，以及找到文件后怎么处理。Find 命令匹配标准如表 8-1 所示。

表 8-1　find 命令匹配标准

表 达 式	含 义
-name 文件名	告诉 find 要找什么文件；要找的文件包括在引号中，可以使用通配符(*和？)
-size *n*	匹配所有大小为 *n* 块的文件(512 字节块，若 *k* 在 *n* 后，则为 1KB 字节块)
-user 用户	匹配所有用户序列号是前面所指定的用户序列号的文件，可以是数字型的值或用户登录名
-atime *n*	匹配所有在前 *n* 天内访问过的文件
-mtime *n*	匹配所有在前 *n* 天内修改过的文件
-newer 文件	匹配所有修改时间比指定文件更新的文件
-print	显示整个文件路径和名称。一般来说，都要用-print 命令，如果没有这个命令，则 find 命令进行的搜索不显示结果

例如，要搜索系统/root 目录下所有名称包含“install”的文件，可用如下命令。

```
[root@localhost root]# find /root -name "install*" -print
```

若只搜索其中大小为 4 096 字节的文件，可用如下命令。

```
[root@localhost root]# find /root -name "install*" -size 8 -print
```

2. 通过文件名查找

知道了某个文件的文件名，就可以找到这个文件放在哪个文件夹，甚至是层层嵌套的文件夹里。举例说明，假设忘记了 httpd.conf 这个文件在系统的哪个目录中，这时可以使用如下命令。

```
[root@localhost root]#find / -name httpd.conf
/etc/httpd/conf/httpd.conf
```

稍后会在计算机屏幕上显示出查找结果列表，上面第二行代码是 httpd.conf 这个文件在 Linux 系统中的完整路径，表明查找成功。如果输入以上查找命令后系统并没有显示出结果，这时不要以为系统没有执行 find/-name httpd.conf 命令，而是系统中没有 httpd.conf 文件。

3. 根据部分文件名查找

这个方法和在 Windows 中查找已知的文件名方法是一样的。例如，当知道某个文件包含有 srm 这 3 个字母，要找到系统中所有包含这 3 个字母的文件可输入如下命令。

```
[root@localhost root]#find /etc -name *srm*
```

这个命令表明了 Linux 系统将在/etc 整个目录中查找所有的包含有 srm 这 3 个字母的文件，比如 absrmyz、tibc.srm 等符合条件的文件都能显示出来。

4. 根据文件的特征查找

如果只知道某个文件的大小、修改日期等特征，可以使用 find 命令查找。以下简要介绍如何使用特征进行查找。

例如，知道一个 Linux 文件大小为 1 500 字节，那么可以使用如下命令来查询。

```
[root@localhost root]# find / -size 1500c
```

字符 c 表明这个要查找的文件的大小是以字节为单位的。如果我们不知道这个文件的具体大小，那么在 Linux 中还可以利用模糊查找方式来解决，可输入如下命令。

```
[root@localhost root]#find/ -size +10000000c
```

该命令执行后，系统将在根目录中查找出大于 10 000 000 字节的文件，并显示出来。命令中的“+”表示要求系统只列出大于指定大小的文件，而使用“-”则表示要求系统列出小于指定大小的文件。

下面的列表显示在 Linux 使用不同 find 命令后，系统所要做的查找动作。从中我们很容易看出，在 Linux 中使用 find 命令的方式很多。只要灵活应用 find 命令查找文件，将会受益匪浅。

下面的列表就是对 find 命令可以指定文件的特征进行查找的部分条件。以下并没有列举出所有的查找条件，参考命令帮助文档可以知道所有 find 命令的查找函数。

- -amin *n*：查找系统中最后 *n* 分钟访问的文件。
- -atime *n*：查找系统中最后 *n**24 小时访问的文件。
- -cmin *n*：查找系统中最后 *n* 分钟被改变状态的文件。
- -ctime *n*：查找系统中最后 *n**24 小时被改变状态的文件。
- -empty：查找系统中空白的文件、空白的文件目录或目录中没有子目录的文件夹。
- -false：查找系统中总是错误的文件。
- -fstype type：查找系统中存在于指定文件系统中的文件，如 ext2。
- -gid *n*：查找系统中文件数字组 ID 为 *n* 的文件。
- -group gname：查找系统中文件属于 gname 文件组，并且指定组和 ID 的文件。

5. find 命令的控制选项

为了能够进一步增强对命令执行的控制功能，find 命令也提供给用户一些特有的选项来控制查找操作。下面就是我们总结出的最基本、最常用的 find 命令的控制选项及其用法。

- -daystart：测试系统从今天开始 24 小时以内的文件，用法类似于-amin。
- -depth：使用深度级别的查找过程方式，在某层指定目录中优先查找文件内容。
- -follow：遵循通配符链接方式查找。另外，也可忽略通配符链接方式查找。
- -help：显示命令摘要。
- -maxdepth levels：在某个层次的目录中按照递减方法查找。
- -mount：不在文件系统目录中查找，用法类似于-xdev。
- -noleaf：禁止在非 UNIX 文件系统、MS-DOS 系统、CD-ROM 文件系统中进行最优化查找。
- -version：打印版本数字。

使用-follow 选项后，find 命令遵循通配符链接方式进行查找，除非指定这个选项，否则一般情况下 find 命令将忽略通配符链接方式进行文件查找。

8.2 文件操作命令

文件操作命令可能是最常用，也是最重要的一类命令。特别是当需要进行一些系统安装与配置时，往往需要进行创建路径、文件复制等工作。

需要注意，文件操作一般都是不可逆的，在执行命令前需要注意对文件进行备份，以防止误操作。

8.2.1 建立新目录 mkdir

建立新目录 mkdir 这个命令很简单，用于在文件系统特定目录中建立新目录。其命令格式与常用命令选项如下。

```
# mkdir [选项] [目录名]
```

8.2.2 移动文件和目录 mv

mv 命令用来移动指定的文件或目录，其命令格式和命令选项如下。

```
#mv [选项] [源文件和目录列表] [目标目录名]
```

mv 常用选项如下。

- -i：交互模式，在改写文件前提示。
- -f：通常目标文件存在且没有写全 mv 会提示，本选项使 mv 执行移动而不做提示，即使用了-i 标志也当无效处理。

8.2.3　复制文件和目录 cp

想要建立新服务或是进行文件备份，都会需要复制文件和目录。Linux 下的 cp 命令用于复制文件或目录，该命令是最重要的文件操作命令，随时都会用到。其命令格式如下。

```
# cp [选项] [源文件和目录列表] [目标目录名]
```

cp 常用命令选项如表 8-2 所示。

表 8-2　cp 常用命令选项

常用命令选项	含　义
-a	在备份中保持尽可能多的源文件结构和属性
-b	做将要覆盖或删除文件的备份
-f	删除已存在的目标文件
-i	提示是否覆盖已存在的目标文件
-r	递归复制目录，把所有非目录文件当做普通文件复制
-R	递归复制目录，复制整个目录及其所有子目录
-v	在复制前打印每个文件名

8.2.4　删除文件和目录 rm

使用删除命令时，一定要注意，因为在使用命令操作时，Linux 中没有类似回收站或垃圾箱之类的机制，文件删除后不能被恢复。rm 命令用于从文件系统中删除文件及整个目录。其命令格式如下。

```
# rm [选项] [文件和目录列表]
```

rm 常用命令选项如表 8-3 所示。

表 8-3　rm 常用命令选项

常用命令选项	含　义
-f	指定强行删除模式。通常在删除文件权限可满足时 rm 进行提示。本标志强迫删除，不用提示，即使用了-i 标志也当做无效处理
-i	提示是否删除文件
-r	删除文件列表中指定的目录，若不用此标志则不删除目录
-R	递归复制目录，复制整个目录及其所有子目录
-V	在删除前回显文件名
--	指明所有选项结束。用于删除一个文件名与某一选项相同的文件。例如，假定偶然建立了名为-f 的文件，又打算删除它，命令 rm -f 不起任何作用，因为-f 被解释成标志而不是文件名，而命令 rm -- -f 能成功地删除文件

8.2.5　改变文件权限 chmod

在 Linux 系统中，用户设定文件权限控制其他用户访问和修改。但在系统应用中，有时需要让其他用户使用某个本不能使用的文件，这时就需要重新设置文件的权限。在 Linux 中，使用 chmod 命令进行有关权限的设置。只有拥有对该文件的写权限时，才能够改变该文件的权限(超级用户可以对所有文件进行权限设置)。chmod 的命令格式如下。

```
# chmod [选项] [文件和目录列表]
```

chmod 常用命令选项如表 8-4 所示。

表 8-4　chmod 常用命令选项

常用命令选项	含　义
-c	只有在文件的权限确实改变时才进行详细说明
-f	不打印权限不能改变文件的错误信息
-R	递归改变目录及其内容的权限
-v	详细说明权限的变化

8.2.6　改变文件所有权 chown

chown 命令允许改变文件的所有权，用法比较简单，但只有超级用户才可以使用，其命令格式如下。

```
# chown [选项] [用户] [文件和目录列表]
```

chown 常用命令选项如表 8-5 所示。

表 8-5　chown 常用命令选项

常用命令选项	含　义
-c	只有在文件的所有权确实改变时才进行详细说明
-f	不打印所有权不能改变文件的错误信息
-R	递归改变目录及其内容的所有权
-v	详细说明所有权的变化

当用户新建一个文件时，文件的所有者就是该用户。为了安全起见，只有超级用户才可以改变这个属性，普通用户不能把自己的文件所有权改变为其他用户。

8.2.7　压缩文件 gzip

gzip 命令用于压缩文件。其命令格式如下。

```
# gzip [选项] [文件和目录列表]
```

gzip 常用命令选项如表 8-6 所示。

表 8-6　gzip 常用命令选项

常用命令选项	含　义
-d	将压缩文件解压
-l	对每个压缩文件可显示压缩文件的大小、未压缩文件的大小、压缩比以及未压缩文件的名字等详细信息
-r	递归式地查找指定目录，并压缩其中的所有文件或者是解压缩
-t	测试，检查压缩文件是否完整
-v	对每一个压缩和解压的文件，显示文件名和压缩比

例如，如果要将 ye.txt 文件压缩，可用如下命令。

```
[root@localhost root]#gzip ye.txt
```

这样就可以压缩文件，并在文件名后面加上 gz 扩展名，文件变成 ye.txt.gz。

解压缩文件可用 gzip -d 命令实现，如下所示。

```
[root@localhost root]#gzip -d ye.txt.gz
```

这样就可以解压缩文件并删除 gz 扩展名。除此之外还可以用 gunzip 命令来解压缩文件，效果与用 gzip -d 命令一样。

8.2.8　文件打包 tar

tar 命令最初用于建立磁带备份系统，目前广泛用于将文件打包。其命令格式与常用命令选项如下。

```
# tar [选项] [文件和目录列表]
```

tar 常用命令选项如表 8-7 所示。

表 8-7　tar 常用命令选项

常用命令选项	含　义
-A	将文档与已有的文档合并
-c	建立新的文档
-d	比较文档与当前文件的不同之处
-delete	从文档中删除
-r	附加到文档结尾处
-t	列出文档中文件的目录
-u	仅将较新的文件附加到文档中
-x	从文档展开文件

与其他许多的命令不同之处在于运行 tar 时至少需要选择上述的某个选项。如表 8-8 中是其他一些常用命令选项。

表 8-8　tar 其他常用命令选项

常用命令选项	含　义
-C	转到指定的目录
-k	保存现有文件；从文档中展开时不进行覆盖
-m	当从一个文档中恢复文件时，不使用新的时间标签
-removefiles	建立文档后删除源文件
-exclude file	不把指定文件包含在内
-z	用 gzip 对文档进行压缩或解压缩
-v	列出详细消息
-f	使用存档文件和设备文件

例如，如果要将当前目录中所有后缀名为“.c”的文件打包到 cfile.tar 文件中，可用如下命令：

```
[root@localhost root]# tar -cvf  cfile.tar  *.c
```

如果要浏览 cfile.tar 文档中的内容，可将 c 选项变成 t，用如下命令：

```
[root@localhost root]# tar -tvf  cfile.tar
```

要取出文档中的内容，将 c 选项变成 x；如果要将 cfile.tar 文档中的内容取到目录“/root/sl”中，可用如下命令：

```
[root@localhost root]# tar -xvf  cfile.tar -C  /root/sl
```

旧版的 tar 命令不压缩文档，可用 gzip 压缩。新版的 tar 可以直接访问和建立 gzip 压缩的 tar 文档，只要在 tar 命令中加上 z 选项就可以了，如下所示。

```
[root@localhost root]#tar  -czvf  txtfile.tar.gz *.txt
```

生成压缩文档 txtfile.tar.gz 如下。

```
[root@localhost root]#tar -xzvf txtfile.tar.gz *.txt
```

执行该命令后，就会取出压缩文档 txtfile.tar.gz 包含的内容。

8.2.9　查看文件类型 file

如果想知道文件的类型，可以用 file 命令来查看文件类型。其命令格式如下。

```
# file [选项] [文件列表]
```

file 常用选项如下。

- -z：深入观察一个压缩文件，并试图查出它的类型。
- 文件列表：希望知道以空格分隔的一组文件的类型。

8.3　磁 盘 操 作

磁盘是系统中最重要的系统资源之一，系统程序和数据都存储在磁盘中，因此，了解与磁盘相关的知识和熟悉磁盘操作就显得非常重要了。

请注意磁盘操作需要很多的关于硬件及系统的专门知识，不建议初学者使用。

8.3.1　磁盘文件系统简介

Linux 支持多种文件系统(见表 8-9)，使之能够与不同的操作环境实现资源共享，这也是 Linux 作为网络操作系统的明显优势。Linux 支持的文件系统不仅包括 Unix 中广泛采用的各种类型，还特别加入了对 Windows 9x/NT 文件系统的支持，并可以方便地在 CD-ROM、软盘等介质上建立相应的文件系统。

表 8-9　Linux 中常见的文件系统

名　称	文件系统详细描述
ext2	这是 Linux 中使用最多的文件系统，因为它是专门为 Linux 设计，拥有最快的速度和最小的 CPU 占用率。ext2 既可以用于标准的块设备(如硬盘)，又可用在软盘等移动存储设备上
msdos	DOS、Windows 和 OS/2 使用该文件系统，它使用标准的 DOS 文件名格式，不支持长文件名
vfat	扩展的 DOS 文件系统，支持长文件名，被 Windows 9x/NT 所采用
umsdos	Linux 所使用的扩展 DOS 文件系统，不仅支持长文件名，还保持了对 UID/GID、POSIX 权限和特殊文件(如设备、管道等)的兼容
iso9660	CD-ROM 的标准文件系统
Minix	这是 Linux 的前身 Minix 采用的文件系统，但其有一个致命的弱点即分区不大于 64MB，因此一般只用于软盘或 RAM 盘
sysV	UNIX 系统中广泛应用的 SystemV 的文件系统
nfs	网络文件系统
smb	支持 SMB 协议的网络文件系统，可用于 Linux 与 Windows for Workgroups、Windows NT 或 LAN Manager 之间的文件共享，需要特殊的加载程序
swap	用于 Linux 磁盘交换分区的特殊文件系统。在内核引导过程中，它首先从 LILO 指定的设备上安装根文件系统，其次将加载/etc/fstab 文件中列出的文件系统

为了确定 Linux 支持的文件系统类型，可以查阅/proc/filesystems 中的内容。如果所需

类型不在其中，可以去找升级内核并重新编译。

/etc/fstab 指定了该系统中的文件系统的类型、安装位置及可选参数。fstab 是一个文本文件，可以用任何编辑软件进行修改，但要在修改前做好备份，因为破坏或删除其中的任何一行将可能导致下次系统引导时该文件系统不能被加载。

8.3.2　安装文件系统 mount

安装磁盘文件系统命令为 mount，该命令用来安装特定的磁盘文件系统到系统中，其命令格式和常用命令选项如下。

```
# mount [选项] [设备名] [装载目录]
```

- 最重要的选项为“-t 文件系统类型”，表示希望安装的磁盘文件系统。
- 设备名指的是要装载的设备名称。
- 装载目录就是指定设备的载入点。

1. 装载软盘

系统安装成功后会在/mnt 目录下建立一个空的 floppy 目录，常输入如下命令。

```
[root@localhost root]#mount -t msdos /dev/fd0/mnt/floppy
```

即可将 DOS 文件格式的一张软盘装载进来，以后就可以在/mnt/floppy 目录下找到这张软盘的所有内容。

2. 装载光盘

系统安装成功后还将在/mnt 目录下建立一个空的 cdrom 目录，常输入如下命令。

```
mount -t iso9660 /dev/hdc/mnt/cdrom
```

即可将光盘载入到文件系统中，并可在/mnt/cdrom 目录下找到光盘内容。有的 Linux 版本允许用 mount /dev/cdrom 或 mount /mnt/cdrom 命令来装载光盘。

3. 卸载

卸载一个文件系统的命令为 umount，如要卸载软盘，可输入命令 umount/mnt/floppy。需要注意的是在卸载光盘之前，直接按光驱面板上的弹出键是不会起作用的。

8.3.3　列出磁盘空间 df

有关磁盘空间的命令很多，其中的 df 命令可以用来列出指定文件系统使用情况。其命令格式如下。

```
# df [选项] [文件系统列表]
```

df 常用命令选项如表 8-10 所示。

表 8-10　df 常用命令选项

常用命令选项	含　义
-a	列出包括 block 为 0 的文件系统
-k	指定块大小等于 1 024 字节来显示使用状况
-m	以指定块大小等于 1 048 576 字节(1MB)来显示使用状况
-t	只显示指定类型的文件系统
-x	只显示指定类型之外的文件系统

df 命令列出指定的每一个文件名所在的文件系统上可用磁盘空间的数量。如果没有指定文件名，便会显示当前所有使用中的文件系统。默认设置时，磁盘空间以 1KB 为一块显示，如果环境变量 POSIXLY_CORRECT 已设置，便会采用 512 字节为一块显示。

如果参数是一个包含已使用文件系统的磁盘设备名，那么 df 命令显示出的是该磁盘中文件系统的可用空间，而非包含设备结点的文件系统(只能是根文件系统)。

Ret Hat Linux 8.0 中的 df 命令不能显示未使用文件系统的可用空间，这是因为在响应该请求时必须很清楚该文件系统的结构。

8.4　文 本 编 辑

文本编辑器是非常重要的工具，既可用来显示简单文本文件，又可用来修改某些系统配置文件。在 Red Hat Linux 系统中有很多不同的文件显示及编辑处理工具，本章主要介绍一些常用的显示及编辑命令。

8.4.1　显示文件内容 cat

最简单也是最早使用的显示文本文件的命令是 cat 命令，该命令用来将文件内容显示到终端中，其命令格式如下。

```
# cat [选项] [文件列表]
```

cat 常用命令选项如表 8-11 所示。

表 8-11　cat 常用命令选项

常用命令选项	含　义
-b	计算所有非空输出行，开始为 1
-n	计算所有输出行，开始为 1
-s	将相连的多个空行用单一空行代替
-e	在每行末尾显示$符号

文件列表是要连接文件的选项列表。如果没有指定文件或连字号(-)，便会从标准输入读取。如果在标准输出上显示的文件多于一个，cat 便会依次读取文件的内容并将其输出。

8.4.2　查看文件前部 head

如果仅想知道文件前面的一部分，可以使用 head 命令来查看文件的前部。其命令格式如下。

```
# head  [选项]  [文件列表]
```

head 常用命令选项如表 8-12 所示。

表 8-12　head 常用命令选项

常用命令选项	含　义
-c，--bytes=SIZE	打印起始的 SIZE 字节
-n，--lines=NUMBER	显示起始的 NUMBER 行，而非默认的起始 10 行
-q	从不显示给出文件名的首部
-v	总是显示给出文件名的首部

如果在标准输出中显示的文件多于一个，head 将会一个接一个地显示，并且在每个文件显示的首部给出文件名。

例如，如果想显示 test.log 文件的头两行，可以使用如下命令：

```
# head -n 2 -v test.log
```

执行该命令则会显示 test.log 文件的头两行。

8.4.3　观察文件末端 tail

同样，也可以仅查看文件的末尾部分，tail 命令能够观察文本文件末端或跟踪文本文件的增长。其命令格式如下。

```
# tail  [选项] [文件名]
```

tail 常用命令选项如表 8-13 所示。

表 8-13　tail 常用命令选项

常用命令选项	含　义
-c，--bytes=SIZE	打印最后的 SIZE 字节
-n，--lines=NUMBER	显示最后的 NUMBER 行，而非默认的起始 10 行
-q	从不显示给出文件名的首部
-v	总是显示给出文件名的首部
-f	当文件增长时，输出后续添加的数据
-s, --sleep-interval=S	与-f 合用，表示在每次反复的间隔休眠 S 秒
--pid=PID	与-f 合用，表示在进程 ID 为 PID 的进程死掉之后结束
--retry	即使 tail 开始时就不能访问或者在 tail 运行后不能访问，也仍然不停地尝试打开文件，只与-f 合用时有用

如果在标准输出中显示的文件不止一个，tail 将会一个接一个地显示，并且在每个文件显示的首部给出文件名。

例如，如果想显示 test.log 文件的末尾两行，可以使用如下命令。

```
# tail -n 2 -v test.log
```

执行该命令将会显示 test.log 文件的末尾两行。

8.4.4　查找文件内容 grep

如果想要在 shell 显示中查找某个特定的字符串，可以使用 grep 命令在文件中查找与给出模式相匹配的内容，其命令格式如下。

```
# grep [选项] [匹配字符串] [文件列表]
```

grep 常用命令选项如表 8-14 所示。

表 8-14　grep 常用命令选项

常用命令选项	含　义
-c	对匹配的行计数
-l	只显示包含匹配文件的文件名
-h	抑制包含匹配文件的文件名的显示
-n	每个匹配行只按照相对的行号显示
-i	产生不区分大小写的匹配，默认状态是区分大小写
-v	列出不匹配的行

查找的各文件之间可用空格分隔，如下所示。

```
# grep -n "linux" test.log
```

查找当前目录下包含“linux”的文件，并对各文件匹配的行计数，可以使用如下命令。

```
[root@localhost root]# grep -c "linux" *.*
```

此外，grep 命令还可以和其他命令的结果联合使用，如下所示。

```
[root@localhost root]## ls|grep-v "test"
```

上述代码表示将使 grep 接受 ls 命令的输出，并除去所有包含单词 test 的文件。从显示结果发现，正是除去了 test.c 和 test.log 文件。

8.4.5　分屏显示文件 more 和 less

more 命令是通用的按页显示命令，也可以用来在终端屏幕分屏显示文件，其命令格式如下。

```
# more [选项] [文件名]
```

more 常用命令选项如表 8-15 所示。

表 8-15　more 常用命令选项

常用命令选项	含　义
-c	用 more 给文本翻页时通过从头清除一行，然后再在最后写下一行的办法写入。通常 more 在清除屏幕后再写每一行
-n	用于建立大小为 n 行长的窗口。窗口大小是在屏幕上显示多少行
-d	显示 "Press space to continue, 'q' quit"代替 more 的默认提示符
-s	多个空行压缩处理为一个
-p	不滚屏，代替它的是清屏并显示文本

例如，想分页显示文件 log.txt，可以使用如下命令。

```
[root@localhost root]## more log.txt
```

less 也是通用的按页显示命令，类似 more，也允许浏览文件，但它更加灵活，同时允许在文件中向前和向后移动显示，其命令格式如下。

```
# less [选项] [文件名]
```

less 常用命令选项如表 8-16 所示。

表 8-16　less 常用命令选项

常用命令选项	含　义
-?	显示 less 接收的命令小结。若给出本选项则忽略其他选项，less 保留并在帮助屏后显示
-a	在当前屏幕显示的最后一行之后开始查询
-c	从顶行向下全屏重写
-E	第一次到文件尾后自动退出 less。若默认则唯一退出 less 的方式是通过 q 命令
-n	去掉行号
-s	将多个空行压缩成一个空行
-x n	每次按制表符走 n 格，n 的默认值是 8

通过 more 及 less 命令，用户可以非常容易地分屏显示较大的文件。

8.4.6　文本编辑工具 vi

在此简单回顾一下文本编辑工具 vi。进入 vi 编辑环境后，可以非常容易使用该编辑器，在前面的章节中已经介绍过了，本节举几例说明。例如，使用 vi 对 test.log 进行编辑，可以使用如下命令。

```
[root@localhost root]# vi test.log
```

运行后的结果如图8-1所示。

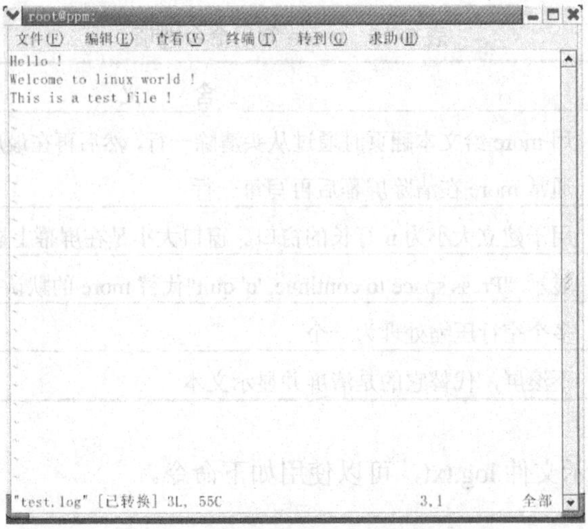

图 8-1 用 vi 显示 test.log 文件

按下“i”或“insert”键，系统将进入插入状态，可以对文件进行编辑。

编辑结束后，按 Esc 键将返回命令模式，使用命令“：wq”系统将保存对文件的修改，并退出。

提示：用户管理命令

前面介绍过，linux 系统是一个多用户操作系统，系统中每一个用户的使用权限都需要由系统管理员来设定。具体的用户管理命令可参考本书第 10 章的相关内容。

提示：进程管理命令

进程管理命令用来显示系统中进程的许多相关信息，或是进行进程管理，包括监视某个用户进程、杀死进程等。主要有显示进程相关信息命令 ps 和终止进程命令 kill，在第 7 章有较详细的说明，在此不再赘述。

8.5 帮助命令

Linux 系统为用户命令提供有相应的使用说明，用户可以随时通过 man 或 info 命令显示命令帮助信息。man 命令不仅可用来查看多种常用的命令，还可以使用 man man 查看它自身的帮助信息。

8.5.1　显示帮助手册 man

在 Linux 系统中，都提供有 man 命令帮助手册。它是一种类似网页的格式化显示的在线手册页，其命令格式如下。

```
# man [选项] [命令名称]
```

man 常用命令选项如表 8-17 所示。

表 8-17　man 常用命令选项

常用命令选项	含　义
-f	只显示出命令的功能而不显示其详细的说明文件
-w	不显示手册页，只显示将被格式化和显示的文件所在的位置
-S	因为一个命令名称可能会有很多类别，所以根据章节显示
-E	在每行末尾显示$符号

章节类别及说明则如表 8-18 所示。

表 8-18　章节类别及说明

章　节	说　明
1	一般使用者的命令
2	系统调用的命令
3	C 语言函数库的命令
4	有关驱动程序和系统设备的解释
5	配置文件的解释
6	游戏程序的命令
7	其他软件或是程序的命令

例如，查看 mount 命令的使用方法可以使用如下命令。

```
[root@localhost root]# man -s 1 mount
```

在 Linuxforum.org 论坛中，还提供了 man 手册的中文版本，被称为 cman 手册。有兴趣的读者可以下载安装到系统中。

图 8-2 显示了执行 man 命令的使用帮助。

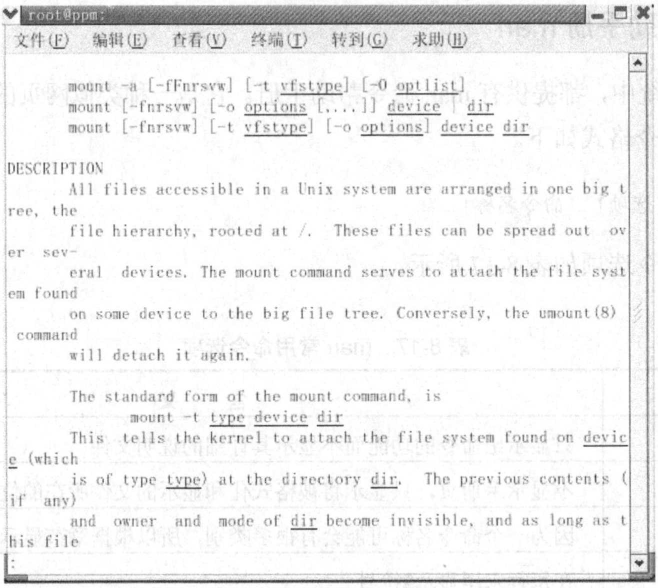

图 8-2　man 帮助手册

而查看 mount 系统调用的方法则可以使用如下命令：

```
[root@localhost root]# man -s 2 mount
```

在浏览输出信息时，可以按 q 键退出 man 命令。在遇到不熟悉的命令或是不清楚的选项，可以随时使用 man 查看帮助。

8.5.2　寻找命令所在位置 whereis

在 linux 系统中不仅可以查看命令的使用格式或选项，还可以查看命令的位置。利用 whereis 命令寻找一个命令所在的位置。

whereis 命令格式如下。

```
# whereis [选项] [命令名]
```

whereis 常用命令选项如表 8-19 所示。

表 8-19　whereis 常用命令选项

常用命令选项	含　义
-b	只查找二进制文件
-m	查找主要文件
-s	查找来源
-u	查找不常用的记录文件

例如，要查找最常用的 ls 命令的二进制文件在什么目录下，可以用如下命令。

```
[root@localhost root]# whereis -b ls
```

而查找它的主要文件在什么目录下，则可以用如下命令。

```
[root@localhost root]# whereis -m ls
```

8.5.3 介绍用户命令 info

info 是另一个非常有用的命令帮助手册。用户也可以通过 info 了解许多常用的用户命令，它的介绍比 man 手册更详细。

info 命令格式如下。

```
# info [用户命令]
```

例如，想显示 ls 命令的信息可以使用如下命令。

```
[root@localhost root]# info ls
```

使用 info 手册，用户可以进行查找、翻看等多种操作。它比 man 更详细，而且用户如果不清楚或忘记某个命令，也可以利用 info 命令查看，info 手册能够提示相关信息，最后查找到命令。

8.6 本章小结

本章重点介绍了用户可能在 Linux 下用到的一些命令，有文件操作、磁盘操作、文本编辑、用户管理、进程管理及帮助命令等。所介绍的这些命令是每个用户都会经常用到的，但肯定不全，有关更多命令的使用需要用户自己去发掘，通过 man 和 info 命令查找命令帮助是最准确的方法，因为不同系统之间命令会稍有差别，只有其自带的文档最具权威性。

8.7 习题

1. 填空题

(1) _____命令用于显示用户当前所在的目录。

(2) 所谓命令补齐是指当键入的字符足以确定目录下一个唯一的文件时，只需_____就可以自动补齐该文件名的剩余部分。

(3) 如果想要在 shell 显示中查找某个特定的字符串，可以使用_____命令在文件中查找与给出模式相匹配的内容。

2. 上机题

(1) 查看当前系统目录，并浏览用户目录下的所有文件，包括隐藏文件。

(2) 扫描磁盘空间，并列出磁盘的可用空间。

(3) 用多种方法显示系统中的某个配置文本文件，并且体会用什么方法能够最快地达到如下目标：查到文本的开头；查看追加文件的最新增加内容；查看文件的目录；重复查看文件的上下文，但不对其编辑。

(4) 通过 man 查看配置设备的命令 ifconfig 的使用方法。

(5) 修改当前用户的某个文件权限，使其变为可执行。

第9章　常用软件

在 Red Hat Linux 系统中包含有极为丰富的应用软件，在文档处理方面有多种办公套件，不仅有文字处理软件，还有电子表格处理软件；在图像方面，不仅可以查看图像，还可以方便地编辑多种格式的图像；在多媒体方面，可以方便地播放各式各样的音频和视频文件，使用户能够尽情享受音乐和影视节目。

本章简单介绍 Red Hat Linux 系统中的多种应用软件，使用它们可以帮助用户顺利完成各种任务。本章介绍的仅限于常用的桌面应用程序，而网络及管理应用程序，将会在后面的章节中重点介绍，而且 Linux 下的应用软件远不止本书所介绍的，用户几乎能从网上找到任何想得到的应用程序。

本章学习目标：

- 使用办公套件
- 使用文本编辑器操作
- 使用图像处理工具
- 使用 CD 播放器

9.1　文档应用软件

Red Hat Linux 包括好几种管理文档的工具。无论是筹备商务或学业的演示文稿，还是要编写正式公函，或是从电子邮件附件中打开文档，Red Hat Linux 都能为用户提供合适的文档。

9.1.1　办公套件

办公套件即生产率套件(Productivity Suite)，是一个应用程序集合，它的目的是为用户节省时间，并提供在工作、学校和家居生活中的协助。通常，生产率套件是图形化的，包括的应用程序有文字处理器、电子表格以及文稿演示工具等。

1. GNOME Workshop

供 GNOME 使用的办公室应用软件(如 Gnumeric 电子表)已经独立开发成功。现在 GNOME Workshop 项目正努力把各种办公室应用程序集成到一个事务处理套装软件里。虽然很多软件仍在开发过程中，可不少版本已经运行得相当稳定，用户可以自己下载并安装它们。在 GNOME Workshop 项目的 Web 站点 www.gnome.org/gw.html 上可以查到更多的资料。

最新的清单列如表 9-1 所示。

表 9-1　GNOME Workshop 清单

应 用 程 序	说　明
Achtung	演示报告管理器
GWP	文字处理器
GO	文字处理器
AbiWord	跨平台文字处理器
Gnumeric	电子表
Guppi	统计数据绘图工具
Genius	科学计算器
Dia	工程图、流程图编辑器
Electric Eyes	图像查看器
GNOME Help Browser	增强了 Web 浏览功能
GYVE	向量绘图程序包
GIMP	GNU 图像处理程序
GNOME-db	GNOME 的数据库框架
GNOME Personal Information Manager	日历/备忘录/地址簿等

2. KOffice

KOffice 是一个集成在 K 桌面环境(K Desktop Environment，KDE)的办公室套装软件，包括文字处理器、电子表以及图形图像处理的应用程序等，是一整套办公软件组件。关于 KOffice 的详细情况请到 KOffice 的 Web 站点 www.koffice.org 上查询。

KOffice 目前包括 KSpread、KPresenter、KDiagram、KImage、KIllustrator、KFormula、KWord、Katabase、KImageShop 和 KoHTML 等部分(参见表 9-2)。其中 KSpread 是一个电子表软件；KPresenter 是一个演示应用程序；KIllustrator 是一个向量绘图程序；KWord 是一个功能与 Publisher 类似的文字处理器；KDiagram 能够绘制统计图和工程图；KFormula 是一个数学公式编辑器；KImage 是一个简单的看图程序；KoHTML 则是一个 HTML 阅读器。

表 9-2　KOffice 应用程序

应 用 程 序	说　明
KSpread	电子表软件
KPresenter	演示报告制作程序
KIllustrator	向量绘图程序
KWord	文字处理器(桌面印刷)

(续表)

应用程序	说明
KFormula	数学公式编辑器
KChart/KDiagram	统计图绘制工具
KImage	简单的图像查看器
Katabase	与 Paradox 和 Access 类似的数据库
KoHTML	HTML 查看器
KImageShop	图像处理程序

3. StarOffice

StarOffice 是由 Sun 系统公司开发和支持的一个全集成，并且与微软的 Office 完全兼容的套装办公事务应用软件。它包括能够对因特网做出响应的文字处理、电子表、演示报告、电子邮件(E-mail)、网络新闻、统计图和图形处理等应用程序。有了 StarOffice，用户可以利用 Office 文件和数据生成电子表、演示报告和文字处理文档，可以把 StarOffice 文档保存为 Windows 系统下能处理的格式或者保存为能够发布 Web 站点的 HTML 文件。

StarOffice 对所有的非商业用户都是免费的，可以从 Sun 公司的 Web 站点 www.sun.com/products/staroffice 上下载一份免费的 StarOffice 副本，表 9-3 列举了 StarOffice 的应用程序清单。

表 9-3 StarOffice 应用程序清单

应用程序	说明
StarDesktop	StarOffice 应用程序的主桌面窗口
StarWriter	文字处理器
StarImpress	演示报告管理器
StarDraw	绘图工具
StarChart	统计图制作工具
StarMail	电子邮件客户程序
StarDicussion	新闻组客户程序
StarMath	数学公式
StarImage	图像编辑器
StarCalc	电子表
StarSchedule	日程管理器
StarBase	关系数据库

4. OpenOffice.org

Red Hat Linux 9.0 包括一个功能强大的商业生产率套件 OpenOffice.org。OpenOffice.org 是 StarOffice 的开放源代码版，它把几个互补的应用程序综合成一个软件包集合，OpenOffice.org 的功能与特性如表 9-4 所示。

表 9-4　OpenOffice.org 的功能与特性

应 用 程 序	文件兼容性	文 档 类 型
OpenOffice.org Writer	.sxw、.sdw、.doc、.rtf、.txt、.htm/.html	正式公函、商业表格、学术论文、简历、新闻简报、报告
OpenOffice.org Calc	sxc、.dbf、.xls、.sdc、.slk、.csv、.htm/.html	电子表格、图表、表格、人事通讯录、地址簿、收据和账单、预算、简单数据库
OpenOffice.org Impress	.sxi、.ppt、.sxd、.sdd	商业和学术演示文稿、万维网演示、演讲、幻灯片放映
OpenOffice.org Draw	.sxd、.sda；文件可以被导出为多种图像格式，包括：.jpg、.bmp、.gif，和.png	图示、线条绘图、剪贴图片、机构图表

无论是在 GNOME 环境中还是 K 桌面环境中，只需选择【主菜单】|【办公】命令就可启动所需的各项应用程序。OpenOffice.org 套件包含用来创建和编辑文档的应用程序、电子表格、商业演示文稿、艺术作品等，还包括快速创建基本专业文档和演示的模板、表格和向导。

9.1.2　文本编辑器

Red Hat Linux 包括了好几个允许查看和修改纯文本文件的文本编辑器。纯文本文件是不包含应用字体或风格格式的普通文本文件。各种编程语言或 Shell 程序脚本的源代码文件都可以用任何一种文本编辑器来打开和编辑文件。

1. K 桌面文本编辑器：KEdit、KWrite、KJots 和 KWord

KEdit 程序是 K 桌面环境下默认的编辑器，启动 KEdit 的方法只需在终端输入 kedit 即可；KWord 是 KOffice 办公软件中的一个功能强大的文字处理器；KWrite 是一个较高级的编辑器，它用一个程序编辑器来编辑源代码文件，位于 Options(选项)菜单中的 Hightlight(反显)选项，使用户能够反显 C、Perl、Java 和 HTML 等不同编程语言中的语法重点，此外 KWrite 还具有访问和编辑 FTP 和 Web 站点文件的能力；KJots 编辑器相当于一个记事本，启动 KJots 的办法是选中它在 Utilies(工具)菜单中的菜单项，或在终端窗口命令行上输入 kjots 命令。表 9-5 列举的是集中在 Linux FGUI 中的一些桌面编辑器。

表 9-5 桌面编辑器

K 桌面环境	说 明
KEdit	文本编辑器，KDE 桌面环境的默认编辑器
KWrite	文本和程序编辑器
KJots	记事本编辑器
KWord	桌面排版系统，KOffice 的一个组成部分
GNOME 桌面环境	说 明
GEdit	文本编辑器
GXedit	文本和 HTML 编辑器
GNotepad+	记事本编辑器
X 窗 口	说 明
Xemacs	Emacs 编辑器的 X Window 系统版本
GNU Emacs	带 X Window 系统支持的 Emacs 编辑器
Gvim	带 X Window 系统支持的 Vim 版本
WorldPerfect	可以编辑文本文件的字处理器软件

2. GNOME 文本编辑器：gEdit、gXedit

所有的 GNOME 编辑器都全面支持鼠标操作，其中 gEdit 是 GNOME 桌面环境中一个最基本的编辑器，它不仅可以打开、编辑并保存纯文本文件，还可以从其他图形化桌面程序中剪切和粘贴文本，创建新的文本文件，以及打印文件等。gEdit 有一个清晰而又通俗易懂的界面，它使用活页标签，因此我们不必打开多个 gEdit 窗口就可同时打开多个文件。

要启动 gEdit，选择【主菜单】|【附件】|【文本编辑器】命令，还可以在 shell 提示下输入 gedit 来启动 gEdit。

修改或写入文本文件后，可通过单击工具栏上的【保存】按钮保存，或从文件菜单中选择【文件】|【保存】命令。如果编辑的是新文本文件，会弹出“另存为”对话框，在其中输入想要命名的文件名，并保存在想要保存的目录中。如果编辑的是一个已存在的文件，在下次打开这个文件时，所做的改变就会自动出现在文件中。还可以选择【文件】|【另存为】命令把某个已存文件保存到另一个位置。

gXedit 是较高级的编辑器，不仅能执行标准功能(如拼写检查、排版、自动保存和数据加密等)，还能对网络文件进行操作，可以把编写好的文件作为电子邮件发送出去；可以直接编辑从新闻服务器上取回的新帖子；还可以访问和编辑存放在 FTP 或 Web 服务器上的文件。

3. Emacs 文本编辑器

Emacs 是一个带有编辑器、电子邮局、新闻阅读器和 Lisp 语言解释器的工作环境。这个编辑器特别适用于编写计算机程序，用户可以根据自己使用的编程语言对源代码进行格

式化处理。Linux 发行版本中最常见的版本是 GNU Emacs 或 XEmacs。现在，GNU Emacs 随 Red Hat 发行版本发行，而 XEmacs 则随 OpenLinux 发行版本发行。用户可以到 GNU 的 Web 站点 www.gnu.org 和 Emacs 的 Web 站点 www.emacs.org 上得到它的新版本和最新资料。要启动 Emacs，选择【主菜单】|【编程】|【Emacs】命令或在终端直接输入 emacs，启动后的界面如图 9-1 所示。

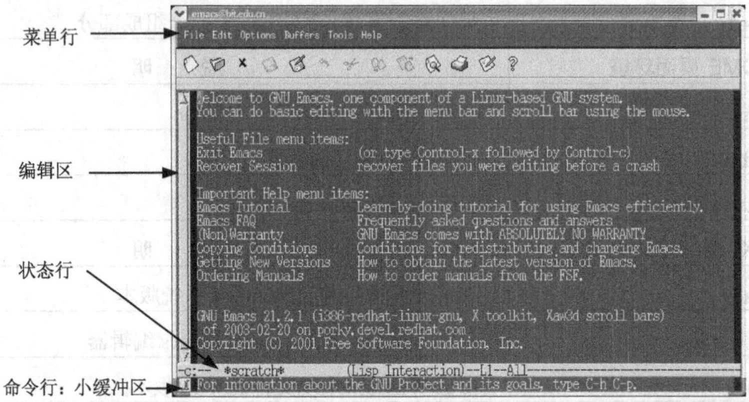

图 9-1　Emacs 编辑器

图 9-1 是一个欢迎界面以及一些说明，整体上是墨绿色的，在 GNOME 中菜单是白色的，状态行是黄色的。最下面一行，Emacs 把它叫做 miniBuffer。一般翻译为小缓冲区，也可称它为命令行，因为命令都是从这里输入的。

GUI 的好处就在于支持鼠标对菜单的操作，在用户单击 Emacs 的界面或者是按下某一个键后，Emacs 上的这些文字立即消失，然后出现 3 行提示，告诉用户如果不想保存文件就按 Ctrl+X，然后再按 Ctrl+F。

用户可以自己动手尝试操作菜单行中的各个菜单项。它能执行各种像 Windows 产品一样的操作，如“文件的打开与保存”、“搜索与替换”、“复制与粘贴”等。除此之外，它还有很多新增的菜单。如 Buffers 菜单能“切换与‘杀死’缓冲区”，Operate 菜单能“简化文件操作”、Immediate 菜单能进行“文件的浏览、比较”，而且在 Tools 菜单中具备“收发邮件”的功能。GUI 版的 Emacs 并不算是完全的 Windows 产品，虽然它们在很多方面很相似，但是它不支持用鼠标来选择文件和目录的路径，而需用户手动输入。

Emacs 的功能很强大，它能帮助用户做很多事情，但高级的运用则要靠读者在实践中去掌握。

9.1.3　PDF 阅读器

Red Hat Linux 中包括了 xpdf 这个开源程序，其界面如图 9-2 所示。在程序底部的工具栏上有向前或向后翻阅文档的导航工具，以及标准的缩放、打印和查找工具。xpdf 的说明书页(man)提供了关于 xpdf 选项的许多有用信息，要查看 xpdf 的说明书页，在 shell 提示下输入 man xpdf 即可。

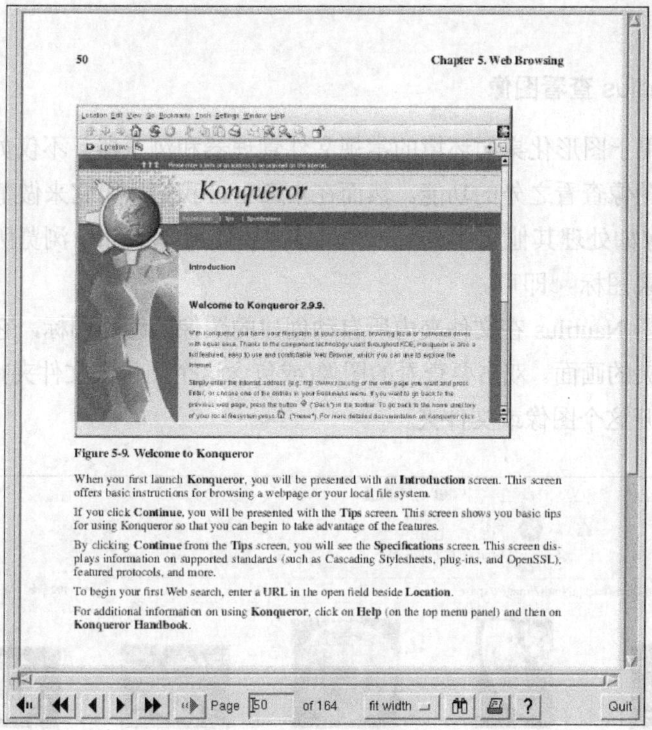

图 9-2 xpdf 阅读器

使用 xpdf 查看 PDF 文档的操作步骤如下。

(1) 在桌面环境中，选择【图形】|【PDF 查看器】命令，还可以在 shell 提示下输入 xpdf 来启动 xpdf。

(2) 右击鼠标，xpdf 屏幕上会显示一个快捷菜单。

(3) 通过选择【打开】命令，显示文件浏览器。

(4) 选择想查看的 PDF 文件，单击【打开】按钮。

PDF 文件的发明者 Adobe 公司已经开发出了相应的 Adobe Acrobat Reader，虽然它没有包括在 Red Hat Linux 发行版本中，但可以从 http://www.adobe.com/网站中免费下载。

9.2 图形工具

GNOME、KDE 和 X Window 系统支持许多的图形工具，其中包括图像查看器、图像编辑器、窗口截图器和画图工具等。在 KDE 和 GNOME 桌面上，这些工具可以在 Graphics(图片)子菜单或者 Utilities(工具)菜单中找到。

9.2.1 图像查看器

在 KDE 中，kView 和 kShow 程序都是简单的图像查看器；在 GNOME 中，Electric Eyes、Gqview 也都是简单的图像查看器，本节主要介绍两种查看图像文件的常用工具：Nautilus

和 gThumb。

1. 使用 Nautilus 查看图像

Nautilus 是用于图形化桌面环境的常规文件管理器和浏览器。不仅如此，Nautilus 还有许多超出简单图像查看之外的功能。然而在本章中，我们只用它来做基本的图像浏览。Nautilus 处理图像如处理其他文件类型一样简单。要使用 Nautilus 浏览所收集的图像，双击桌面中的主目录图标即可。

图 9-3 显示了 Nautilus 在文件夹内所自动创建的图像的缩略图标，它包括主目录内的所有文件和文件夹的画面。双击要查看的图像(或包含这个图像的文件夹)，Nautilus 将会在浏览器窗口内打开这个图像或文件夹。

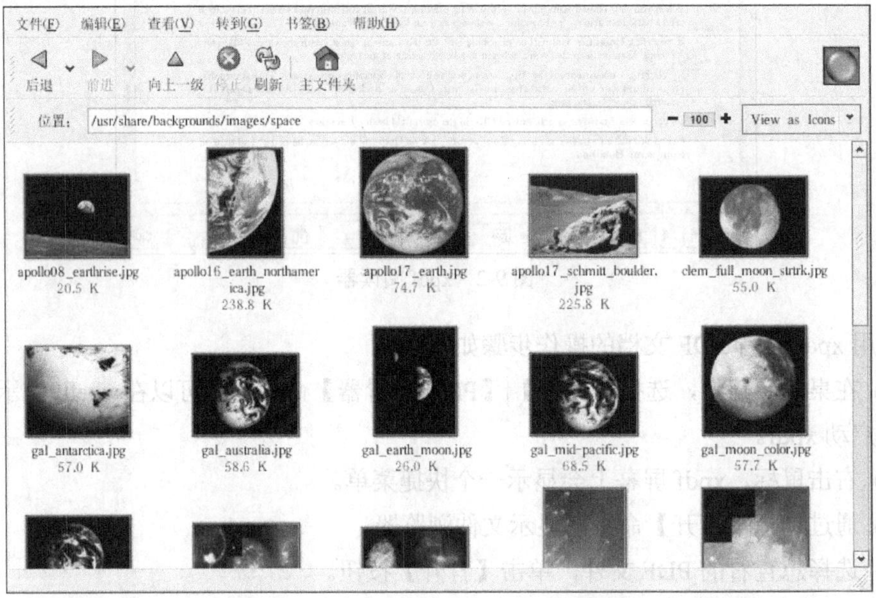

图 9-3　Nautilus 中文件夹的缩略图标

双击某个缩略图标来查看这个图像的实际大小。该图像会在浏览器窗口内载入，要在 Nautilus 中扩大或缩小所查看图像的大小，单击【位置：】字段旁的缩放按钮，单击“+”图标可以扩大图像，单击“-”图标可以缩小图像。

2. 使用 gThumb 查看图像

gThumb 是一个为图形化桌面用户提供的功能强大的图像查看器。它支持多种图像文件格式，如 JPG/JPEG、GIF、PGM、XPM、PNG、PCX、TIF/TIFF、PPM 和 BMP。gThumb 既可用于查看单个图像文件，又可以用于浏览文件夹中的文件集合。

gThumb 既可以从桌面面板上启动，选择【主菜单】|【图形】|【gThumb 图像查看器】命令，又可在 shell 提示下输入 gthumb 来启动这个程序。gThumb 会默认浏览用户主目录(见图 9-4)。如果在这个目录中有图像，画廊面板会自动生成缩略图标，用户可以突出显示它们，并在主显示区查看。

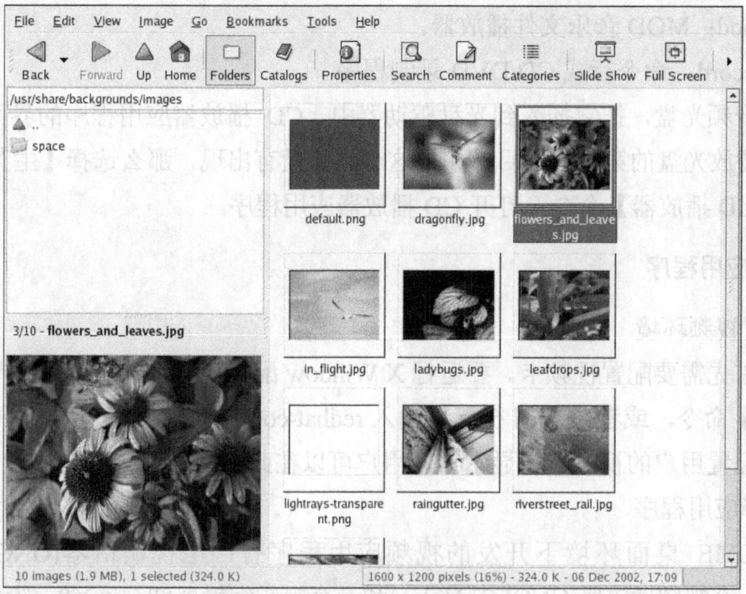

图 9-4　gThumb 显示图像文件夹

gThumb 的界面非常简洁。双击图像预览缩略图标可在主画廊区查看它。图像可以被放大、缩小、设为全屏(会覆盖你的整个屏幕)、在打印机上打印等。

9.2.2　图像编辑器

GNU 图像处理程序(GNU Image Manipulation Program，GIMP)，它是一个复杂的图像处理应用软件，与 Adobe 公司的 Photoshop 软件相似。GIMP 可以完成照片美化、图像拼接、图像创作等工作。在它的 Web 站点 www.gimp.org 上可以找到更多的 GIMP 资料。

在 shell 提示下，可使用 gimp 命令来启动 GIMP 程序。在桌面上，选择【主菜单】|【图形】| The GIMP 命令也可启动 GIMP 程序。

9.3　音频、视频和娱乐

本章将展示 Red Hat Linux 中轻松的一面。从游戏、玩具到视频和音频应用程序，Red Hat Linux 提供了许多可进行娱乐的软件包。

1. 音频应用程序

Red Hat Linux 中包括很多音频应用程序，像混音器、数字音频工具、CD 音频编写器、MP3 播放器及网络音频支持等。随 Red Hat Linux 9.0 一起发行的音频应用程序如下。

- aumix：基于 ncurses 的音频混音器。
- sox：常规使用的声音文件转换工具。
- vorbis-tools：Vorbis 常规音频压缩编解码器工具。
- xmms：与 winnamp 类似，用于 X Window 的多媒体播放器。

- mikmod：MOD 音乐文件播放器。
- dvdrecord：命令行式 CD/DVD 录制程序。

要播放音频光盘，把它插入到光盘驱动器中。CD 播放器应用程序的界面应该自动出现，并开始播放光盘的第一个曲目。如果这个界面没有出现，那么选择【主菜单】|【声音和视频】|【CD 播放器】命令，打开 CD 播放器应用程序。

2. 视频应用程序

(1) 配置视频环境

播放前首先需要配置视频卡。要运行 X Window 配置工具，选择【主菜单】|【系统设置】|【显示】命令，或者在 shell 提示下输入 redhat-config-xfree86 来启动它，X 配置工具会试图自动配置用户的视频卡和显示器，用户可以在此手工配置自己的视频设备。

(2) 选择应用程序

在 GNOME 桌面环境下开发的视频应用程序有：电视调谐器(GNOMEvision 和 gnome-tv)、一个视频播放器(GNOME-Video)和一个视频编辑器(Trinity)等。除此之外，相信读者对于 RealNetworks 公司的 RealPlayer 网络多媒体播放器一定不会感到陌生，许多人可能早就通过网上视频点播及下载网络影音资料了解了它。现在 RealNetworks 公司提供了 Linux 下的 RealPlayer 播放器。安装文件是一个可执行文件 rlpl_linux22_libc6_i386_al.bin。在 Red Hat Linux 中，直接运行这个文件就可以安装成功。

3. 自带的游戏程序

Linux 现在越来越“平易近人”了，当然也少不了游戏。GNOME 中附带了几款非常经典的游戏，有匹配弹珠游戏 Same GNOME、空当接龙、贪吃蛇、扫雷游戏等。

9.4 本 章 小 结

本章主要介绍了 Red Hat Linux 在应用软件方面的内容。主要介绍了 4 个方面的应用软件：文档、图像、音视频及游戏。在文档方面，主要介绍了 3 种办公套件，像 KOffice、StarOffice 和 OpenOffice.org；在图像方面，主要介绍了几种图像查看器、图像编辑器，例如，可以使用 Nautilus、gThumb 来查看图像，使用 GIMP 对图像进行处理等；在多媒体方面，也有许多音频和视频程序正在开发中，用户可以打开 CD 播放器来播放音频光盘。在 Red Hat Linux 中可以找到大量的趣味横生的游戏，还可以到相关的游戏网站上去下载。

9.5 习 题

1. 思考题

(1) OpenOffice 与 StarOffice 是同一个项目吗？有什么区别？

(2) 主要的网络图像格式有哪些？它们都能在 Red Hat Linux 下编辑吗？

2. 上机题

(1) 使用 Nautilus 查看图像。

(2) 使用 GIMP 编辑.jpg 和.png 图像文件。

(3) 使用 Emacs 编辑一段 C 程序，并设置其默认编译器为 gcc。

(4) 试播放 DVD 和 rmvb 格式的压缩文件。

第3部分

系统管理

部分内容

第10章 用户管理

系统管理员在日常工作中需要处理各种各样的事务，如增加新的用户、配置打印机和编译系统内核、账号管理、帮助用户解决问题、数据的备份和恢复、系统的配置和管理、系统的启动和关闭等。从本章开始到第 15 章将介绍系统管理的几个最基本的方面：用户管理、系统信息监控与备份、软件包管理、资源管理、内核升级以及设备管理。

本章首先介绍用户管理，用户管理是系统管理最重要的内容之一。Linux 作为一个网络操作系统，许多时候用作网络服务器，所以同时会有多用户登录，但不是任何人都可以随便访问并且修改文件的。上述用户管理操作，需要一个良好的用户管理策略，由管理员实行和检查。可见，添加与删除用户等操作是系统管理员必须要掌握的基本知识。

本章学习目标：

- 理解用户账户的概念
- 理解超级用户 root
- 了解 Linux 用户管理方式及其组织形式
- 学会使用常用用户管理命令
- 学会使用用户管理器来管理用户

10.1 什么是用户账户

Linux 属于多任务多用户系统，即允许一台计算机同时被多个人使用，并且每个用户可同时执行多项任务，比如用户 A 通过其进行程序开发，同时用户 B 在一边上网聊天，一边听着音乐。系统为了正确为每个用户提供服务，需要能够正确区分每个用户，即每个用户都有自己的用户账户。用户账户通常包括一个唯一的用户名和用户序号，不同用户登录成功后，系统将根据用户账户来区分为其服务。

然而，对于用户来说除了名字还有许多其他特性。一个账户(account)通常用来指定属于一个用户的所有文件、资源以及信息，它通常包括如下内容。

- 用户名(user name)：由字母、数字组成的字符串，区分大小写，作为系统的唯一标志。
- 用户 ID(UID)：用户的数字 ID 号，与用户名对应。
- 组 ID(GID)：用户所属组的 ID，每个用户都会属于某一组。
- 口令(password)：系统保存用户的加密口令。

- 全名(full name)：用户的真实名字，系统管理员可以根据它更好地进行管理。
- 主目录(home directory)：用户登录后所在的目录，这个目录是属于用户个人的。
- 登录 shell：设置用户完成登录后使用的 shell 命令解析器。

10.2 root 账户

系统管理员作为系统中的特殊用户——超级用户(即根用户)，具有更改整个系统的权力，包括任何文件、目录或进程，其权限具有不可替代性。但是要把自己转换成超级用户，就必须先有根用户登录的口令，而这个口令通常是一个需要严格保守的秘密，一般也只有系统管理员才能得到。为了真正成为超级用户，必须用账户(root 账户)登录系统，这是为系统管理员操作保留的一个特殊账户，对 Linux 操作系统的所有部分都具有不受限制的访问权限。当以根目录身份登录进入系统时，会先到达一个供系统管理员发布 Linux 系统管理命令的操作界面(即通常所说的 shell)。

登录为超级用户的命令如下所示。

```
login: root
password:
```

作为根用户，可以使用 passwd 命令修改以根用户身份登录进入系统所需要的口令，也可以修改系统上其他用户的口令，如下所示。

```
#passwd root
New password:
Re-enter new password:
```

由于是以根目录的身份登录进入系统的，口令是不会显示在屏幕上的。

如果想从已登录的普通用户账户进入到根用户账户，并成为一个超级用户，最简便的方法是先从自己的普通用户账户退出登录，再以根用户身份重新登录进入系统。还有一种方法就是使用 su 命令，它能够在不退出原用户账户的前提下直接登录到根用户账户。按 Ctrl+D 键或者输入 exit 命令，将使用户回到初始登录状态，如下所示。

```
$pwd
/home/huang
$su
password:
#cd
#pwd
/root
$
```

如果已经以根用户身份登录系统，可以使用 su 命令直接登录为任何一个用户，不需要再次输入口令。

表 10-1 列举了超级用户的一些常用操作命令。

表 10-1　系统管理的常用操作命令

命　　令	说　　明
su root	普通用户使用这个命令后将作为超级用户登录到根用户账户；超级用户使用 Ctrl+D 组合键可以回到他原来的登录状态
passwd options filename	修改命令参数指定的登录名的口令
init state	改变系统的运行状态
lilo options Configfile	重新安装 Linux 操作系统的加载程序
shutdown options time	关闭系统，类似于按下 Ctrl+Alt+Del 重启组合键
date	设置系统的日期和时间

10.3　管理用户和组群

在 Linux 系统中，有几个用来设置新账户的文件、配置文件和子目录。例如，/etc/skel 子目录里就保存着新用户的初始化文件，新用户的登录子目录被放在/home 子目录中，路径名列表如下。

- /home：用户自身登录子目录时所在的位置。
- /etc/skel：为登录 shell 保存着默认的初始化文件，如.bash-profile 和.cshrc 等。
- /etc/shells：保存着登录 shell，如 BASH 和 TCSH 等。
- /etc/passwd：为用户保存其口令。
- /etc/group：保存用户所属的用户组信息。
- /etc/login.access：控制用户登录系统的权限。

用户可以手工修改这些文件和子目录，以设置一个新账户。

10.3.1　/etc/passwd 文件

添加新用户时，在/etc/passwd 文件里就会产生一个对应的设置项，这个文件就是通常所说的口令文件。其中的每一个设置项占用一行的位置，由分号分隔为几个组成部分，格式如下。

```
medit:x:500:500:medit chen:/home/medit:/bin/bash
daemon:x:2:2:daemon:/sbin:/sbin/nologin
```

- Username：用户的登录名，在上面的例子中，用户名分别是 medit 和 daemon。
- Password：用户账户的加密口令，上例中的 x 表示密码已经被映射到/etc/shadow 文件中。

- User ID：由系统分配的唯一编号。
- group ID：用来确定用户所属用户组的编号。
- Comment：关于该用户的任意资料，如该用户的全名等，这个是可选项。
- home directory：用户的登录子目录。
- login shell：用户登录上机后运行的 shell，此处出现的是默认的 shell，大多数情况下是/bin/bash。

/etc/passwd 文件是一个简单的文本文件，它存在安全隐患。只要有/etc/passwd 文件的访问权，就完全能够解开口令。如今在 Linux 系统中，加密口令系列程序能够大大提高安全性，这些系列程序包括对应于 useradd、groupadd 版本以及执行相应的升级和删除操作的程序。采用 shadow 安全措施之后，口令将不再保存在/etc/passwd 文件里。明确地说，口令被单独保存在一个名为/etc/shadow 的文件里，并经过重新加密。它的访问权限被严格限制为根用户。对于需要口令的用户组，也有一个对应的口令文件/etc/gshadow。

10.3.2　/etc/skel 子目录

用户登录系统时，系统会自动执行两个命令脚本程序：一个是对每个用户都一样的系统级的脚本程序，另外一个是每个用户各自登录子目录时的.bash-profile 脚本程序。系统脚本程序保存在/etc 子目录中，名字是 profile，注意这个名字前面没有前导的句点。作为超级用户，可以对 profile 脚本程序进行编辑，在其中可随意添加打算在任何一个用户登录上机时都要执行的命令。

第一次往系统中添加用户时，必须向用户提供一个.bash-profile 文件框架。useradd 命令能够自动完成这个工作，方法是在/etc/skel 子目录里查找.bash-profile 文件，并把它复制到用户的新登录子目录中。/etc/skel 子目录包含着对应于.bash-profile 文件的一个初始化文件框架。如果使用 C-shell 作为自己的登录 shell，其中就是对应于.login 和.logout 文件的框架文件。它还提供 BASH 和 C-shell 的初始化文件.bashrc 和.cshrc。/etc/skel 子目录里还保存着供设置桌面使用的默认文件和子目录，其中包括一个对应于 X Window 系统的.Xdefaults 文件，一个对应于 KDE 桌面的.kderc 文件和一个对应于 GNOME 桌面的包含其默认配置文件的 GNOME Desktop 子目录。

超级用户可以根据自己的喜好编辑修改/etc/skel 子目录中的.bash-profile 文件。修改通常包括对一些基本的系统变量进行赋值的语句，例如为命令定义默认路径名、定义系统提示符以及终端的默认定义等。简单地说，就是对 PATH、TERM、MAIL 和 PS1 等变量进行定义。当用户有了自己的.bash-profile 文件之后，就可以对变量进行重新定义或者根据自己的需要加上新的命令。

10.3.3　/etc/login.access 文件

通过/etc/login.access 文件，可以控制用户对系统的登录权限。这个文件由这样一些数据域组成，它们列出了用户、是否允许其登录、允许他们从哪里登录到系统等。这个文件中的一个记录由 3 个数据域组成，彼此用分号分隔开：加号(+)或者减号(-)表明是否允许该用户登录，允许登录的用户登录名，允许他们尝试登录的远程系统(主机)或者终端(tty 设备)的名字，如下所示。

```
+: huang: rabbit.mytrek.com
```

表示允许用户 huang 从远程系统 rabbit.mytrek.com 访问本系统。

10.3.4　/etc/group 文件

保存用户组数据项的系统文件叫做/etc/group。这个文件由用户组记录组成，每个记录占一行。用户组记录的 4 个域如下所示。

```
group_name:passwd:GID:user_list
```

- 用户组名：用户组的名字，必须是独一无二的。
- 口令：通常是一个星号"*"，表示让任何人加入这个用户组，也可以使用口令对访问进行控制。口令可以是空的。
- 用户组 ID：系统分配的、用来唯一确定该用户组的数字。
- 用户：属于此用户组的用户名单。

类似于/etc/passwd 文件，也可以使用一个文本编辑器直接编辑修改/etc/group 文件。除了使用 groupdel 命令外，还可以简单地在/etc/group 文件里删除某个用户组对应的设置项，但是这样做是很危险的。

10.4　命令行配置

大多数 Linux 的发行版本提供了 useradd、usermod 和 userdel 命令来管理用户账户。表 10-2 列举了用户和用户组管理命令。

表 10-2　用户和用户组管理命令

命　　令	说　　明
adduser username	添加一个新用户，使用初始化文件建立一个口令文件的数据项和登录子目录；使用 passwd 命令为用户建立一个口令
useradd username options	向系统添加新用户
usermod username options	修改用户的设置值
userdel -r username	从系统里删除用户
用户管理组命令	**说　　明**
groupadd	建立一个新用户组
groupdel	清除一个用户组
groupmod options	修改一个用户组，-g 用于修改一个用户组 ID 编号，-n 用于修改一个用户组名字

10.4.1 增加用户

要在系统上添加用户，可使用useradd命令。例如，使用useradd命令创建一个锁定的用户账号的命令如下。

```
# useradd <username>
```

useradd命令在建立新账号时会用到一系列预先定义好的默认设置值。这些默认设置值包括：用户组名、用户ID编号、登录子目录、skel子目录以及登录shell等。用户组名就是安置新账号的用户名名字，默认的设置值是other，表示新账号不属于任何用户组；用户ID编号是一个确定该用户账号的数字编号。第一个账户从1开始，然后依次自动递增；skel子目录保存着初始化文件副本的系统子目录，这些初始化文件会在一个新用户被建立时被复制到它新的登录子目录中去；登录shell是用户打算使用的特定shell的路径名。表10-3给出了可以用在useradd命令中的全部参数选项。

表10-3 useradd命令中的全部参数选项

参数选项	描述
-c comment	用户的注释
-d home-dir	用来取代默认的/home/username 主目录
-e date	禁用账号的日期，格式为YYYY-MM-DD
-f days	口令过期后，账号禁用前的天数。若指定为0，账号在口令过期后会被立刻禁用。若指定了－1，口令过期后，账号将不会被禁用
-g group-name	用户默认组群的组群名或组群号码(该组群在指定前必须存在)
-G group-list	用户是其中成员的额外组名或组号码(默认以外的)列表，用逗号分隔(组群在指定前必须存在)
-m	若主目录不存在则创建它
-M	不要创建主目录
-n	不要为用户创建用户私人组
-r	创建一个UID小于 500 的不带主目录的系统账号
-p password	使用crypt加密的口令
-s	用户的登录shell，默认为/bin/bash
-u uid	用户的UID，它必须是独特的，且大于499

在建立某种特定账户时，可以使用特定的设置值来代替任何一个默认的设置值，如下所示。

```
#useradd <username> -g <user-group-name> -u <user-ID>
```

10.4.2　添加组

若要给系统添加组群，则使用 groupadd 命令如下所示。

```
groupadd <group-name>
```

groupadd 的命令行参数选项如表 10-4 所示。

表 10-4　groupadd 命令行参数选项

参 数 选 项	描　述
-g gid	组群的 GID，它必须是独特的，且大于 499
-r	创建小于 500 的系统组
-f	若组已存在，退出并显示错误(组不会被改变)。如果指定了-g 和-f 选项，而组已存在，-g 选项就会被忽略

10.4.3　改变用户属性

usermod 命令用来修改现有账户的设置值。可以修改登录子目录或者用户 ID 编号，甚至还可以修改账户的用户名，如下所示。

```
#usermod <username> <user-ID>
```

10.4.4　删除用户

如果想从系统中删除一个用户，可以使用 userdel 命令来删除此用户，加上-r 选项会删除此用户的所有信息，即删除对应的用户目录及 mail 等，如下所示。

```
#userdel －r <username>
```

10.4.5　设置口令

使用 passwd 命令来设置新用户的口令。在你设置口令之后，账号即能正常工作。若要创建虚拟账号，则不必设置口令，如下所示。

```
#passwd <username>
```

10.4.6　口令老化

为安全起见，应要求用户定期更改他们的口令。这可以在用户管理器的【口令信息】选项卡中添加或编辑用户时实现。

要在 shell 提示中为用户配置口令过期，使用 change 命令，随后使用表 10-5 中的选项，以及用户的用户名。

表 10-5 change 命令行选项

选 项	描 述
-m days	指定用户必须更改口令所间隔的最少天数。如果值为 0，口令就不会过期
-M days	指定口令有效的最多天数。当该选项指定的天数加上-d，选项指定的天数小于当前的日期，用户在使用该账号前就必须更改口令
-d days	指定从 1970 年 1 月 1 日起，口令被更改的天数
-I days	指定口令过期后，账号被锁前不活跃的天数。如果值为 0，账号在口令过期后就不会被锁
-E date	指定账号被锁的日期，日期格式为 YYYY-MM-DD。若不用日期，也可以使用自 1970 年 1 月 1 日后经过的天数
-W days	指定口令过期前要警告用户的天数

注意：

要使用 change 命令，屏蔽口令一定要被启用。

如果系统管理员想让用户在首次登录时就设置口令，用户的口令可以被设置为立即过期，从而强制用户在首次登录后立即改变它。

要强制用户在首次登录到控制台时配置口令，请遵循以下步骤。注意，若用户使用 SSH 协议来登录，这步就行不通。

- 锁住用户的口令：如果用户不存在，使用 useradd 命令来创建这个用户账号，但不设置任何口令，那么它仍旧被锁；如果口令已经被启用，那么使用下面的命令来锁住它。

```
#usermod -L username
```

- 强制即刻口令过期：输入下面的命令。

```
#change -d 0 username
```

该命令把口令最后一次改变的日期设置为 epoch(1970 年 1 月 1 日)。不管口令过期策略是否存在，这个值会强制口令立即过期。

- 给账号开锁：给账号开锁有两种常用方法，即管理员可以指派一个初始口令或空口令。

提示：

不要使用 passwd 来设置口令，因为它会使刚刚配置的口令即刻过期。

要指派初始口令，请遵循以下步骤。

(1) 使用 python 命令来启动命令行 python 解释器，如下所示。

```
Python 2.2.2 (#1, Dec 10 2002, 09:57:09)
[GCC 3.2.1 20021207 (Red Hat Linux 8.0 3.2.1-2)] on linux2
```

```
Type "help", "copyright", "credits" or "license" for more information.
>>>
```

(2) 在提示下，输入以下命令(把 password 替换成要加密的口令，把 salt 替换成恰巧两个大写或小写字母、数字、点字符或斜线字符，譬如 + ab 或 + 12)。

```
import crypt; print crypt.crypt("password","salt")
```

(3) 其输出的加密口令类似于 12CsGd8FRcMSM。

(4) 输入 Ctrl+D 退出 Python 解释器。

(5) 把加密口令的输出剪贴到以下命令中(不带头尾的空格)。

```
usermod-p "encrypted-password" username
```

还可以使用以下命令来指派空口令。

```
Usermod -p""username
```

注意：

使用空口令对用户和管理员来说都很方便，但它却带有一定的风险——第三方可以首先登录并进入系统。要减小这种风险，建议管理员在给账号开锁的时候校验用户是否已经做好了登录准备。

无论是哪一种情况，首次登录后，用户都会被提示输入新口令。

10.5　用户管理器配置

如果用户喜欢使用图形化界面，可使用用户管理器来配置用户和组。用户管理器允许查看、修改、添加和删除本地用户和组，如图 10-1 所示。

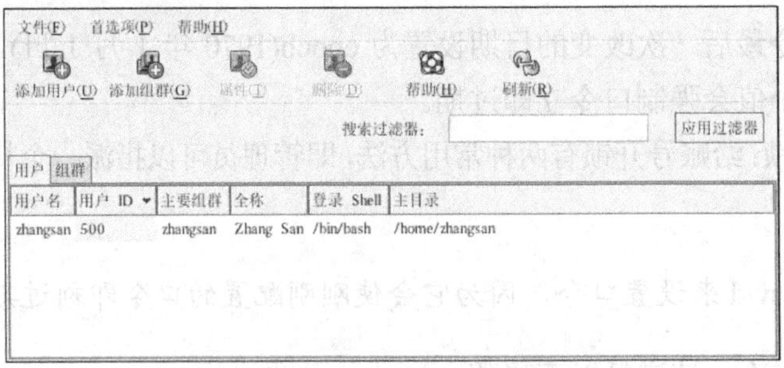

图 10-1　Red Hat 用户管理器

要使用用户管理器，必须运行 X Window 系统，具备根特权，并且安装了 redhat-config-users RPM 软件包。要从桌面启动用户管理器，选择面板上的【主菜单】|【系统设置】|【用户和组群】命令，或在 Shell 提示(如 Xterm 或 GNOME 终端)下输入 redhat-config-users

命令。

要查看包括系统内全部本地用户的列表，单击【用户】标签；要查看包括系统内全部本地组的列表，单击【组群】标签。

如果需要寻找指定的用户或组，在【搜索过滤器】文本框内输入名称的前几个字符。按Enter键或单击【应用过滤器】按钮，被过滤的列表就会被显示出来。

要给用户和组排序，单击列名，用户或组就会按照该列的信息被排序。

Red Hat Linux把500以下的用户 ID 保留给系统用户。用户管理器默认不显示系统用户。要查看包括系统用户在内的所有用户，需从用户管理器菜单栏中取消选择【首选项】|【过滤系统用户和组群】命令。

10.5.1 添加新用户

要添加新用户，在用户管理器单击【添加用户】按钮，出现如图10-2 所示的对话框。在适当的字段内输入新用户的用户名和全称。在【口令】和【确认口令】文本框内输入口令，口令必须至少有6个字符。

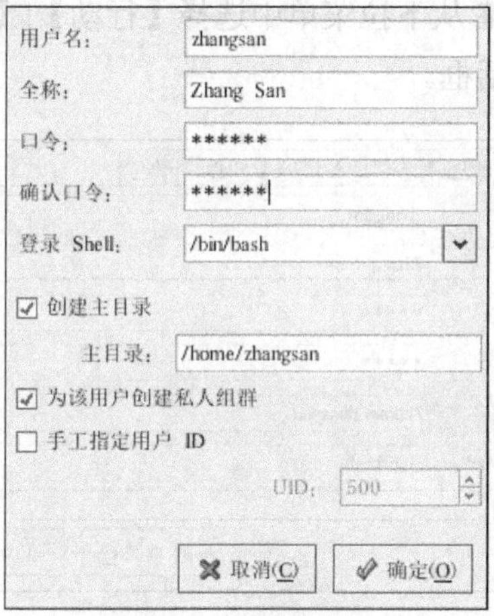

图10-2 创建新用户

技巧：

用户的口令越长，其他人就越不容易猜到这个口令，从而避免其他人不经许可登录到用户的账号中。另外建议不要根据现成的词组来选择口令，口令最好是字母、数字和特殊字符的组合。

选择一个登录shell。如果不能确定应该选择哪一个shell，就接受默认的/bin/bash。默认的主目录是/home/用户名，可以改变为用户创建的主目录，也可以通过取消已选中的【创建主目录】复选框不为用户创建主目录。

如果选择要创建主目录，默认的配置文件就会从/etc/skel目录中复制到新的主目录中。

Red Hat Linux使用用户私人组(User Private Group，UPG)方案。UPG方案并不添加或改变UNIX处理组的标准方法；它只不过提供了一个新的约定。按照默认设置，每当创建一个新用户时，一个与用户名相同的组就会被创建。如果不想创建这个组，取消已选中的【为该用户创建私人组】复选框即可。

要为用户指定用户 ID，需选中【手工指定用户 ID】复选框。如果这个选项没有被选中，从号码 500 开始后的下一个可用用户 ID 就会被分派给新用户。Red Hat Linux 默认把低于 500 的用户 ID 保留给系统用户。

单击【确定】按钮，创建该用户。

要配置更高级的用户属性(如口令过期)，或在添加用户后修改用户属性，可参阅第 10.5.2 小节的具体内容。

要把用户添加到更多的用户组中，单击【用户】标签，选择该用户，然后单击【属性】图标按钮。在【用户属性】对话框中，选择【组群】选项卡，并选择想让该用户加入的组，以及用户的主要组，然后单击【确定】按钮即可。

10.5.2　修改用户属性

要查看某个现存用户的属性，单击【用户】标签，从用户列表中选择该用户，然后在按钮菜单中选择【属性】(或者从下拉菜单中选择【行动】|【属性】命令)，出现一个如图 10-3 所示的【用户属性】对话框。

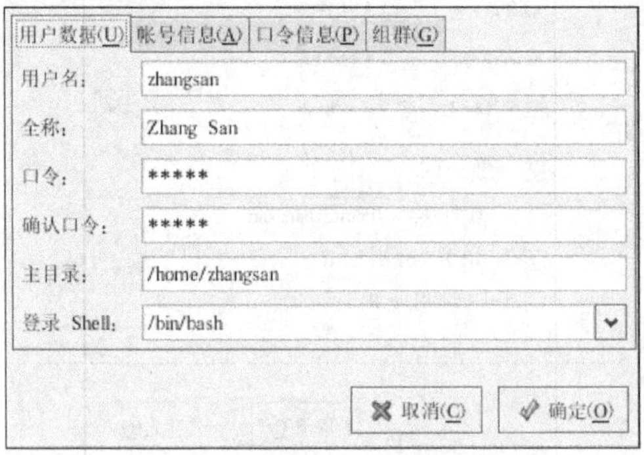

图 10-3　设置用户属性

【用户属性】对话框有以下 4 个选项卡。

- 【用户数据】：显示在添加用户时配置的基本用户信息。在这个选项卡中可以改变用户的全称、口令、主目录或登录 Shell。
- 【账号信息】：如果想让账号到达某一固定日期时过期，选择【启动账户过期】。在提供的字段内输入日期。选择【用户账号已被锁】复选框来锁住用户账号，从而使用户无法在系统登录。
- 【口令信息】：这个选项卡显示了用户口令最后一次被改变的日期。要强制用户在一定天数之后改变口令，选择【启动账户过期】复选框。还可以设置允许用户改变口令之前要经过的天数，用户被警告去改变口令之前要经过的天数，以及账号变为不活跃之前要经过的天数。
- 【组群】：选择想让用户加入的组群以及用户的主要组群。

10.5.3　添加新组群

要添加新用户组群，单击【添加组群】按钮。一个类似图 10-4 的对话框就会出现。输入新组群的名称，为新组群指定组群 ID，选择【手工指定组群 ID】复选框，然后设置 GID。Red Hat Linux 把低于 500 的组群 ID 保留给系统组群。单击【确定】按钮来创建组群，新组群就会出现在组群列表中。

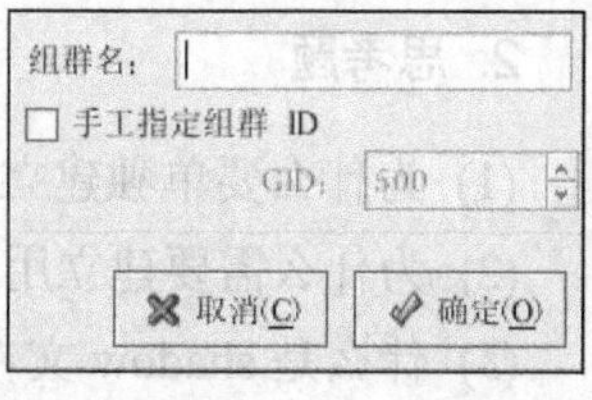

图 10-4　创建新组群

要在组群中添加用户，请参阅 10.5.4 节。

10.5.4　修改组群属性

要查看某一现存组的属性，从组列表中选择该组，然后在按钮菜单中单击【属性】图标按钮，或选择用户管理器中的【文件】|【属性】命令，一个类似图 10-5 的组群属性对话框就会出现。

【组群用户】选项卡显示了哪些用户是组的成员。选择其他用户把他们加入到组中，或取消选择用户把他们从组中移除。单击【确定】按钮来修改该组中的用户。

图 10-5　组群属性对话框

10.6　本 章 小 结

本章主要介绍了用户管理方面的知识，用户管理的两种配置方法：命令行设置和使用用户管理器进行图形化设置，包括如何添加、删除用户和用户组；改变用户属性和设置用户口令。

用户管理是系统管理最重要的内容之一，Linux 作为一个网络操作系统，往往在许多时候会有多用户同时登录，所以并不是任何人都有权进行文件修改的，必须要有一个良好的用户管理策略，并且由管理员进行管理和检查。

10.7　习　　题

1. 填空题

(1) 一个_____(_____)则用来指属于一个用户的所有文件、资源以及信息。

(2) 系统管理员作为系统上的特殊用户：_____，具有更改整个系统的权利。

(3) 添加新用户时，在_____文件里就会产生一个对应的设置项。

2. 思考题

(1) 为什么要单独建立一个根用户，并且单独分配用户空间？

(2) 为什么需要建立用户组？

(3) 什么是 shadow 文件，创建该文件的目的是什么？

3. 上机题

(1) 设置一个用户组名为 in，用户 ID 号为 500 的新账户。

(2) 删除一个用户。

(3) 锁住新创建普通用户的口令。

(4) 强制新创建普通用户口令即刻过期。

第11章　系统监控与备份

在学习如何配置系统之前，应该学习如何收集基本的系统信息。例如，应该知道如何找出关于空闲内存的数量，可用硬盘驱动器空间的数量，硬盘分区方案，正在运行进程的信息以及系统的日志文件。本章将讨论如何使用几个简单的命令和程序在 Red Hat Linux 系统中检索这类信息。系统管理员不仅仅是了解系统信息即可，日常还必须能够随时了解系统的运行状况，这些也都离不开系统监控。

备份是提高计算机使用安全性的重要步骤。使用备份能够在系统硬件受到损坏，或遭到病毒侵袭等状况下，及时地恢复数据。经常进行备份是系统管理员应养成的良好习惯之一。

本章学习目标：

- 获取系统进程信息和内存用量信息
- 获取磁盘空间用量信息
- 监视系统空闲磁盘空间用量
- 获取硬件信息
- 查看和检查日志文件
- 备份系统
- 恢复系统

11.1　显示系统进程

在第 7 章已经对“进程”的概念进行了介绍，本节进一步介绍并对比几种获取系统进程信息的命令。

ps ax 命令显示一个当前系统进程的列表，该列表中包括其他用户拥有的进程。要显示进程以及它们的所有者，需使用 ps aux 命令。该列表是一个静态列表，换句话说，它是在启用这项命令时正在运行的进程的快照。

ps 的输出会很长。要防止它快速地从屏幕中滑过，可以把它通过管道输出给 less 命令，如下所示。

```
ps aux | less
```

可以使用 ps 命令和 grep 命令的组合来查看某进程是否在运行。例如，要判定 emacs 是否在运行，使用下面这个命令。

```
ps ax | grep emacs
```

下面是 ps aux 或 lax 命令输出的具体解释。

- USER　进程的属主。
- UID　用户的 ID。
- PID　进程的 ID。
- PPID　父进程的 ID。
- %CPU　进程占用的 CPU 资源的百分比。
- %MEM　占用内存资源的百分比。
- NI　进程的 NICE 值，数值大，表示较少占用 CPU 时间。
- VSZ　进程虚拟大小。
- RSS　驻留中页的数量。
- TTY　终端 ID。
- STAT　进程状态，它可以是某些状态的组合，如 SN 等。

  D　无法中断的休眠状态(通常是 IO 的进程)。

  R　正在运行中，或在队列中等待运行的。

  S　处于休眠状态。

  T　被挂起，如用户在运行某个进程时，使用 Ctrl+Z 的组合键，就会使进程状态变为 T。

  W　进入内存交换。

  X　死掉的进程。

  Z　僵尸进程。

  <　优先级高的进程。

  N　优先级较低的进程。

  L　有些页被锁进内存。

  s　进程的领导者(在它之下有子进程)。

  l　多进程的(使用 CLONE_THREAD，类似 NPTL pthreads)。

  +　位于后台的进程组。

- WCHAN　正在等待的进程资源。
- START　启动进程的时间。
- TIME　进程消耗 CPU 的时间。
- CMD　命令的名称和参数。

若需要一个动态的运行进程列表，则使用 top 命令。top 命令显示了当前正在运行的进程以及关于它们的重要信息，包括它们的内存和 CPU 用量。进程列表实时反映了系统进程的运行情况。要退出 top 命令，按 q 键。

可以和 top 一起使用的互动命令如表 11-1 所示。

表 11-1　互动的 top 命令

命　令	描　述
Space	立即刷新显示
h	显示帮助屏幕
k	杀死某进程，会被提示输入进程 ID 以及要发送给它的信号
n	改变显示的进程数量，会被提示输入数量
u	按用户排序
M	按内存用量排序
P	按 CPU 用量排序

技巧：

类似于 Mozilla 和 Nautilus 的应用程序具备线程感知(thread-aware)功能，即多个线程会被创建，以处理多个用户或多个请求，而且每个线程都有自己的 PID。按照默认设置，ps 和 top 只显示主(初始)线程。要查看所有线程，使用 ps -m 命令或在 top 中输入 Shift+H 组合键即可。

与 top 相比，使用图形化的 GNOME 系统监视器则更方便，如图 11-1 所示。要从桌面上启动它，选择面板上的【主菜单】|【系统工具】|【系统监视器】命令或在 X Window 系统的 shell 提示下输入 gnome-system-monitor，然后选择【进程列表】标签即可。

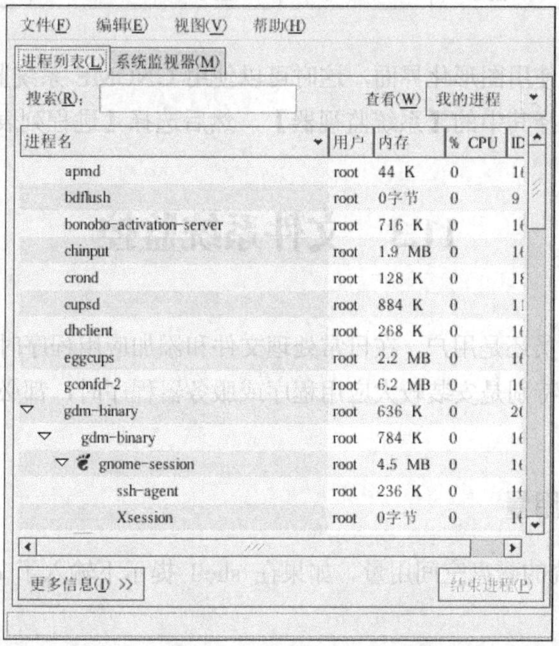

图 11-1　GNOME 系统监视器

11.2　显示内存用量

使用 free 命令可以显示系统的物理内存和交换区的总量，以及已使用的、空闲的、共享的、在内核缓冲内的和被缓存的内存数量如表 11-2 所示。

表 11-2　内存用量显示

内存与交换区	总　量 (total)	已 使 用 (used)	空　闲 (free)	共　享 (shared)	缓　冲 (buffers)	高 速 缓 冲 (cached)
Mem	256 812	240 668	16 144	105 176	50 520	81 848
−/+ buffers/cache		108 300	148 512			
Swap	265 032	780	264 252			

free -m 命令显示的信息和前面相同，但是它以 MB 为单位，便于阅读，如表 11-3 所示。

表 11-3　free 命令显示的内存用量显示

内存与交换区	总　量	已 使 用	空　闲	共　享	缓　冲	高 速 缓 冲
Mem	250	235	15	102	49	79
−/+ buffers/cache		105	145			
Swap	258	0	258			

用户可能更喜欢使用图形化界面，这时可以使用 GNOME 系统监视器，如图 11-1 所示，不同的是需要选择其中的【系统监视器】，然后选择【进程列表】标签。

11.3　文件系统监控

无论是系统管理员还是用户，在日常处理文件和添加应用程序时都需要了解系统中磁盘空间的使用情况，特别是安装较大应用程序或服务器程序时，都必须考虑磁盘能否满足应用程序的需要。

11.3.1　磁盘空间用量

df 命令报告系统的磁盘空间用量。如果在 shell 提示下输入了 df 命令，它的输出则类似于表 11-4。

表 11-4　磁盘空间用量

文件系统	总块量	已使用	未使用	使用率	载入点
/dev/hda2	10325716	2902060	6899140	30%	/
/dev/hda1	15554	8656	6095	59%	/boot
/dev/hda3	20722644	2664256	17005732	14%	/home
none	256796	0	256796	0%	/dev/shm

按照默认设置，该工具把分区大小显示为 1KB 的块，已用的和可用的磁盘空间以 KB 为单位显示。要查看以 MB 和 GB 为单位的信息，使用 df -h 命令。-h 选项代表可读格式。它的输出如表 11-5 所示。

表 11-5　以 MB 和 GB 为单位显示的磁盘空间用量

文件系统	大小	已使用	未使用	使用率	载入点
/dev/hda2	9.8GB	2.8GB	6.5GB	30%	/
/dev/hda1	15MB	8.5MB	5.9MB	59%	/boot
/dev/hda3	20GB	2.6GB	16GB	14%	/home
none	251MB	0	250MB	0%	/dev/shm

在分区列表中，有一项是/dev/shm，该项目代表系统的虚拟内存文件系统。

du 命令显示被目录中文件使用的估计空间数量。如果在 Shell 提示下输入了 du 命令，每个子目录的用量都会在列表中显示，当前目录和子目录的总和也会显示在列表的最后一行中。如果不想查看每个子目录的用量，输入 du -hs 命令使用可读的格式只列出目录用量总和。使用 du --help 命令可以查看更多选项。

要查看图形化的系统分区和磁盘空间用量，使用【系统监视器】选项卡，如图 11-2 的底部所示。

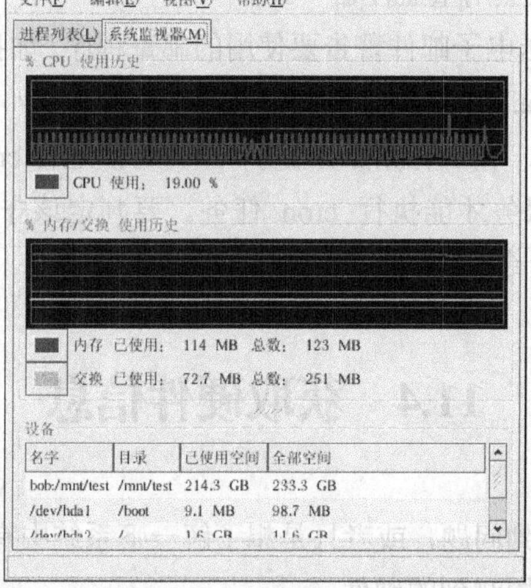

图 11-2　GNOME 系统监视器

11.3.2 监控文件系统

Red Hat Linux 提供了一个叫做 diskcheck 的工具程序，能够监视系统上的空闲磁盘空间数量。根据配置文件的规定，当一个或多个磁盘驱动器上的用量达到指定数值时，它就会向系统管理员发送电子邮件。要使用该工具，必须先安装 diskcheck RPM 软件包。

该工具作为每小时执行的 cron(cron 是一个可以根据时间、日期、月份、星期的组合来调度对重复任务执行的守护进程)任务运行。

以下变量可以在/etc/diskcheck.conf 文件中被定义。

- defaultCutoff：当磁盘驱动器的用量达到设定百分比时，它就会被报告。如果指定 defaultCutoff = 90，当磁盘驱动器的用量达到 90%，电子邮件就会被寄出。
- cutoff[/dev/partition]：超越分区的 defaultCutoff。如指定 cutoff['/dev/hda3'] = 50，当/dev/hda3 分区的用量达到 50%，diskcheck 就会警告系统管理员。
- cutoff[/mountpoint]：超越挂载点的 defaultCutoff。如指定 cutoff['/home'] = 50，当/home 挂载点的用量达到 50%，diskcheck 就会警告系统管理员。
- exclude：指定 diskcheck 要忽略的一个或多个分区。如指定 exclude = "/dev/sda2/dev/sda4"，在/dev/sda2 或/dev/sda4 的用量达到指定的百分比的情况下，diskcheck 将不会警告系统管理员。
- ignore：指定要忽略的一个或多个文件系统，格式为 -x filesystem-type。如指定 ignore = "-x nfs -x iso9660"，在 nfs 或 iso9660 文件系统的用量达到限制时，系统管理员将不会被警告。
- mailTo：当分区或挂载点达到限制时，要向系统管理员发出警告的电子邮件地址。如指定 mailTo = "webmaster@example.com"，警告就会邮寄给 webmaster@example.com。
- mailFrom：指定电子邮件寄发者的身份。这有助于系统管理员过滤来自 diskcheck 的邮件。如指定了 mailFrom = "Disk Usage Monitor"，发送给系统管理员的电子邮件的寄发者就是“磁盘用量监控器”。
- mailProg：指定发送电子邮件警告要使用的邮寄程序。如指定了 mailProg="/usr/sbin/sendmail"，Sendmail 就会被用作邮寄程序。

如果改变了配置文件，不必重新启动服务，因为每次运行 cron 任务时都会重读该配置文件。必须运行 crond 服务才能执行 cron 任务。要判定该守护进程是否在运行，使用/sbin/service crond status 命令。推荐在引导时启动该服务。

11.4 获取硬件信息

如果在配置硬件时遇到问题，或者只是想了解一下系统中有哪些硬件，就可以使用硬件浏览器程序来显示能被探测到的硬件。

要在桌面环境下启动该程序，选择【主菜单】|【系统工具】|【硬件浏览器】命令，或在 shell 提示下输入 hwbrowser。图 11-3 显示了 USB 设备、软盘、硬盘驱动器、光盘驱动器、网络设备、系统设备以及视频卡。单击窗口左侧的类别名称，有关信息就会被显示。

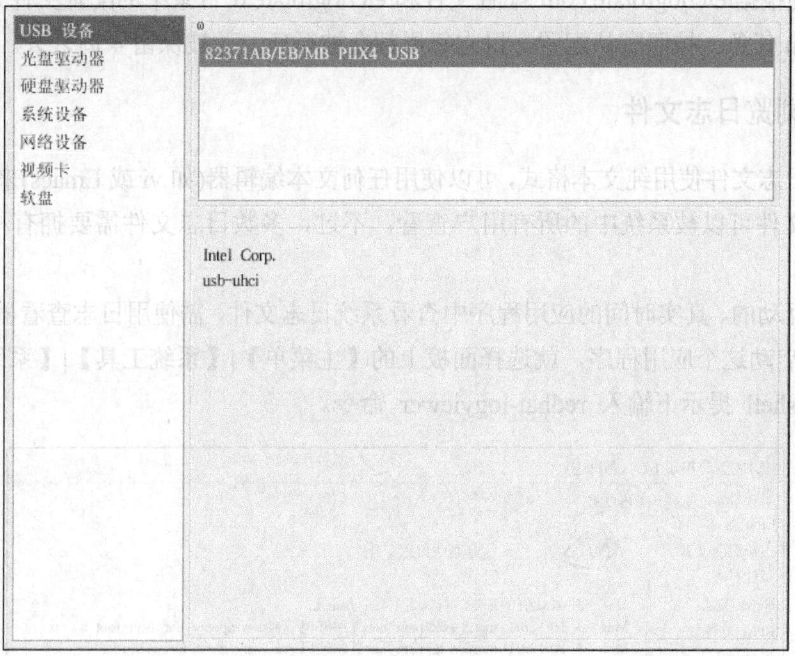

图 11-3　硬件浏览器

还可以使用 lspci 命令来列举所有的 PCI 设备，使用 lspci -v 命令来获得详细的信息，或使用 lspci -vv 命令来获得更详细的输出。

11.5　查看日志文件

日志文件(Log Files)是包含关于系统消息的文件，它包括内核、服务、在系统上运行的应用程序等。不同的日志文件记载不同的信息。例如，有的是默认的系统日志文件，有的仅用于安全消息，有的则是记载 cron 任务的日志。

在试图诊断和解决系统问题时，如试图载入内核驱动程序或寻找对系统未经授权的使用企图时，日志文件会很有用。本节将介绍到哪里寻找日志文件，如何查看日志文件，以及在日志文件中查看什么内容。

某些日志文件被 syslogd 的守护进程控制。被 syslogd 维护的日志消息列表可以在/etc/syslog.conf 配置文件中找到。

11.5.1　定位日志文件

多数日志文件位于/var/log 目录中。某些程序(如 httpd 和 samba)在/var/log 中有单独的存放它们自己的日志文件的目录。

注意，日志文件目录中会有多个后面带有数字的文件。这些文件是在日志文件被循环使用时创建的。日志文件被循环使用，因此文件不会变得太大。logrotate 软件包中包含一个能够自动根据/etc/logrotate.conf 配置文件和/etc/logrotate.d 目录中的配置文件来循环日志文件的 cron 任务。按照默认配置，日志每周都会被循环，并被保留 4 周之久。

11.5.2 浏览日志文件

多数日志文件使用纯文本格式，可以使用任何文本编辑器(如 vi 或 Emacs)来查看它们。某些日志文件可以被系统中的所有用户查看，不过，多数日志文件需要拥有根权限才能阅读。

要在互动的、真实时间的应用程序中查看系统日志文件，需使用日志查看器(如图 11-4 所示)。要启动这个应用程序，就选择面板上的【主菜单】|【系统工具】|【系统日志】命令，或在 shell 提示下输入 redhat-logviewer 命令。

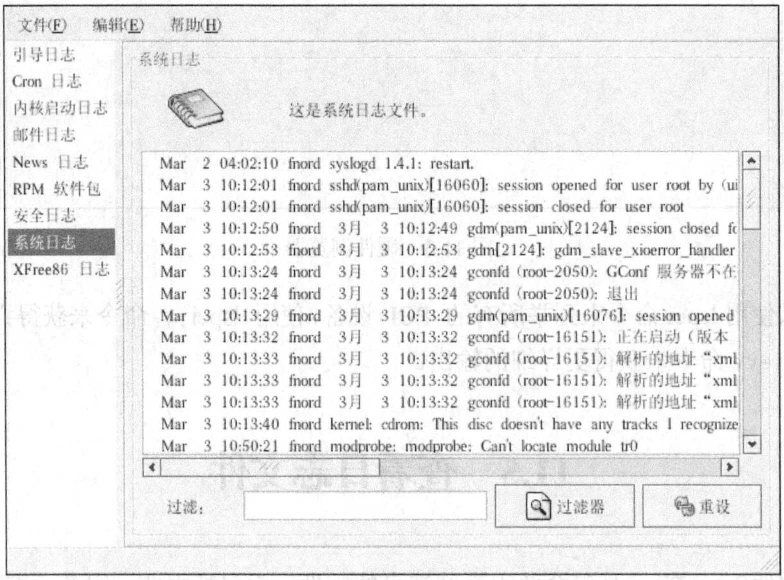

图 11-4 日志查看器

这个应用程序只能显示存在的日志文件。因此，其列表可能会与图 11-4 所示的略有不同。要查看它能够查看的完整日志列表，请参见配置文件/etc/sysconfig/redhat-logviewer。

按照默认设置，当前可查看的日志文件每隔 30 秒就被刷新一次。要改变刷新频率，则选择【编辑】|【首选项】命令，出现如图 11-5 所示的对话框。在【日志文件】选项卡中，通过设置【刷新日志文件的频繁程度】来改变刷新频率。单击【关闭】返回到主窗口，刷新频率立即会被改变。要手工刷新当前可以查看的文件，选择【文件】|【即刻刷新】命令或按 Ctrl+R 组合键。

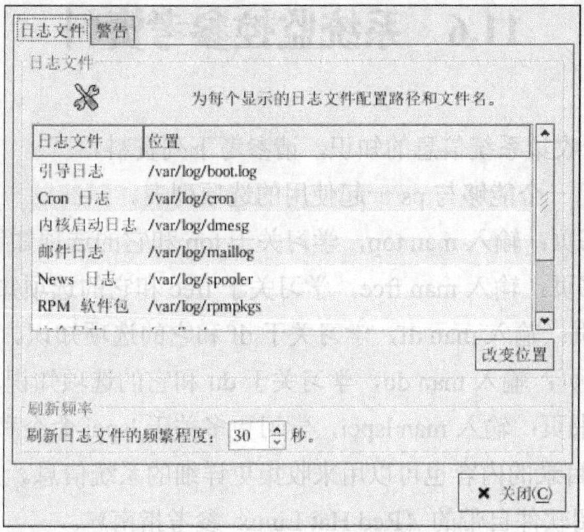

图 11-5　日志文件的位置

要过滤日志文件的内容查找关键字，在【过滤】文本框中输入关键字，然后单击【过滤器】按钮，再单击【重设】按钮来重设内容。

11.5.3　检查日志文件

日志查看器可以被配置在包含警告关键字的行旁边来显示警告图标。要添加警告词，从菜单栏中选择【编辑】|【首选项】命令，然后单击【警告】标签，再单击【添加】按钮来添加警告词。要删除一个警告词，从列表中选择它，然后单击【删除】按钮即可，如图 11-6 所示。

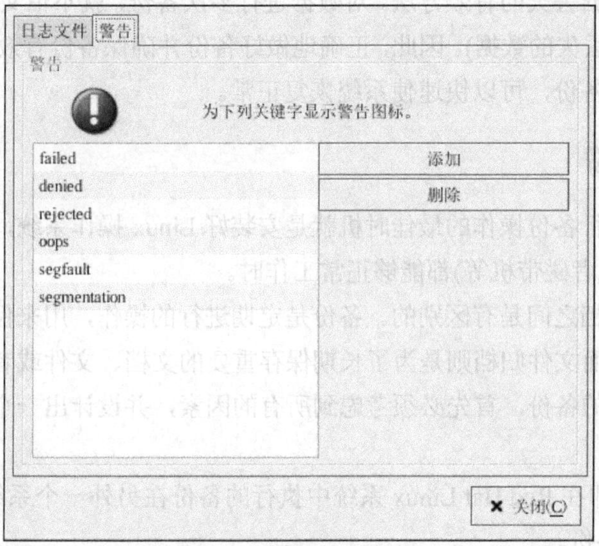

图 11-6　警告选项卡

11.6　系统监控参考资料

要学习更多关于收集系统信息的知识，请参考下列资料。

- ps-help：显示一个能够与 ps 一起使用的选项列表。
- top 的说明书页：输入 man top，学习关于 top 和它的选项知识。
- free 的说明书页：输入 man free，学习关于 free 和它的选项知识。
- df 的说明书页：输入 man df，学习关于 df 和它的选项知识。
- du 的说明书页：输入 man du，学习关于 du 和它的选项知识。
- lspci 的说明书页：输入 man lspci，学习更多关于 lspci 命令和它的选项信息。
- /proc：/proc 目录的内容也可以用来收集更详细的系统信息。关于/proc 目录的额外信息，请参阅软件自带的《Red Hat Linux 参考指南》。
- Red Hat Linux 系统管理启蒙手册——Red Hat，Inc.：它包括关于与监视资源相关的内容。

11.7　备　份

在系统中用户的数据是一个系统起作用的核心，对用户来说都有很大的价值。许多时候数据的丢失是一种灾难，用户必须保护它，并采取措施避免丢失。

数据的丢失主要有 4 个原因：硬件出错、软件有问题、人为操作因素或者是自然灾难。

备份是保护数据丢失的有效方法。对数据进行多次备份，就不怕文件遭损坏(所需做的仅是从备份中恢复丢失的数据)。因此，正确地做好备份并确保备份有效、可用是很重要的。同样，对系统进行备份，可以快速使系统恢复正常。

11.7.1　备份策略

一般情况下进行备份操作的最佳时机就是安装好 Linux 操作系统，并确认所有的设备(如声卡、图形卡或者磁带机等)都能够正常工作时。

备份和文件归档之间是有区别的。备份是定期进行的操作，用来保存重要的文档、文件或者整个系统；而文件归档则是为了长期保存重要的文档、文件或者整个系统而进行的操作。要进行成功的备份，首先必须考虑到所有的因素，并设计出一个进行备份操作的策略，如下所述。

- 可移植性(即在 Red Hat Linux 系统中执行的备份在另外一个系统上恢复的能力)。
- 是否自动备份。
- 执行备份的周期。
- 需要把归档的备份保存多长时间。
- 用户界面的友好性(决定是需要选择基于 GUI 界面的工具还是基于文本)。

- 是否需要使用压缩技术、直接复制或者加密技术。
- 备份介质(需要从价格、性能、存储能力上考虑)。
- 是否远程备份或网络备份。
- 保存一个文件、一个子目录还是整个系统。

通过检查自己使用 Red Hat Linux 操作系统的方式，可以回答出上面这些问题中的一部分：如果在 Linux 操作系统中只是进行文字处理或者运行电子表程序，可能只对某些特定的文件或者子目录进行备份就已经足够了；如果通过 Linux 操作系统来学习编写计算机程序，那么就需要保存程序的原始备份和这些程序不同的改进版本；如果在这个计算机系统中还有其他用户，那么可能不仅需要保存他们的子目录与文件，还要保存/etc/password 文件、文件系统中花费很长的时间才能建立的部分(比如整个/etc 子目录)，甚至需要保存整个系统。

这样做了之后，当出现硬盘崩溃(不容易发生)或者系统操作员失误(比较容易发生)等事件时，就能够迅速地对系统进行恢复。系统的规模和硬盘或者其他存储设备容量的大小可能是选择某种备份操作策略的决定因素。如果整个 Linux 系统很小(只有 200MB 左右)，就可以很快地把所有的东西都备份到另外一个硬盘驱动器或者磁带机上去。还可以使用介质可更换式的设备，例如一个 Iomega 公司出品的 Zip 驱动器或者是 Syquest 公司出品的 EZ-flyer 等。如果只需要保存数量很少的小文件，也许使用高密度软盘就足够存储了。

决定了采取哪一种方法作为备份策略，就一定要坚持下去。这样才能尽可能地减少文件的丢失，并增加文件恢复的可能性。

11.7.2　选择备份介质

有很多介质可以用来备份。目前，3 种常用的备份介质是软盘、磁带和硬盘。表 11-6 中对介质(包括一些新的介质，如只读光盘和可读写光盘)在可靠性、速度、可用性和易用性方面进行了评价。

表 11-6　备份介质比较

介　质	可 靠 性	速　度	可 用 性	易　用　性
软盘	好	慢	高	对于少量数据好，对于大量数据就差
只读光盘	好	慢	高	只读介质，可以用做存档
可读写光盘	好	慢	中等	可读写介质，对中等规模的系统是很经济的
Iomega Zip	好	慢	高	有 100MB 的存储量，可以用于小系统
闪存 (Flash ROM)	非常好	快	低	价格较高，无法提供更大的存储空间
磁带	好	中等偏慢		取决于磁带的容量，易用性可以很好，在 Linux 中不能格式化磁带
移动硬盘	非常好	快	高	相对较贵，可以提供 2GB 或更大的存储空间
硬盘	非常好	快	高	很好

可读写光盘非常适于档案文件的存储，但它们一般只能被写入一次而不能重复写，因此费用有些偏高。兼备软盘和光盘特性的大容量光磁软盘(Flopticals)具有软盘和磁带的优良品质，它们适合于单一文件的恢复，同时又可以存储大量的数据。大容量光磁软盘可以存储大量数据，但并没有出现在消费者市场中，它们只是应用于高端的大型系统中。比较流行的活动介质有 Iomega Zip 和 Jaz，它们提供了 100MB 和 250MB 的 Zip 和 1~2GB 的 Jaz 盘片。

11.7.3　选择备份工具

有许多工具可用来制作备份。除大量的第三方应用程序之外，Red Hat linux 也使用一些标准的工具来执行这一任务，如 Red Hat Linux 中的 RPM 就是一个操作简单、功能强大的备份工具。传统的备份工具有 tar、cpio 和 dump(dd)等。备份方式和介质的选择通常影响对备份工具的选择，表 11-7 给出了 tar 和 dump 之间的比较。

表 11-7　tar 和 dump 之间的比较

备份工具	特　点	优　点	缺　点
tar	通常用来进行文件的归档，可用于磁盘和磁带等任何介质	可用于在归档文件中检索单个文件	效率较低，不支持直接的备份级
dump	直接读取文件系统，通常用于磁盘备份	直接的文件系统访问可不影响文件属性中的时间戳，也更加高效	备份程序专用于特定的文件系统类型，dump 命令只能识别 ext2 文件系统

本节将讨论其中两个工具——tar 和 cpio。

tar 和 cpio 非常类似，它们都能够对任何介质存储和检索数据。另外，tar 和 cpio 对于小型系统十分理想。因此对于 Red Hat Linux 系统也十分理想。例如，下面的 tar 命令将把/home 目录下的所有文件保存到标准输出(可被重定向到磁带驱动器上)。

```
$ tar -c /home
```

这里的-c 选项用来通知 tar 应该从哪一目录中收集文件，并创建一个新的存档。在本例中，这一目录是/home。

类似于 tar 命令的 cpio 具有如下几个优点。

- 它对数据的压缩要比 tar 命令更有效。
- 它是为备份任何文件集而设计的(tar 旨在备份子目录)。
- cpio 能够处理跨多个磁带的备份。
- cpio 能够跳过磁带上的坏区继续工作，而 tar 却不能。

注意 Red Hat Linux 中 GNU 版本的 tar 命令提供了压缩和多卷备份(处理备份不能放在单张盘或磁带中的情况)的功能。如果在 tar 的命令行中使用-z 选项，tar 命令会调用 gzip 进行压缩和解压缩。使用-M 选项进行多卷备份。比如，用多个软盘对目录/home 进行压缩备份，就使用如下的命令。

```
tar -cvzMf /dev/fd0/home
```

11.7.4　简单备份

最简单的备份就是把系统上的所有文件复制到磁带，这称为完全备份。完全备份适用于小型系统。

注意：

如果 Red Hat Linux 系统用于商用，绝对应该有一个备份策略。使用一个正式的计划来定期地存储关键的信息，如客户账目、工作计划，以防止财产的损失。在设计了备份计划之后，还应坚持使用。

增量备份的执行一般比较频繁。增量备份是指只有从上次备份以来被修改过的文件才被备份，因此每次增量备份都是建立在前一次增量备份的基础之上的。

完全备份的缺点是它耗费的时间较长。对于只需恢复单个文件来说，使用它就有些得不偿失。有些时候需要执行完全备份，有时候却不必。对于一个良好的备份和恢复方案来说，应该搞清楚什么时候需要完全备份，什么时候需要增量备份。

11.7.5　压缩备份

为了节省备份数据占用的空间，通常需要进行压缩备份，也就是说在备份之前，首先进行压缩。GNU 的 tar 工具可利用-gzip(-z)选项对整个备份进行压缩(利用 tar 和 gzip 压缩程序之间的管道通信)。但是，压缩备份有时会造成不可挽回的数据丢失，因为压缩文件中的每一个信息都有举足轻重的作用，如果某一个数据发生错误，那么会影响到其后所有的数据。为了避免发生这样的问题，可单独对每个文件进行压缩，而不是对整个备份数据进行压缩，这样，就可以避免发生大面积的数据丢失。affio 命令(cpio 命令的变种)可对文件进行单独压缩后备份。

也不是说备份得越多越好，那样会浪费备份空间，临时文件等往往是废弃不用的，故不需要备份，而有些特殊的文件系统(/proc)，其实是内存文件也是不需要备份的。

不宜备份的有非常容易安装的软件，以及/proc 文件系统。

11.8　使用 tar 和 cpio 执行备份

使用 tar 和 cpio 执行备份的方法如下。

1. 利用 tar 简单备份

利用 tar 执行一个完全备份非常简单，只需要利用其-c 命令选项即可，它所要执行的命令如下。

```
$tar -c /
```

2. 增量备份

增量备份每次只备份与前次不同的内容，大大节省所需空间，它是多次备份的最佳方法。但需要做的工作稍多一些，由于 tar 不能自动察觉文件索引节点信息的变化，需要与其他工具共同使用。

find 命令是有助于执行增量备份的一个极好工具，它可以将当前文件系统的状态和新近备份的文件清单相比较，从而找到文件系统的变化。利用 find 提供的这些信息，可以很容易地完成增量备份。下面的命令可以查找当天修改的所有文件，并把这些文件利用 tar 命令备份到/dev/rmtl 上的一个存档文件中。

```
$tar -c 'find /-mtime -1 ! -type d -print'
```

! -type d 表示如果找到的对象是一个目录，那么就不把它提供给 tar 命令进行存档。这是因为 tar 将继续对其子目录中的文件进行搜索，除非目录中的所有文件都被修改过，否则不需要对整个目录进行备份。当然，find 命令也可用于 cpio 命令。下面这一命令所执行的任务与前面的 tar 命令相同。

```
$find /-mtime -1 cpio -c>/dev/rmt1
```

find 命令可以查找比某一指定文件新的文件。touch 命令可以更新文件的时间，因此在完全备份后可利用 touch 更新某个文件的时间，从而在下次备份时，只查找比这一文件新的文件。下面这个例子将查找比/tmp/last_backup 文件新的文件，并利用 cpio 命令存档它们。

```
$find /-newer /tmp/last_backup -print cpio -o >/dev/rmt0
```

如果利用 tar，可按照以下命令来完成同样的任务。

```
$tar cl 'find /-newer/tmp/last_backup -print'
```

注意：

可能想要在开始备份之前利用 touch 修改文件的时间，这意味着对于备份必须使用不同的文件，但可以确保下一次的备份能够获取自本次备份后修改过的所有文件。

11.9　恢 复 文 件

对文件进行备份后，当系统出现故障，就可提供及时的帮助了。只需要简单地把备份的文件恢复到系统中即可。需要注意的是，最好标识清楚备份的时间和备份的内容，否则无法有效地达到所要恢复的状态。

利用tar和cpio恢复文件并不难，下面的命令都可以从当前的磁带中恢复出来文件/home/alana/bethany.txt。

```
$ tar -xp /home/alana/bethany.txt
$ cpio -im '*bethany.txt$' </dev/rmt0
```

11.10　本 章 小 结

本章主要介绍了如何查看系统信息，它主要包括获取系统进程信息，获取内存用量信息，获取磁盘空间用量信息，监视系统空闲磁盘空间用量，获取硬件信息以及查看和检查日志文件。读者不妨照着操作一遍，这些信息的获取对于日常维护是非常重要的。

11.11　习　　题

1. 填空题

(1) 如果需要一个_____的运行进程列表，可以使用 top 命令。

(2) 最简单的备份策略就是把系统中的所有文件复制到磁带，这称为_____。

2. 选择题

(1) 如下哪个命令获得的是一个静态进程列表？(　　)

A. ps-aux　　B. top　　C. gnome-system-monitor　　D. watch

(2) 如下哪个命令可以检查出系统文件的变化？(　　)

A. tar　　B. cpio　　C. find　　D. less

3. 思考题

(1) 什么是增量备份？什么是完全备份？

(2) 主要存在哪几种备份介质？它们各具有什么优、缺点？

4. 上机题

(1) 显示当前系统进程。

(2) 显示当前磁盘用量。

(3) 显示系统内存用量。

(4) 获取系统硬件信息。

(5) 使用 tar 命令执行完全备份和增量备份。

(6) 使用 cpio 命令执行增量备份。

第12章　软件包管理

现在的软件通常都包括了许多模块、类库，如果没有一种方便的软件包管理方式，普通用户很难添加和删除软件。软件包管理器(Redhat Package Manager，RPM)是 Red Hat 公司开发的开放式打包系统，最初在 Red Hat Linux 系统中实现了方便的软件包管理。现在它已成为 Linux 最有影响力的软件发布方式之一。

本章描述了 RPM 的 7 个操作模式，即安装、删除安装、升级、刷新、查询、校验和软件包构建，以及使用图形化和命令行工具来管理 Red Hat Linux 系统中的 RPM。

本章学习目标：

- 理解 RPM 如何进行软件的管理
- 了解 RPM 的设计目标
- 学会使用 rpm 命令及其参数选项
- 学会检查软件包的签名
- 理解制作 RPM 软件包的整个过程

12.1　RPM 软件管理

RPM 档案文件包含了组成应用软件所需要的全部程序文件、配置文件和数据文件，甚至还包括相关的文档。在 Red Hat Linux 里，用 Red Hat 软件包管理器使得安装和升级 RPM 软件包变得非常轻松简单。

12.1.1　软件包管理器

软件包管理器(RPM)是开放式打包系统，在 Red Hat Linux 里，因为有了 RPM 软件包管理器，所以使得安装和升级软件包轻松简单。RPM 软件包管理器只需通过一个简单的操作，就可以从 RPM 软件包里把这一切都安装好。用户可以使用几种基于窗口的 RPM 工具软件来管理自己的 RPM 软件包，安装或者卸载软件。这些工具软件都提供了简单易用的软件包管理界面，使用户能够方便地获取某个软件包的详细资料，包括它将要安装的文件的完整清单等。另外，作为这些管理工具的一部分，Red Hat 的发行版本还对其 CD-ROM 上的软件包提供了软件管理功能。

在网上有大量的 Linux 软件来源。特定类型的应用软件如 GNOME 和 KDE，以及适用于特定发行版本(如 Red Hat 发行版本)的软件等，都可以在相应的站点上找到。对于那些没有包括在其发行版本内的 Red Hat 的 RPM 软件包来说，用户可以到 ftp://ftp.redhat.com 站点的 contrib 子目录里去找，在那里可以找到各种应用软件的 Red Hat 下的 RPM 软件包，如 ProFTPD 和 htDig 等。表 12-1 给出了几个受欢迎的 Linux 软件站点。

表 12-1　Linux 的软件站点

ftp 和 Web 站点	应 用 软 件
ftp.redhat.com	以 RPM 格式保存的用于 Red Hat 发行版本的软件包
freshmeat.net	新的 Linux 软件
linuxapps.com	新的 Linux 软件
rpmfind.net	RPM 包仓库
www.gnome-org	GNOME 桌面环境下的软件
www.kde.org	K 桌面环境下的软件
www.xnet.comn/-blatura/limpps.shtml	Linux 应用软件和工具包主页
www.filewatcher-org	Linux 软件 FTP 站点的监视站点
www.gnu.org	GNU 档案站点
www.helixcode.com	用于 GNOME 桌面环境的 Helix 代码、办公室应用软件
kofflee-kde.com	K 桌面环境下的 KOffice 办公室应用套装软件
www.xdt.org/Commercial.html	Linux 的 MIDI 和语音软件的主页
www.linuxvideo.org	Linux 的视频与 DVD 项目、LiViD 等软件
www.opensound.com	Open Sound System(开放声音系统)的驱动程序
www.uk.linux.org/Commercial-html	Linux 商业供货商索引
linuxwww.db.rerau.edu/	Linux 档案文件
metalab.unc.edu	大量的 Linux 档案文件(前身是 sunsite.edu 站点)
happypenquin.org	Linux 的游戏城堡
www.linuxgames.org	Linux 游戏站点
www.linuxquake.com	Quake 游戏站点

如果要找的是由 Red Hat 构建的 RPM 软件包，可以在下面几个地方找到。

- Red Hat Linux 光盘
- Red Hat 勘误网页：http://www.redhat.com/apps/support/errata/
- Red Hat FTP 镜像网站：http://www.redhat.com/download/mirror.html
- Red Hat 网络

Red Hat 发行版本，在它自己的 CD-ROM 中 RedHat/RPMS 子目录里保存着大量的应用软件。用户可以通过 rpm 命令、GUI 界面的 RPM 工具或者自己发行版本中附带的管理工具的软件管理器页面对这些软件包进行安装和卸装操作。如果是使用 rpm 命令来安装自己 CD-ROM 里的某个软件包，先进入 RPMS 子目录，再安装想要的软件包，这样在操作上会比较容易些。在尝试访问 CD-ROM 之前，别忘了先要挂载它。

12.1.2 RPM 的设计目标

为了理解如何使用 RPM，我们先来了解 RPM 的设计目标。

1. 可升级性

使用 RPM，不必全盘重装就可以在系统中升级个别组件。当得到一个基于 RPM 操作系统的新发行版本(如 Red Hat Linux)时，不必重新安装系统(基于其他打包系统的操作系统需要重装)。RPM 允许智能化、自动化升级系统。软件包中的配置文件在升级中被保留，因此你不会丢失已定制的设置，也不需要特殊的升级文件来升级某个软件包，因为在系统中安装和升级软件包使用的是同样的 RPM 文件。

2. 强大的查询功能

RPM 提供了强大的查询功能。用户可以在整个数据库中搜索软件包或某些特定文件，还可以轻易地了解到哪个文件属于哪个软件包、软件包来自哪里。RPM 软件包的文件包括在被压缩的文档中，其中有定制的二进制文档头文件，该文档头文件内包含关于软件包及其内容的信息，允许用户快速简捷地查询个体软件包。

3. 系统校验

另一项强大的功能是软件包校验。如果担心误操作删除了某软件包中的一个重要文件，只需校验该软件包即可，通常有任何异常情况发生，系统都会进行通知，可以在必要时重装该软件包。修改过的配置文件在重装中会被保留。

4. 纯净源代码

一个重要的设计目标是允许使用与软件的原创者所发行源码一致的“纯净”软件源代码。使用 RPM，会有纯净源代码、使用过的补丁及完整的建构指令。这是一个重要的优越性。首先，如果程序的新版本被推出，不必从头开始编译，可以看一看补丁来判定可能需要做什么。为正确构建软件而进行的任何改变都一目了然。

12.2 使用 RPM

RPM 有 7 种基本的操作模式：安装、删除安装、升级、刷新、查询、校验和软件包建构。这些操作都可以通过带有不同参数选项的 rpm 命令来完成。例如，-q 选项是查询软件包用的，用来告诉用户是否已经安装了某个软件包；-i 选项用来安装新软件包；-U 选项用来把一个已经安装好的软件包升级到新版本；-e 选项用来对软件包进行卸载操作；-qa 选项给出所有已安装软件包的完整清单。表 12-2 列举了 rpm 命令的参数选项集。

表 12-2　rpm 命令参数选项

操作模式	作　用
rpm-ioptions package-name	安装一个软件包；要求使用软件包文件的完整名称
rpm-eoptions package-name	卸装(删除)一个软件包；只需要软件包的名称，它通常只是一个单词
rpm-qoptions package-name	查询一个软件包；options 可以是软件包的名字，也可以是附加选项再加上软件包的名字，还可以是一个适用于全体软件包的选项
rpm-Uoptions package-name	升级，与安装作用相同，但以前安装的版本将被覆盖
rpm-boptions package-specifications	建立用户自己的 RPM 软件包
rpm-Foptions package-name	升级，但是当安装有该软件包时才继续执行
rpm-verifyoptions	校验软件包是否安装正确；与查询操作使用的选项相同；可以用-V 或者-y 代替-verify
-nodeps	安装，并且不进行依赖关系检查
-force	不理会依赖关系冲突强制进行安装
-percent	安装时显示软件包已安装的百分比
-test	测试性安装，不进行安装操作，只检查有无依赖关系冲突
-h	安装软件包时以“#”符号显示工作进度
--excludedocs	不安装档案文件
卸装选项(与-e 选项合用)	作　用
--test	测试性卸装，不进行删除操作，只检查将删除哪些东西
--nodeps	卸装，并且不进行依赖关系检查
--allmatchs	删除软件包的所有版本
查询选项(与-q 选项合用)	作　用
package-name	查询软件包
-a	查询所有的软件包
-f filename	查询包含 filename 文件的软件包
-R	列出此软件包依赖的那些软件包
-p package-name	查询一个已经卸装的软件包
-I	给出所有软件包的信息
-l	列出软件包中的文件
-d	只列出软件包里的档案文件

12.2.1　安装

典型的 RPM 软件包名称类似于 foo-1.0-1.i386.rpm。该文件名包括软件包名称(foo)、版本(1.0)、发行版本(1)以及体系(i386)。安装软件包非常简单，但需登录为根用户。

1. 软件包已安装

如果已经安装某软件包的同一版本，就会看到如下提示。

```
Preparing...        ########################################### [100%]
package foo-1.0-1 is already installed
```

如果在软件包已安装的情况下仍打算安装同一版本的软件包，那么可以使用 --replacepkgs 选项，它告诉 RPM 来忽略这个错误，如下所示。

```
rpm -ivh --replacepkgs foo-1.0-1.i386.rpm
```

如果从 RPM 安装的文件被删除了，或者想安装 RPM 中的最初配置文件，该选项就会很有用。

2. 文件冲突

如果你试图安装的软件包中包含已被另一个软件包或同一软件包的早期版本安装了的文件，就会看到：

```
Preparing...        ########################################### [100%]
file /usr/bin/foo from install of foo-1.0-1 conflicts with file from package
bar-2.0.20
```

要使 RPM 忽略这个错误，可使用 --replacefiles 选项如下所示。

```
rpm -ivh --replacefiles foo-1.0-1.i386.rpm
```

3. 未解决的依赖关系

RPM 软件包可能“依赖”于其他软件包，这意味着它们需要安装其他软件包才能正确运行。如果试图安装具有未解决依赖关系的软件包，就会看到如下所示。

```
Preparing...        ########################################### [100%]
error: Failed dependencies bar.so.2 is needed by foo-1.0-1
Suggested resolutions:  bar-2.0.20-3.i386.rpm
```

如果安装的是 Red Hat，它通常会建议解决依赖关系所需的软件包。在 Red Hat Linux 光盘或 Red Hat FTP 站点(或镜像站点)上找到这个软件包，使用以下命令来添加：

```
rpm -ivh foo-1.0-1.i386.rpm bar-2.0.20-3.i386.rpm
```

如果这两个软件包都安装成功，就会看到如下提示。

```
Preparing...        ########################################### [100%]
   1:foo            ########################################### [ 50%]
   2:bar            ########################################### [100%]
```

如果它不建议解决依赖关系所需的软件包，那么可试用 --redhatprovides 选项来判定哪个软件包包含所需的文件。用户需要安装 rpmdb-redhat 软件包才能使用这个选项，如下所示。

```
rpm -q --redhatprovides bar.so.2
```

如果包含 bar.so.2 的软件包在来自 rpmdb-redhat 软件包安装了的数据库中，该软件包的名称就会被显示：

```
bar-2.0.20-3.i386.rpm
```

如果想强制安装(不是好办法，因为软件包可能无法正确运行)，则使用--nodeps 选项。

12.2.2　删除安装

删除软件包，在 shell 提示下输入下面的命令。

```
rpm -e foo
```

注意：

应使用软件包名称 foo，而不是原始的软件包文件 foo-1.0-1.i386.rpm。要删除某软件包，需要把 foo 换成原始软件包的实际名称。

删除安装某软件包时也会遇到依赖关系错误，当另一个已安装的软件包依赖于你试图删除的软件包时，依赖关系错误就会发生。例如：

```
Preparing...          ########################################### [100%]
error: removing these packages would break dependencies
        foo is needed by bar-2.0.20-3.i386.rpm
```

要使 RPM 忽略这个错误强制删除该软件包，可以使用--nodeps 选项，但不推荐使用，因为这样依赖于它的其他软件包可能无法正常运行。

12.2.3　升级

升级软件包和安装软件包类似。在 shell 提示下输入以下命令。

```
rpm -Uvh foo-2.0-1.i386.rpm
```

从上面的例子里看不到的是，RPM 自动删除 foo 软件包的任何老版本。事实上，可能一直使用-U 来安装软件包，因为即使没有安装软件包的任何先前版本，也可以用来安装该软件包。

因为 RPM 对软件包和配置文件执行智能升级，可能会看到与下面相似的消息。

```
saving/etc/foo.conf as/etc/foo.conf.rpmsave
```

这条消息意味着对配置文件所做的改变可能不会与软件包中的新配置文件“前向兼容”，因此，RPM 保存了用户的原始文件，并安装了一个新文件。应该调查一下这两个配置文件的区别，然后尽快解决这些区别，以确保系统继续正确运行。

升级实际上是删除和安装的组合，因此，在 RPM 升级中，除了遇到删除和安装中会遇到的错误外，还会看到另一个错误。如果 RPM 认为试图升级到软件包的老版本，就会看到如下的提示信息。

```
package foo-2.0-1 (which is newer than foo-1.0-1) is already installed
```

要使 RPM 强制“升级”，使用--oldpackage 选项如下所示：

```
rpm -Uvh --oldpackage foo-1.0-1.i386.rpm
```

12.2.4 刷新

刷新软件包和升级软件包相似。在 shell 提示下输入以下命令。

```
rpm -Fvh foo-1.2-1.i386.rpm
```

RPM 的刷新选项可比较在命令行上指定软件包的版本和系统中已安装的版本。当 RPM 的刷新选项处理的版本比已安装的版本新，它就会被升级到更新的版本。然而，如果某软件包先前没有安装，RPM 的刷新选项将不会安装该软件包。

12.2.5 查询

使用 rpm -q 命令查询安装的软件包数据库。rpm -q foo 命令会显示安装的软件包 foo 的名称、版本和发行号码，如下所示。

```
foo-2.0-1
```

注意：

我们使用的是软件包名称 foo。要查询软件包，需要把 foo 换成实际软件包名称。

12.2.6 校验

校验软件包是用来比较从某软件包安装的文件和原始软件包中的同一文件的信息。它校验每个文件的大小、MD5 值、权限、类型、所有者以及组群。

rpm -V 命令校验软件包。用户可以查询任何软件包选择选项列举的条目来指定要校验的软件包。校验的最简单用法是 rpm -V foo，它校验所有在 foo 软件包内的文件是否和最初安装时一样。

校验包含某一特定文件的软件包的命令如下。

```
rpm -Vf/bin/vi
```

根据 RPM 软件包文件校验安装了的软件包的命令如下。

```
rpm -Vp foo-1.0-1.i386.rpm
```

如果怀疑 RPM 数据库已被损坏，该命令就会很有用。如果一切都被校验正确，就不会有输出。

12.3　检查软件包的签名

如果想校验某软件包是否被损坏或篡改过，只需检查 md5sum。在 shell 提示下输入下面的命令(把 coolapp 换成 RPM 软件包的文件名)即可。

```
rpm -K --nogpg <rpm-file>
```

之后会看到消息“<rpm-file>: md5 OK”。这消息意味着文件在下载中没有被损坏。要看到更详细的消息，把命令中的-K 换成-Kvv 即可。

另一方面，创建软件包的开发者是不是值得信任？如果该软件包使用开发者的 GnuPG 钥匙(key)被签名，我们就会知道这位开发者的身份值得信任。

RPM 软件包可以使用 Gnu 隐私卫士(或称 GnuPG)来签名，从而帮助用户肯定下载软件包的可信任性。GnuPG 是安全通信工具，它是 PGP(一种电子隐私程序)加密技术的完全和免费的替换品。使用 GnuPG，可以验证文档的有效性，在其他通讯者之间加密或解密数据。GnuPG 还具有解密和校验 PGP 5.x 文件的能力。在 Red Hat Linux 的安装过程中，GnuPG 被默认安装。

12.3.1　导入公钥

要校验 Red Hat 软件包，必须导入 Red Hat GPG 公钥。要导入公钥，在 shell 提示下执行以下命令。

```
rpm --import/usr/share/rhn/RPM-GPG-KEY
```

要显示用来校验 RPM 而安装的公钥列表，执行以下命令。

```
rpm -qa gpg-pubkey*
```

对于 Red Hat 公钥而言，其输出应包括如下信息：

```
gpg-pubkey-db42a60e-37ea5438
```

要显示关于某一指定钥匙的细节，使用 rpm -qi，其后跟随前一命令的输出，如下所示。

```
rpm -qi gpg-pubkey-db42a60e-37ea5438
```

12.3.2　校验软件包的签名

导入了构建者的 GnuPG 公钥后，要检查 RPM 文件的 GnuPG 签名，使用以下命令(把 <rpm-file>换成 RPM 软件包的名称)。

```
rpm -K <rpm-file>
```

如果一切顺利，就会看到消息：md5 gpg OK。这意味着软件包的签名已被校验，该软件包没有被损坏。

12.4　范 例 解 析

RPM 对于管理系统、诊断和修正问题都极有用途，以下列举几个示例。

例 1：可能不小心删除了一些文件，但不能肯定删除了哪些文件。如果想校验整个系统看一看缺少哪些文件，可以试一试下面的命令。

```
rpm -Va
```

如果缺少某些文件或它们似乎被损坏，那就应该重新安装该软件包，或者删除安装后再重新安装该软件包。

例 2：有时候，可能会看到不认识的文件。想知道哪个软件包拥有它，可以输入以下命令。

```
rpm -qf/usr/X11R6/bin/ghostview
```

例 3：可以在以下的假想情况下组合以上的两个例子。假设/usr/bin/paste 出了问题，想校验拥有该程序的软件包，但是不知道哪个软件包拥有 paste，只需输入以下命令就可以了。

```
rpm -Vf/usr/bin/paste
```

这样，该软件包就会被校验。

例 4：想知道关于某一特定程序的详细信息吗？可以试用下面的命令查找拥有该程序的软件包所附带的文档。

```
rpm -qdf/usr/bin/free
```

例 5：用户可能会发现一个新的 RPM，但是不知道它的用途。要寻找关于它的信息，可使用下面的命令。

```
rpm -qip crontabs-1.10-5.noarch.rpm
```

例 6：想指定 crontabs RPM 来安装一些文件，可以输入下面的命令。

```
rpm -qlp crontabs-1.10-5.noarch.rpm
```

以上是几个简单的例子，随着使用经验的增加，肯定会发现更多 RPM 的用途。

12.5　软件包管理工具

如果喜欢图形化界面，可以使用软件包管理工具来执行更多的 RPM 命令。

在安装中，用户选择【工作站】或【服务器】之类的安装类型。软件包就是根据这个选择来进行安装的。因为用户使用计算机的方法、目的不同，他们可能在安装后想再安装或删除某些软件包。软件包管理工具允许用户执行这类操作。

运行软件包管理工具需要 X Window 系统。要启动这个程序，选择面板上的【主菜单】|【系统设置】|【添加/删除应用程序】命令，或在 shell 提示下输入 redhat-config-packages 命令。

在计算机中插入了第一张 Red Hat Linux 光盘，就会看到如图 12-1 所示的界面。

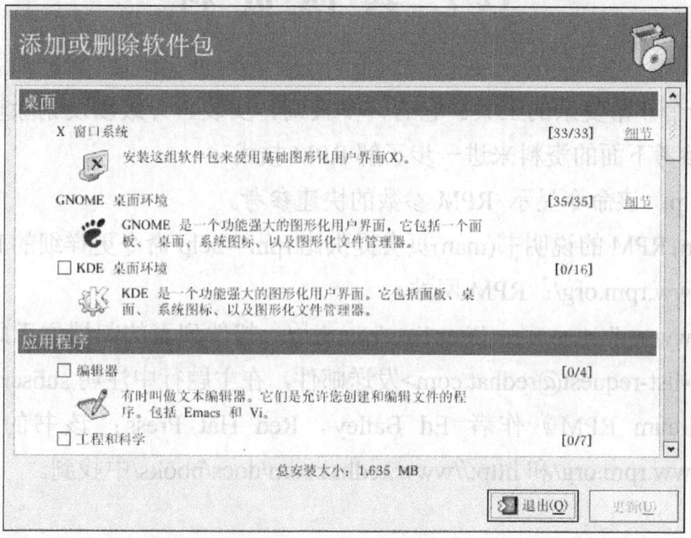

图 12-1　软件包管理工具

该程序的界面和安装中使用的界面相似。软件包被分成软件包组，每一组包含一列标准软件包和一列分享公用功能的额外软件包。例如，【图形化互联网】组包含万维网浏览器、电子邮件客户以及其他用来连接到互联网的程序。用户不能删除标准软件包，除非整个软件包组都要被删除。只要软件包组被选，其中的额外软件包就是能够选择要安装或删除的可选软件包。

主菜单显示了软件包组的列表。如果软件包组旁边的复选框内有一个选择符号，这说明该组当前已被安装。要查看其中的单个软件包列表，单击它旁边的【细节】按钮即可。

技巧：

如果使用 Nautilus 浏览计算机上的文件和目录，还可以用它来安装软件包。在 Nautilus 中，转到包含 RPM 软件包(它们通常以.rpm 结尾)的目录中，然后双击 RPM 图标即可。

12.6　Red Hat 网 络

Red Hat 网络是用来管理一个或多个 Red Hat Linux 系统的互联网解决方案。所有的安全警告、错误修正警告以及增进警告(通称勘误警告)都可从 Red Hat 网络直接下载，可以使用“Red Hat 更新代理”这个独立程序，也可以通过 http://rhn.redhat.com/来下载。

技巧：

Red Hat Linux 包括 Red Hat 网络更新通知工具，它是一个方便的面板图标，当用于自己的 Red Hat Linux 系统的更新可用时，这个图标就会显示一个可视的警告。有关该插件的详细信息，请参见 http://rhn.redhat.com/help/basic/applet.html。

12.7　其 他 资 料

RPM 是一个非常复杂的工具。它有许多查询、安装、升级以及删除软件包的选项和方法。读者可参考下面的资料来进一步了解 RPM 技术。

- rpm--help：该命令显示 RPM 参数的快速参考。
- man rpm：RPM 的说明书(man)页会提供比 rpm --help 命令更详细的 RPM 参数信息。
- http://www.rpm.org/：RPM 网站。
- http://www.redhat.com/mailing-lists/rpm-list/：邮件列表的归档位于此处。要订阅，给<rpm-list-request@redhat.com>发送邮件，在主题行中注明 subscribe 即可。
- 《Maximum RPM》作者 Ed Bailey，Red Hat Press；该书的在线版本可在 http://www.rpm.org/和 http://www.redhat.com/docs/books/中找到。

12.8　安装 tar 格式的软件包

在类 UNIX 系统(包括 Linux)中更通用的一种软件安装方式是以*.tar.gz/*.bz2 形式的软件包，可能是二进制软件，也有可能是以源代码方式发布的。几十年来，UNIX 已经积累了大量的软件，许多非常经典的软件也都是以源代码方式发布的。这类软件包是用 tar 工具进行打包并用 gzip/bzip2 压缩的，安装时需要先解压缩，然后再进行编译安装。

这类软件包为了能够在多种操作系统中使用，通常是以源代码形式发布的，故需要在安装时进行本地编译，然后产生可用的二进制文件。对于有意开发 Linux 的用户，可以多看看这种软件包中的组织形式和源代码，以提高自己的编程水平。

提示：

判断是否是代码方式，通常看软件包中是否包含 src，如果有一般是以源代码方式发布的，除需要解开软件包压缩外，还要再进行编译，否则只需要解压即可执行。

1. 获得软件

应用软件可以从网上下载、购买安装光盘或是通过其他渠道，现在最主要的获得途径就是从网络上下载。

2. 解压缩

一般的 tar 包都会再做一次压缩，为的是更小、更容易下载，常见的是用 gzip 压缩，用命令 tar –xzvf *.tar.gz，就可以完成压缩和解包任务。

3. 阅读附带的 Install 和 Readme 文件

通常 tar 软件包中会包含名为 Install 或 Readme 的文件，提示用户安装及编译的过程。

4. 执行./configure 命令为编译做准备

该步骤通常是用来设置编译器及确定其他相关的系统参数。

5. 运行 make

经过./configure 步骤后，将会产生供编译用的 MakeFile，这时运行 make 命令，真正开始编译；根据软件的规模及计算机性能的不同，所需的时间也不同。

6. 执行 make install

该步骤将会将编译产生的可执行文件复制到正确的位置。

7. 清除临时文件

编译、安装结束后，需要清除编译过程中产生的垃圾文件，可运行命令 make clean。

安装后的命令如何执行，一般在 Install 和 Readme 文件中会有说明，通常产生的可执行文件会被安装到/usr/local/bin 目录下。

安装 tar 软件包，用户自己编译安装源程序，虽然可以灵活配置，但是会出现许多问题，因此适合于使用 Linux 有一定经验的用户，一般不推荐初学者使用。

12.9 本 章 小 结

本章主要介绍了 RPM 的 7 种基本操作模式，以及整个制作 RPM 软件包的过程，通过对 RPM 软件包的介绍，希望读者能够自行完成 RPM 软件包的安装、删除和检查。制作 RPM 软件包的过程相对来说更复杂，对于初学者而言只需先有个初步的了解，如有可能，可在以后的实践中加深对其的理解。

另一种常用的软件包管理方式是用备份工具 tar 等产生的软件包，它是类 UNIX 操作系统(包括 Linux)最通用的软件包管理方式，本章也介绍了其用法，该方法可以帮助用户非常方便地使用 UNIX 下丰富的软件资源。

12.10　习　　题

1. 填空题

(1) RPM 档案文件包含了组成应用软件所需要的_____、______、_____，甚至还包括相关的_____。

(2) 校验软件包是用来比较从某软件包安装的文件和原始软件包中的同一文件的信息。它校验每个文件的_____、____、_____、_____、_____及_____。

2. 思考题

(1) 试述 RPM 是如何对软件进行管理的。

(2) RPM 的设计目标是什么？

(3) RPM 包括哪几种操作模式？

(4) 使用 rpm 命令的哪几个参数选项可以进行软件包的全新安装并显示安装进度？

3. 上机题

(1) 删除 RPM 安装软件包。

(2) 使用什么命令来查询安装的软件包的数据库？

(3) 升级 RPM 软件包。

第13章 资 源 共 享

近年来，Linux 的应用越来越广泛，越来越多的用户选择了 Linux，但无疑 Windows 仍是最主要的桌面操作系统，这就要求 Linux 能够与 Windows 很好地共存。经过努力，开发了许多 Linux 和 Windows 资源共享的方法，为用户带来了极大的方便。

本章主要介绍如何在 Linux 下访问 Windows 共享资源、如何在 Linux 下运行一些 Windows 应用程序、如何在 Windows 下访问 Linux 的资源等。

本章学习目标

- 使用 samba 进行网络资源共享
- 学会使用 Windows 模拟程序 Wine
- 在 Windows 下访问 Linux 分区

13.1 使用 samba 共享资源

通过网络，用户不仅能够更容易地在计算机间共享信息，还可实现共享打印、互相备份等多种功能，在 Linux 和 Windows 之间更好地实现文件共享和打印共享是许多用户都会面对的一个问题。

13.1.1 samba 简介

为了实现 Linux 和 Windows 以及其他操作系统之间的资源共享，软件商推出 NFS 和 samba 两种解决方式。由于市场上缺乏像 PC-NFS 那样的客户端工具，以及 NFS 处理类似于文件锁定这样的操作受限制等诸多原因，使得 Linux 和 Windows 的资源共享变得复杂。samba 的出现较好地解决了这一问题，它以其简洁、实用、灵活配置的特点受到人们越来越多的关注，Linux 发行套件大都提供了 samba 软件包。

Windows 利用 SMB 协议来实现操作系统间文件和打印机共享，而 samba 本身具备 SMB 协议，它实现了计算机中 Linux 和 Windows 系统的资源共享。

1. SMB 协议

服务器信息块(Server Message Block，SMB)协议是局域网上的共享文件和打印机之间的一种协议。SMB 协议是微软公司和英特尔公司在 1987 年制定的，主要是作为 Microsoft 网络的文件共享协议。后来，有人将 SMB 协议运用到 UNIX/Linux 中开发了 samba 共享软件。通过 NetBIOS over TCP/IP 使得 samba 不但能与局域网络上的主机分享资源，而且还能与全世界的电脑通过 TCP/IP 分享资源。

2. samba 的功能

samba 是一组基于 SMB 协议的自由软件。由澳大利亚的 Andew Tridgell 开发，在 Linux 下 samba 可以完成如下功能。

- 文件服务和打印服务，实现 Windows 和 Linux 的资源共享。
- 作为 NetBIOS 名字服务器，解析 NetBIOS 名字 IP。
- 提供 SMB 客户功能，利用 samba 提供的 smbClient 程序可以在 Linux 下以类似于 FTP 的方式访问 Windows 的资源。
- 备份个人电脑上的资源，利用一个叫 smbtar 的 shell 脚本可以使用多种格式进行备份，并可恢复远程 Windows 上的共享文件。
- 提供一个命令行工具，以便对 Windows NT 服务器和 samba 服务器进行有效的远程管理。

3. samba 软件包介绍

samba 软件包并不是一个单一的工具，它包含一组提供资源共享、访问网络资源及网络备份工具等多个软件。其主要内容如下。

- SMB 服务器 smbd 为 SMB 客户机提供 Windows Lan Manager 风格的文件和打印服务，甚至还可以提供浏览服务。
- SMB 客户程序 smbclient 类似 FTP 程序。
- SMB 客户服务程序的 tar 扩展 smtar，可用于方便地复制 SMB 服务器上的文件。
- 挂载和卸载 SMB 文件系统的工具程序 smbmount(smbmnt)和 smbunmount。

samba 的核心是 smbd 和 nmbd，这两个守护进程在服务器启动到停止期间持续运行，功能各异。两个守护进程在 SMB 服务请求到达时对它们进行处理，并且对共享的资源进行管理和协调。

13.1.2　配置 samba

samba 提供了一个基于 Web 的 samba 配置管理工具—— swat，swat 允许通过 Web 浏览器来配置复杂的 samba 配置文件 smb.conf。

swat 的不足之处在于不能得到各个选项的相关注释，所以初学者最好使用编辑器编辑 smbsonf 文件来配置 samba，用户可从中得到相关注释。

使用 vi 编辑器对 smb.conf 文件进行编辑，可以添加、删除及修改 samba 提供的多种服务。smb.conf 通常位于/etc.samba 或/usr/samba/lib/目录下，在定制符合实际需求的 smbsonf 时，最好先对这个文件进行备份。

1. 全局参数的设置

全局参数设置在 [global]部分进行，该部分提供了全局参数，对 samba 的功能具有很大的影响，主要用来设置整个系统规则。下面我们仅介绍几个重要配置项目的参数和作用。

```
workgroup = MYGROUP
```

该项目提供 NT 域名或工作组名，MYGROUP 是系统提供的默认名字，用户可根据实际情况给出与 Windows 的域名或工作组名相同的名字，以指出 samba 将在该域或工作组范围中起作用。

```
server string = samba server
```

指定服务信息通常为 samba 服务。

```
;   hosts allow = 192.168.1. 192.168.2. 127.
```

允许登录的 Linux-samba 主机列表，通常用 IP 地址形式给出网络地址。如果有多个 IP 地址，地址间用空格分开，不在列表中的主机将不能得到 samba 提供的服务。

```
printcap name = /etc/printcap
load printers = yes
```

指定用于打印目录的 printcap 文件地址，通常为/etc/printcap，包含了 Linux 打印机的配置信息。在 Red Hat Linux 中，lpd 守护进程读取 printcap 文件的配置信息，然后监测系统的打印请求并管理打印进程。

```
;   domain master = yes
```

表示用户主机是不是主域控制器。如果是主域控制器，系统会自动维护一个域用户地址信息表。否则，它会从域控制器查询用户地址信息，通常设置为 yes。

```
domain logons=yes
```

为从 Windows 工作站登录 samba 提供的域名登录服务，应使该项设置为 yes。

2. 共享用户主目录

在[homes]部分指定共享的主目录，它是共享目录设置的第一段，如果在 Windows 工作站登录的名字与 Linux 用户名相同，提供的口令也一致，那么打开网络邻居，双击共享目录图标，就可获得访问该目录的权利。从 Windows 访问 Linux 主目录时，用户名作为主目录共享名。

该段主要内容如下。

```
opcomment =/home/root
```

注释说明提供的服务为用户主目录服务，不影响设置和操作。

```
browseable
```

在设置其他用户能否浏览该用户主目录时，一般设置为禁止其他用户访问，以确保数据安全。

```
writable=yes
```

使用户访问该目录时具有读取和写入主目录中的文件时，取值为 yes，将允许用户进行写操作。

3. 使用共享打印机

[printer]部分用于指定如何共享 Linux 网络打印机，从 Windows 系统访问 Linux 网络打印机时，共享应是在 printcap 中指定的 Linux 打印机名称。

下面是默认情况下该段的内容：

```
[printers]
   comment = All Printers
   path = /var/spool/samba
   browseable = no
# Set public = yes to allow user 'guest account' to print
   guest ok = no
   writable = no
   printable = yes
```

这里将介绍该部分中几个重要参数的含义和作用。

```
browseable=yes
```

设置打印机是否为其他用户所见，若取值为 yes，则允许其他用户访问打印机。否则，限制其他用户的访问权。

```
printable=yes
```

设置是否能够打印，只有 printable 设为 yes，才能实现打印。

```
public=no
```

设置是否打印客户账号，public 设为 no，不打印；设为 yes，则打印客户账号。

```
writable=no
```

因为打印机是输出设备，不可写入，此项应设为 no。

4. 设置公共访问目录

[public]部分提供了所有用户都可以共同访问的目录。除了那些属于维护人员具有读、写、执行权外，用户只具有读取的访问权限。

```
;  [public]
;  comment = Public Stuff
;  path =/home/samba
;  public = yes
```

```
;   writable = yes
;   printable = no
;   write list = @staff
```

下面介绍各个参数的含义和作用。

```
path=/home/samba
```

指定公众共享目录路径，该目录就可以供不同用户使用。

```
public =yes
```

取值为 yes，允许公众共享。否则，禁止公众共享该目录。

```
writable=yes
```

取值为 yes 时，公众对/home/samba 有可写权限。

```
printable =no
```

取值为 no 时，公众对/home/samba 无打印权限。

```
write list = @staff
```

指定具有可写权限的用户名单或用户组所有成员，如这个例子允许 staff 用户组的所有成员具有可写权限。

5. 设置私用目录

在 Share Definitions 字段用户还可以自己定义共享资料，可以供指定的用户使用，如执行读、写或打印等操作。

提示：

用户可能会发现，有时配置都正确，但是却无法从远程访问 Linux 下共享的服务资源，这可能与网络防火墙的设置等有关，与配置没有关系。排除错误时，需要考虑其他更多的因素。

13.1.3　使用 samba 工具

Linux 的 samba 软件包提供了一整套工具，其中有检查配置文件工具、客户端工具、装载与卸载工具等。

1. 检查 smb 配置工具

testparm 可以用来检查 smbd 配置文件的正确性。如果程序报告没有什么问题，就可以放心地使用这个配置文件，并且 smbd 也会非常顺利地装入它。

testparm 的命令格式是：

```
#testparm [-s] [-h][-L servername] [configname] [hostname hostIP]
```

- -s：如果不带这个参数，testparm 将首先列出服务名，按 Enter 键后再列出服务定义项。
- -h：列出 testparm 的用法信息。
- -L servername：对服务项名字设定%L 这样的宏值，对于测试包含这样的宏值的文件非常有用。
- configname：指定要检查的配置文件名。如果不指定，程序对默认的 smb.conf 文件进行检查。
- hostname：如果命令行带有这个参数，测试程序将检查 mb-cod 文件中的 hosts allow 和 hosts deny 参数，用以测试这些 IP 地址对应的主机名是否可以访问 smbd 服务器。如果用这样的参数，hostIP 参数也必须一并使用。
- hostIP：用于指定前面给出的主机名相对应的 IP 地址。如上所述，主机名参数和这个地址必须一并使用。

2. 客户工具 smbclient

smbclient 命令用来存取远程 samba 服务器上的资源，其命令形式与 ftp 相似，命令语法如下。

```
#smbclient [password] [option] servicename
```

- servicename 是要连接的资源名称，资源名称的形式为//server/service，server 是远程服务器的 NetBIOS 名字，对于 Windows 服务器而言，就是出现在网上邻居中的名字。service 是各 server 所提供的共享资源的名字。
- password 是存取该资源所需的口令。
- option 是各种命令选项。

其中最常用的是“-L”选项，该选项用于列出远程服务器提供的所有资源。

对于使用用户级认证的 Windows NT 或 samba 服务器，则可以使用-N 参数指定使用空口令登录，使用-U%参数，使用空用户名和空口令访问服务器，这样就不会提示用户输入密码了，输入如下命令：

```
#smbclient -L //server1 -N
```

可以看到远程服务器 server1 的服务资源。如果不能确切知道 NetBIOS 的名字，使用“I”指定远程服务器的 IP 地址。此时，server 中的 NetBIOS 名字部分将被忽略。比如：

```
#smbclient  -L //sv -I 192.0.3.188
```

执行 smbclient 命令后，进入 smbclient 环境，出现如下提示符。

```
smb:\>
```

在这个提示符下可以使用 samba 的远程管理命令，许多命令和 ftp 命令相似，如 ls、dir、cd、lcd、get、mget、put、mput 等。可以输入如下指令：

```
smb:\>help
smb:\>?
```

两个指令都可以列出所有命令，通过这些命令可以访问及管理远程主机的共享资源。

3. samba 系统的装载与卸载工具

使用 Linux 下的 mount 工具，用户也可以将远程主机上的资源装载到本地文件系统中，利用 smbmount 工具，用户可以方便地装载与卸载远程主机资源。

(1) 装载其他主机的资源

smbmount 的语法格式如下。

```
#smbmount servicename mount - point
```

其中 servicename 是资源名称，mount-point 是安装点。例如：

```
#smbmount "\\server\tmp" -c 'mount/Linux/sambnmt'
```

将把名字为 server 的计算机上的共享资源 tmp 的内容装载到本地/mnt/sambatmp 目录下。

(2) 卸载资源

卸载一个已经装载的 SMB 文件系统使用 smbunmount 命令，同时指定要卸载的装载点。例如：

```
#smbunmount/mnt/sambatmp
```

4. samba 备份工具 smbtar

smbtar 是在 smbclient 基础上建立的非常小的 shell 脚本，用于把 SMB 共享资源直接写到磁带上。

smbtar 的命令使用格式如下：

```
# smbtar-s server[-p password] [-x service] [-X] [-d directory] [-u user]
[-t tape] [-b blocksize] [-N filename] [-i] [-r log level] [-v] filenames
```

5. samba 连接状态工具 smbstatus

如果想查看系统中是否有 samba 连接状态，需要使用 smbstatus 命令，它可以用来列示当前 samba 的连接状态。smbstatus 的命令格式如下。

```
# smbstatus [-b] [-d] [-L] [-p] [-S] [-s configuration file] [-u username]
```

该命令各个选项的作用如表 13-1 所示。

表 13-1　命令选项及意义

选　项	意　义
-b	指定只输出简短的内容
-d	指定以详细方式输出内容
-L	只列出/var 目录中的被锁定项
-p	用来列出 smbd 进程的列表，然后退出，该参数对脚本编程很有用
-S	只列出共享资源项
-s configuration file	该参数用来指定一个配置文件
-u username	该参数用来查看只与 username 用户对应的信息

13.2　图形化网络邻居

上节已经介绍了 SMB 以及基于 SMB 的 samba，本节将介绍一款非常方便、易用的图形界面软件，会让查找网络邻居变得简单轻松。

Komba 是一个专门的 SMB 图形客户端程序。可以在 http://zeus.fh-brandenburg.de 下载最新的 Komba 版本。

安装后，在 KDE 菜单中单击 Komba2 命令，即可启动 Komba 应用程序，也可以执行 Komba2 命令启动 Komba。

第一次使用 Komba，需要一些设置，设置项目有：设置菜单打开属性窗口，通过 IP-Range 页面设置 Komba 扫描网络中的计算机的范围，通常只有在搜索不到任何主机的情况下，才需要设置 IP 搜索范围。

注意：

在设定 IP 搜索范围时不要将网络地址(如 xxx.xxx.xxx.0)和广播地址(如 xxx.xxx.xxx.255)也包括在内。

13.3　Windows 模拟程序 Wine

如果可以直接在 Linux 下运行 Windows 程序，那么就可以利用 Windows 下的许多资源，这是一个非常好的理想，但实现起来却并不容易。现在有一个计划，就希望通过模拟来实现在 Linux 下运行 Windows 中的应用程序，该计划的结果就产生了 Wine。

13.3.1　Wine 简介

Wine(Wine Is Not an Emulator，即 Wine 不仅仅是一个模拟器)是一个在 X Window 和 UNIX 上执行的 Windows APIs(应用程序接口)，也可以认为 Wine 是一个 Windows 兼容层。

Wine 提供了一个从 Windows 移植过来的开发工具包(Winelib)和一个程序加载器，通过这个程序加载器，不做任何修改的 Windows 3.x、Windows 98、Windows ME、Windows NT、Windows 2000、Windows XP 等二进制文件就可以在 UNIX(及其衍生版本)下运行。Wine 可以在绝大多数的 UNIX 版本下工作，包括 Linux、FreeBSD 和 Solaris。

13.3.2　安装 Wine

安装 Wine 最主要的还是通过网络下载获得软件，但也可以利用其他一些渠道。

1. 下载 Wine

很多的 Linux 发行版本都附带了 Wine 安装包，也可以在网上免费下载 Wine 的最新版本。Wine 的官方站点是 http://www.winehq.com，在这个站点可以获取 Wine 源代码，也可以下载二进制软件包，如 RPM 和 DEB 格式的软件包。

2. 安装 Wine

安装 Wine 之前，最好先检查系统中是否已经安装了其他版本的 Wine。可以使用如下命令查询。

```
#rmp -qa|grep wine
```

如果显示的是 wine-xxxxx-xxx(“x”是一系列数字，不同的 Wine 版本显示的可能不一样)，那么可执行下列命令删除 Wine。

```
#rpm -e wine-xxxxx-xxx
```

需要注意的是，安装和删除必须使用 root 用户身份进行。

13.3.3　使用 Wine

使用 Wine 可以直接运行 Windows 下的运行程序，如果需要安装，Wine 也提供了一个虚拟的 Windows 系统环境，包括注册表及其他的相关系统环境。

1. 直接运行程序

如果使用 KDE 或 GNOME，可以在桌面的 Shell 提示下启动程序，使用命令 Wine，输入如下命令。

```
[root@localhost root]#wine myprogfile
```

其中的 myprogfile 是可以在 Linux 下直接访问的 Windows 程序名。

2. 使用程序管理器

直接使用 Wine 运行管理非常方便，但是另一种方法更方便，功能也更强大，可以使用程序管理器来启动程序。启动管理程序，可输入如下命令。

```
[root@localhost root]#program
```

弹出如图 13-1 的提示窗口，还可以创建一个程序组。使用程序组可以更快、更方便地使用 Windows 下的程序，创建程序组可以通过选择 File | New 命令来完成。

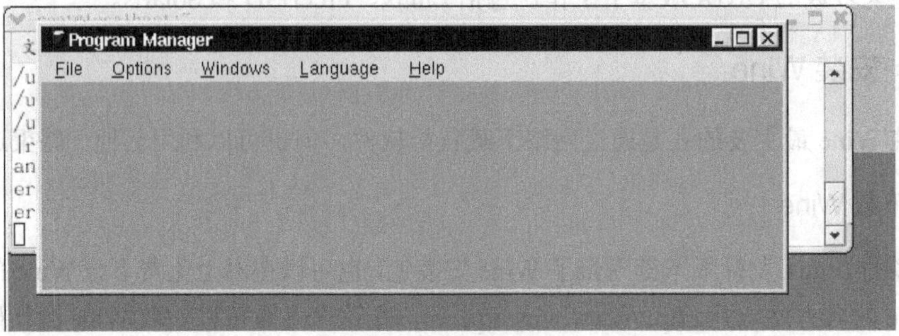

图 13-1　Wine 的程序管理器

想要启动某个程序，选择 File | Execute 命令，就会弹出一个目录浏览器，从中选择某个程序就可以运行。

需要注意的是，其中的程序并不是 Linux 下的目录树，其中几个目录，如 C 盘就是虚拟的一个系统程序盘；其中的系统程序盘则是对应的根或目录。

3. 安装运行程序

如果某个程序需要安装，运行后，它会提示进行安装。下面简要介绍安装程序 WinZip 的过程，如图 13-2 所示。

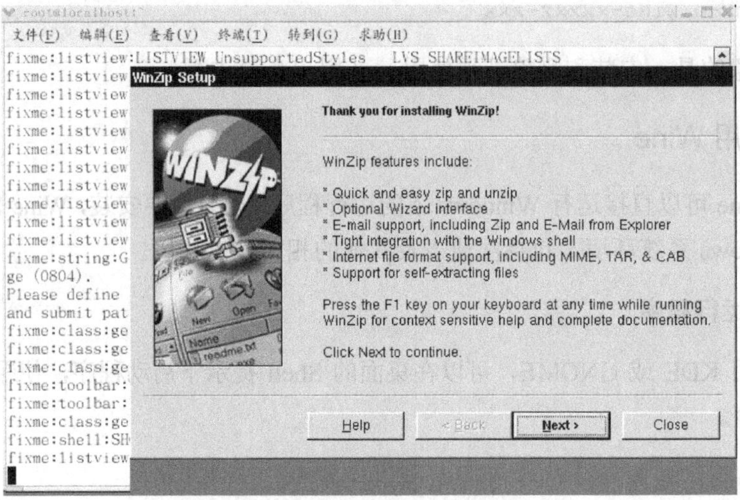

图 13-2　安装 WinZip

图 13-3 显示的是安装后运行的 WinZip 界面。

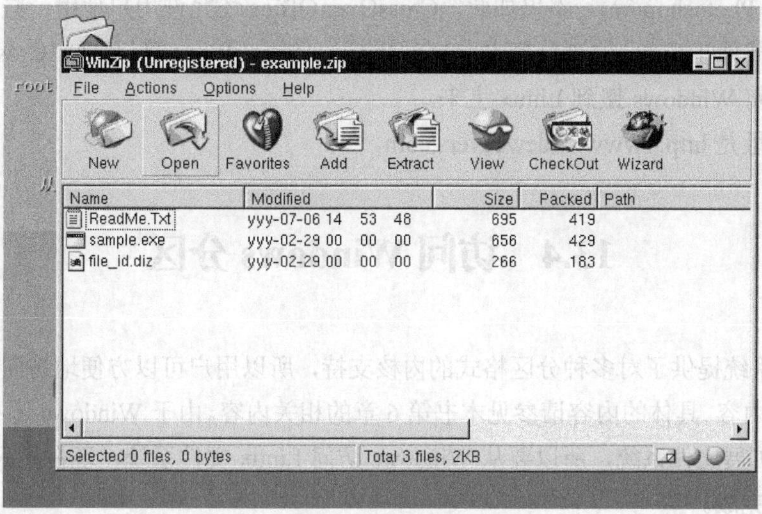

图 13-3　运行的 WinZip 界面

Wine 程序还会自动搜索已经存在的 Windows 分区，并且也显示在弹出的浏览目录中，用户可以直接运行其中的程序。

另一个例子是著名的图像浏览器 ACDSee，运行后的界面如图 13-4 所示。这类简单程序，用户可以直接使用而不需要安装。

图 13-4　运行 ACDSee 程序界面

13.3.4　直接使用 Windows 软件的 Crossover Office

Crossover Office 是建立在 Wine 基础上的 Windows 平台模拟软件，它是 CodeWeavers 公司的旗舰产品，能够让用户在 Linux 上运行绝大多数的办公软件，如 Microsoft Office、Lotus Notes、Microsoft Project 以及很多图像制作软件(如 Macromedia Dreamweaver MX/Flash

MX、Adobe Photoshop 等)。不仅如此，CrossOver Office 还允许用户使用一些 Windows 网页浏览器的插件在 Linux 的浏览器中，如 QuickTime、ShockWave 等。总之，CrossOver Office 能够很好地将 Windows 搬到 Linux 上来。

下载地址是 http://www.codeweavers.com。

13.4　访问 Windows 分区

Linux 系统提供了对多种分区格式的内核支持，所以用户可以方便地访问 Windows 分区格式上的内容。具体的内容请参见本书第 6 章的相关内容。由于 Windows 还不支持 Linux 系统的 ext 扩展文件系统，所以要从 Windows 访问 Linux 文件系统，现在还只能借助于第三方软件来完成。

现在这一类工具很常见，下面介绍几个很有特色的工具。

13.4.1　Explore2fs

Explore2fs 是一个可以方便地访问 ext2 及 ext3 文件系统的自由软件，适用于所有的 Windows 系统，程序的最新版本可以在 http://urmus.it.swin.edu.au/~ln/linux 处下载，Explore2fs-1.00pre6.zip 的大小只有 356KB。软件无需安装，解压之后就可以直接运行。Explore2fs 启动后会首先扫描硬盘上的 Linux 分区。

用户可以像在资源管理器中那样浏览 Linux 文件系统中的目录树。

目录中的文档内容将会显示在右边的窗口中，使用鼠标左键就可以简单地对指定的文件进行拖放操作。右击在快捷菜单中可以查看文档属性或查看指定文档。属性菜单提供了非常详尽的文档信息，甚至与 Linux 系统下看到的信息一样全面。

出于安全的考虑，这个测试版程序现在屏蔽了对 Linux 文件系统的写操作以及相关命令，如果真的想使用这一功能，除了等待 2.0 版本出现外，还可以考虑下载更早一些的版本来使用(但不建议这样做)。

13.4.2　Captain Nemo

Captain Nemo 是一个多平台文件管理器，可以用于访问 Novell -NTFS 以及 Linux 驱动器。程序适用于所有的 Windows 系统，其最新版本可以在 http://www.rmtime.org 处下载，Nemo32.zip 的大小是 1.37MB。

13.4.3　Ext2viewer

该软件除了名字之外，软件界面、说明和下载网站都是俄文的。界面简单，但并不影响使用。程序的最新版本可以在 http://ext2viewer.nm.ru/处下载。

13.4.4　其他的小工具

以下是一些其他功能类似的小软件，Linux 用户和爱好者可以下载试用。

- Ext2tool

下载地址为 ftp://sunsite.unc.edu/pub/Linux/system/filesystems/ext2/。

- Iread

下载地址为 ftp://sunsite.unc.edu/pub/Linux/utils/dos/。

- FSDXT2

下载地址为 http://www.yipton.demon.co.uk/。

13.5　本 章 小 结

现在，Linux 与 Windows 在易用性上越来越相近，因而人们也越来越希望 Windows 上的资源能够为 Linux 所用。经过 Linux 爱好者的不断努力，现在已经有了多种共享两者资源的办法，用户可以通过网上邻居、模拟程序及共享分区等方式，共享网络、程序和磁盘资源，以达到共享的目的。

13.6　习　　题

1. 填空题

(1) _____协议是局域网上的共享文件和打印机的一种协议。

(2) 有人将 SMB 协议搬到 UNIX/Linux 上来形成了____共享软件。

(3) ____是一个在 X Window 和 UNIX 上执行的 Windows APIs，也可以认为其是一个 Windows 兼容层。

2. 思考题

(1) 为什么说 Wine 是个 Windows 的应用接口层？

(2) Linux 与 Windows 通过网络外还有什么方式进行资源共享？

(3) 不同分区上的文件相同吗？

第14章 内 核 升 级

2003 年 9 月，Red Hat 公司宣布不再推出个人使用的桌面套件，而专心发展商业版(Red Hat Enterprise Linux)的发行套件。从 2004 年 4 月 30 日起，Red Hat 公司正式停止对 Red Hat 9.0 版本的支持。当然，Red Hat 公司并没有把原有的 Red Hat Linux 开发计划抛弃，而是把它和 Fedora 计划整合成一个新的 Fedora Project，原来的开发团队将会继续参与 Fedora 的开发计划，同时也鼓励开源社区参与开发。可以认为 Fedora 是一个来自民间的开源社区，它得到了 Red Hat 公司的赞助。

Fedora 以 Red Hat Linux 9.0 为基础加以改进，每年都会发行 2～3 个版本。到 2010 年底，Fedora 已经发行了 14 个稳定版本。感兴趣的读者，可以访问 http://www.fedoraproject.org，免费获取最新的 Fedora Linux 桌面版操作系统进行体验。

2004 年 5 月，Fedora Core 2 发布。Fedora Core 2 开始使用 2.6 版的 Linux 内核。而 Red Hat Linux 9.0 采用的 linux 内核版本是 2.4.20-8。虽然如此，我们仍不建议初学者直接在 Red Hat Linux 9.0 上将内核升级到 2.6 版本，因为这样做会遇到很多超出初学者能力范围的问题。

所以本章仍将重点放在 2.4 版的内核上，主要讨论在 x86 系统上升级内核的必要步骤。

本章学习目标：

- Linux 内核的版本编号机制
- 学会升级内核必要的步骤
- 学会配置引导装载程序引导新内核
- 了解并配置系统内核模块

14.1 Linux 内核的版本编号机制

Linux 系统中的每个软件包都有自己的发行编号，而且它们之间经常存在某种依赖关系。所以，不同软件如果要协同工作，必须将它们的版本搭配正确，否则任何问题都有可能发生。通常，Linux 发行版的制作者已经解决了这种复杂的搭配问题，用户只需安装一个预先打包好的版本，不必关心版本号问题。虽然如此，这种依赖关系仍会给升级带来很大的麻烦。由此可见 Linux 内核版本编号机制的重要性。

Linux 内核分稳定的和处于开发中这两种版本。处于开发中的版本，大多是实验版本，开发者可能在不断试验新的解决方案，所以内核常常发生剧烈的变化。反之稳定的内核具有工业级的强度，可以广泛的应用和部署。

Linux 通过一个简单命名编号机制来区分稳定的内核和处于开发中的内核：使用三个用“.”分隔的数字来代表不同内核版本。第一个数字是主版本号，第二个数字是从版本号，第三个数字是修订版本号。从版本号如果是偶数，那么此内核就是稳定版；如果是奇数，那么它就是处于开发中的。例如，版本号为 2.6.18 的内核是一个稳定版，它的主板本号是 2，从版本号是 6，修订版本号是 18。

14.2 准 备 升 级

在升级内核之前，应该先采取几项预防措施。第一步是确定有一张适用于系统的引导盘，以防万一。如果引导装载程序没能引导新内核，且没有引导盘，就无法继续引导系统。

要创建引导盘，需要管理员权限，在 shell 提示下登录为根用户，然后输入以下命令：

```
/sbin/mkbootdisk 'uname -r'
```

注意：

请参考 mkbootdisk 的说明书页来阅读更多选项。

在运行前，使用引导盘重新引导机器以校验该软盘的可运行性。之后将引导盘存放在一个安全的地方以防万一。

要判定已安装了哪些内核软件包，在 shell 提示下执行下面的命令。

```
rpm -qa | grep kernel
```

依据执行的安装类型而定(版本号码和软件包可能不同)，该命令的输出会包括某些或全部在下面列出的软件包。

```
kernel-2.4.20-2.47.1
kernel-debug-2.4.20-2.47.1
kernel-source-2.4.20-2.47.1
kernel-doc-2.4.20-2.47.1
kernel-pcmcia-cs-3.1.31-13
kernel-smp-2.4.20-2.47.1
```

从输出中可以判定所需下载的软件包。对于单处理器系统而言，只有 kernel 软件包是必需的，kernel-smp 是多处理器系统支持。如果计算机不只有一个处理器，而需要包括支持多处理器的 kernel-smp 软件包，那么仍强烈建议安装 kernel 软件包。

如果计算机的内存超过了 4GB，必须安装 kernel-bigmem 软件包，使系统能够使用多于 4GB 的内存。

如果需要 PCMCIA 支持(如在便携电脑上)，kernel-pcmcia-cs 软件包就必不可少。

除非想重新编译内核，或把系统用于内核开发，通常不需要内核源代码 kernel-source 软件包。

kernel-doc 软件包为内核开发文档，如果系统用于内核开发，那么推荐安装。

kernel-util 软件包包括能够用来控制内核或系统硬件的工具程序，也不是必需的。

Red Hat 建构的内核为不同的 x86 版本做了优化。选项有用于 AMD Athlon 和 AMD Duron 系统的 athlon；用于 Intel Pentium II、Intel Pentium III、和 Intel Pentium 4 系统的 i686；用于 Intel Pentium 和 AMD K6 系统的 i586。如果不知道 x86 系统的版本，那么使用 i386 版本建构的内核，它是为所有基于 x86 的系统建构的。

RPM 软件包的 x86 版本被包括在文件名中。例如，kernel-2.4.20-2.47.1.athlon.rpm 是为 AMD Athlon 和 AMD Duron 系统优化的，kernel-2.4.20-2.47.1.i686.rpm 是为 Intel Pentium II、Intel Pentium III 和 Intel Pentium 4 系统优化的。在判定了软件包之后，需要升级内核，为 kernel、kernel-smp 和 kernel-bigmem 软件包选择正确的体系，其他软件包使用 i386 版本。

14.3　下载升级内核

要判定是否有可用于系统的升级内核，方法有好几种。

- 进入 http://www.redhat.com/apps/support/errata/网站，选择自己使用的 Red Hat Linux 版本，然后查看它的勘误。内核勘误通常在安全顾问(Security Advisories)部分下。从勘误列表中单击“内核勘误”查看它的详细勘误报告。在勘误报告中，有一个需要的 RPM 列表可以从 Red Hat FTP 站点下载它们的链接，还可以从 Red Hat FTP 的镜像站点中下载它们。

  镜像站点的列表在 http://www.redhat.com/download/mirror.html 中。
- 使用 Red Hat 网络下载内核 RPM 软件包并安装它们。Red Hat 网络能够下载最新的内核，升级系统上的内核，如果必要，创建初始 RAM 映像，并配置引导装载程序来载入新内核。要获取更多信息，请参阅 http://www.redhat.com/docs/manuals/RHNetwork/上的 *Red Hat Network User Reference Guide*。

如果从 Red Hat Linux 的勘误网页上下载了 RPM 软件包，或只使用了 Red Hat 网络下载软件包，请继续阅读第 14.4 节。如果使用了 Red Hat 网络下载并安装更新了的内核，那么遵循第 14.5 节和第 14.6 节中的说明。不过，不要把内核改成默认引导项，因为 Red Hat 网络会自动把默认内核改成最新版本。

检索到所有必要的软件包后，就可以开始升级现存内核了。在 shell 提示下登录为根用户，转换到包含内核 RPM 软件包的目录中。

注意：

强烈建议保留旧内核，以便在新内核出现问题时使用。

使用 rpm 命令的-i 选项保留旧内核。如果使用-U 选项升级 kernel 软件包，它会覆盖当

前安装了的内核。该命令为(内核版本和 x86 版本会有所不同):

```
rpm -ivh kernel-2.4.20-2.47.1.i386.rpm
```

如果系统是多处理器系统，还需安装 kernel-smp 软件包(内核版本和 x86 版本会有所不同):

```
rpm -ivh kernel-smp-2.4.20-2.47.1.i386.rpm
```

如果系统是基于 i686 的，并包含超过 4GB 的内存，还需安装为 i686 体系建构的 kernel-bigmem 软件包(内核版本和 x86 版本会有所不同):

```
rpm -ivh kernel-bigmem-2.4.20-2.47.1.i686.rpm
```

如果打算升级 kernel-source、kernel-docs 或 kernel-utils 软件包，可能不需要保留老版本。使用下面的命令升级这些软件包(版本会有所不同):

```
rpm -Uvh kernel-source-2.4.20-2.47.1.i386.rpm
rpm -Uvh kernel-docs-2.4.20-2.47.1.i386.rpm
rpm -Uvh kernel-utils-2.4.20-2.47.1.i386.rpm
```

如果系统需要 PCMCIA 支持(如笔记本电脑)，那么需要安装 kernel-pcmcia-cs 并保留老版本。如果使用-i 选项，可能会返回冲突，因为老内核需要该软件包来引导带有 PCMCIA 支持的系统。要绕过这个问题，使用--force 选项(版本会有所不同)。

```
rpm -ivh --force kernel-pcmcia-cs-3.1.24-2.i386.rpm
```

下一步是校验初始 RAM 磁盘映像是否被创建，详情请参阅第 14.5 节。

14.4 校验初始 RAM 磁盘映像

如果系统使用 ext3 文件系统或 SCSI 控制器，那么就需要初始 RAM 磁盘。

初始 RAM 磁盘通过使用 mkinitrd 命令来创建。然而，如果内核及其相关文件是从 Red Hat, Inc. 发布的 RPM 软件包中安装或升级，这个步骤会被自动执行。要校验它是否被创建了，使用 ls -l/boot 命令来确定 initrd-2.4.20-2.47.1.img 文件是否被创建即可(版本应该匹配刚刚安装了的内核版本)。

下一步是校验引导装载程序已被配置来引导新内核，详情请参阅第 14.6 节。

14.5 校验引导装载程序

如果安装了 GRUB 或 LILO 引导装载程序，kernel RPM 软件包配置它们来引导刚刚安装的内核，但是它并不配置引导装载程序默认引导新内核。

确认引导装载程序已被配置成引导新内核，这是至关重要的一步。如果引导装载程序被配置得不正确，将无法引导系统。若发生了这种情况，则使用创建的引导盘来引导系统，然后再试图配置引导装载程序。

14.5.1　GRUB

如果选择了 GRUB 作为引导装载程序，请确认/boot/grub/grub.conf 文件中包含的 title 部分中的版本与刚刚安装的 kernel 软件包的版本相同(如果安装了 kernel-smp 和/或 kernel-bigmem，会看到这个部分)，如下所示。

```
# Note that you do not have to rerun grub after making changes to this file
# NOTICE:  You have a /boot partition.  This means that
#          all kernel and initrd paths are relative to /boot/, eg.
#          root (hd0,0)
#          kernel /vmlinuz-version ro root=/dev/hda2
#          initrd /initrd-version.img
#boot=/dev/hda
default=3
timeout=10
splashimage=(hd0,0)/grub/splash.xpm.gz
title Red Hat Linux (2.4.20-2.47.1)
      root (hd0,0)
      kernel /vmlinuz-2.4.20-2.47.1 ro root=LABEL=/
      initrd /initrd-2.4.20-2.47.1.img
title Red Hat Linux (2.4.20-2.30)
      root (hd0,0)
      kernel /vmlinuz-2.4.20-2.30 ro root=LABEL=/
   initrd /initrd-2.4.20-2.30.img
```

如果创建了单独的/boot 分区，到内核与 initrd 映像的路径是相对于/boot 分区而言的。

注意：

默认引导项目没有被设置为新内核。要配置 GRUB 来默认引导新内核，把 default 变量的值改成包含新内核的 title 部分的号码。这个号码从 0 开始。例如，如果新内核是第二个 title 部分，那么把 default 设置为 1。

重新引导计算机来测试新内核，观察屏幕上的消息来确保硬件被正确地检测到。

14.5.2　LILO

如果选择了 LILO 作为引导装载程序，请确认 /etc/lilo.conf 文件中包含的 image 部分中的版本与刚刚安装的 kernel 软件包的版本相同(如果安装了 kernel-smp 或 kernel-bigmem，也会看到这个部分)。另外，/etc/lilo.conf 文件中的名称与内核文件名应是一致的。

14.6　内 核 模 块

Linux 内核具有模块化设计。在引导时，只有少量的驻留内核被载入内存。之后，无论何时用户要求使用驻留内核中没有的功能，对应内核模块(Kernel Module)，有时又称驱动程序(driver)，就会被动态地载入内存。

在安装过程中，系统上的硬件会被探测。基于探测结果和用户提供的信息，安装程序会决定哪些模块需要在引导时被载入。安装程序会设置动态载入机制来透明地运行。

如果安装后添加了新硬件，而这个硬件需要一个内核模块，系统必须重新配置，以载入正确的内核模块。当系统使用新硬件引导后，Kudzu 程序会运行。如果支持新硬件，该程序还会为它配置模块，也可以通过编辑模块配置文件/etc/modules.conf 来手工配置该模块。

注意：

用来显示 X Window 系统界面的视频卡模块是 XFree86 软件包的一部分，而不是内核的一部分。因此，本章并不应用于该模块。

如果系统中有一个 SMC EtherPower 10 PCI 网卡，那么模块配置文件包含以下行：

```
alias eth0 tulip
```

如果系统上添加了第二个网卡，它和第一个网卡一模一样，那么在模块配置文件中添加如下内容：

```
alias eth1 tulip
```

14.6.1　内核模块工具

如果安装了 modutils 软件包，还可以使用一组管理内核模块的命令，判定模块是否被成功地载入，或为一个新硬件试验不同的模块。

/sbin/lsmod 命令显示了当前载入的模块列表。对每行而言，第一列是模块名称；第二列是模块大小；第三列是用量计数。

用量计数后面的信息对每个模块而言都有所不同。如果 unused 被列在某模块的那行中，该模块当前就没在使用。如果 autoclean 被列在某模块的那行中，该模块可以被 rmmod -a 命令自动清洗。当这个命令被执行后，所有自从上次被自动清洗后未被使用的被标记了 autoclean 的模块都会被卸载。Red Hat Linux 不默认执行自动清洗行动。

如果模块名称被列举在行尾的括号内，括号内的模块就依赖于列举在这一行的第一列中的模块。例如，在以下行中：

```
usbcore                    82752   1 [hid usb-uhci]
```

hid 和 usb-uhci 内核模块依赖于 usbcore 模块。

/sbin/lsmod 输出和查看/proc/modules 的输出相同。

要载入内核模块，使用/sbin/modprobe 命令，然后跟着内核模块的名称。按照默认设置，modprobe 试图从/lib/modules/<kernel-version>/kernel/drivers/子目录中载入模块。每类模块都有一个子目录，如用于网络接口驱动程序的 net/子目录。某些内核模块有模块依赖关系，这意味着必须首先载入其他模块才能载入这些模块。/sbin/modprobe 命令检查这些依赖关系，并在载入指定模块前载入满足这些依赖关系的模块。

例如：

```
/sbin/modprobe hid
```

这个命令载入任何满足依赖关系的模块，然后再载入 hid 模块。

要在/sbin/modprobe 执行命令时把它们都显示在屏幕上，使用-v 选项。例如：

```
/sbin/modprobe -v hid
```

所显示的输出和下面相似。

```
/sbin/insmod/lib/modules/2.4.20-2.47.1/kernel/drivers/usb/hid.o
using/lib/modules/2.4.20-2.47.1/kernel/drivers/usb/hid.o
symbol version prefix 'smp_'
```

还可以使用/sbin/insmod 命令来载入内核模块，不过它不解决依赖关系。因此，推荐使用/sbin/modprobe 命令。

要卸载内核模块，使用 /sbin/rmmod 命令和模块名称。rmmod 工具只卸载不再使用的和没有被正在使用的模块所依赖的模块。

例如：

```
/sbin/rmmod hid
```

这个命令卸载 hid 内核模块。

另一个有用的模块工具是 modinfo。使用 /sbin/modinfo 命令显示关于内核模块的信息。一般语法如下。

```
/sbin/modinfo [options] <module>
```

包括-d 在内的选项显示了关于模块的简短描述，-p 选项列举了模块所支持的参数。要获取选项的完整列表，请参阅 modinfo 的说明书页。

14.6.2 其他资料

关于内核模块和工具的更多信息，请参考以下资料。

- lsmod 的说明书页：对它输出的描述和解释。
- insmod 的说明书页：对命令行选项的描述和列举。
- modprobe 的说明书页：对命令行选项的描述和列举。

- rmmod 的说明书页：对命令行选项的描述和列举。
- modinfo 的说明书页：对命令行选项的描述和列举。
- /usr/src/linux-2.4/Documentation/modules.txt：如何编译和使用内核模块。
- http://www.redhat.com/mirrors/LDP/HOWTO/Module-HOWTO/index.html：来自 Linux 文档计划的 Linux Loadable Kernel Module HOWTO。

14.7 本章小结

本章专门介绍了系统内核升级方面的知识，包括内核的下载、安装与升级，以及如何使用引导装载程序来引导新内核。

14.8 习　题

1. 思考题

(1) Linux 内核的版本是如何编号的？

(2) 如何使用 rpm 命令及其参数选项来安装和升级内核？

(3) 如何确定初始 RAM 磁盘已被创建？

(4) 使用内核模块有什么优点和缺点？

2. 上机题

(1) 使用 LILO 引导装载程序引导一个不同的新内核。

(2) 设置引导程序使其可以启动多种系统内核。

(3) 查看系统加载的内核模块。

(4) 试着在内核中动态增加一种新的网卡驱动，并查看系统。

第15章 设 备 管 理

本章主要介绍打印机的配置和声卡的配置与检测，其中重点介绍如何添加打印机、管理打印机作业、修改现存打印机、保存配置文件、共享打印机、切换打印系统等几个方面。Red Hat Linux 9.0 版较以往的版本具有更好的打印服务，从本章的介绍就可以看到在 9.0 版本中配置和管理打印服务是一件多么简单的事情。

本章学习目标：

- 学会使用打印机配置工具配置打印机
- 学会使用命令行添加和删除打印机
- 理解内核模块的结构
- 学会加载和卸载模块
- 学会声卡检测

15.1 设备管理概述

设备管理主要是指管理操作系统的设备驱动程序，以及配置用户使用接口。Linux 将设备驱动直接放入系统内核文件中，并在启动时加载，但是其还存在更高级的内核模块管理模式，即动态内核模块加载方式，可以在系统启动后临时加载内核模块，也包括驱动程序，从而更方便系统使用和系统开发，实现对设备的即插即用。

首先需要了解的是设备在系统中的表示方式，在第 6 章我们介绍过设备文件的概念，不同于 Windows 将设备进行单独管理，在 UNIX/Linux 操作系统中所有的设备包括打印机、终端、光驱都用文件来表示，它将所有设备均用文件统一起来，使用统一的文件管理方式，即可获取设备相关信息，并进行控制，使系统资源表示简洁、一致性好。

要在 Linux 系统上安装一个设备，必须要有它的设备文件、配置工具软件以及操作系统内核的支持——通常以模块的形式出现或者已经内建在内核中了。配置设备的方法有好几种，主要有使用桌面配置工具，如 GNOME 桌面环境的 Control Center(控制中心)，使用系统配置工具，命令行配置以及专门的模块配置。

15.2 打印机配置

打印机配置工具允许用户在 Red Hat Linux 上配置打印机，该工具为维护打印机配置文件、打印假脱机目录和打印过滤器提供协助。

从 Red Hat Linux 9.0 开始，Red Hat Linux 默认使用 CUPS 打印系统，从前的默认打印系统 LPRng 仍被提供。如果系统是从以前使用的 LPRng 的 Red Hat Linux 中升级而来的，升级过程不会使用 CUPS 替代 LPRng，系统仍会继续使用 LPRng。如果系统是从以前使用的 CUPS 的 Red Hat Linux 版本升级而来的，升级过程会保留配置的队列，系统仍会继续使用 CUPS。

打印机配置工具既能够配置 CUPS，也能够配置 LPRng 打印系统。根据系统配置而定，它会配置活跃的打印系统。

要使用打印机配置工具，必须具备根特权。要启动这个应用程序，选择面板上的【主菜单】|【系统设置】|【打印】命令或输入 redhat-config-printer 命令。该命令会根据它所执行的环境是图形化 X Window 系统还是基于文本的控制台，自动判定它应该以图形化还是文本形式来运行程序。

注意：

不要编辑/etc/printcap 文件或/etc/cups/目录中的文件。打印机守护进程(lpd 或 cups)在每次启动或重新启动时，都会动态创建新的配置文件。当在打印机配置工具中应用了所做的改变时，配置文件也会被动态创建。

如果使用 LPRng，并不使用打印机配置工具来添加一个打印机，那么会编辑/etc/printcap.local 文件。/etc/printcap.local 文件中的项目没有显示在打印机配置工具中，但是会被打印机守护进程读取。如果从以前的 Red Hat Linux 中更新，现存的配置文件就会被转换到被这个程序使用的新格式。每当生成新配置文件时，旧配置文件都会被保存为/etc/printcap.old。

如果使用的是 CUPS，打印机配置工具(图 15-1)不会显示任何没有使用打印机配置工具配置的队列或共享。不过，它也不会把它们从配置文件中删除。

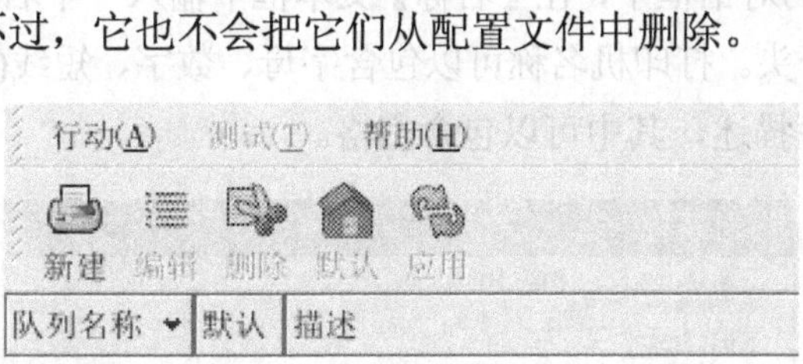

图 15-1 打印机配置工具

用户可以配置以下类型的打印队列。

- 本地连接：直接通过并行或 USB 端口连接到计算机上的打印机。

- 联网的 CUPS(IPP)：连接到能够通过 TCP/IP 网络、使用互联网打印协议进入的打印机，又称为 IPP。例如，连接到网络上另一个运行 CUPS 的 Red Hat Linux 系统的打印机。
- 联网的 UNIX(LPD)：连接到能够通过 TCP/IP 网络进入的其他 UNIX 系统上的打印机。例如，连接到网络上另一个运行 LPD 的 Red Hat Linux 系统的打印机。
- 联网的 Windows(SMB)：连接到通过 SMB 网络共享打印机的其他系统上的打印机。例如，连接到 Microsoft Windows 上的打印机。
- 联网的 Novell(NCP)：连接到使用 Novell's NetWare 网络技术的其他系统上的打印机。
- 联网的 JetDirect：通过 HP JetDirect 直接连接到网络而不是计算机上的打印机。

注意：

如果添加一个新队列或修改一个现存队列，那么必须应用这些改变才能使它们生效。

15.2.1　添加打印机

1. 添加本地打印机

要添加本地打印机，如通过并行端口或 USB 端口连接到用户计算机上的打印机，单击图 15-1 所示的打印机配置工具主窗口上的【新建】按钮。出现如图 15-2 所示的界面，单击【前进】按钮继续。

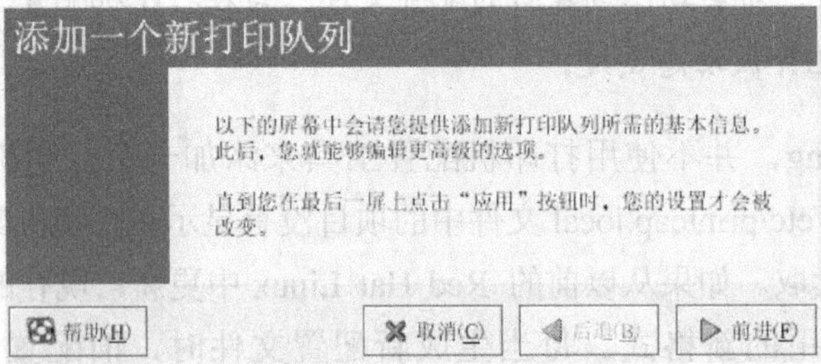

图 15-2　添加打印机

在如图 15-3 所示的对话框中，在【名称】文本框中输入一个名称。打印机名称不能包含空格，必须以字母开头。打印机名称可以包含字母、数字、短线(-)和下划线(_)。还可以输入关于打印机的简短描述，其中可以包含空格。

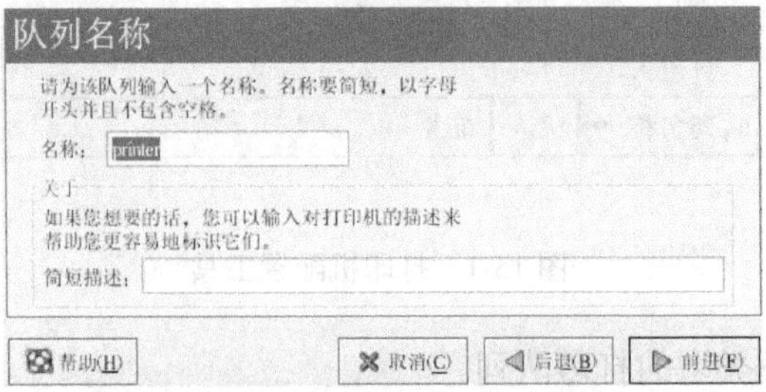

图 15-3　选择队列名称

单击【前进】按钮后，出现如图 15-4 所示的对话框。从【选择队列类型】中选择【本地连接】，然后选择设备。这个设备通常是 /dev/lp0(并行打印机)或 /dev/usb/lp0(USB 打印机)。如果列表中没有设备，单击【重扫描设备】重新扫描计算机或单击【定制设备】来手工指定它。然后单击【前进】按钮继续，下一步是选择打印机的类型。

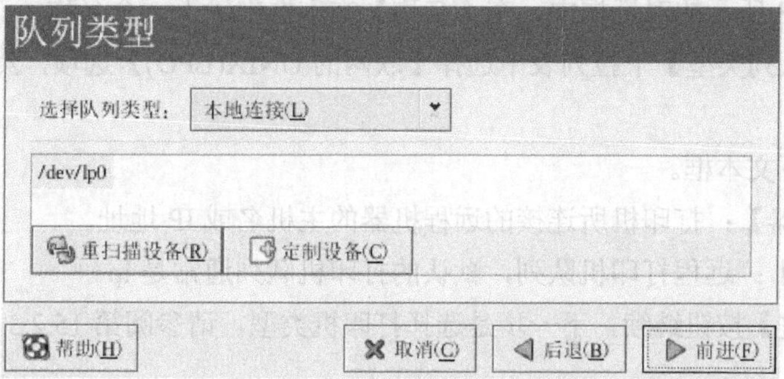

图 15-4 添加本地打印机

2. 添加一个 IPP 打印机

IPP 打印机是连接到运行 CUPS 的同一网络上的不同 Linux 系统上的打印机。按照默认配置，打印机配置工具浏览网络来寻找共享的 CUPS 打印机。用于共享的打印机可以通过选择图 15-1 中的【行动】|【共享】命令来改变。所有联网的 IPP 打印机都以浏览队列的形式出现在主窗口中。

如果在打印服务器上配置了防火墙，它必须能够在进入的 UDP 端口 631 上发送和接收连接。如果在客户(发送打印请求的计算机)端配置了防火墙，那么必须被允许在端口 631 上发送和接收连接。

如果禁用了自动浏览功能，仍可以通过打印机配置工具主窗口中的【新建】按钮来添加一个联网的 CUPS 打印机，接着出现如图 15-2 所示的对话框，然后单击【前进】按钮继续。

在如图 15-3 所示的对话框中，在【名称】文本框中输入一个名称。同样，打印机名称不能包含空格，必须以字母开头。打印机名称可以包含字母、数字、短线(-)和下划线(_)。还可以输入关于打印机的简短描述，其中可以包含空格。

单击【前进】按钮后从【选择队列类型】中选择【联网的 CUPS (IPP)】。

会出现以下文本框。

- 【服务器】：打印机所连接的远程机器的主机名或 IP 地址。
- 【路径】：到远程机器上的打印队列的路径。

单击【前进】按钮继续，下一步是选择打印机的类型，请按第 15.2.3 节介绍的内容进行设置。

注意：

联网的 IPP 打印服务器必须允许来自本地系统的连接，详情请参阅 15.2.8 节。

3. 添加远程 UNIX(LPD)打印机

要添加远程 UNIX 打印机，如连接在同一网络上的不同 Linux 系统上的打印机，单击打印机配置工具主窗口上的【新建】按钮，出现如图 15-2 所示的对话框，再单击【前进】按钮继续。

在如图 15-3 所示的对话框中，在【名称】文本框中输入一个名称。

从【选择队列类型】下拉列表中选择【联网的 UNIX(LPD)】选项，然后单击【前进】按钮。

会出现以下文本框。

- 【服务器】：打印机所连接的远程机器的主机名或 IP 地址。
- 【队列】：远程打印机队列，默认的打印机队列通常是 lp。

单击【前进】按钮继续，下一步是选择打印机类型，请参阅第 15.2.3 节的内容继续进行设置。

注意：

远程打印服务器必须从本地系统接受打印作业，详情请参阅第 15.2.8 节。

4. 添加 Samba(SMB)打印机

要添加使用 SMB 协议访问的打印机(如连接到 Microsoft Windows 系统上的打印机)，单击打印机配置工具主窗口中的【新建】按钮，出现如图 15-2 所示的对话框，再单击【前进】按钮继续。

在如图 15-3 所示的对话框中，在【名称】文本框中输入一个名称。

从【选择队列类型】下拉列表中选择【联网的 Windows (SMB)】选项，然后单击【前进】按钮。如果打印机连接的是 Microsoft Windows 系统，那么可选择这个队列类型。

SMB 共享被自动检测到并列处，单击每个共享名称旁的箭头来扩展列表，从扩展列表中选择一个打印机。

如果查找的打印机没有出现在列表中，单击右侧的【指定】按钮，会出现如下文本框。

- 【工作组】：共享打印机的 Samba 工作组的名称。
- 【服务器】：共享打印机的服务器的名称。
- 【共享】：想用来打印的共享打印机的名称。这个名称必须和远程 Windows 机器上定义的 Samba 打印机的名称相同。
- 【用户名】：要访问打印机必须登录使用的用户名。用户在 Windows 系统中必须存在，并且必须有访问打印机的权限。默认的典型用户名为 guest(Windows 服务器)或 nobody(Samba 服务器)。
- 【口令】：在【用户名】文本框中指定的用户口令(若需要)。

单击【前进】按钮继续。然后，打印机配置工具会试图连接共享打印机。如果这个共享打印机需要用户名和口令，会出现一个提示对话框，在对话框中输入有效的共享打印机的用户名和口令即可。如果指定了正确的共享名称，还可以在这里改变它。如果需要使用工作组名称来连接共享，那么可以在这个对话框里指定。这个对话框和单击【指定】按钮后所显示的对话框相同。

下一步是选择打印机类型，请按第 15.2.3 节介绍的内容进行设置。

注意：

如果需要使用用户名和口令，它们被存储在只能被根用户和 lpd 读取的文件中。如果别人具备根特权，就有可能获悉用户名和口令。要避免这种情况的发生，访问打印机的用户名和口令应该不同于本地 Red Hat Linux 系统上的用户账号。如果它们不同，那么唯一可能出现的安全漏洞会是未经授权对打印机的使用。如果服务器上还有文件共享，建议也使用不同于打印机队列的口令。

5. 添加 Novell NetWare(NCP)打印机

要添加 Novell NetWare(NCP)打印机，单击打印机配置工具主窗口中的【新建】按钮，出现如图 15-2 所示的对话框，再单击【前进】按钮继续。

在如图 15-3 所示的对话框的【名称】文本框中输入一个名称。

从【选择队列类型】下拉列表中选择【联网的 Novell(NCP)】选项。

会出现如下文本框。

- 【服务器】：打印机所连接的 NCP 系统的主机名或 IP 地址。
- 【队列】：NCP 系统上的打印机的远程队列。
- 【用户】：使用打印机必须登录的用户名。
- 【口令】：为【用户】文本框指定的口令。

下一步是选择打印机类型，请按第 15.2.3 节介绍的内容进行设置。

6. 添加 JetDirect 打印机

要添加 JetDirect 打印机，单击打印机配置工具主窗口中的【新建】按钮，出现如图 15-2 所示的对话框，再单击【前进】按钮继续。

在如图 15-3 所示的对话框的【名称】文本框中输入一个名称。

从【选择队列类型】下拉列表中选择【联网的 JetDirect】选项，然后单击【前进】按钮。

会出现以下文本框。

- 打印机：JetDirect 打印机的主机名或 IP 地址。
- 端口：JetDirect 打印机监听打印作业的端口，默认端口为 9100。

下一步是选择打印机类型，请按第 15.2.3 节介绍的内容进行设置。

15.2.2 命令行配置

如果没有安装 X Window 系统，并且不想使用基于文本的程序，就可以通过命令行来添加打印机。这种方法在从脚本中或 kickstart 安装的%post 部分里添加打印机时很有用。

1. 添加本地打印机

要添加打印机，运行命令如下。

```
redhat-config-printer-tui --Xadd-local options
```

其选项如下。

- --device=node：(必需)要使用的设备节点，例如：/dev/lp0。
- --make=make：(必需)IEEE 1284 MANUFACTURER 字符串或 foomatic 数据库中的打印机生产厂商的名称(若无 MANUFACTURER 字符串)。
- --model=model：(必需)IEEE 1284 MODEL 字符串或 foomatic 数据库中列出的打印机型号(若无 MODEL 字符串)。
- --name=name：(可选)新队列的名称。如果没有给定，将会使用基于设备节点(如"lp0")的名称。
- --as-default：(可选)把它设为默认队列。

如果使用的是 CUPS 打印系统(默认)，在添加了打印机后，使用以下命令来启动或重新启动打印机守护进程。

```
service cups restart
```

如果你使用的是 LPRng 打印系统，在添加了打印机后，使用以下命令来启动或重新启动打印机守护进程。

```
service lpd restart
```

2. 删除本地打印机

还可以通过命令行来删除打印机队列。

要以根用户身份来删除某个打印机队列，运行命令如下。

```
redhat-config-printer-tui --Xremove-local options
```

其选项如下。

- --device=node：(必需)所用的设备节点，如/dev/lp0。
- --make=make：(必需)IEEE 1284 MANUFACTURER 字符串或 foomatic 数据库中的打印机生产厂商的名称(若无 MANUFACTURER 字符串)。
- --model=model：(必需)IEEE 1284 MODEL 字符串或 foomatic 数据库中列出的打印机型号(若无 MODEL 字符串)。

如果使用的是 CUPS 打印系统(默认)，从打印机配置工具配置中删除了打印机后，使用以下命令来重新启动打印机守护进程，使改变生效。

```
service cups restart
```

如果使用的是 LPRng 打印系统，从打印机配置工具配置中删除打印机后，使用以下命令来重新启动打印机守护进程，使改变生效。

```
service lpd restart
```

如果使用的是 CUPS，删除所有打印机后，不打算再运行打印机守护进程了，执行以下命令。

```
service cups stop
```

如果使用的是 LPRng，删除所有打印机后，不打算再运行打印机守护进程了，执行以下命令。

```
service lpd stop
```

15.2.3 选择打印机型号

选择打印机的队列类型后，下一步就是选择打印机型号。

如图 15-5 所示的对话框中，如果打印机没有被自动检测到，可从列表中选择它，此时打印机按照生产厂家分类。从下拉列表中选择打印机的生产厂家的名称。每选择一个不同的生产厂家，打印机型号列表都会被更新。然后从列表中选择打印机型号。

图 15-5 选择打印机型号

推荐的打印驱动程序是根据选定的打印机型号给出的。打印驱动程序把想打印的数据处理成打印机能够理解的格式。由于本地打印机是直接连接到用户计算机上的，需要一个打印驱动程序来处理发送给打印机的数据。

配置远程打印机(IPP、LPD、SMB 或 NCP)时，远程打印服务器通常有它自己的打印驱动程序。如果用户在本地计算机上选择额外的打印驱动程序，数据就会被多次过滤，并被转换成打印机所无法理解的格式。

要确定数据不会被多次过滤，首先请在生产厂家中选择【通用】选项，在打印机型号中选择【原始打印队列】选项，或 PostScript 打印机。应用被改变后，可打印一张测试页来试验新配置。如果测试失败，远程打印服务器可能没有配置打印驱动程序。试着根据远程打印机的生产厂家和型号来选择打印驱动程序，应用被改变后，可再打印一张测试页。

技巧：

用户可以在添加打印机后选择一个不同的打印驱动程序。方法是启动打印机配置工具，从列表中选择打印机，单击【编辑】按钮，再单击【驱动程序】标签，选择一个不同的打印驱动程序，然后应用这些改变。

最后一步是确认打印机配置。如果设置正确，那么单击【应用】来添加打印队列，否则，单击【后退】按钮修改打印机配置。

在图 15-1 所示的主窗口中单击【应用】按钮，保存改变并重新启动打印机守护进程。应用改变后，打印一张测试页来确定配置的正确性。详情请参阅 15.2.4 节。

如果需要打印基本的 ASCII 码以外的字符(包括日语等字符)，必须检查驱动程序选项，并选择【预绘制 Postscript】。详情请参阅 15.2.5 节。如果在添加了打印队列后编辑它，还可以配置纸张大小等的选项。

15.2.4　打印测试页

配置打印机后，应该打印一张测试页来确定打印机是否能够正常运行。从打印机列表中选择想测试的打印机，然后从【测试】菜单中选择合适的测试页，如图 15-6 所示。

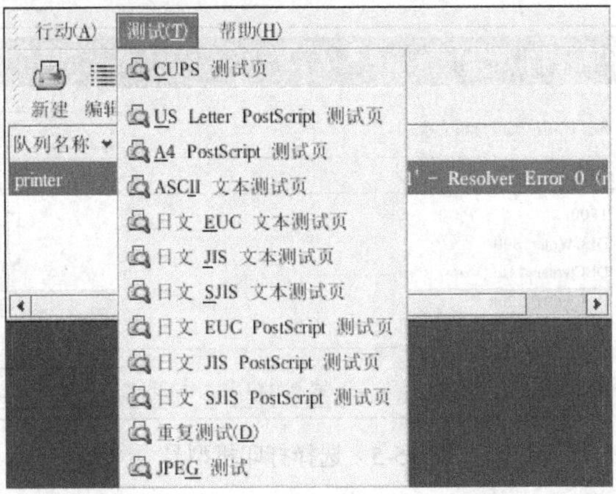

图 15-6　测试页选项

如果改变了打印驱动程序或修改了驱动程序选项，应该打印一张测试页以判断打印机能够正常运行。

15.2.5　修改现存打印机

从打印机列表中选择要编辑的打印机，然后单击【编辑】按钮。就会出现如图 15-7 所示的带选项卡的对话框。该对话框包含被选中的打印机的当前值。

1. 【队列名称】选项卡

要重命名打印机或改变它的简短描述，改变【队列名称】选项卡中的值，单击【确定】按钮返回到主窗口，打印机的名称将会在打印机列表中被改变。

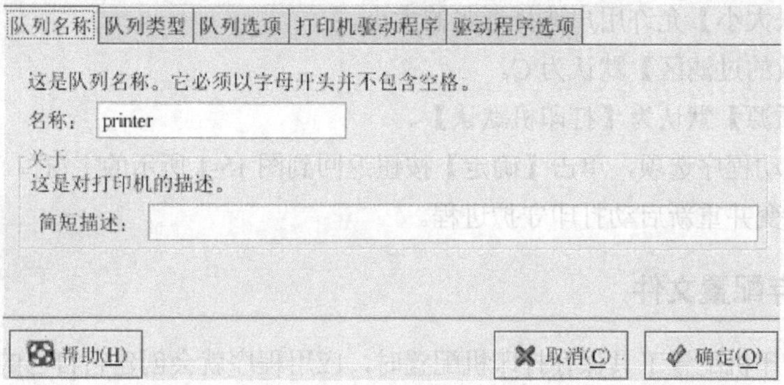

图 15-7　编辑打印机

2. 【队列类型】选项卡

【队列类型】选项卡显示了在添加打印机和它的设置时选中的队列类型。用户可以改变打印机类型或仅改变它的设置。修改后，单击【确定】按钮返回到主窗口。

3. 【打印机驱动程序】选项卡

【打印机驱动程序】选项卡显示了当前使用的打印驱动程序。如果被改变了，单击【确定】按钮回到主窗口。

4. 【驱动程序选项】选项卡

【驱动程序选项】选项卡显示了高级打印机选项。每个打印驱动器的选项会略有不同。公用选项如下。

- 如果打印作业的最后一页没有从打印机中弹出(例如，换页指示灯开始闪烁)，应该选择【发送换页信号(FF)】复选框。如果它不起作用，试着选择【发送传输结束信号(EOT)】复选框。某些打印机需要同时选中【发送换页信号(FF)】和【发送传输结束信号(EOT)】复选框来弹出最后一页。这个复选框只对于 LPRng 打印系统有用。
- 如果打印驱动程序无法识别某些发送给它的数据，应该选择【假定未知数据为文本】复选框。只有在遇到问题时才选择这个复选框。如果该复选框被选中，打印驱动程序会假定所有发送给它的无法识别的数据为文本。如果该复选框和【将文本转换成 PostScript】复选框一起被选中，打印驱动程序会假定未知数据为文本，然后把它转换成 PostScript。该选项只在 LPRng 打印系统中有用。
- 如果基本 ASCII 集合之外的字符被发送给打印机却没有被正确打印(如日文字符)，应该选择【预绘制 PostScript】。该选项预绘制非标准的 PostScript 字体，因此它们能够被正确打印。
- 【GhostScript 预过滤】选项允许打印机在无法处理某个 PostScript 级别时选择【无预过滤】、【转换到 PS 级别 1】或【转换到 PS 级别 2】。该选项只在 CUPS 打印系统中使用 PostScript 驱动程序时才可用。
- 【将文本转换成 PostScript】被默认选择。如果使用的是 CUPS 打印系统，它就不是一个可选的项目，因为文本总是会被转换成 PostScript。

- 【纸张大小】允许用户选择纸张的大小。
- 【有效的过滤区】默认为 C。
- 【介质源】默认为【打印机默认】。

要修改驱动程序选项，单击【确定】按钮返回到图 15-1 所示的主窗口。单击【应用】按钮，保存改变并重新启动打印守护进程。

15.2.6　保存配置文件

当使用打印机配置工具保存打印机配置时，应用程序就会创建它自己的配置文件。这个配置文件被用来创建/etc/cups 目录中的文件(或 lpd 读取的/etc/printcap 文件)。可以使用命令行选项来保存或恢复打印机配置工具文件。如果/etc/cups 目录或/etc/printcap 文件被保存并恢复到同一位置，打印机配置就不会被恢复。这是由于打印机守护进程在每次重新启动时都会从打印机配置工具的特殊配置文件中创建一个新的/etc/printcap 文件。当创建系统配置文件的备份时，使用以下方法来保存打印机配置文件。

要保存打印机配置，以根用户身份输入以下命令。

```
/usr/sbin/redhat-config-printer-tui --Xexport > settings.xml
```

配置就会被保存到 settings.xml 文件中。

如果系统使用的是 LPRng 打印系统，并在/etc/printcap.local 文件中添加了定制设置，它应该被保存为备份系统的一部分。如果这个文件被保存，它可以被用户恢复打印机设置。这在打印机配置被删除的情况下，或在重新安装了 Red Hat Linux 的情况下，或在多个系统上需要同一打印机配置的情况下特别有用。在重新安装前，这个文件应该被保存在不同的系统上。要恢复配置，以根用户身份输入以下命令。

```
/usr/sbin/redhat-config-printer-tui --Ximport < settings.xml
```

如果已有了一个配置文件(已经在系统上配置了一个或多个打印机)，并想试图导入另一个配置文件，现存的配置文件就会被覆盖。 如果你想保留现存配置，并在保存的文件中添加配置，可以使用以下命令来合并文件(以根用户身份)。

```
/usr/sbin/redhat-config-printer-tui --Ximport --merge < settings.xml
```

然后，打印机列表就会包含在系统中配置的打印机以及从保存的配置文件中导入的打印机。如果导入的配置文件中有一个和系统中现存打印队列同名的队列，导入文件中的队列就会超越现存打印机。

导入了配置文件(不管有没有 merge 命令)，都必须重新启动守护进程。如果使用的是 CUPS，执行以下命令。

```
/sbin/service cups restart
```

如果使用的是 LPRng，执行以下命令。

```
/sbin/service lpd restart
```

15.2.7 管理打印作业

当给打印机守护进程发送打印作业时(如从Emacs中打印文本文件或从The GIMP中打印图像)，这个打印作业被添加到打印假脱机队列中。打印假脱机队列是一个被发送给打印机的打印作业以及关于每个打印请求的信息列表。这些信息包括打印请求的状态、发送请求的用户名、发送请求的系统主机名及作业号码等。

如果运行的是图形化桌面环境，双击面板上的【打印机管理器】图标来启动GNOME 打印管理器，如图15-8所示。

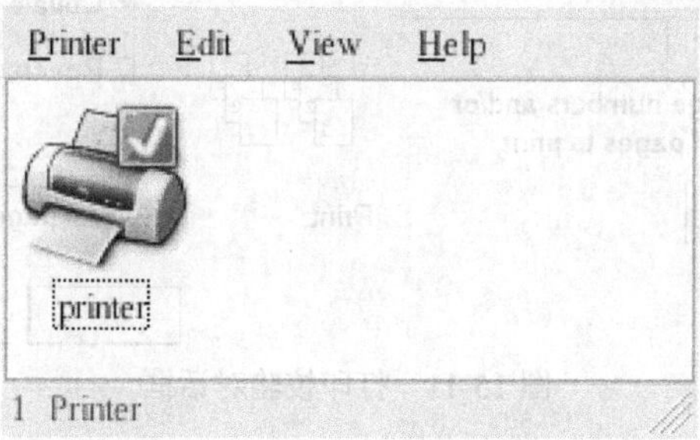

图15-8　GNOME打印管理器

它还可以从面板上启动，方法是选择主菜单中的【系统工具】|【打印管理器】命令。

要改变打印机设置，右击打印机图标，然后选择“属性”命令，打印机配置工具就会被启动。

双击一个已配置的打印机来查看打印假脱机，如图15-9所示。

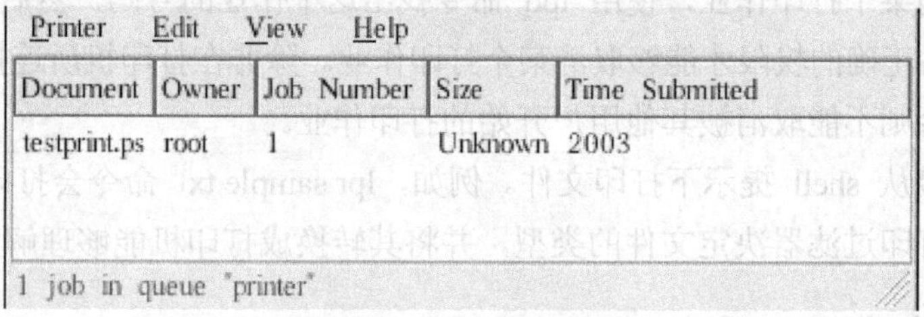

图15-9　打印作业列表

要取消在 GNOME 打印管理器中列出的某一作业，从列表中选择它，然后选择【编辑】|【取消文档】命令。

如果打印假脱机中有活跃的打印作业，打印机通知图标可能会出现在桌面面板上的面板通知区域，如图15-10所示。因为它每隔5秒探测一次打印作业，较短的打印作业可能不会显示图标。

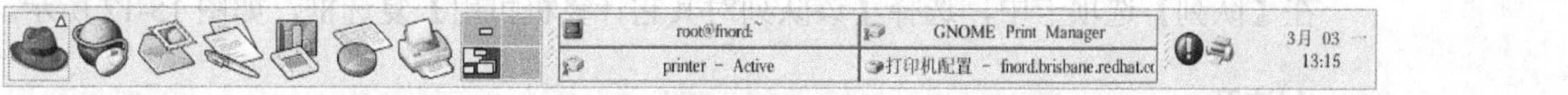

图15-10　打印机通知图标

单击打印机通知图标，启动GNOME打印管理器，显示当前打印作业的列表。

面板上还有一个打印管理器图标。要从 Nautilus 打印某文件，浏览该文件的位置，把它拖放到面板上的打印管理器图标，出现如图 15-11 所示的对话框，单击 OK 按钮开始打印这个文件。

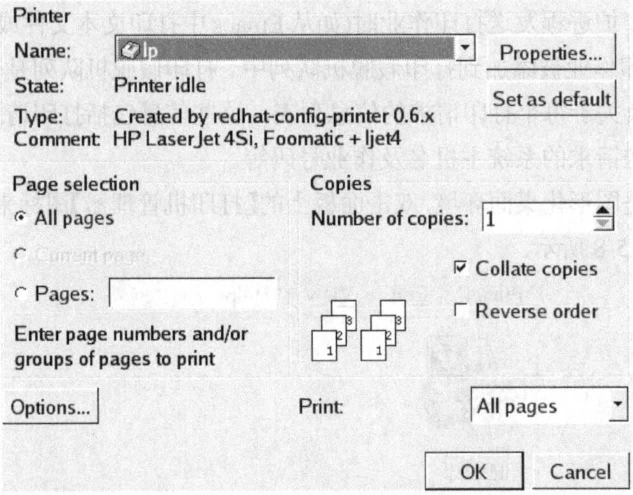

图 15-11　打印校验对话框

要从 shell 提示查看打印假脱机中的打印作业列表，输入 lpq 命令，最后两行和以下输出相似。

```
Rank   Owner/ID                Class  Job Files        Size Time
active user@localhost+902        A    902 sample.txt  2050 01:20:46
```

如果想取消某个打印作业，使用 lpq 命令找出这个作业的号码，然后使用 lprm 作业号码。必须具备正确的权限才能够取消某个打印作业。除非在打印机所连接的计算机上登录为根用户，否则不能取消被其他用户开始的打印作业。

还可以直接从 shell 提示下打印文件。例如，lpr sample.txt 命令会打印 sample.txt 这个文本文件。打印过滤器决定文件的类型，并将其转换成打印机能够理解的格式。

15.2.8　共享打印机

打印机配置工具的共享配置选项功能只有在使用 CUPS 打印系统时才有效。

允许网络中不同计算机上的用户打印到自己的系统上叫做共享打印机。按默认设置，使用打印机配置工具配置的打印机不是共享打印机。

要共享一个配置了的打印机，启动打印机配置工具，从列表中选择一个打印机。然后选择【行动】|【共享】命令。

在【队列】选项卡中，选择【该队列对其它计算机可用】复选框，如图 15-12 所示。

注意：

如果没有选择打印机，选择【行动】|【共享】命令后只显示系统范围内的共享选项，它们一般显示在【行动】选项卡中。

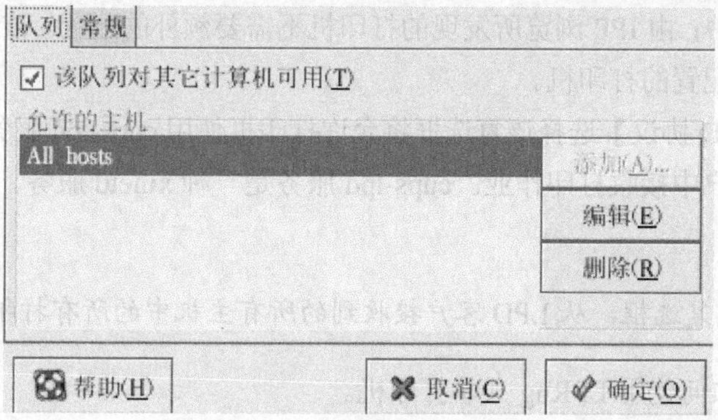

图 15-12 【队列】选项卡

选择了要共享的队列后，按照默认设置，所有主机都会被允许打印到共享打印机。允许网络上的所有系统都能够打印到队列中可能会很危险，特别是在系统直接连接到互联网的情况下。建议改变这个选项，方法是选择 All hosts 选项，单击【编辑】按钮，弹出如图 15-13 所示的对话框。

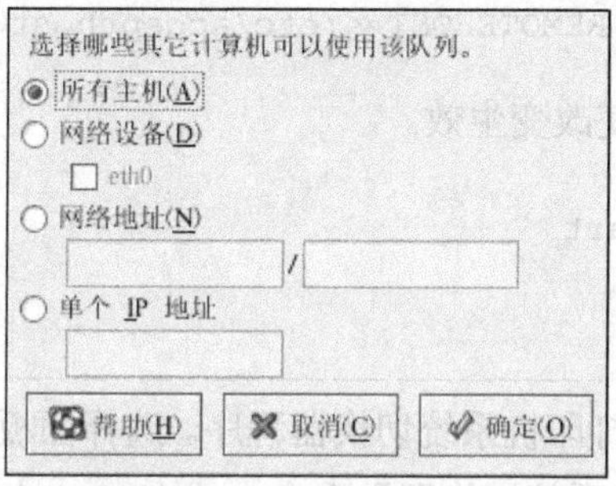

图 15-13 允许的主机

如果在打印服务器上配置了防火墙，它必须能够在进入的 UDP 端口 631 上发送和接收连接。如果在客户(发送打印请求的计算机)上配置了防火墙，那么必须被允许在端口 631 上发送和接收连接。

【常规】选项卡为所有打印机配置设置，包括那些打印机配置工具中看不到的打印机。其中有两个复选框，如图 15-14 所示。

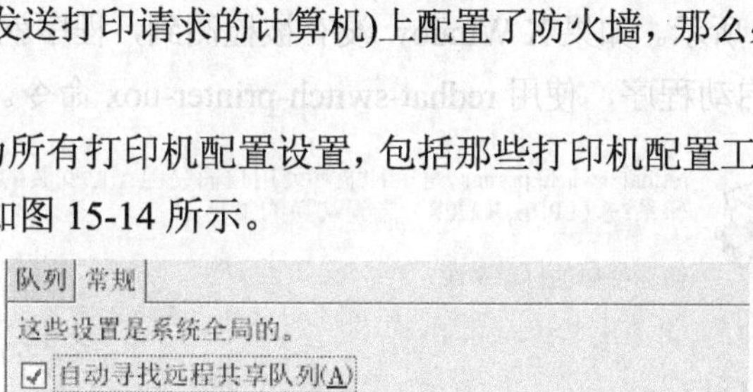

图 15-14 系统范围的共享选项

- 【自动寻找远程共享队列】：被默认选择。选择该复选框将启用 IPP 浏览，这意味着当网络上其他机器广播它们拥有的队列时，这些队列会被自动添加到系统的打印机列表中；由 IPP 浏览所发现的打印机不需要额外的配置。该选项不自动共享本地系统上配置的打印机。

- 【启用 LPD 协议】：选择该复选框将允许打印机使用 cups-lpd 服务从配置使用 LPD 协议的客户中接收打印作业。cups-lpd 服务是一种 xinetd 服务。

注意：

如果选择了该复选框，从 LPD 客户接收到的所有主机中的所有打印作业都会被接受。

接下来介绍如何使用 LPRng 共享打印机。

如果运行的是 LPRng 打印系统，用户可以手动配置共享。要允许网络上的系统打印到 Red Hat Linux 系统上配置的打印机，使用以下步骤。

(1) 创建/etc/accepthost 文件。在这个文件中，添加想允许打印访问的系统的 IP 地址或主机名，每行一个 IP 或主机名。

(2) 在/etc/lpd.perms 中取消以下行的注释符号。

```
ACCEPT SERVICE=X REMOTEHOST=</etc/accepthost
```

(3) 重新启动守护进程使改变生效。

```
service lpd restart
```

15.2.9　切换打印系统

要切换打印系统，运行打印机系统切换器程序。选择面板上的【主菜单】|【系统设置】|【更多系统设置】|【打印机系统切换器】命令，或在 shell 提示(如 XTerm 或 GNOME 终端)下输入 redhat-switch-printer 命令。

这个程序自动检测 X Window 系统是否在运行。如果它在运行，程序就会在图形化模式中启动，如图 15-15 所示。如果 X Window 没有被检测到，程序就会在文本模式中启动。要强制在文本模式中启动程序，使用 redhat-switch-printer-nox 命令。

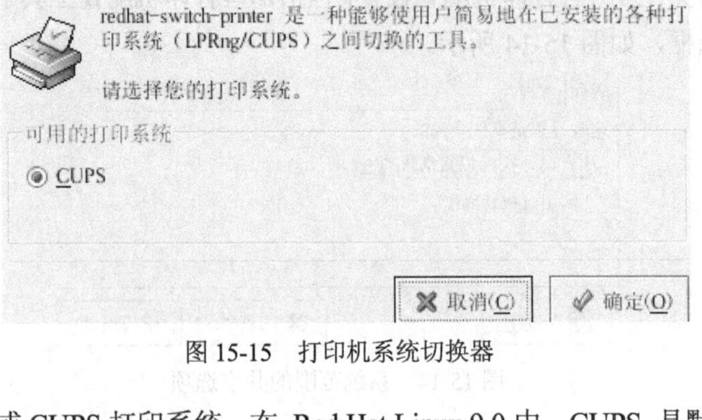

图 15-15　打印机系统切换器

选择 LPRng 或 CUPS 打印系统。在 Red Hat Linux 9.0 中，CUPS 是默认的打印系统。如果只安装了一个打印系统，它就是所显示的唯一选项。

如果单击【确定】按钮来改变打印系统，选定的打印守护进程就能够在引导时被启动，未选定的打印守护进程会被禁用，因此它不会在引导时被启动。选定的打印守护进程即刻被启用，未选定的打印守护进程即刻被停用，因此改变会立即生效。

15.2.10 其他资料

要了解更多关于在 Red Hat Linux 上打印的信息，请参考下列资料。

1. 安装了的文档

- man printcap：/etc/printcap 打印机配置文件的说明书页。
- map lpr：允许从命令行打印文件的 lpr 命令的说明书页。
- man lpd：LPRng 打印机守护进程的说明书页。
- man lprm：用来从 LPRng 假脱机队列中删除打印作业的命令行工具的说明书页。
- man mpage：用来在一张纸上打印多页的命令行工具的说明书页。
- man cupsd：CUPS 打印机守护进程的说明书页。
- man cupsd.conf：CUPS 打印机守护进程配置文件的说明书页。
- man classes.conf：CUPS 类别配置文件的说明书页。

2. 有用的网站

- http://www.linuxprinting.org：GNU/Linux Printing 包含了大量关于在 Linux 上打印的信息。
- http://www.cups.org/：关于 CUPS 的文档、FAQ 和新闻组。

15.3 声卡、网卡等的安装与检测

对于新的插卡，如声卡、网卡等，必须重新配置系统，在操作系统内核中增加对其支持。大多数插卡的支持都是以模块的形式提供的，而模块可以根据系统的需要自动加载，并与内核相互融合。安装一个插卡的支持一般都很简单，加载一个包含其驱动程序的模块就可以了。例如，Sound Blaster 声卡的驱动程序就在模块 sb.o 中，加载这个模块就可以了。大多数 Linux 的发行版本都会自动检测用户的系统里都安装了哪些插件，并为其加载必需的模块。如果用户更换了插件，可能就需要自行动手删除那个原有的、冲突的模块，加载新的模块。

注意：

Red Hat Linux 支持多数声卡，但是有些并不完全兼容，甚至根本不能运行。如果在配置声卡时遇到问题，请查看 http://hardware.redhat.com/网页上的硬件兼容性列表来决定自己的声卡是否被支持。

如果由于某种原因，听不到声音，但知道自己确实安装了声卡，可以运用声卡配置工具。

要使用声卡配置工具，选择【主菜单】|【系统设置】|【声卡检测】命令，会弹出一个小型的对话框，如图 15-16 所示，提示输入根口令。

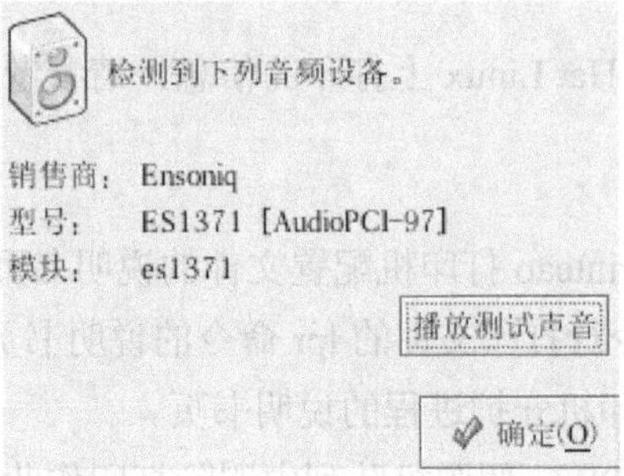

图 15-16　声卡配置工具

声卡配置工具程序会在你的系统上探测声卡。如果这个工具检测到一个即插即用的声卡，它会自动试图为声卡配置正确的设置。用户可以单击【播放测试声音】按钮来播放声音示例。如果听到了声音，单击【确定】按钮，声卡配置就完成了。

如果声卡不是一个即插即用的类型，还可以手动编辑/etc/modules.conf 文件来包括它应该使用的声卡模块，例如：

```
alias sound sb
alias midi opl3
options opl3 io=0x388
options sb io=0x220 irq=7 dma=0,1 mpu_io=0x300
```

要获得更多关于手动配置声卡的信息，请参考以下 Linux 文档计划网页 http://www.tldp.org/HOWTO/Sound-HOWTO/。

15.4 本 章 小 结

本章主要介绍了打印机配置和内核模块管理，打印机配置主要包括以下几个方面：使用打印机配置工具添加、删除、共享打印机，使用 GNOME 打印管理器管理打印作业，使用打印机系统切换器切换打印系统；内核模块管理主要介绍了载入、卸载和查看内核模块以及网卡、声卡的安装。

15.5　习　　题

1. 填空题

(1) ____不同于 Windows 将设备单独进行管理，在 UNIX/Linux 操作系统中所有的设备包括打印机、终端、光驱都用文件表示。

(2) 它将所有设备均用文件统一起来，使用统一的_____方式，即可获取设备____以及进行____，使系统资源表示简洁、一致性好。

(3) 从 Red Hat Linux 9.0 开始，Red Hat Linux 默认使用_____打印系统。

2. 思考题

(1) 回顾一下设备文件的概念。

(2) 主要有哪几种类型的打印队列？

3. 上机题

(1) 什么是内核模块？试着载入、卸载和查看内核模块。

(2) 查看系统的打印设备。

(3) 查看系统的声卡、网卡驱动。

第4部分

网络互联

部分内容

第16章　TCP/IP网络基础

Linux 是 Internet 的一种奇妙产物，大多数开发者是通过电子邮件、WWW 和 Usenet 新闻跨越世界进行协作开发和修改(并且仍在继续着)。另外，就像第 1 章介绍的，Linux 是符合开放 UNIX 标准的操作系统，故在其上开发网络技术有许多通用标准和资源可以参考，非常便捷。虽说如此，大多数 Linux 的新手在面对具体的网络实现问题时，往往无从下手。

本章主要为后续章节介绍 Linux 的网络功能的实现做准备，集中介绍网络的一些基础知识，使读者能对因特网及其协议基础有一个了解。主要内容包括 Linux 中的基础网络的概念，包括 TCP/IP 的网络基础和路由的概念；TCP/IP 的基本概念和 TCP/IP 配置的基本组件，如 IP 地址、子网掩码、端口与网关；5 种连接类型以及 Linux 与 Internet 的连接；最后还介绍了网络管理的基本知识与常用命令。

本章学习目标：

- 了解 TCP/IP 网络
- 了解路由概念
- 配置网络连接
- 配置网络接口
- 常用网络管理

16.1　TCP/IP 基 础

TCP/IP 网络协议是因特网(Internet)的基础和协议标准，Linux 与因特网连接时，首先需要了解其相关的基础知识。

20 世纪 60 年代末，TCP/IP 起源于美国国防部高新技术局(DARPA)资助的一个网络技术研究项目，目的是找到一个高抗毁性的复杂网络组织方式，结果得到了分组交换网络，并首先在 UNIX 系统上实现了第一个网络模型，其基础为 TCP/IP 协议。到 20 世纪 90 年代，随着其被民用于计算机网络，实现了第一个真正意义上的全球计算机网——因特网，该网已包含超过 1000 万台遍布世界各地的计算机和数亿用户，而且每天都在迅速发展着。

16.1.1　TCP/IP 网络的分层体系结构

网络协议通常分不同层次进行开发，每一层分别负责不同的通信功能，从而能够使网络实现更加灵活，各种系统更容易互联互通。OSI 参考模型是基于国际标准化组织(ISO)的建议，作为各种层上使用的国际标准化协议首先被发展起来的，这一模型被称为开放系统互联参考模型(Open System Interconnection Reference Model，OSI)，它是一个七层模型。实际上网络标准是 TCP/IP 的四层模型，可以看出 OSI 更加细致，也更容易理解，特别是对于工控网等特殊网络都能统一表示，故现在常用 OSI 参考模型来讨论网络分层实现，也可以将 TCP/IP 网络看做是其一个具体实现。TCP/IP 与 OSI 参考模型的协议层如图 16-1 所示，其中灰色部分表示 TCP/IP 没有实现的协议层。

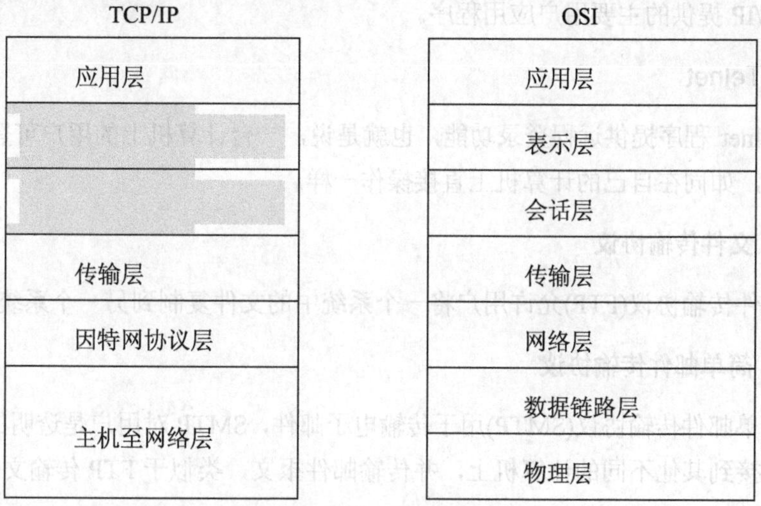

图 16-1　TCP/IP 与 OSI 协议层对照图

TCP/IP 参考模型每一层的功能如下。

- 主机至网络层，对照 OSI 参考模型可以看出，其实现包括建立和维护数据链路，以及处理与电缆(或其他任何传输媒介)的物理接口细节。
- 因特网协议层，即 OSI 的网络层，处理分组在网络中的活动，如分组的路由选择。在 TCP/IP 协议组件中，网络层协议包括 IP 协议(网际协议)、ICMP 协议(Internet 互联网控制报文协议)以及 IGMP 协议(Internet 组管理协议)。
- 传输层主要为应用程序提供端到端的通信。在 TCP/IP 协议组件中，有两种传输协议：TCP(传输控制协议)和 UDP(用户数据报协议)。
- 应用层负责处理特定的应用程序细节。几乎各种不同的 TCP/IP 实现都会提供下面这些通用的应用程序。
    - Telnet(远程登录)。
    - FTP(文件传输协议)。
    - SMTP(用于电子邮件的简单邮件传输协议)。
    - SNMP(简单网络管理协议)。

在 TCP/IP 协议组件中，网络层 IP 提供的是一种不可靠的服务。也就是说，它只是尽可能快地把分组从源节点送到目的节点，但是并不提供任何可靠性保证。而另一方面，TCP 在不可靠的 IP 层上提供了一个可靠的运输层。为了提供这种可靠的服务，TCP 采用了超时重传，发送和接收端到端的确认分组等机制。由此可见，运输层和网络层分别负责不同的功能。

Internet 是基于 TCP/IP 的全球网络，因此，将基于 TCP/IP 的局域网连接到 Internet 上也非常容易。

16.1.2　TCP/IP 应用层协议

理解 TCP/IP 中每个协议的作用，知道在 TCP/IP 在网络中能干什么很有用。下面列出了 TCP/IP 提供的主要用户应用程序。

1. Telnet

Telnet 程序提供远程登录功能，也就是说，一台计算机上的用户可登录到另外一台计算机上，如同在自己的计算机上直接操作一样。

2. 文件传输协议

文件传输协议(FTP)允许用户将一个系统中的文件复制到另一个系统中。

3. 简单邮件传输协议

简单邮件传输协议(SMTP)用于传输电子邮件，SMTP 对用户是透明的，它将把一台计算机连接到其他不同的计算机上，并传输邮件报文，类似于 FTP 传输文件。

4. 域名服务器协议

域名服务器(DNS)能使一台具有普通名字的设备转换成某个特定的网络地址。DNS 提供了将计算机的普通名称转换为设备的网络连接的专用物理地址。

5. 简单网络管理协议

简单网络管理协议(SNMP)把用户数据报协议(UDP)作为传输机制，它使用和 TCP/IP 不同的术语，TCP/IP 用客户和服务器，而 SNMP 用管理器(Manager)和代理(Agent)，代理提供设备信息，而管理器管理网络通信。

6. 远程过程调用

远程过程调用(RPC)是使应用软件能与另一台计算机(服务器)通信的一些函数，它们提供支持分布式计算的编程函数，返回代码和预定义的变量。

16.1.3　TCP/IP 配置基础

1. IP 地址

在 TCP/IP 中，每台连接网络的机器(或主机)都被指定唯一的 IP 地址。IPV4 的 IP 地址长度为 32 比特，这样，总的地址个数为 2 的 32 次方(2^{32})。随着 Internet 的飞速发展，地址已经变得不够用了。IPV6 网络的建设已经迫在眉睫，IPV6 的 IP 地址长度为 128 比特。这里只介绍 IPV4 的 IP 地址格式。

IP 地址由 4 个字段组成，每个字段 8 比特，可分为 5 种 IP 地址类型：A 类~E 类，D 类和 E 类有特殊用途，这里只介绍前 3 类地址，如图 16-2 所示。

A 类	网络	主机	主机	主机
B 类	网络	网络	主机	主机
C 类	网络	网络	网络	主机

图 16-2　网络类型

每一类的 IP 地址都由两个固定长度的字段组成，其中一个字段为网络号，用来表示主机所连接到的网络，另一个字段为主机号，用来表示主机。

- 在 A 类网中，第一个字段为网络号，其他三个字段为主机号。
- 在 B 类网中，前两个字段为网络号，其他两个字段为主机号。
- 在 C 类网中，前三个字段为网络号，最后一个字段为主机号。

2. 子网与子网掩码(Subnet Mask)

IP 地址由 ICANN(Internet Corporation for Assigned Names and Numbers)进行分配。如果 ICANN 按照上述的两级 IP 地址结构(网络号+主机号)分配 IP 地址，IP 地址的空间利用率是很低的。例如，给一个需要 20 000 个 IP 地址的机构分配一个 C 类网段(包含 256 个 IP 地址)才是够用的，分配一个 B 类网段(包含 65 536 个 IP 地址)才够用，但是又浪费了 45 536 个 IP 地址。由此可以看出两级 IP 地址不够灵活。为了解决这个问题，又引入了三级 IP 地址(网络号+子网号+主机号)，这就是所谓的划分子网。

细心的读者可能会发现，我们无法从 IP 地址中直接得出该地址所属的网络是否划分了子网，为了解决这个问题，子网掩码应运而生，将 IP 地址与子网掩码进行“与”(AND)操作，得到的就是网络地址(子网地址)。

例如，IP 地址为 10.10.10.1，子网掩码为 255.255.255.0，则该 IP 地址所属网络的网络地址(子网地址)为 10.10.10.0。

对一个 A 类网络来说，默认的子网掩码是 255.0.0.0；对一个 B 类网络来说，默认的子网掩码是 255.255.0.0；对于一个 C 类网络来说，默认的子网掩码是 255.255.255.0。

3. 广播地址(Broadcast Address)

“广播地址”能将消息广播给当前网络的所有主机，广播地址中主机部分的二进制位全为 1。例如，IP 地址 192.68.4.6/22 的广播地址为 192.168.7.255/22，其中 22 表示前 22 位是网络地址，后 10 位是主机地址，把后 10 位设置为 1 就可以得到其广播地址了。

4. 域名系统(DNS 和 BIND)

要记住连接的每台机器的 IP 地址是很难的，因此使用名字会更合适。DNS 将域名解析为 IP 地址，大大减轻了用户记忆的负担。比如，访问水木清华时，就可以输入地址：

```
telnet bbs.tsinghua.edu.cn
```

域名格式为：子域名.[子域名.]……域名

在 Internet 上，域的分类是有规定的。美国使用的域名意义如表 16-1 所示。

表 16-1　Internet 上的域名含义

域	指　代
com	金融业
gov	政府部门
int	国际组织
mil	军事部门
net	网络服务组织
org	其他组织
us	ISO 的美国域
edu	大学及学院

其他国家或地区都必须使用双字母域来标志；在表中的域名上加上 ISO(国际校准化组织)规定的国家域名，常见的国家域名如表 16-2 所示。

表 16-2　Internet 上的国家域名

域	国家或地区
cn	中国
hk	香港地区
mo	澳门地区
tw	中国台北
sg	新加坡
th	泰国
jp	日本
kr	韩国
de	德国
fr	法国
uk	英国
us	美国
ch	瑞士
se	瑞典

因此，中国大学的域名就是 edu.cn，清华大学的域名就是 tsinghua.edu.cn，而清华的 BBS 就是 bbs.tsinghua.edu.cn。

理解了域名的含义之后，将更容易记忆主机名。

目前在 Linux 系统上使用的域名服务器软件是 Berkeley Internet Name Domain(BIND)。BIND 域名服务器由称为 named 的名字服务器的守护进程、数个样本配置文件和分解器库组成。如果要使机器作为名字服务器运行，只需运行带有合适配置文件的 named 守护进程。关于 BIND 的进一步资料和当前软件版本可以从 www.isc.org web 站点上获得。该网站提供联机 Web 资料和手册。

5. 端口(Port)

我们前面已经讲过，TCP 和 UDP 采用 16 位的端口号来识别应用程序。服务器一般都是通过人们所熟知的端口号来识别的。表 16-3 列出了常用的 TCP 和 UDP 端口。

表 16-3　常用的 TCP 和 UDP 端口

服 务 名	端　　口	类　　型	说　　明
FTP	21	TCP	文件传输协议
Telnet	23	TCP	Telnet 连接
SMTP	25	TCP	简单邮件传输协议
Name	42	TCP	域名系统服务
HTTP	80	TCP	超文本传输协议(万维网)
POP3	110	TCP	使用邮政局协议 3 的邮件阅读器
IMAP	143	TCP	使用 Internet 消息访问协议的邮件阅读器

16.1.4　路由的概念

我们经常使用的计算机网络往往由许多不同类型的网络通过路由器互连而成。下面是一个简单的例子：用户连接到一个小型公司的局域网上，局域网又连接到 Internet 上，Internet 连接到公司局域网的路由器上，公司的租用线路连接到 Internet 服务供应商上，这种网络布局如图 16-3 所示。

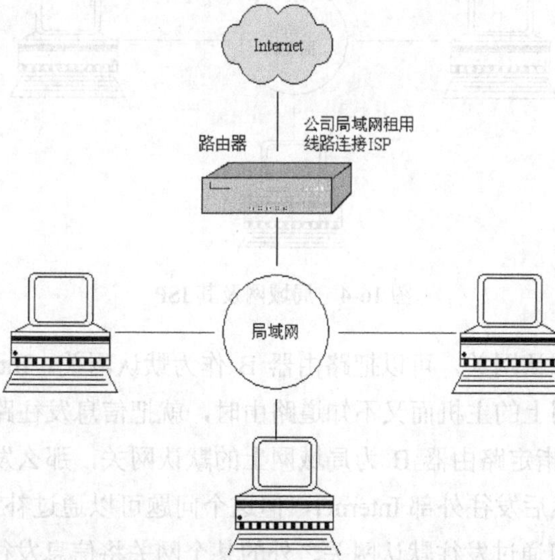

图 16-3　连接到 Internet 的局域网

由于公司局域网只有一个通过路由器与外部建立的连接，因此路由器的选择变得很简单。Internet 上每台机器的配置都指向这个路由器的默认网关。公司局域网上的主机要连接局域网外的机器时，就将分组发给路由器，由路由器负责信息的重定向。由于有了路由器，人们就可以把整个外部世界看做是个黑匣子，所有往外传送的信息都发给路由器，好像路由器封装了除公司局域网以外的整个网络，由路由器进行简单的决策。在路由器收到分组时，它进行目标地址的查找，如果该地址是公司局域网地址，那么将其发给公司局域以太网；如果该地址是外部地址，那么将其发往连接 Internet 服务供应商的租用线路。

进一步分析黑匣子中包括 Internet 服务供应商(ISP)的网络和 Internet 连接的情况，如图 16-4 所示。此时情况就变得复杂了，在图 16-4 中，在 Internet 服务提供的局域网中，有两个路由器：路由器 A 连接其局域网到租用线路和用户自己的局域网，而路由器 B 通过 ISP 的租用线路连接到 Internet 服务供应商。

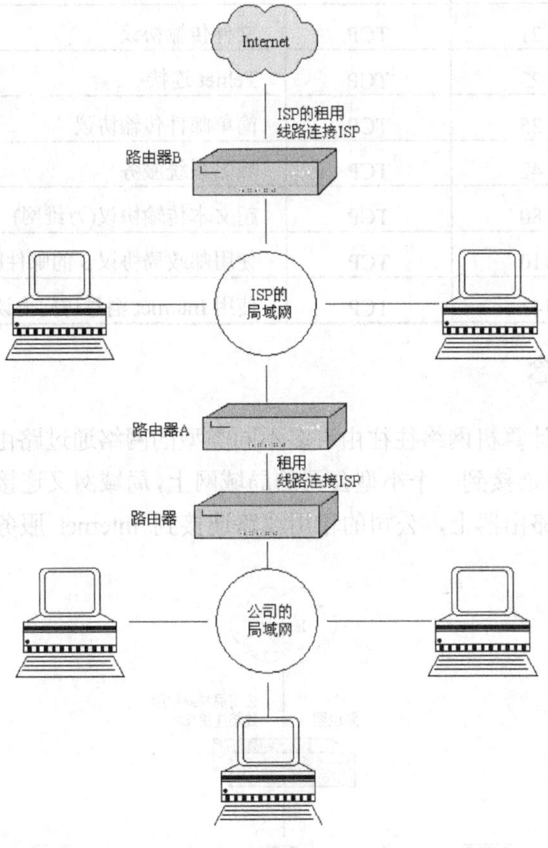

图 16-4　局域网及其 ISP

每个网络都需要默认网关，可以把路由器 B 作为默认网关。Internet 服务供应商的主机要连接不在其局域网上的主机而又不知道路由时，就把信息发往路由器 B。但是，如果 Internet 服务供应商只指定路由器 B 为局域网上的默认网关，那么发往公司局域网的信息也会发往路由器 B，然后发往外部 Internet，但这个问题可以通过补充静态路由来解决。

静态路由指定如何通过发往默认网关之外的某个网关将信息发往特定网络或主机。因此，可以将静态路由定义为将所有 Internet 服务提供商发给公司局域网的信息发往路由器 A。对于 Internet 服务供应商的局域网上的主机，通常要遵循以下 3 个路由原则。

- 如果分组的目标为本地局域网上的主机，那么直接发给主机。
- 如果分组的目标为通过路由器 A 连接的局域网，那么把分组发往路由器 A。
- 所有不指向路由器 A 的局域网中传输的分组都发往路由器 B。

这样，这个过程就很清楚了。指向公司网的分组到达时，从 Internet 到达路由器 B，路由器 B 从分组的目的地判断分组发往公司网，因此可根据静态路由将分组发往路由器 A。路由器 A 找到分组的目的地，确定是发给公司网的，可直接发往公司网上的目标主机。这样便构成了从 Internet 服务供应商到公司网的整个路由过程。

在具有多个站点、多个局域网和多个 Internet 连接的大型公司中，路由寻址和选择往往非常复杂，因此需要认真设计路由结构，确保以最安全的方式找到最有效的路由信息。

大规模网络的复杂路由不在本书介绍之列，那是网络的专业内容。本书只对大多数 Linux 用户所在的典型网络路由环境中所需的简单背景知识进行介绍。

16.1.5　Telnet

Telnet 程序的运行目的是通过网络提供远程登录目标主机进行操作的能力。换句话说，计算机 A 的用户可以与网络中任意计算机 B 进行联机操作，对用户而言，就像坐在计算机 B 前面一样。Telnet 是通过 TCP 端口号 23 提供服务的。

远程登录的过程如下。

首先在 shell 提示符下输入 telnet 命令。

```
$telnet
telnet> open bbs.tsinghua.edu.cn
```

或者直接输入(telnet bbs.tsinghua.edu.cn)。

```
Connected to bbs.tsinghua.edu.cn
login:
```

一旦连接到远程系统，就必须提供一个注册名和口令。一旦注册成功，就好像在操作远程系统，可采用操作系统全部有效的命令。所有指令都与服务器相关，所有目录命令都可显示服务器的当前目录，而不是客户目录。要查看客户目录，用户必须进入命令模式。

脱离远程对话，只要输入如下命令即可

```
telnet> quit
```

或者直接按 Ctrl+D 组合键，用户就可以重新返回到自己的计算机上。

当用户不想操作一台功能不全的计算机或者终端，而希望使用另一台计算机的处理能力，或另外一台计算机中具有用户不便在自己的计算机中装载的特殊工具时，Telnet 程序十分有用。但由于其安全性不足，远程登录是通过明文口令进行登录的，故现在更常用改进的 SSH(Security Shell)来进行远程操作。

16.1.6　常用的命令

1. 网络信息统计：ping、finger、host 和 arp

关于网络协议总体信息的统计可用 netstat -s 命令来获取，该统计信息通常可提供 IP、ICMP、TCP 和 UDP 的总体情况，还可以用 ping、finger、host 和 arp 命令找到有关系统和网络上用户的状态信息。

(1) ping

ping 用于诊断远程系统是否已经启动和运行。

```
#ping www.sohu.com
ping pagegrpl.sohu.com(61.135.132.176)56(84) bytes of data
64 bytes from 61.135.132.176: icmp_seq=0 ttl=246 time=42.0ms
```

(2) finger

使用 finger 命令可以得到网络上其他用户的信息，包括用户最后注册的时间、所使用的 shell 类型、其 home 目录的路径名以及是否收到过邮件等。

```
#finger larisa
Login: larisa               Name: Larisa Petersen
Directory: /home/larisa          Shell:/bin/bash
Last login Tue Jue 4 02:52 2003(PDT)
No Plan.
#
```

此外，使用 who 命令列出当前连接到系统上的所有用户，包括他们注册的时间、长度和地点。

(3) host

host 用于把一个主机名解析到一个网络地址或把一个网络地址解析到一个主机名。

```
#host www.sohu.com
www.sohu.com is an alias for pagegrpl.sohu.com
pagegrpl.sohu.com has address 61.135.132.173
…
```

(4) arp

arp 命令用来显示和修改地址解析协议(ARP)使用的 IP 地址到物理地址转换表。在命令行中输入 arp –a 命令，可以获得本地系统的 IP 地址和物理地址信息。例如：

```
#arp -a
Interface 10.1.3.222  ---0x2
Interface Address       Physical Address        Type
10.1.2.1                00-0a-42-cd-3c-0a       dynamic
#
```

2. 远程访问命令：rwho、rlogin、rcp 和 rsh

远程访问命令用于较小的网络，如 intranets。它们能使用户远程注册到另一个系统上的另一个账号，并把文件从一个系统复制到另一个系统。

(1) rwho

rwho 显示哪些用户登录到本地网络上的主机，其语法如下。

```
rwho [-a]
```

-a 包含了所有的用户。若没有此标志，会话空闲一个小时或超过一个小时的用户不会包含在此报告中。

(2) rlogin

rlogin 命令(用于远程登录)能使用户进入另一台计算机，虽然该协议特别简单，但其功能类似于 Telnet，在服务器上运行的一个背景程序称为 rlogind。

使用 rlogin 的登录过程和正规的登录过程不同，在其过程中不提示用户登录名。rlogin 认为本地系统中的登录名和远程系统中的登录名一样，因为大多数人使用 rlogin 时用自己的登录名来访问在其他系统上的账号。当远程系统上的登录名和本地系统上的登录名不同时，其-l 选项允许用户输入登录名，其语法如下。

```
#rlogin system-name -l login-name
```

(3) rcp

rcp 命令可远程复制文件，执行和 FTP 相同的功能。rcp 是一个文件传送实用程序，其操作就如 cp 命令一样，只是它跨越网络连接至远程系统。rcp 命令的语法如下。

```
#rcp remote-system-name: source-file copy-file
```

也可以把整个目录从远程系统复制到本地，其语法如下。

```
#rlogin -r local-directory remote-system-name: remote-directory
```

(4) rsh

rsh 命令可使用户在远程系统上执行一个 Linux 命令，并在自己的系统上显示出结果。此时系统名和登录名必须是在远程系统的.rhosts 文件中，其语法如下。

```
#rsh remote-system-name Linux-command
```

16.2　建立与 Internet 的连接

上网已渐渐成为一项广受欢迎的活动。从金融信息到医药处方，人们在方方面面都使用互联网。然而，要使用互联网，必须先连接它。互联网的连接方式也有很多种，如下所示。

- ISDN 连接
- 调制解调器连接
- 无线连接
- xDSL 连接
- 以太网连接

16.3　TCP/IP 配置文件

可以用 Red Hat Linux 中包含的网络管理工具进行网络配置，但有些人往往更喜欢或者说更习惯直接修改配置文件进行网络的配置，以满足自己的需要。

TCP/IP 配置文件保存在/etc 子目录里，这些配置文件分别定义了诸如主机名、域名、IP 地址、接口设置参数等网络信息。用户想要访问的其他 Internet 主机的 IP 地址和域名也记录在这些文件里。如果用户在安装系统时就配置好了自己的网络，便会在这些文件中看到以下信息。

16.3.1　主机名：/etc/hosts 文件

/etc/hosts 文件的作用是将主机名(域名)映射到相应的主机 IP 地址，可以使用任意文本编辑器编辑/etc/hosts 文件。随着 Internet 用户快速增长和越来越多大型的网站出现，登记维护域名及其对应 IP 地址的工作就逐步转移到由 DNS 来完成了。但 hosts 文件还是被保留了下来，主要是用于保存被频繁访问的主机域名和 IP 地址。在采取访问其他域名服务器查找域名的 IP 地址这一步骤之前，用户系统通常会先检测自己的 hosts 文件里有没有。

hosts 文件的域名设置项的格式如下。

```
IP 地址          域名              主机的别名(如果存在)
```

设置项的后面(同一行上)用户还可以再输入一些注释。注释永远都是以符号“#”开始的。在自己的 hosts 文件里，用户能够看到已经有一个对应于主机 localhost 和 IP 地址 127.0.0.1 的设置项。localhost 是计算机使用的一个特殊标识符，它让同一系统中的用户在自己的机器上就能够彼此进行通信。IP 地址 127.0.0.1 就是为达到此目的而在每一台计算机中专门保留的特殊地址，也就是所谓的“回环地址”(Loopback Address)。/etc/hosts 文件示例如下。

```
/etc/hosts
_______________________________________________________________
127.0.0.1           turtle.trek.com           Localhost

192.168.1.72        turtle.trek.com
```

16.3.2　网络名：/etc/networks 文件

/etc/networks 文件保存着用户连接的网络域名和 IP 地址，而不是某个主机的域名。网络有比主机短的 IP 地址，根据网络类型的不同，它可能会用到其 IP 地址中的一个、两个或者三个数字。另外，还有一个对应于 localhost 网络的 IP 地址 127.0.0.0。

输入网络的域名，再输入其 IP 地址。记住 IP 地址是由网络部分和主机部分组成的。网络部分就是用户在自己的 networks 文件里看到的网络地址。在这个文件里，永远会有一个对应于用户计算机的 IP 地址在网络中的设置项，这就是用户计算机所属网络的网络地址。/etc/networks 文件示例如下。

```
/etc/network
loopback 127.0.0.0
trek.com 192.168.1.0
```

16.3.3　主机名：/etc/HOSTNAME 文件

/etc/HOSTNAME 文件保存着用户系统的主机名，更改自己的主机名就需要修改这个设置项。用户可以用网络管理工具来更改主机名，并把新名字保存到/etc/HOSTNAME 文件中。要查看自己的主机名，最好使用 hostname 命令，而不是显示这个文件的内容。

16.3.4　网络服务：/etc/services 文件

/etc/services 文件中列出了用户系统上可用的网络服务项目(如 FTP 和 Telnet)，以及它们所使用的特定端口。在这个文件里，用户可以查出自己的 Web 服务器在查看哪个端口，自己的 FTP 服务器又在使用哪个端口等。用户可以在端口编号后面给服务器定义一个别名(绰号)，然后使用这个别名来引用这项服务。

16.3.5　网络协议：/etc/protocols 文件

/etc/protocols 文件列出了用户系统当前支持的 TCP/IP 各种协议的名称。

16.4　网络接口配置

通过以上学习，用户可以非常方便地建立与 Internet 的连接，但是需要指出的是仅建立与 Internet 的连接是不够的，还需要查看并告诉系统程序在用网络设备，如以太网卡的使用界面，即网络设备接口。因此，用户还需要了解网络连接配置。除了图形化的网络管理界面外，最方便的当然是 ipconfig 命令了。

1. 查看显卡配置信息

只需要在命令行中输入 ipconfig 命令而不使用任务选项，就可以看到系统当前网络接口的配置情况。

例如：

```
[root@localhost root]# /sbin/ipconfig
eth0 Link encap:Ethernet HWaddr 00:80:C8:6F:FE:FC
inet addr:192.168.0.11 Bacast:192.168.0.255 Mask:255.255.0.0
     UP BROADCAST RUNNING MULTICAST MTU:1500 Metric:1
RX packets:134770 errors:212 dropped:0 overruns:0 frame:0
     TX packets:190234 errors:12 droped:12 overuns:1 carrirer:0
```

```
        collisions:7927
    RX bytes:874442 (8.3Mb) TX bytes:  (53.3 Mb)
    lo   Link encap:local loopback
        inet addr:127.0.0.1 Mask:255.0.0.0
    UP BROADCAST RUNNING MULTICAST MTU:16436 Metric:1
    RX packets:74 errors:0 dropped:0  overruns:0 frame:0
        TX packets: 74 errors:0 dropped:0  overuns:0 carrirer:0
        collisions:0
    RX bytes:874442 (3.3 Kb) TX bytes:  (3.3 Kb)
```

其中 eth0、lo 为系统中存在的网络接口。ethx 表示是以太网卡，x 值为 0、1，分别表示第一、第二个以太网卡接口。

2. 设置网卡

除了显示，ipconfig 命令还用来对网络接口进行配置，它把一个 IP 地址分配给一个网络接口，然后系统就会知道存在这样一个网络接口，并且知道它对应着某个特定的 IP 地址。

它的执行参数包括：一个网络接口的名字、一个 IP 地址和其他参数选项。其中，用户可以定义该 IP 地址为主机地址，或者网络地址以及使用此 IP 地址的域名，当然这个域名及 IP 地址要保存在/etc/hosts 文件中。ipconfig 命令的语法如下。

```
#ipconfig interface -host_net_flag address options
```

其中，-host_net_flag 或者是-host，或者是-net，以此来区分一个主机地址或者网络地址，标志-host 是默认值。ipconfig 命令还包括几个参数选项，用来对该网络接口的各个方面进行设置，如表 16-4 所示。

表 16-4　ipconfig 的参数选项

参 数 选 项	说　明
interface	网络接口的名字，比如第一块以太网卡的 eth0，或者第一个 PPP 设备(调制解调器)的 ppp0
aftype	确定解码协议地址所属的地址系列，Linux 操作系统现时期的默认设置是 inet
up	激活一个网络接口。如果给出了 IP 地址，就隐含此参数选项
down	使一个网络接口失效
-arp	打开或关闭 ARP 协议；无后续参数时关闭它
-trailers	打开或关闭以太网构架的复用器；无后续参数时关闭它
-allmulti	打开或关闭多协议混用模式；无后续参数时关闭它
metric n	网络接口路由的成本(目前不支持)
mtu n	每次传送时此接口可发送的最大字节数
dstaddr address	点对点连接中的目标地址
netmask address	网络的掩码；无后续参数时关闭它
broadcast address	广播地址，无后续参数时关闭它
point-to-point address	网络接口的点对点模式；如果还给出了地址，就把它分配给远端系统
Hw	设置网络接口的硬件地址
Address	分配给网络接口的地址

例如，使用 ipconfig 命令来配置一块以太网网卡的命令如下。

```
#ipconfig eth0 204.32.168.56
```

对于这种简单的配置，ipconfig 命令会自动生成一个标准的广播地址和子网掩码。如果用户上网时使用的是一个特殊的子网掩码和广播地址，就必须定义广播地址的参数选项 broadcast，定义子网掩码的参数选项 netmask。例如：

```
#ipconfig eth0 204.32.168.56 broadcast 204.128.244.127 netmask 255.255.255.0
```

如果使用点对点(PPP，Point to Point Protocol)类型的网络接口，那么要求用户在 ipconfig 命令行中加上参数 pointtopoint，而 ppp0 是第一个 PPP 接口。点对点接口通常只应用在两台主机之间，比如两台通过调制解调器连接在一起的计算机。如果加上了参数选项 pointopoint，就必须再加上该主机的 IP 地址。例如：

```
#ipconfig ppp0 192.168.1.72 pointtopoint 204.166.254.14
```

这样就配置了一个把 IP 地址分别为 192.168.1.72 和 204.166.254.14 的两台计算机连接在一起的 PPP 接口。

3. 启用与停用网络接口

当配置好网络接口以后，就可以使用带 up 参数选项的 ipconfig 命令激活它，带 down 参数选项的 ipconfig 命令停用它。例如，启用第一块网卡的网络接口命令如下。

```
#ipconfig eth0 up
```

如果在一个 ipconfig 操作里指定了一个 IP 地址，那么就已经隐含地使用了 up 参数。

16.5 常用网络管理命令

Linux 的网络功能非常强大，可以说所有公开的网络协议都由相应的命令实现，因此常用的网络命令都收集在其中，甚至 Windows 下的私有网络邻居协议也都被较好地实现，本节就介绍几个常用的命令。

16.5.1 检测主机连接

Ping(Packet InterNet Groper)命令能够进行网络连接检测，从而判断到达目标主机的连接是否正常。该命令可能是最常用的网络命令之一，不论是 UNIX 还是 Windows 都有该命令。执行该命令如下：

```
#ping -c 5 dest-host
PING dest-host (192.168.0.10) from 192.168.0.11:56(84) bytes of data.
64 bytes from dest-hot(192.168.0.10): icmp_seq=0 ttl=240 time = 19.876 msec
```

```
......
--- dest-host ping statistics ---
5 packtest transmitted, 5 packtes received, 0% packet loss
round-trip min/arv/max/mdev = 19.876 /21.375/22.887/1.584
```

显示目标主机工作正常。

16.5.2　网络路由选择

路由选择是IP最重要的功能之一。它解决了从信源计算机到信宿计算机的最佳路径以及如何处理诸如干预计算机的负载过重或连接丢失等类型的问题。

1. 查看路由表信息

路由的详细内容保存在/proc/net/route文件里的路由分配表中。如果想看到路由表，请输入不带任何参数选项的route命令。

```
#route
Kernel routing table
Destination      Gateway    Genmask        Flags    Metric    Ref  Use    Iface
Loopback           *      255.0.0.0         U         0        0   12     lo
pangol.train.com *        255.255.255.0     U         0        0    0     eth0
```

具体说明如下。

Destination：路由目的地的IP地址。

Gateway：路由使用的网关IP地址或主机名，星号(*)表示没有使用网关。

Genmask：路由的子网掩码。

Flags：路由的类型(U=活跃，H=主机，G=网关，D=动态，M=已经改动过)。

Metric：路由的预算成本。

Ref：依赖此路由的路由个数。

Use：此路由已使用次数。

Iface：此路由使用的网络接口类型。

2. 添加路由

一个接口必须在它的IP地址被添加到路由表之后才能提供给人们使用。添加地址的操作可以用route命令和它的add参数完成，如下所示。

```
#route add address
```

下面的例子是对一个以太网接口进行路由设置的命令。

```
#route add 192.168.1.2 dev eth0
```

3. 设置回馈接口路由

在路由表里至少要有一个为回馈接口准备的设置项。如果没有，用户就必须使用 route 命令为回馈接口安排一个路由。回馈设备的设备名是 lo，而它的 IP 地址就是为之保留的 127.0.0.1，如下所示。

```
#route add 127.0.0.1
```

4. 删除路由

要删除某个已经建立好的路由，可以使用带 del 参数的 route 命令，如下所示。

```
#route del 192.168.1.2
```

16.5.3 网络接口信息统计

netstat 程序能够向用户实时提供自己网络连接方面的运行状态信息、网络统计数字和路由表等。用户可以使用 netstat 程序中的参数选项来查看自己网络中不同方面的信息。

不使用任何命令选项，netstat 命令能显示所有 Internet 连接状态的命令如下。

```
#netstat
Active Ineternet connections(w/o servers)
Proto Recv-Q Send-Q Local Address        Foreign Address    State
Tcop 0      2      192.168.0.11:telnet   localhost:1145     ESTABLISHED
…
```

命令显示出建立连接的目标和源主机，以及连接的状态。除了显示网络连接状态之外，还可以使用带-r 参数的 netstat 命令显示路由表；使用带-i 参数的 netstat 命令显示各网络接口的使用情况。如下显示的是系统的路由表。

```
#netstat -r
Kernel IP routing table
Destination   Gateway  Genmask         Flags  MSS  Window  irtt  Iface
192.168.0.0   *        255.255.255.0   U      40   0       0     eth0
127.0.0.0     *        255.0.0.0       U      40   0       0     lo
default       selena   0.0.0.0         UG     40   0       0     eth0
```

16.6 本章小结

本章讲述了大多数计算机用户都感兴趣的主题——网络，主要介绍了 Linux 网络的基本概念，TCP/IP 网络基础和路由、TCP/IP 配置的基本组件，如 IP 地址、子网掩码、端口；TCP/IP 协议组以及几个网络实用程序；Linux 与 Internet 的连接方式；通过修改配置文件修改网络配置；最后还介绍了用于网络管理的常用命令(如 ipconfig 命令)。

16.7　习　　题

1. 填空题

(1) ______协议是全球互联网或因特网(Internet)的基础，该广域网(WAN)已包含超过 100 万台遍布世界各地的计算机。

(2) ______是唯一地表示一台主机的 4 段数字。

(3) 域名服务器(DNS)能使一台具有普通名字的设备转换成某个特定的______。

2. 选择题

(1) 下列哪个不是网络协议类型？(　　)

A. TCP/IP　　B. IPX/SPX　　C. Novell　　D. OSI

(2) 下列说法哪个是正确的？(　　)

A. 网络地址就是网络域名。

B. 网络域名就是 IP 地址信息。

C. 网络域名是唯一的网络地址表示方式。

D. 网络主机具有唯一的网络地址。

3. 思考题

(1) 试描述 TCP/IP 网络的分层体系结构及各层的作用。

(2) 主要存在哪几种 Internet 连接类型？试述各自的特点？主要的网络图像格式有哪些？其特点如何？

(3) 网络的子网划分是什么？不同子网掩码的两台机器能否直接通信？

4. 上机题

(1) 查看一个网络连接是否被激活。

(2) 查看第一个以太网卡的 IP 地址配置。

(3) 查看网络连接状态。

第17章 网 络 应 用

本章主要介绍如何使用几种网络应用，如 Web 浏览、文件管理浏览器、电子邮件和FTP 文件传输。Red Hat Linux 中具有非常全面的网络应用程序，支持多种 Web 浏览器，比较流行的有 Mosaic、Galeon、Netscape、Lynx 以及桌面浏览器 Nautilus 和 Konqueror 它包括了好几种电子邮件应用程序，其中既有 Evolution、Mozilla Mail 和 Netscape Mail 之类的图形化电子邮件客户端，也有 Mutt、Pine 之类的基于文本的电子邮件客户，此外还有图形化的 FTP 程序等。

本章学习目标：

- 了解和使用几种 Web 浏览器
- 理解电子邮件协议
- 了解和使用电子邮件
- 了解和使用 Usenet
- 了解和使用 FTP

17.1 使用 Web 浏览器

虽然互联网的出现不过短短十几年的时间，但是对于浏览器的发展来说，却经历了不少变化。目前浏览器市场份额最高的是微软的 IE 浏览器。当然在浏览器的发展历程中，还有几款浏览器也必定会被写入互联网发展史。这些浏览器包括：Mosaic 浏览器、Chrome 浏览器、网景浏览器(Netscape Navigator)、Opera 浏览器、Mozilla Firefox 浏览器等。Red Hat Linux 下支持的浏览器非常丰富多彩。这里只介绍 Red Hat Linux 9.0 自带的 Mozilla 浏览器。

17.1.1 Mozilla 介绍

作为 mozilla.org 组织的大量开源互联网应用程序开发的一部分，Mozilla 是一个功能强大、服从标准、综合集成的 Web 浏览器、电子邮件客户和新闻阅读器。Web 浏览部分显示万维网内容，如网页和图像。Mozilla 还使用插件运行互动的多媒体，如流式视频和网页动画。在 Red Hat Linux 9.0 中采用了 Mozilla 浏览器的最新 1.2.1-16 版本。

接下来介绍使用 Mozilla 万维网浏览器来探索互联网的方式。

要启动 Mozilla，单击面板上的 Mozilla 浏览器启动器，或者选择主菜单中的【互联网】|【Mozilla 万维网浏览器】命令，Mozilla 浏览器的主窗口如图 17-1 所示。

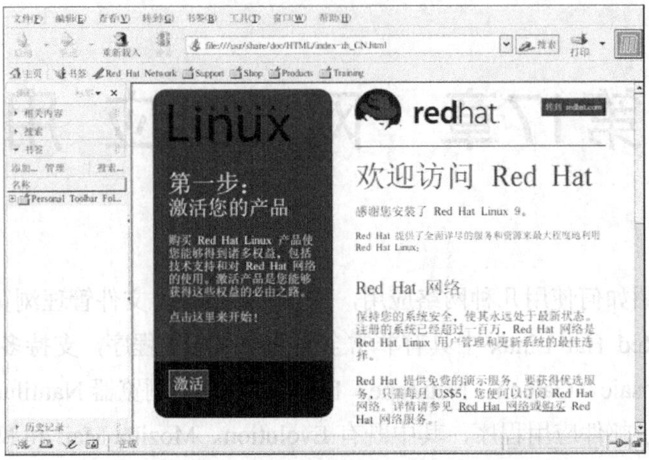

图 17-1　Mozilla 浏览器的主窗口

17.1.2　Mozilla 的使用

Mozilla 的功能和输入 Web 浏览器一样。它具备标准的导航工具栏(图 17-2)、按钮和菜单。

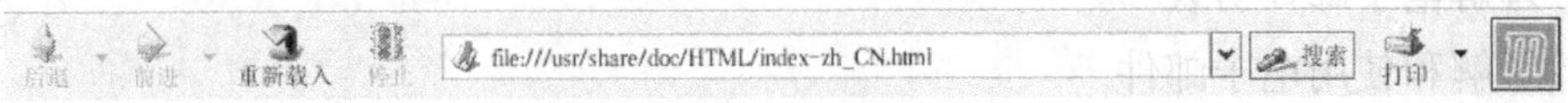

图 17-2　Mozilla 导航工具栏

导航工具栏上有一个地址字段，可以在其中输入统一资源定位器(Uniform Resource Locator，URL)——网站的名称或地址。Mozilla 还支持通过地址字段的关键字进行搜索。在地址字段中输入关键字或短语，然后单击【搜索】按钮，搜索结果会出现在主浏览区域。

该浏览器还有一个边栏(如图 17-3 所示)，它包含额外的选项，如综合搜索功能、书签和显示与当前主浏览区的主题相似的网页的【相关内容】选项。

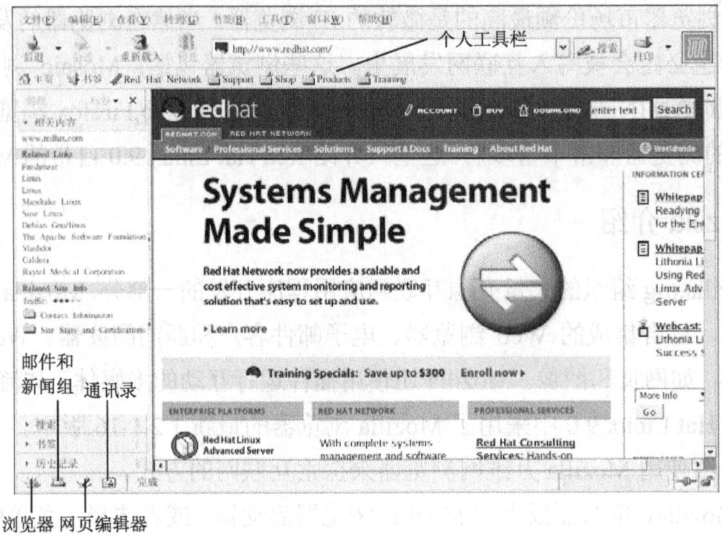

图 17-3　Mozilla 边栏

浏览器窗口的左下角有 4 个图标按钮：【浏览器】、【邮件和新闻组】、【网页编辑器】及【通讯录】。它们是被集成到 Mozilla 套件中的单独应用程序，可以用来进行浏览网页之外的输入互联网功能，如电子邮件、聊天和新闻等。关于使用 Mozilla Mail 电子邮件客户信息，请参阅 17.4 节。

浏览器上还有一个个人工具栏，用户可以使用自己的书签来定制它，或用它来快速地回到主页。个人工具栏对于保存和分类网页很有用处，这样就不必每次都输入想要访问的网页地址了。要在个人工具栏里添加一个站点，使用鼠标左键单击地址字段的 URL 旁边的小图标，并按住鼠标键不放，把地址拖放到个人工具栏中或文件夹图标里即可。用户可以通过单击图标进入个人工具栏文件夹，然后从下拉菜单中选择网站。

Mozilla 还允许用户使用浏览器标签框(Navigational Tab)在一个浏览窗口内浏览多个网站。可以通过单击【文件】|【新建】|【浏览器标签框】或按 Ctrl+T 组合键来打开一个标签框。这样，就可以打开一个新标签框，并允许通过单击标签在这些标签之间进行切换。要关闭一个标签框，右击该标签，然后从快捷菜单中选择【关闭标签框】命令，或者单击标签栏右上角的×按钮来关闭当前显示的标签。

关于使用 Mozilla 的额外信息，选择【帮助】|【帮助内容】即可查阅。

17.1.3　Mozilla 网页编辑器

Mozilla 网页编辑器(如图 17-4 所示)可以用来创建网页，使用它几乎不需要了解 HTML。要打开网页编辑器，在 Mozilla 主菜单中选择【窗口】|【网页编辑器】命令，或单击窗口左下角的【网页编辑器】图标即可。

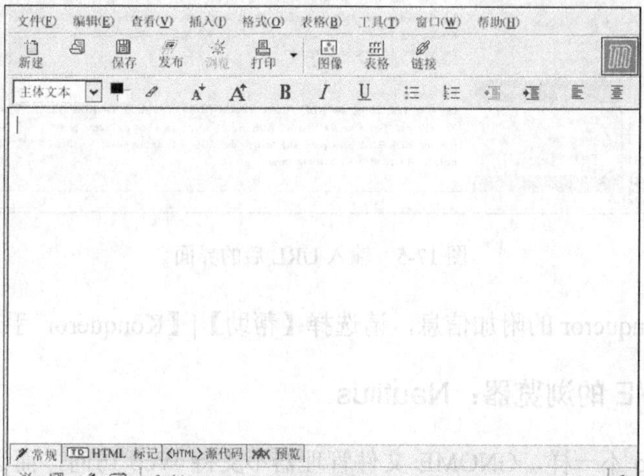

图 17-4　Mozilla 网页编辑器

Mozilla 的帮助文件提供了使用【网页编辑器】来创建网页的信息。

在主菜单中选择【帮助】|【帮助内容】命令。帮助窗口打开后，单击【内容】标签，然后单击旁边的箭头来扩展【创建网页】菜单。一个课题列表就会出现，然后单击其中任何能够提供关于使用 Mozilla 网页编辑器来创建和编辑网页的信息项目。

17.2　使用文件管理器浏览

在 KDE 和 GNOME 下，其文件管理器均具有非常丰富的功能，其中之一就是能够快速浏览网页。

17.2.1　K Desktop 文件管理器：Konqueror

如果使用 K Desktop 文件管理器，可使用一个文件管理器窗口作为 Web 浏览器。K Desktop 的文件管理器可自动设置成为一个 Web 浏览器来使用，它能够显示网页。K Desktop 支持标准的 Web 操作，Konqueror 为 K Desktop 的一种文件管理器。

要开始浏览网页，在【位置】中输入一个 URL 即可，如图 17-5 所示。

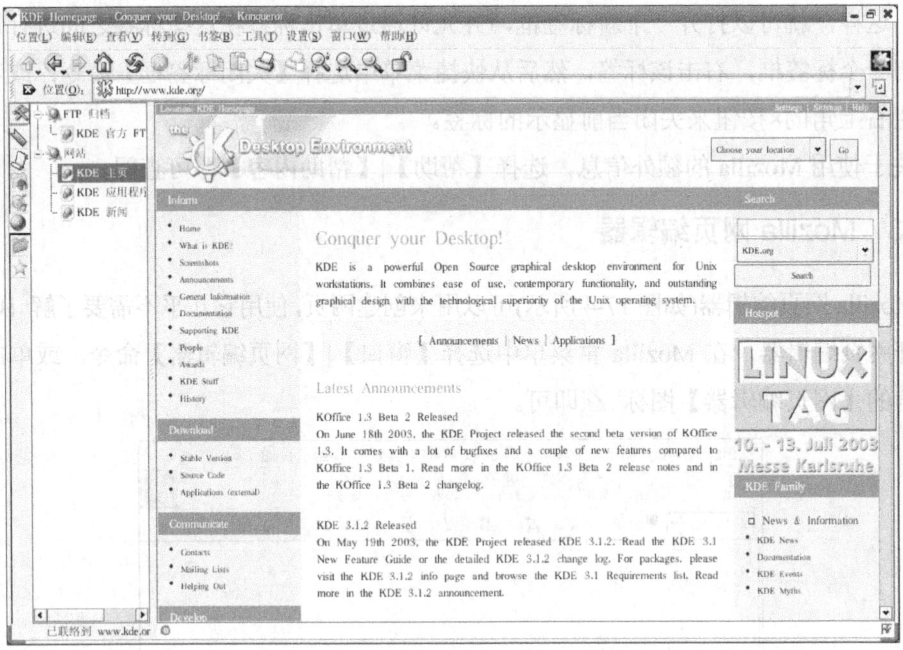

图 17-5　输入 URL 后的界面

关于使用 Konqueror 的附加信息，请选择【帮助】|【Konqueror 手册】命令。

17.2.2　GNOME 的浏览器：Nautilus

和 K Desktop 不一样，GNOME 文件管理器不支持 Web 访问，而必须使用一个 Web 浏览器。Nautilus(在第 5 章对 Nautilus 作为文件管理器进行了介绍)是 GNOME 桌面环境的一个核心组件，它不仅能够用于查看、管理和定制文件或文件夹，还有到其他网络浏览器的快速链接。例如，在 Nautilus 地址框中输入要访问的网站地址，Nautilus 将打开一个如图 17-6 所示的网页。

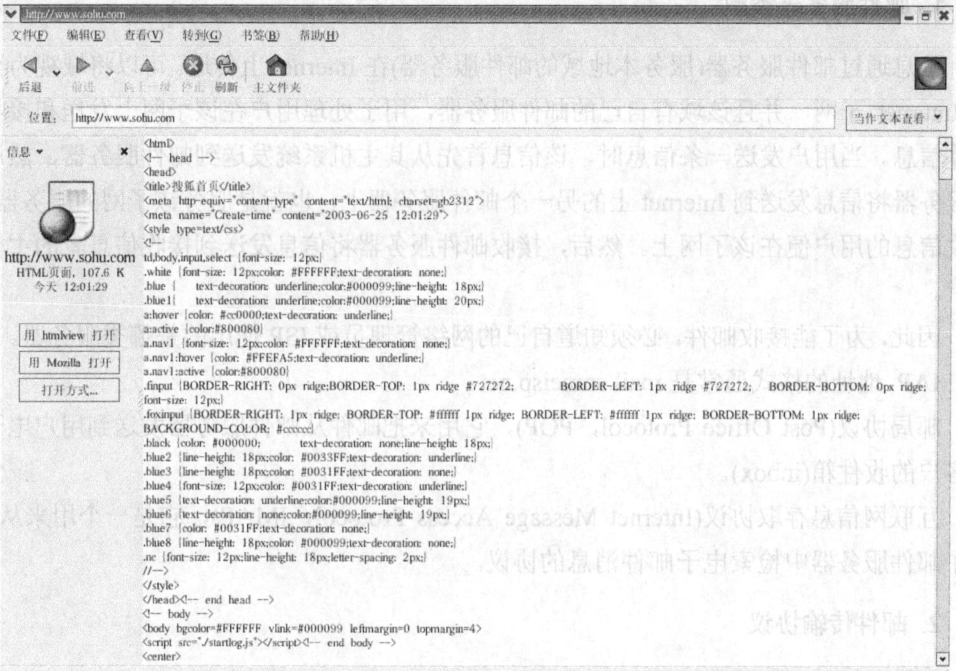

图 17-6　网页界面

17.3　使用电子邮件

电子邮件极大地方便了个人的联络和资源的共享，它几乎与现实生活中的邮箱一样成为一个人的标志，只不过是在网络上。

17.3.1　邮件服务器：POP、IMAP 和 SMTP

启动电子邮件客户程序之前，应该收集与互联网服务提供商提供的信息，用来正确地配置电子邮件客户程序。下面列出了几条可能需要了解的信息。

- 收发邮件的电子邮件地址。
- 接收电子邮件的服务器类型(POP 或 IMAP)。
- 寄发电子邮件的服务器类型(SMTP)。

用户必须正确配置这些信息，否则将无法正确使用本节所讲的电子邮件客户程序。因此，在使用电子邮件客户程序收发电子邮件之前，了解基本的电子邮件标准和协议是很有必要的。

电子邮件地址的格式通常是 yourname@yourisp.net。

1. 邮件服务器类型

信息通过邮件服务器(服务本地域的邮件服务器)在 Internet 上传送。可以将域视为很大的 Internet 子网，并且该域有自己的邮件服务器，用于处理用户在该子网上发送和接收的邮件信息。当用户发送一条信息时，该信息首先从其主机系统发送到邮件服务器，然后邮件服务器将信息发送到 Internet 上的另一个邮件服务器上，也就是服务该子网的服务器上，接收信息的用户便在该子网上。然后，接收邮件服务器将信息发送到接收信息者的主机系统上。

因此，为了能接收邮件，必须知道自己的网络管理员或 ISP 使用的是哪类服务器。POP 或 IMAP 地址的格式通常是 mail.someisp.net。

邮局协议(Post Office Protocol，POP)，它用来把邮件从邮件服务器发送到用户电子邮件客户的收件箱(inbox)。

互联网信息存取协议(Internet Message Access Protocol，IMAP)，它是一个用来从 ISP 电子邮件服务器中检索电子邮件消息的协议。

2. 邮件传输协议

简单邮件传送协议(Simple Mail Transfer Protocol，SMTP)，它是在邮件服务器间发送邮件的协议。多数在互联网上发送邮件的电子邮件系统使用 SMTP 把邮件从一个服务器传输到另一个服务器中。然后，这些邮件便可由邮件客户端使用 POP 或 IMAP 来获取。这就是在配置邮件客户端时需要指定 POP 或 IMAP 以及 SMTP 服务器的原因。

如果对所需信息有疑问或者需要进一步了解相关的信息，请联系 ISP、网络管理员或查看相关的文档。

3. 一个使用广泛的邮件传输代理——Sendmail

Sendmail(发送)是一个用来接收和发送邮件信息的服务器。Sendmail 收听从其他主机接收到的所有邮件信息，以及发送给该服务器所服务的网络主机上的用户所有邮件信息。同时，Sendmail 还处理用户正在发送到远程用户的信息，确定应将这些信息发送到哪些主机上。用户可以从网站 www.sendmail.org 上获得更多的相关信息。

17.3.2　电子邮件客户

Linux 系统中带有很多电子邮件客户软件，我们可以用它把消息发送给本系统或其他系统上的用户。根据用户使用的电子邮件客户端软件的不同，收发消息的方式也多种多样。虽然各种电子邮件程序在收发消息方面功能都差不多，但它们的操作界面却千差万别。有些邮件客户程序是在 KDE 或 Genome 等桌面上进行操作的，如 KDE 桌面的邮件客户程序——Kmail，GNOME 桌面的邮件客户程序——Balsa、Gmail 和 Mahogany 等；其他的能够在 X Window 系统中任何一种窗口管理器上运行，如 Netscape 和 Exmh；有几个流行的邮件客户程序的操作界面是基于显示器屏幕方式设计的，只能从命令行上运行，如 Pine、Mutt 和 Elm 邮件客户程序；其他传统的邮件客户程序本身就是为命令行操作界面开发的，像 Mail、Mail Handler 邮件软件 MH 等，它们必须由用户输入相关的命令。

目前大多数邮件客户程序都已经包括在 Red Hat Linux 系统标准的发行版本中，基本是以标准 rpm 软件包的形式提供的。那些基于 Web 网络的因特网电子邮件服务(如 Hotmail、Lycos 和 Yahoo!等)，需要使用 Web 浏览器代替邮件客户软件来访问这些服务提供的电子邮件账户。

17.4　电子邮件客户端

本节主要介绍几种电子邮件客户端程序。

17.4.1　Evolution

Evolution 不仅仅是一个电子邮件程序。它提供了所有标准的电子邮件客户功能，包括功能强大的邮箱管理、用户定义的过滤器及快速搜索。除此之外，它还具备灵活的日历(调度器)功能，该功能允许用户在线创建和确认组群会议和特别事件。Evolution 不仅是 Linux 和基于 UNIX 系统的功能完善的个人和工作组信息管理工具，它还是 Red Hat Linux 的默认电子邮件客户。

1. 启动

要从桌面面板上启动 Evolution，单击主菜单中的【互联网】|【Evolution 电子邮件】命令。在第一次启动 Evolution 时，会看到欢迎界面，如图 17-7 所示。

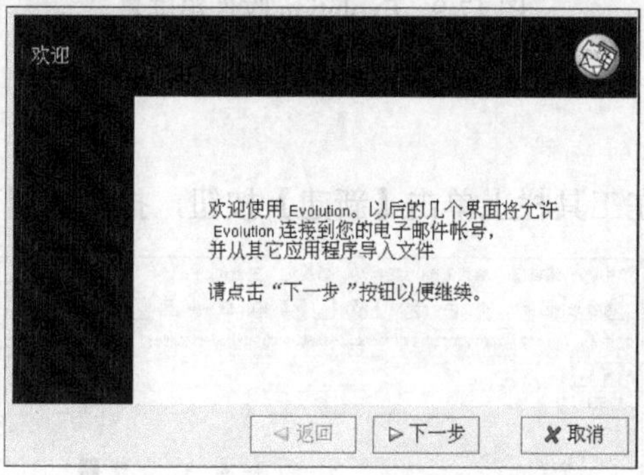

图 17-7　Evolution 的欢迎界面

2. 设置

可以配置电子邮件连接。遵循界面说明，在所提供的文本框内填入从 ISP 或管理员处收集到的信息。完成后，单击【结束】按钮，就会看到如图 17-8 所示的主屏幕。要查看收件箱内的信件或发送一份电子邮件，单击【收件箱】，打开如图 17-9 所示的界面。

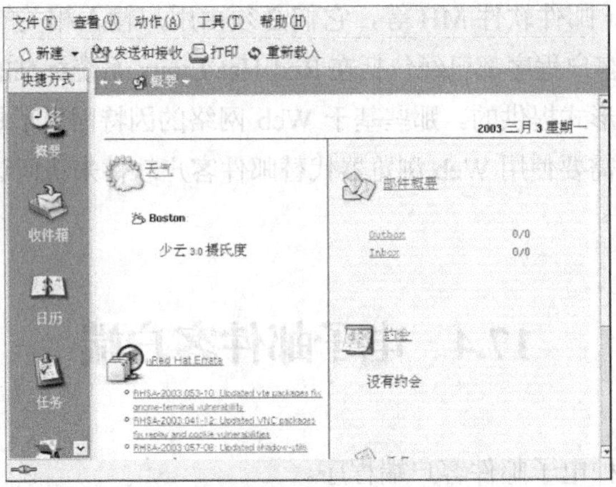

图 17-8　Evolution 主屏幕

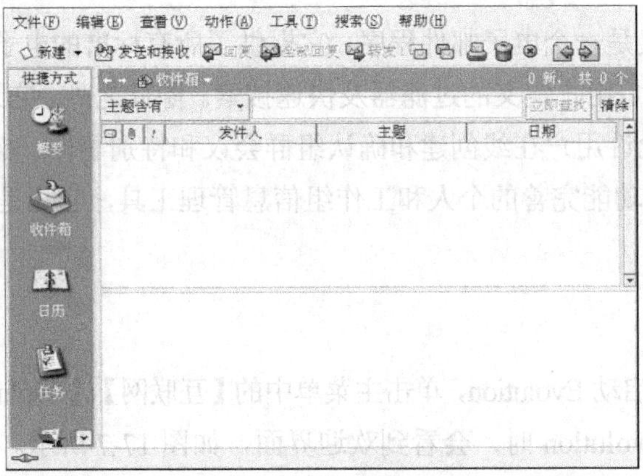

图 17-9　Evolution 收件箱屏幕

3. 收发邮件

要编写一份邮件，在工具栏上单击【新建】按钮，打开如图 17-10 所示的界面。

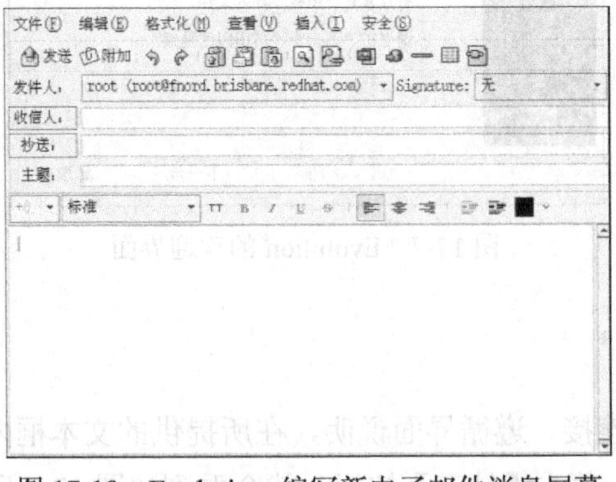

图 17-10　Evolution 编写新电子邮件消息屏幕

一旦消息已编写完毕，并且输入了要发送到的电子邮件地址，可在工具栏中单击【发送】按钮。

虽然 Evolution 所能进行的不仅仅是收发电子邮件，但是本节只介绍它关于电子邮件方面的功能。如果想更多地了解关于 Evolution 的功能的使用信息，如日历(调度)和组群消息收发，可选择菜单栏上的【帮助】，然后选择想了解的组件即可。

17.4.2　Mozilla Mail

本节将简单介绍用 Mozilla Mail 收发邮件的基本步骤，详细使用信息可从 Mozilla Mail 主菜单的【帮助】|【帮助内容】命令中获得。要启动 Mozilla Mail，选择主菜单中的【互联网】|【更多互联网应用程序】| Mozilla Mail 命令，打开的界面如图 17-11 所示。

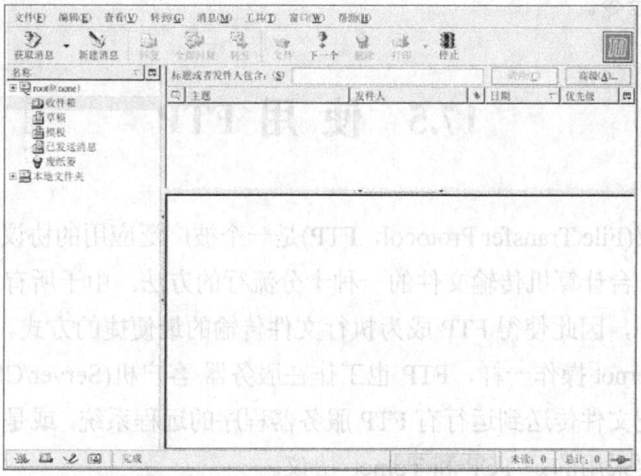

图 17-11　Mozilla 邮件界面

要在 Mozilla 中打开 Mozilla Mail，单击 Mozilla 屏幕左下角的邮件和新闻组图标。

要发送一份邮件，单击【发送】按钮(如图 17-12 所示)，或者选择【文件】|【发送】或【以后发送】。如果选择了以后发送，可以回到主邮件屏幕，然后选择【文件】|【发送未发送消息】命令。

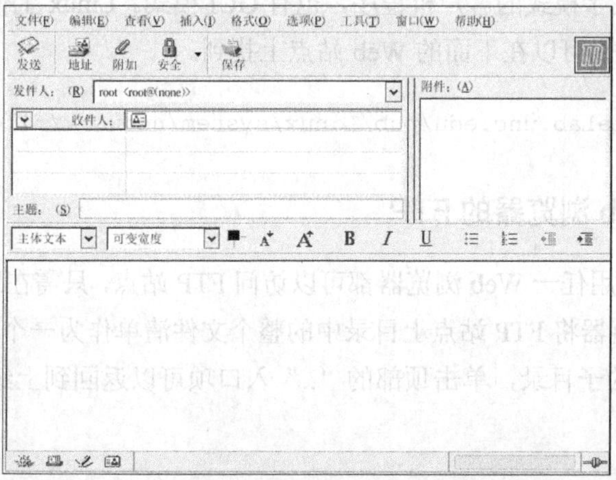

图 17-12　用 Mozilla Mail 编写新邮件屏幕

要阅读电子邮件，单击为自己创建的邮件文件夹来查看消息列表。然后，单击想阅读的消息。

读过消息后，可以删除它，也可以把它存到另一个文件夹中。

17.4.3　KDE 桌面邮件客户：KMail

对于喜欢使用桌面邮件客户程序的用户来说，也可以使用 KDE 桌面的邮件客户——KMail。

KMail 是 KDE 的电子邮件工具，它是与 Evolution 很相似的图形界面。这个界面允许用户使用图形化界面来收发电子邮件。要打开 KMail，选择【主菜单】|【互联网】|【更多互联网应用程序】| KMail 命令。使用 KMail 之前，需要先进行配置，方法为选择【设置】|【配置 KMail】命令。

17.5　使 用 FTP

文件传输协议(File Transfer Protocol，FTP)是一个被广泛应用的协议，它是通过网络从一台计算机向另一台计算机传输文件的一种十分流行的方法。由于所有常用平台都有相应的客户和服务程序，因此使得 FTP 成为执行文件传输的最便捷的方式。

像大多数 Internet 操作一样，FTP 也工作在服务器/客户机(Server/Client)方式。FTP 客户程序允许用户把文件传送到运行有 FTP 服务器程序的远程系统，或是从该远程系统接收文件。FTP 中主要采用的是 TCP 和 Telnet 协议。

使用 FTP 时必须首先登录，在远程主机上获得相应的权限以后，方可上传或下载文件，也就是说，除非有账户和口令，否则即便登录也无法传送文件。有时为了向公众免费提供一些资源，FTP 服务器专门设置了一个匿名 FTP 账户，用户只需用 anonymous 作为账户名，就可以登录进而获取这些免费资源。

目前 Linux 上存在多种 FTP 服务器与客户机程序，它们通常会放在大部分的 Linux 发行版本中，其中有文字模式的客户机程序，也有 GUI 模式。Linux 上使用的 FTP 相关软件(服务器与客户机程序)可以在下面的 Web 站点上找到。

```
http://MetaLab.unc.edu/pub/Linux/system/network/file-transfer
```

17.5.1　基于 Web 浏览器的 FTP

其实 Internet 使用任一 Web 浏览器都可以访问 FTP 站点，只需在地址栏中输入该 FTP 站点名称。Web 浏览器将 FTP 站点上目录中的整个文件清单作为一个网页列出，单击其入口项可以进入相应的子目录，单击顶部的“..”入口项可以返回到上级父目录。

但是使用基于 Web 浏览器的 FTP 存在很大制约：它不能上传一个文件，也不能一次下载多个文件。

Red Hat Linux 发展了几个方便快捷的 FTP 客户程序，以此方便用户进行多个文件的快速上传与下载。这些客户程序主要包括：K 桌面文件管理器——kfm；GNOME FTP——GNOME 文件管理器、gFTP 和 IglooFTP；基于命令行的 FTP 客户——ftp、ncftp、tftp 和 xtp，它们具有各自的优点和特点，下面将分别对它们进行介绍。

17.5.2 基于桌面文件管理器的 FTP

1. GNOME 文件管理器

GNOME FTP 主要包括 GNOME 文件管理器、gFTP 和 LglooFTP。其中使用 GNOME 文件管理器 Nautilus 的内嵌 FTP 功能是运行 FTP 进行文件传输的最简单的方法，只需在地址栏中输入要访问的 FTP 站点即可。

2. K 桌面文件管理器

K Desktop 的桌面文件管理器也具有内嵌 FTP 的功能，这也是在 KDE 环境中运行 FTP 最简单的方式。在 Konqueror 的侧栏中还提供了有关 KDE 的大量 FTP 文档和一些与 KDE 相关的站点。

虽然使用 Web 浏览器或者文件管理器运行 FTP 文件传输很简单，但是它们都具有共同的缺点：不能上传一个文件，也不能一次下载多个文件，而且不支持断点传输，而实际上传输中断却是常有的事，因此在进行大文件传输时，我们需要使用专门的 FTP 客户程序。

17.5.3 GNOME FTP 客户

除了使用 GNOME 文件管理器完成 FTP 文件传输外，还可以利用 GNOME 的 FTP 客户来提供更多的功能，这主要包括 gFTP 和 LglooFTP。查看 www.genome.org 下的 GNOME 站点可以得到更多的相关信息。在 Red Hat Linux 9.0 的 GNOME 当前版本中包括 gFTP。

1. gFTP

选择【主菜单】|【互联网】|【更多互联网应用程序】| gFTP 命令，就可以启动 gFTP，如图 17-13 所示。

gFTP 与 Windows 下的 cuteFTP、leapFTP 很相似，它具有一组便于使用接口的扩展性能。FTP 操作可以按图形执行。单击按钮，或者用特定任务的菜单来选择文件。gFTP 具有本地和远程文件系统使用的图形目录浏览器，便于查找目录和文件。在本地系统上，可以使用树形显示来查找和打开要下载文件的那个目录，也可以为远程系统做同样的工作。

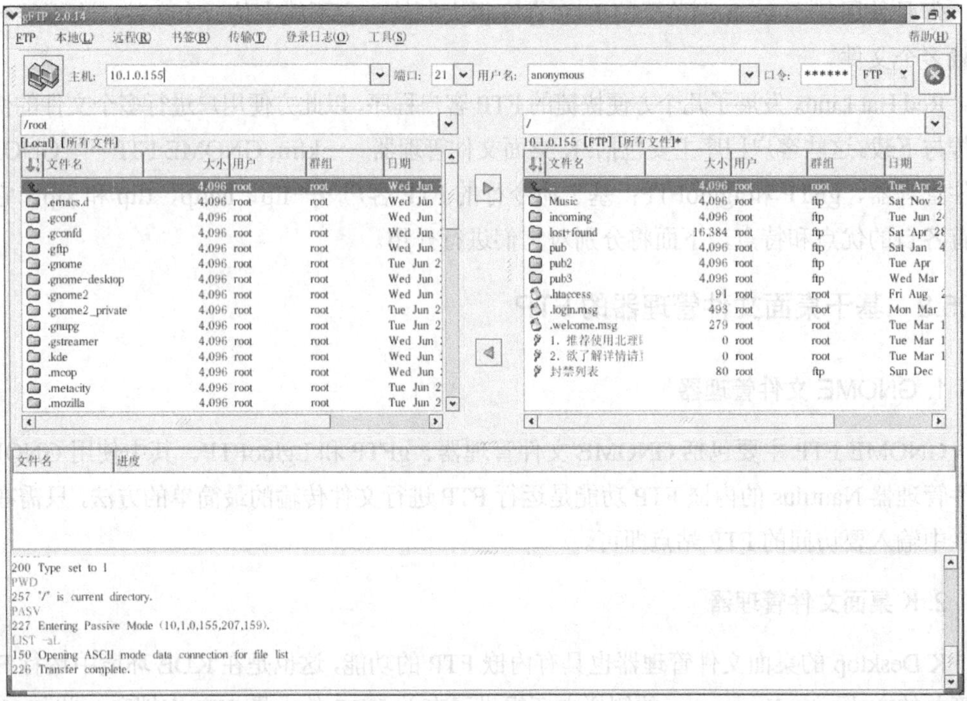

图 17-13　gFTP 主窗口

2. IglooFTP

IglooFTP 功能和界面都与 gFTP 相差无几，IglooFTP 下载性能包括循环下载、队列传送和防火墙支持。可以从 www.littleigloo.org 下的 Web 站点下载 IglooFTP。

17.5.4　基于 ftp 命令行的客户程序

ftp 是 UNIX 和 Linux 系统上最早使用的 FTP 客户软件，它存放在子目录/usr/bin 中。ftp 使用命令行界面，ftp 命令有超过 70 个不同的内建子命令，包括一个帮助功能。本节只对一些常用的指令进行说明，用户可以阅读 ftp 程序的使用手册页，或者使用这个命令内建的 help 子命令，获得所有命令的详细资料。

在 Shell 提示符中输入命令 ftp，即可启动 ftp 客户(如果你正工作在窗口管理器中，如 KDE 或 GNOME，你可以打开 Shell 终端窗口并在提示符中输入命令)。ftp 命令有 5 个不同的命令行参数，格式如下。

```
ftp -v -d -i -n -g [主机名]
```

其选项说明如下。

- -v 显示远程服务器的所有响应信息。
- -n 限制 ftp 的自动登录，即不使用.n etrc 文件。
- -d 使用调试方式。
- -g 取消全局文件名。

但是一般最常使用的是在这个命令的后面直接跟一个主机名，也就是一个远端计算机的名称，如下所示。

```
ftp ftp.mcp.com
```

但也不是非要在命令行中指定一个主机名，可以首先只输入 ftp 命令来启动 ftp 客户，然后，可以交互式地使用 ftp 程序不断地重复进行与不同的计算机的连接和断开连接的操作。

1. 登录

首先输入 ftp 命令启动 ftp 客户，命令如下。

```
$ftp
```

接着使用 open 命令连接至远程系统。

```
ftp> open
```

在提示符(to)后面输入远程系统的名称，或者直接输入远程系统的 IP 地址，命令如下。

```
(to)ftp.kde.org
```

在输入远程系统名称后，ftp 连接至远程系统并提示输入登录名，在默认情况下，使用 anonymous 作为用户名，而以 E-mail(电子邮件)的地址作为口令。

在登录到远程系统后，就可以执行相应的命令。此时所输入的命令都是在远程系统上执行的，如果想在本地系统上执行 ftp 中的命令，就必须在命令行前面加上一个惊叹号(!)，这在浏览文件内容、删除已经下载的文件，或者查看硬盘上还有多少剩余空间时非常有用。例如：

```
ftp> ls
```

是用来列出远程系统中的文件，而

```
ftp> !ls
```

则是用来列出本地系统中的文件。不过 cd 命令是个例外，lcd 是个专门的 ftp 命令，它是用来改变本地系统中的目录的。

2. 文件传输

在成功登录到远程系统后就可以进行文件传输了。其中 put 和 get 命令用得比较多。例如，在成功登录到 ftp. Kde.org 后，使用 put 命令可以从本地系统将文件发送到远程系统，如下所示。

```
ftp> put mydocument
PORT command successful.
ASCII data connection.
ASCII Transfer complete.
ftp>
```

使用 get 命令可以从远程系统接收文件至本地系统，但是在从远程系统下载文件之前，必须首先明确下载文件的格式。大多数可用于 Internet 站点的软件包都以归档和压缩文件的形式提供，它们都是二进制文件，而对于大多数 FTP 站点，二进制是默认的，但也有些站点是以 ASCII(文本)模式作为默认的，因此在下载之前，必须确保要在二进制模式下下载二进制文件。命令 ascii 设置以文本格式下载任何指定的文件，命令 binary 则设置以二进制格式下载任何指定的文件，在下载大多数经过压缩的 Linux 文件之前必须使用这个命令。例如：

```
ftp> binary
ftp> get libssl-arm.tar.gz
local: libssl-arm.tar.gz  remote: libssl-arm.tar.gz
227 Entering Passive Mode
150 Opening BINARY mode data (131,220,60,97,134,148)
connection for libssl-arm.tar.gz(640535bytes)
Binary Transfer complete.
```

如果下载中断，可以使用 reget 恢复下载。这对于大文件的传输非常有用。因为下载是从断开处恢复，所以不必将整个文件重新下载。

put 命令和 get 命令每次只能完成单个文件的传输，如果要一次传送多个文件(这种情况经常发生)，可以使用另外两个命令：mget 和 mput。同时可以采用通配符来指定这些文件名。

例如，下载所有.c 扩展名文件的命令如下。

```
ftp> mget
(remote-files) *.c
mget loop.c? y
PORT command successful
ASCII data connection
ASCII transfer complete
mget main.c? y
PORT command successful
ASCII data connection
ASCII transfer complete
ftp>
```

每次传输一个文件时，mget 都会用正要发送的文件的名字提示用户，可以输入 y 发送文件，输入 n 来撤销传输。mput 命令可以将文件从本地发送到远程系统，工作方式类似 mget。如果在传输大量文件时，你不希望或者不需要对每个文件提问进行回答(如系统升级)，可以使用 prompt 命令来关闭这种交互式提示功能，例如：

```
ftp> prompt
Interactive mode off
ftp> mget
```

```
(remote-files) *.c
PORT command successful
ASCII data connection
ASCII transfer complete
PORT command successful
ASCII data connection
ASCII transfer complete
ftp>
```

3. 关闭/退出

在完成文件传输操作后，可以使用 close 命令关闭当前连接；使用 bye 命令关闭任何已经打开的连接，并退出 ftp 程序。例如：

```
ftp> close
ftp> bye
Good-bye
$
```

FTP 命令是 Internet 用户使用最频繁的命令之一，熟悉并灵活应用这些 FTP 命令将会带来极大的方便。现将一些常用的 FTP 客户命令列举于表 17-1 中。

表 17-1 ftp 客户常用命令

命　令	说　明
help/ ?	列出 FTP 命令
modtime filename	显示远程主机文件的最后修改时间
pwd	显示远程主机的当前工作目录
ftp	启动 ftp 程序
open site-address	打开至远程系统的连接
close	关闭至远程系统的连接
quite/bye	结束 ftp 对话
ls	列出一个目录的内容
dir	以长格式列出一个目录的内容
get filename	把文件从远程系统发送到本地系统
put filename	把文件从本地系统发送到远程系统
mget regular-ecpression	从远程系统一次下载多个文件
mput regular-ecpression	一次把多个文件从本地发送到远程系统
reget filename	恢复一个中断了的下载
binary	以二进制模式传送文件
ascii	以 ASCII 码传送文件
cd directory	改变远程系统上的目录
lcd directory	改变本地系统上的目录
mkdir directory	在远程系统上创建一个目录

(续表)

命　令	说　明
rmdir	删除一个远程目录
delete filename	删除远程系统上的一个文件
mdelete file-list	一次删除多个远程文件
rename	重命名远程系统上的一个文件
status	显示 ftp 的当前状态
prompt	切换交换式提示功能
hash	每传输 1024 字节显示一个#符号
trace	设置包跟踪
size filename	显示远程主机文件的大小
reset	清除回答队列
rhelp[cmd-name]	请求获得远程主机的帮助

注意：

当创建、删除、重命名远程文件或目录时，必须首先确保用户获得这种改变的权限。

FTP 内部协议命令是 4 字符 ASCII 序列，以一个换行符作为结束符，有些代码在其后需要带有参数。对命令使用 ASCII 字符的一个主要优点是，用户可以观察命令流，并且很容易理解。同时，FTP 还可能是使有见识的用户与 FTP 服务器组成部分直接通信，不必访问客户端口。FTP 内部协议命令提供连接过程、口令检查和实际文件传输。

注意：

不要将 FTP 内部命令与 FTP 客户命令相混淆。

17.6　本 章 小 结

Linux 中支持的 Web 浏览器很多，本章主要介绍了 Mozilla 浏览器；Konqueror 和 Nautilus 分别是基于 K Desktop 和 GNOME 的桌面浏览器，所有这些浏览器操作起来都很简单。

对于电子邮件客户、邮件服务类型、邮件传输协议等，本章也进行了简单介绍，以确保用户首先能利用这些知识正确设置邮件客户端，然后主要介绍了如何使用 Red Hat Linux 中的几种电子邮件应用程序收发和阅读电子邮件。

为了让读者对 FTP 服务器/客户机的运行机制有基本的了解，本章还简要介绍了 FTP 传输协议、FTP 客户端等。而对于 Linux 初学者，本章重点介绍了几种可供 Red Hat Linux 使用的 FTP 客户程序，学会熟练使用常用的 FTP 命令将会让用户事半功倍。

17.7 习 题

1. 填空题

______是一个被广泛应用的协议，它是通过网络从一台计算机向另一台计算机传输文件的一种十分流行的方法。

2. 思考题

(1) Linux 支持的浏览器有哪几种类型？请比较它们各有什么优点。

(2) 试述 POP、IMAP 和 SMTP 的概念和用途。

(3) 试述 FTP 服务器/客户机运行机制。

3. 上机题

(1) 使用 Konqueror 查看本地系统文件。

(2) 使用 Evolution 电子邮件客户收发邮件。

第18章　管理网络服务

用户上网的主要目的是访问网络上丰富多彩的网络服务，通过电子邮件与朋友联系，在各类网页中查看各类信息。Linux 系统的网络服务功能非常强大，可以轻松担任多种网络服务器。

本章首先介绍一些关于网络服务的基本概念，使用户更加清楚网络服务器实现的基本原理，虽然用户并不需要了解这些也能构建网络应用，但这样会让用户更深入了解系统原理，或知道如何处理一些简单的问题。在本章的最后，将重点介绍几类常用网络服务的配置与管理。

本章学习目标：

- 服务守护进程
- 重要的网络配置文件
- 配置与管理 FTP 服务
- 配置 WWW 应用服务器

18.1　服务守护进程

守护进程是一种特殊的后台进程，又被称为精灵进程。它为用户提供了相当多的服务，但本身不会在屏幕上显示任何东西，所以显得非常神秘。

一个网络系统的绝大多数服务是通过守护进程来实现的，本节将向读者介绍守护进程的概念，帮助读者了解或理解系统中这个非常神秘的部分。

18.1.1　理解守护进程

Linux 服务器在启动时需要启动很多系统服务，它们向本地和网络用户提供了 Linux 的系统功能接口，直接面向应用程序和用户。提供这些服务的程序是由运行在后台的守护进程(daemons)来执行的。守护进程是生存期长的一种进程。它们独立于控制终端并且周期性的执行某种任务或等待处理某些发生的事件。它们常常在系统引导装入时启动，在系统关闭时终止。Linux 系统有很多守护进程，大多数服务器都是用守护进程实现的。同时，守护进程完成许多系统任务，比如，作业规划进程 crond、打印进程 lqd 等。

从系统的角度来看，守护进程和普通进程并没有太大的区别。用户只需使用简单的 ps 命令，就可以看到系统中常用的守护进程。守护进程控制终端名的位置上是一个问号“?”，而且守护进程名称的最后面通常会用一个 d 来表示，如系统登录守护进程 syslogd 等，这便是区分守护进程和普通进程的简易方法。

通过使用守护进程，Linux 系统用非常少的资源为用户提供了非常强大的功能。设计和使用守护进程是为了节约系统资源，在许多系统中各种守护进程所占用的系统 CPU、系统内存 MEM 以及运行时间 TIME 等几乎为零。

注意：

一个 Linux 系统往往启用了大量具有系统服务功能的守护进程，很多这样的守护进程都有 root 根的权限，因此，守护进程的配置文件往往是黑客攻击的重点对象。而系统将它们分散在多个文件中，虽然这样为管理员修改、启动服务带来了诸多不便，但却使得守护进程减少了遭破坏的机会。

18.1.2　守护进程的分类

根据守护进程的启动和管理方式，守护进程可分为以下两类。

1. stand-alone(独立运行)模式

独立运行模式的守护进程启动后就常驻内存，一直占用系统资源。其最大的优点就是它一直处于启动状态，当外界有要求时回应速度较快，像 httpd 等进程。

2. xinetd(超级守护进程)模式

xinetd 负责管理一些后台服务进程，当有服务请求到来时，xinetd 将唤醒相应的进程以提供服务。这样，在空闲时只有 xinetd 这一守护进程占有系统资源，其他的服务进程并不占用系统资源，只有当服务请求到来时才会被唤醒。

18.1.3　常见的守护进程

在 Red Hat Linux 系统中有很多守护进程，系统启动时就开启最初的 init 守护进程，然后到系统守护进程，另外还有网络服务守护进程，下面简要介绍几个常用的守护进程名称、位置及拥有者。

1. init 守护进程

init 守护进程是系统中所有进程的父进程，完成系统启动的引导工作。Linux 的 init 程序依赖于/etc/inittab 文件提供的 init 启动和初始化系统中各种服务的详细过程。

初始化工作都是由一系列的脚本来完成的，这些脚本通常被称为 RC SHELL 脚本，保存在/etc/或/sbin 目录下面。脚本名称以 rc 开头，后面接数字，数字用来表示进程的级别，比如/etc/rc.d/rc3.d 就是用来控制运行级别为 3 的脚本程序。/etc/rc.d/rc3.d 目录下的脚本程序，都是用来执行运行级别 3 的命令。

在系统最初始的启动过程中，由/etc/rc.d/rc.sysinit 脚本程序控制系统所做动作，执行的任务如下。

- 设置计算机的名称、网络参数。
- 设置区域时间。
- 检查文件系统，无误后进行安装。
- 删除临时文件。
- 启动系统守护进程。

Linux 系统共有 7 个运行级别，所以在 rc.d 目录下共有 7 个子目录。在这些目录下面的脚本都是以 S、K 或 P 开头，后面接一个两位数字和一个进程名。S、K 分别表示是 START 进程还是 KILL 进程。数字是脚本执行的顺序号。

关于每个脚本的功能，请参考相关的资料。

2. cron 守护进程

系统管理员或用户经常要让一些周期性的任务自动完成，以便减少日常工作量，例如，每周定时清除/tmp 目录中的文件和 log 文件等。cron 守护进程就是以固定时间间隔执行作业的守护进程。用户可在这个文件中列出要执行的命令以及执行的时间，cron 守护进程就会按照指定的时间和命令完成相应的工作。

与 at 和 batch 命令类似，root 用户在文件/usr/lib/cron/cron.allow 和/usr/lib/cron/cron.deny 中可以指明有权执行和无权执行 cron 命令的用户。用户还可以以不同的用户身份提交 cron 作业，系统会分别执行这些提交的作业。

注意：

读者所提交的作业及作业中将要完成的功能应与提交作业用户的权限相匹配。如果提交的只是一个普通用户就能完成的作业，就不要用根用户的身份来提交。

提交 cron 作业时，作业的相关细节必须保存到文件 cronfile 中。cronfile 文件是一个普通文本文件，可以进行编辑。

其格式如下。

```
Min Hour DayofMon  Mon  DayofWeek  Command
```

以上各个字段之间用空格或制表符分开，文件中不能有空白行。

cronfile 中的每一个记录说明了一个固定时间执行的命令和该命令执行的时间。其中指明时间的字段包括 Minutes、Hours、Day of month 和 Month of week，这些字段可以是一个具体的时间，也可以是一个时间范围。例如，Hours 字段中用*号表示每小时，Month 字段中用*表示每个月。

下面是一个简单的示例。

假设系统管理员要定期做以下工作：

每周五下午 5:30，将/pub 目录下的信息备份到磁带中。

每月第一天上午 9:00 删除/tmp 目录中上个月没有访问过的文件。

希望终端在星期一的上午 9:00 能显示日期和时间。

用户只需创建如下文件。

```
Min  Hour  DayofMon  Mon  DayofWeek Command
30   17    *         *    5         echo "Weekly status
                                    meeeting">/dev/vtty06
0    9     1         *    *         find /tmp -atime+30 - exec rm-f{}\;
0    9     *         *    1         echo date >/dev/tty06
```

在创建 cronfile 文件后，就可以使用 crontable 命令提交作业了。

```
[root@localhost root]# crontable  cronfile
```

cron 守护进程应用广泛，比如想要建立 ftp 搜索引擎时，就可以用这个守护进程来执行定时搜索。在此不做更详细地介绍了。

3. syslog 守护进程

syslog 守护进程根据配置文件/etc/syslog.conf 中描述的一系列文件，通过中心登记机制记录信息。信息包括通知性、错误性、状态性和调试性消息。syslog 是由文件/etc/syslog.conf 控制的，可以把各种不同类型的消息写入不同的日志文件中。下面是一个 syslog.conf 文件的例子。

```
#kern.*                    /dev/console
cron.*                     /var/log/cron
*.emerg                    *
…
```

文件中每一行都代表一个具体的日志文件，syslog 守护进程将会根据该文件确定需要记录的日志。

注意：

许多系统一次最多能打开的日志文件数是有限的。

4. sendmail 守护进程

sendmail 守护进程主要监听来自外部系统的入境电子邮件连接，当接收到用户发送和接收邮件的请求时，就 fork 一个新的进程来处理邮件。它是网络应用程序的具体实现。

sendmail 程序有两种工作方式：入境和出境，它可以分别从内部和外部接收邮件，并根据/etc/sendmail.cf 配置文件中的规则处理邮件。sendmail 在标准 smtp 协议的端口 25 处监听邮件传输。

在后面将会更详细地介绍配置 sendmail 服务，根据用户的不同需要，有时还可以改变它的监听端口。

18.2　网络配置文件

在Linux系统中，网络功能都必须凭借许多配置文件的内容来控制，虽然有许多的命令或程序可以帮助管理员设置网络服务，但是了解、熟悉网络配置文件还是很有必要的。直接修改配置，可以非常灵活地实现定制网络服务。

需要说明的是，用户可以通过图形化界面设置多种服务的启动与停止，但是灵活的参数配置等还必须在网络配置文件中进行修改。

图18-1是服务配置图形界面，从中可以看出可以配置许多网络服务的开始、停止或重新启动。

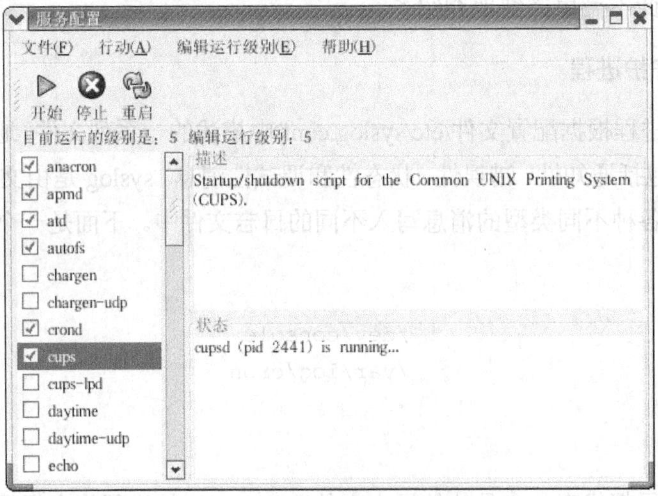

图18-1　服务配置界面

选中某个服务后，底部都会出现关于该服务的介绍。

18.2.1　服务/etc/services

/etc/services是专为各种不同网络服务而准备的数据文件，这个文件中包含因特网服务名称、使用端口号与通信协议等数据。它将特定的端口号、通信协议对应某个特定的网络服务。

许多应用程序会利用这个文件将端口对应到相应的服务名称。例如，最著名的超级守护进程xinitd就是利用该文件来识别网络请求是ftp还是nfs服务的。

如下是/etc/services文件的部分内容。

```
# service-name port/protocol  [aliases …] [#comment]
tcpmux          1/tcp                          #TCP port service multiplexer
tcpmux          1/udp                          #TCP port service multiplexer
rje             5/tcp                          #Remote Job Entry
rje             5/udp                          #Remote Job Entry
```

```
echo         7/tcp
…
ftp-data       20/tcp
ftp-data       20/udp
# 21 is registered to ftp, but also used by fsp
ftp            21/tcp
ftp            21/udp          fsp fspd
ssh            22/tcp                   #SSH Remote Login Protocol
…
```

/etc/services 文件中每一行都是一个服务，如果不想使用某个服务，只需要在这一行第一个字符前加上符号#就可以了。另外，根据最后一栏#后的注释，系统管理员也可以大致了解到每个服务的用途。

每个服务都必须使用唯一的端口，不同的服务需要使用同一端口时，必须使用不同的通信协议。需要说明的是，端口号可以为 0～65 535，但是根据有关的标准，可分为以下 3 类。

- 专供服务使用，从 0～1023，又被称为 Well-Known Port。
- 除了标准专供服务使用的端口外，所有的在因特网上登记使用的端口，都是在 1024～49 151 的范围内。
- 高于 49 151 号的端口都是私人或动态的端口号。

虽然理论上用户可以使用任意端口提供服务，比如可以使用 88 提供 WWW 服务，但是为了用户使用方便或是避免与其他应用发生冲突，最好能够使用标准的服务端口。

18.2.2　使用 xinetd

1. xinetd 简介

inetd 是一个守护进程，存在于 Linux 的早期版本中，是一种网络服务管理程序，用来监视网络请求，它根据网络请求调用相应的服务进程来提供服务。inetd 的配置文件是 inetd.conf，它告诉 inetd 监听哪些网络端口，为每个端口启动哪个服务。不需要的那些服务应该被禁止运行，以提高安全性。xinetd 用以取代 inetd，此外还提供了访问控制、改进的日志功能和资源管理等功能，xinetd 的配置文件是 xinetd.conf。

启动 xinetd 通常用下面的命令。

```
/usr/sbin/xinetd -filelog /var/adm/xinetd.log -f /etc/xinetd.conf
```

这告诉 xinetd 对所有的服务都进行了记录，日志保存到文件/var/adm/xinetd.log 中，并且使用配置文件/etc/xinetd.conf。本节中的大量篇幅都将涉及这个配置文件。

2. 编译安装

Red Hat Linux 9.0 已经默认安装了 xinetd，如果需要最新的版本，可以从 www.xinetd.org 下载。安装 xinetd 是非常简单的，步骤如下。

```
#./configure -prefix=/etc -with-libwrap -with-loadavg -with-inet6
#make
# make install
```

在进行安装时，其选项含义如下。

-prefix：指定安装目录。

-with-libwrap: 如果使用该选项 xinetd，将会查看 tcpd 配置文件(/etc/hosts.{allow，deny})来进行访问控制，但是如果要利用该功能，系统上必须安装有 tcp_wrapper 和相关库。

-with-loadavg : 使用该选项，xinetd 将支持限制连接数的功能，避免 DOS 攻击。

-with-inet6: 使用该选项，xinetd 将支持 IPv6。

3. 修改配置文件

xinetd 的配置文件 xinetd.conf 默认格式如下。

```
defaults
{
instances = 25
log_type = FILE /var/adm/servicelog
log_on_success = PID HOST EXIT
flags = NORETRY
log_on_failure = HOST RECORD ATTEMPT
only_from = 129.22.0.0
no_access = 129.22.210.61
disabled = nntp uucp tftp bootps who
shell login exec
disabled += finger
}
```

下面是 xinetd 设置参数的语法格式。

```
<指示 directive> <操作符 operator> <值 value>.
```

xinetd 指示符如表 18-1 所示，在这里我们将忽略 flags、type、env 和 passenv 指示符。对于 only_from 和 no_access 以及额外的日志选项，将会在后面加以讨论。

表 18-1　xinetd 的指示符

指 示 符	描 述
socket_type	网络套接字类型，流或者数据包
protocol	IP 协议，通常是 TCP 或者 UDP
wait yes/no	等同于 inetd 的 wait/nowait
user	运行进程的用户 ID
server	执行的完整路径
server_args	传递给 server 的变量，或者是值

(续表)

指　示　符	描　　述
instances	可以启动的实例最大值
start max_load	负载均衡
log_on_success	成功启动的登记选项
log_on_failure	联机失败时的日志信息
only_from	接受的网络或是主机
no_access	拒绝访问的网络或是主机
disabled	用在默认的{}中禁止服务
log_type	日志的类型和路径
nice	运行服务的优先级
id	日志中使用的服务名

操作符非常简单，=或者+=。=表示右边给定的值传给左边的指示符；+=用于给一个已经指定的指示符添加一个值。没有它，原先的指示符就会被覆盖，这样可以用来展开访问列表，或者跨越多行。

用如下的格式描述服务。

```
服务名
{
指示符 = 值
指示符 += 值
}
```

服务名一定要在/etc/services 中列出，并且要用合适的 socket 和协议。

4. 关于访问控制

首先，xinetd 是控制连接，不是控制通过包，它只是个用户方的守护进程，如同 inetd 一样。同样的，可以阻止一个被服务器禁止的主机 SYN 或是 connect()连接，但不能阻止像 FIN 这样“秘密”的扫描。

提示：

秘密端口扫描是使用带有 FIN 标志位的 TCP 包，通常是由 nmap 这样的工具运行产生的。

也不要把 xinetd 当做一个 firewall 用以阻止端口扫描。一个有经验的入侵者能够用这些信息收集用户的不同服务的访问列表，幸运的是，这些可以被 xinetd 记录，只要查看日志就能发现它们。

使用访问控制很简单。第一个指示符是 only_from，列出了从哪一个网络或是主机可以接受连接，这个规则可以被 no_access 覆盖。可以使用网络号(如 10.0.0.0 或者 10)，也可以使用网络名(如.my.com)。主机名或者主机的 IP 地址也同样可以使用。指示符 0.0.0.0 匹配所有的主机，因此会监听所有的地址。在 no_access 中设置的地址将被拒绝访问。

5. 服务配置示例

让我们看一些基本的应用。这里要看的第一个基本服务是 echo，它是 inetd 和 xinetd 固有的服务。

```
service echo
{
socket_type = stream
protocol = tcp
wait = no
user = root
type = INTERNAL
id = echo-stream
}
```

echo 作为 root 运行，接收的是一个 tcp 流，并在内部进行处理。echo-stream 指示符将出现在日志中。如果没在 only_from 或者是 no_access 指示符中，对这个服务的访问不受限制。

下面以一个正规的服务 daytime 为例介绍服务的设置。

```
service daytime
{
socket_type = stream
protocol = tcp
wait = no
user = nobody
server = /usr/sbin/in.date
instances = 1
nice = 10
only_from = 0.0.0.0
}
```

再说一次，任何人都可以连接，不过我们指明它以 nobody 的身份运行来返回信息。和前一个例子相比，这个并没有特别的内容。现在看另一个服务 secure shell version 1。下面的设置可以防止 sshd 带来的资源枯竭。

```
service ssh1
{
socket_type = stream
protocol = tcp
instances = 10
nice = 10
wait = no
```

```
user = root
server = /usr/local/sbin/sshd1
server_args = -i
log_on_failure += USERID
only_from = 192.168.0.0
no_access = 192.168.54.0
no_access += 192.168.33.0
}
```

这样就可以建立了前面所希望的。当作为超级用户 inetd 或者 xinetd 重新调用 sshd 需要用-i 参数，所以把它放在了 server_args 指示符后。

注意：

把这个标记添加到 server 标识符处会导致失败。在任何时候只有 10 个人可以同时使用，在这个服务器上这不是问题，这个例子我们可从日志得到。另外作为默认信息，如果不能连接，连接方的用户 ID 会在 RFC 1413 中进行描述。最后，我们有两个网络列表不能访问这个服务器。

6. 日志和 xinetd

日志可以用于监视服务器信息的变量值，如表 18-2 所示。

表 18-2 不同的日志指示值

值	成功/失败	描 述
PID	Success	当一个连接成功时登记产生的进程的 pid
HOST	Both	登记远程主机地址
USERID	Both	登记远程用户的 RFC 1413 ID
EXIT	Success	登记产生的进程完成
DURATION	Success	登记任务持续的时间
ATTEMPT	Failure	登记连接失败的原因
RECORD	Failure	关于连接失败的额外信息

这样，可以添加一些标准的行指明日志，如下所示，对一个成功连接的服务，我们通常想登记服务产生的进程 id，连接的主机和退出的时间。

```
log_on_success = PID HOST EXIT
```

这可以给它提供有用的信息以排错，并明白服务器连接。针对失败，还可以根据不同的需要，记录用户所需要的信息。

```
log_on_failure = HOST RECORD ATTEMPT
```

在此，我们选择了记录连接的主机信息，拒绝连接的原因和关于连接主机的额外信息

(有时是那些试图连接的用户 ID)。这样做可以随时了解服务器的状态。还看上面，在默认段中，日志将会写在/var/log/servicelog 中。指定所有信息，成功和失败的都要被 xinetd 记录。

大多数信息看起来如下。

```
00/9/13@16:05:07: START: pop3 pid=25679 from=192.168.152.133
00/9/13@16:05:09: EXIT: pop3 status=0 pid=25679
00/10/3@19:28:18: USERID: telnet OTHER :www
```

使用如上信息，可以轻易对 xinetd 排错和进行正常操作。也容易发现安全问题，如试图阻止的连接企图，在日志中简单地用 grep 作“FAIL”过滤，选项如下。

```
00/10/4@17:04:58: FAIL: telnet address from=216.237.57.154
00/10/8@22:25:09: FAIL: pop2 address from=202.112.14.184
00/10/25@21:10:48 xinetd[50]: ERROR: service echo-stream,
accept:
Connection reset by peer
```

真正要解决安全问题需要参考其他资料，但是，既然地址可以伪造，就不要把地址报告看做固定的信息。日志文件 xinetd.log 中包含了从 xinetd 得到的信息，连接出错信息在排错时非常有用。

7. 重新启动 xinetd

在修改 xinetd.conf 文件后，需要重启 xinetd，发送信号 SIGUSR1 给 xinetd 进程。

```
[root@localhost root]# ps -ax | grep xinetd
50 ? S 5:47 /usr/sbin/xinetd -filelog /var/adm/xinetd.log -f /etc/xinetd.conf
[root@localhost root]# kill -SIGUSR1 50
```

察看日志文件的尾部确保配置更新生效。远程用户还要确保退出后还可以重新登录。

注意：

使用-HUP，对 xinetd 重新配置，会直接导致 xinetd 停止工作。从设计的角度看，这可以阻止黑客重启动 xinetd，并且无需理解文档，就可以重新载入它。

8. 何时使用 xinetd

对于个人用户而言，对所有的服务都可以使用 xinetd，唯一一个对性能有影响的服务是 Web 守护进程 Apache，它不需启动很多进程，且时间效率也是个问题，而 DNS 服务也不应该用 xinetd，性能消耗太大。

sendmail 服务也可以使用 xinetd，对于允许连接的客户，这样做可以进行完美的控制。针对 sendmail 的设置如下。

```
service smtp
{
```

```
socket_type = stream
protocol = tcp
wait = no
user = root
server = /usr/sbin/sendmail
server_args = -bs
instances = 20
nice = 10
only_from += 0.0.0.0
no_access += 129.22.122.84 204.0.224.254
}
```

即使在一个高流量的邮件服务器上，对性能的影响也是可以忽略不计的。还可以把 sshd 载入到 xinetd 中，以便阻止对它的进程表进行攻击。

注意：

不管怎样，简单的 IP 地址伪造可以绕过上述的安全机制，而且不知这个包是否对以后的 xinetd 也适用，在使用时需要注意。

18.2.3　主机地址文件 hosts

Linux 系统默认的通信协议为 TCP/IP，而 TCP/IP 网络上(目前的 Internet 就是 TCP/IP 网络)的每台主机都是以一个唯一号码来代表它的地址的，即 IP 地址。不论主机位于局域网还是因特网中，只要使用 TCP/IP 为沟通时的通信协议，都必须设定 IP 地址。

文件/etc/hosts 就是将 IP 地址对应于一个更宜于记忆的主机名。该文件记录这种对应关系的格式如下。

```
IP 地址    主机名    FQDN
```

在将 IP 地址、主机名和 FQDN(全域名)等信息输入/etc/hosts 文件后，就可以使用主机名或 FQDN 来取代原有的 IP 地址。举例来说，假设有一主机名为 news1，它的 IP 地址为 192.0.0.8，便会有一行记录如下。

```
192.0.0.8    news1    news1.local.org
```

下面是一个/etc/hosts 例子。

```
127.0.0.1    localhost    localhost.localdomain
192.0.0.8    news1        news1.local.org
192.0.9.11   mails2       mails2.other.org
202.6.3.34   web3         web3.nnn.org
```

其中特殊的 IP 地址为 127.0.0.1，它又被称为 loopback 地址或 localhost 地址，表示系统自身。

当然，读者可能知道查找主机名与 IP 地址通常是利用专门的 DNS 服务器来进行的，但是在 Linux 中，如果存在/etc/hosts 文件，那么系统会先到这里进行查询，如果没有查找到，才会进行 DNS 查询。

另外，Linux 系统中还有多个类似的配置文件，如/etc/hosts/allow、/etc/hosts/deny 等，不仅可以配置主机名，还可以配置访问控制等，读者可以参考相关资料或帮助，在此也不再赘述了。

18.3　配置 FTP 服务

FTP 号称是网络大货车，可以轻松地使用它将远程的文件传输到本地。在第 4 章我们已经介绍过如何使用 FTP 下载文件了，在此将简单介绍如何配置 FTP 服务器。

18.3.1　安装配置 FTP 服务器

默认情况下，FTP 服务器程序 wu-ftp 已经安装在系统中了。如果不能确定，检查文件/etc/xinetd/wu-ftp 是否存在。如果存在，用文本编辑器打开，如下所示。

```
#default: on
#description: The wu-ftpdFTPserver serversFTPconnections. It Uses\
#normal, unencrypted usernames and passwords for authentication.
service ftp
{
disable      = yes
socket_type  = stream
 wait        = no
 user        = root
 server      = /usr/sbin/in.ftpd
 server_args = -l -a
 log_on_success  += DURATION USERID
 log_on_failure  +=USERID
 nice            =10
}
```

将文件修改成如上所示的内容后，FTP 服务器的配置就成功了，但是运行前还需要重新启动服务进程。

需要注意的是，wu-ftp 服务器并不是使用一个独立的守护进程，而是前面介绍过的 xinetd 超级守护进程，由 xinetd 监听网络请求。如果是 FTP 客户请求，那么 xinetd 会调用 FTP 服务进程，如下所示。

```
[root@localhost root]# /etc/rc.d/init.d/xinetd reload
Reloading configuration:   [ok]
```

如果系统还没有安装 FTP 服务器，可以放入 Red Hat Linux 安装光盘，安装其中的相关 RPM 服务器软件包。

如果想查看是否有新版本的 FTP 服务器软件包，可以从网上下载新版本的 FTP 服务器软件，网址为 http://www.wu-ftpd.org/。

18.3.2　FTP 服务器配置文件

虽然只要安装好 FTP 服务器即可使用，但在/etc 目录下还有一些关于 FTP 服务器的配置文件，如 ftpaccess、ftpusers 等，其中对用户权限控制管理的 ftpaccess 文件最重要，它可以拒绝某些用户访问 FTP。

1. ftpaccess 文件

该配置文件包含有许多的“项目”，“项目”是指一组多行文本构成的段落，用以描述某个配置选项的属性等。如下面将会介绍的拒绝或允许某些用户访问 FTP，就分别构成了两个“项目”。

(1) 拒绝某些用户

如果拒绝用户、用户组访问 FTP 资源，可以修改如下的配置。

```
deny-gid    %-99    %65534-
deny-uid    %-99    %65534-
```

如上的描述就是拒绝项目，表示系统拒绝小于 99 和大于 65 534 的组 ID 用户，也同样拒绝这个范围内的用户 ID。

定义范围的正确写法是%x－y，表示范围为从 x～y。如果表示范围包括 y 以前所有数字，那么可以省略 x，写成%－y；同样，%x－表示 x 以后的所有数字。

需要说明的是，后面除了可以跟数字表示用户外，还可以直接跟用户名作为参数，用户名之间用空格分开。

比如，拒绝 nobody 组用户访问 FTP 资源的命令如下。

```
deny-gid nobody
```

(2) 允许某些用户

如果想强制允许某个用户、用户组访问 FTP 资源，可以修改如下的配置。

```
allow-gid ftp
allow-uid %500-505
```

这样设置后，则会不考虑 ftp 组或%500－505 用户已经出现在前面的拒绝列表中了，强制允许这个范围内的用户访问 FTP 资源。

提示：

在配置时，系统是顺序地解释配置文件，一条条地分析拒绝和允许范围，最后才得出用户是否拥有访问权限。

(3) 设置类型

类型可以自定义某种用户组，通过 class 项目管理员可以灵活地将某些特定的用户指定成某个组，然后给类型定义权限，如可以拒绝也可以允许。

定义类型的格式如下。

```
class <组名称> <用户类> <用户所在的主机 IP>
```

比如，建立类型 all 表示所有的 IP 地址如下。

```
class all real, guest, anonymous *
```

上面实例中定义了 all 类型，IP 地址设为*，*表示不指定 IP。其中用户类共有 3 种，它们表示的含义如下。

- real：服务器系统中真实存在的用户，此类用户登录系统后，默认登录后的目录为用户的主目录。
- guest：某些情况下，管理员可能希望某些拥有账号的用户可访问它自己的目录，而不能够进入到其他用户目录中。
- anonymous：使用过 FTP 的用户一定知道匿名登录，也就是用户用 anonymous 作为用户名，不需要密码或用电子邮件地址作为密码，登录系统。但系统会限制 anonymous 用户只能访问特定的目录。

(4) 提示信息

用户查看某个目录时，系统可以显示提示信息，这项功能可以通过 message 项目进行设置。比如提示该目录是常用软件还是帮助文档等。

message 格式如下。

```
message <路径名称> <时机> <组名称>
```

如下是一个实例，它会在系统登录时显示一个欢迎界面。

```
message /welcome.msg    login
message .message        cwd=*
```

欢迎界面会放在 welcome.msg 文件中，实际是系统登录，而在用户转换路径时，会显示当前目录下.message 文件中的内容。

其他更多的项目在此不再详细介绍了，有兴趣的读者可以参考它的帮助文件或其他相关资料。

2. 认识 ftpusers 文件

/etc/ftpusers 文件用来记录哪些用户“不允许”登录 FTP 服务器，通常是一些系统默认的用户。如果有些用户账号登录系统后可能危及系统安全，也可以把它们列入 ftpusers 文件。默认情况下，root 用户是不能登录系统的。

如果系统同时设置了 ftpaccess 文件和 ftpusers 拒绝了某些账号，系统会比较两个文件的设置，只要任一个文件中拒绝某个用户，该用户账号都会被拒绝。

提示：

wu-ftp 服务器说明文件中，建议用户采用 ftpaccess 文件的 deny-gid 与 deny-uid 项目。其他有关 FTP 服务器的设置还有 ftpconversions、ftpgroups、ftphosts 等文件，有兴趣的读者可以参考其他相关资料。

18.4　配置邮件服务器

收发电子邮件是互联网最重要的应用之一。在此，我们将简单介绍如何在 Linux 下安装和配置 sendmail 服务器，并把它当做电子邮件服务器。

18.4.1　邮件系统简介

电子邮件系统中包括邮件用户代理(Mail User Agent，MUA)、邮件转发代理(Mail Transport Agent，MTA)两个部分。MUA 是指用户可用来读写邮件的程序，例如，PINE 与 elm 等。MTA 是指系统负责处理邮件收发工作的服务程序，它将电子邮件从一个系统转发到另一网络中的其他 MTA 中，然后 MUA 可以获得邮件。

在 Linux 系统中，最常用的电子程序服务程序也就是 MTA 的 sendmail，它以功能强大、配置灵活而著称，它是世界上使用最多的电子邮件服务程序，同时也是最著名的可放源码程序之一。但其难以理解和复杂程度令管理员头痛。

另一个非常著名的电子邮件服务程序是 Qmail，有兴趣的读者可以参考其他相关资料，在此不再介绍了。

18.4.2　安装配置 sendmail 服务器

本节主要介绍安装配置 sendmail 的过程。至于有些问题，如系统组成、系统功能以及相关的 DNS 设置等内容，请查找相关的资料，在此不介绍了。特别是电子邮件服务器并不仅是将服务器程序安装好并运行起来这么简单，还需要考虑与其他系统的连接、邮件首先转发的主机等问题。

在 Red Hat Linux 安装光盘中也带有 sendmail 程序的 RPM 软件包，可以利用 rpm 轻松地安装配置。下面介绍如何下载最新的二进制软件，甚至是源码进行编译安装。安装配置的步骤如下。

1. 下载程序

建议从 www.sendmail.org 下载最新的版本(最好把 sendmail 升级为最新的版本，因为它的升级主要是解决已知版本的安全漏洞)。这里用的是 sendmail-8.12.2.tar.gz。

2. 解开软件包

```
[root@localhost root]# cd /usr/local/src/
```

把文件下载到/usr/local/src 中。

```
[root@localhost src]# tar zxvf sendmail-8.12.2.tar.gz
[root@localhost src]# cd /usr/local/src/sendmail-8.12.2
```

3. 创新邮件目录

```
[root@localhost src]#chmod go-w / /etc /etc/mail /usr /var /var/spool /var/spool/mqueue
[root@localhost src]#chown root / /etc /etc/mail /usr /var /var/spool /var/spool/mqueue
```

4. 创建.mc 配置文件，帮助配置系统

```
[root@localhost src]# cd /usr/local/src/sendmail-8.12.2/sendmail
[root@localhost sendmail]# sh Build
[root@localhost sendmail]# cd /usr/local/src/sendmail-8.12.2/cf/cf
```

建立文件 sendmail.mc 内容如下，用户可根据需要修改相应的部分。

```
divert(-1)
dnl This is the macro config file used to generate the /etc/sendmail.cf
dnl file. If you modify thei file you will have to regenerate the
dnl /etc/sendmail.cf by running this macro config through the m4
dnl preprocessor:
dnl m4 /etc/sendmail.mc > /etc/sendmail.cf
dnl You will need to have the Sendmail-cf pacage installed for this to work.
include('/usr/local/src/sendmail-8.12.2/cf')
define('confDEF_USER_ID', '8:12')
OSTYPE('linux')
undefine('UUCP_RELAY')
undefine('BITNET_RELAY')
define('confTO_CONNECT', '1m')
define('confTRY_NULL_MX_LIST',true)
define('confDONT_PROBE_INTERFACES',true)
define('PROCMAIL_MAILER_PATH','/usr/bin/procmail')
define('SMART_HOST',compaq.rd.xxx.com)  <---用于(非 HUB)默认使用 HUB 发送邮件
MASQUERADE_AS('rd.xxx.com')           <-------------------------
FEATURE('masquerade_entire_domain')     <---用于邮件地址伪装
FEATURE('masquerade_envelope')         <-------------------------
FEATURE('smrsh','/usr/sbin/smrsh')
```

```
FEATURE('mailertable','hash -o /etc/mail/mailertable')
FEATURE('virtusertable','hash -o /etc/mail/virtusertable')
FEATURE(redirect)
FEATURE(always_add_domain)
FEATURE(use_cw_file)
FEATURE(local_procmail)
FEATURE('access_db')
FEATURE('blacklist_recipients')
FEATURE('accept_unresolvable_domains')
MAILER(smtp)
MAILER(procmail)
dnl We strongly recommend to comment this one out if you want to protect
dnl yourself from spam. However, the laptop and users on computers that do
dnl not hav 24x7 DNS do need this.
dnl FEATURE('relay_based_on_MX')
```

5. 安装系统

建立好配置文件后运行如下命令。

```
[root@localhost cf]#sh Build install-cf
[root@localhost cf]#groupadd smmsp
[root@localhost cf]#useradd smmsp
[root@localhost cf]#cd cd /usr/local/src/sendmail-8.12.2/sendmail
[root@localhost sendmail]#sh Build install
[root@localhost sendmail]#cd /usr/local/src/sendmail-8.12.2/makemap
[root@localhost makemap]#sh Build clean
[root@localhost makemap]#sh Build all
[root@localhost makemap]#sh Build install
[root@localhost makemap]#cd /usr/local/src/sendmail-8.12.2/
```

6. 设置其他

安装好 sendmail 后，还要让本域的其他用户知道邮件服务器的主机地址，需要在本域 DNS 主数据库文件中增加 MX 纪录。

```
rd.xxx.com.        IN      MX      0       compaq
```

注意修改相应部分。其中的 0 是有几个邮件集中器的时候用于标记先后顺序的。当有好几个 MX 时，建议顺序写为 10、20、30 等，依次类推。

需要时改变权限文件，允许或拒绝用户转发邮件。在/etc/mail 目录下创建 access 文件，内容如下。

```
127.0.0.1 RELAY
21.9.22 RELAY
```

```
211.99.221.238 RELAY
```

然后执行如下命令。

```
[root@localhost sendmail-8.12.2]# makemap hash access.db < access
```

创建文件/etc/mail/local-host-names，其内容为本机拥有的域名信息。

```
rd.xxx.com
compaq.rd.xxx.com
```

创建文件/etc/mail/aliases，内容如下。

```
MAILER-DAEMON: postmaster
postmaster: root
bin: root
daemon: root
nobody: root
```

运行 newaliases 创建数据库。

创建别名文件的意义之一在于当邮件发往域中其他邮件服务器的用户而不是 mail HUB 用户时而用。比如增加一条如下：

```
atan: atan@fbsd.rd.xxx.com
```

则导致邮件发往 mail HUB 时自动转发到 atan@fbsd.rd.xxx.com。

7. 启动 sendmail

将服务程序运行起来如下所示。

```
[root@localhost root]# /usr/sbin/sendmail -bd -q30m
```

如果有问题导致程序启动不了，大部分问题和 DNS 配置有关，可以使用 nslookup 检查 DNS 是否正常。逐个检查/etc/mail 中的文件内容也是排错的好办法。另外，修改配置，不建议直接编辑 sendmail.cf 文件，建议使用 m4 宏编译工具，因为有些带有安全漏洞或过时的宏在编译时会有提示，以免造成相关安全问题。

至此，就可以运行服务程序了。

18.4.3　安装 POP3 服务器

POP3 服务器指的是离线邮件服务器，它与 sendmail 不同，后者相当于只转发邮件信息到相应的目的地，至于读者如何读取邮件，它并不关心；而 POP3 服务器不同，它将邮件从服务器传送到用户系统。

1. 下载安装软件

有的邮件服务器自带 POP3 功能(比如 Qmail、Xmail)，如果用这些邮件服务器软件，就不用安装 POP3 了。目前，常用的邮件服务器里不带 POP3 的好像只有 sendmail 和 postfix 等少数几种。这几种邮件服务器软件使用的都是系统用户，而我们安装的 POP3 也只是对系统用户的邮件进行弹出操作。这里使用的版本和下载地址如下。

```
qpopper4.0.3.tar.gz
http://www.eudora.com/qpopper_general/
```

同样的，把文件下载到/usr/local/src 中，按照下列步骤进行安装。

```
[root@localhost root]#tar zxvf qpopper4.0.3.tar.gz
[root@localhost root]#cd qpopper4.0.3
[root@localhost qpopper4.03]#./configure
[root@localhost qpopper4.03]#make
[root@localhostqpoper4.03]#make install
```

2. 进行配置

当服务程序安装完成后，qpopper 将安装在/usr/local/sbin 中(如果愿意，也可以把它放在其他地方，在安装时用./configure –prefix=/your_path 指定)，文件名叫做 popper。

通常情况下，popper 是作为一个 inetd(超级网络服务进程)的子进程加载的。这样需要编辑文件/etc/inetd.conf 并做下面的改动。

```
# POP3 mail server
#pop-3  stream  tcp   nowait  root    /usr/sbin/tcpd ipop3d
pop-3 stream tcp nowait root /usr/local/sbin/popper qpopper -s
...
```

增加新行完成后，注释掉原来的(上一行)。如果你的安装路径不同，需要改过来。然后，用下面的命令得到 inetd 的进程号如下。

```
[root@localhost root]#ps -ax| grep inetd
248 ?       S      0:00 inetd
```

数字 248 就是服务器的进程号，然后用下面的命令重新启动 inetd。

```
kill -HUP 248
```

用下面的命令查看 POP3 是否已被启动。

```
[root@localhost root]# netstat -ln|grep 110
tcp      0      0 0.0.0.0:110        0.0.0.0:*             LISTEN
```

如果出现这样的结果，安装就成功了。这里还要补充一点，少数情况下，POP3 进程需要独立的监听端口，也就是不作为 inetd 的子进程装载，上面过程需要做如下改动。

在执行./configure 脚本程序时，加上--enable-standalone 参数。

编辑/etc/inetd.conf 需要注释掉原来的 pop-3 一行(如果有的话)。

启动的时候，直接运行/usr/local/sbin/popper xxx.xxx.xxx.xxx:110 即可。后面的参数是本地需要监听的 IP 地址和端口。注意，没有特殊需要，端口必须是 110。

其实最简单的办法是使用的 Linux 发行包自带的 POP3 软件，安装时直接选上即可。

18.5　Apache 服务器

在当前的 Internet 中，Apache 是应用最广泛的 Web 服务器。在 Red Hat Linux 9.0 中安装时如果选择了 WWW 服务器，那么 Apache 服务器的一个修改版本就已经在系统中安装成功了。查找 Apache 信息最好是在 Apache group 的 Web 站点 http://www.apache.org。

18.5.1　Apache HTTP 服务器配置

Apache 的配置文件是/etc/httpd/conf/httpd.conf。用户可以通过图形化的 HTTP 配置工具来进行配置。只有安装了 httpd 和 redhat-config-httpd RPM 软件包才能使用 HTTP 配置工具。它还需要 X 窗口系统和根权限。要启动这个程序，选择主菜单中的【系统设置】|【服务器设置】|【HTTP 服务器】，或在 shell 中运行 redhat-config-httpd 命令。

注意：

如果想使用这个工具，请不要手工编辑 /etc/httpd/conf/httpd.conf 配置文件。HTTP 配置工具在保存改变并退出程序后自动生成这个文件。如果想添加 HTTP 配置工具中没有的额外模块或配置选项，也不能使用这个工具。

使用 HTTP 配置工具来配置 Apache HTTP 服务器的一般步骤如下：

(1) 在【主】选项卡中配置基本设置。

(2) 单击【虚拟主机】标签来配置默认设置。

(3) 在【虚拟主机】选项卡中，配置默认的虚拟主机。

(4) 如果想为不止一个 URL 或虚拟主机提供服务，那么添加额外的虚拟主机。

(5) 在【服务器】选项卡中配置服务器设置。

(6) 在【调整性能】选项卡中配置连接设置。

(7) 把所有必要的文件复制到 DocumentRoot 和 cgi-bin 目录中。

(8) 退出程序并保存所做的设置。

接下来介绍各选项卡。

18.5.2　基本设置

使用【主】选项卡(图 18-2)来配置基本服务器设置。

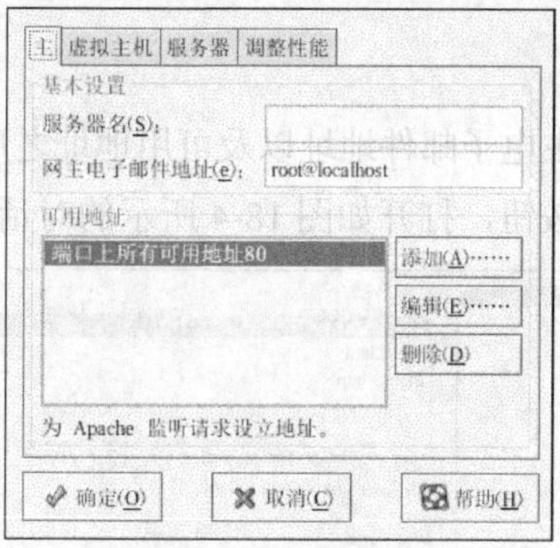

图 18-2　基本设置

在【服务器名】文本框中输入有权使用的完整域名。该选项和 httpd.conf 中的 ServerName 指令相对应。ServerName 指令设置服务器的主机名。它用来创建 URL 的重定向。如果没有定义服务器名称，万维网服务器会试图从系统中的 IP 地址来解析它。服务器名称不一定非要是它的 IP 地址。

在【网主电子邮件地址】文本框中输入服务器维护者的电子邮件地址。该选项和 httpd.conf 中的ServerAdmin指令相对应。如果配置服务器的错误页要包含电子邮件地址，该地址将会被用户用来向服务器的管理员提交问题。默认的值是 root@localhost。

使用【可用地址】文本框定义服务器接受进入连接请求的端口。该选项和 httpd.conf 中的 Listen 指令相对应。默认在端口 80 上监听非安全通讯。

单击【添加】按钮来定义接受请求的其他端口，出现如图 18-3 所示的对话框。可以选择【监听所有地址】单选按钮在定义的端口上监听所有 IP 地址，也可以在【端口】文本框中指定服务器会接受请求的地址。每个端口只能指定一个 IP 地址。如果想在同一端口号码上指定多个 IP 地址，那么为每个 IP 地址分别创建条目。如果有可能，使用 IP 地址而不是域名，这样会避免 DNS 查寻失败。详情请参阅：http://httpd.apache.org/docs-2.0/dns-caveats.html 中的 Issues Regarding DNS and Apache。

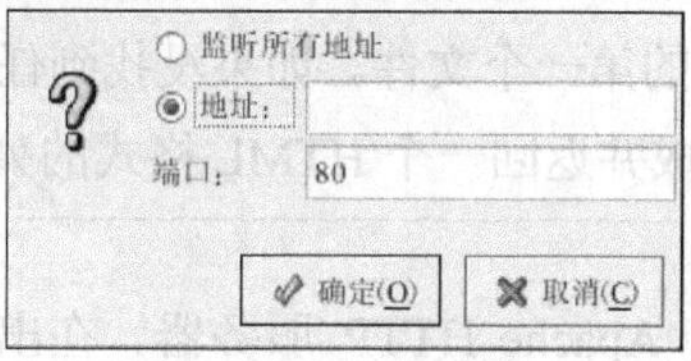

图 18-3　可用地址

在【端口】文本框中输入星号(*)的效果和选择【监听所有地址】单选按钮效果一样。单击【可用地址】文本框旁边的【编辑】按钮和单击【添加】按钮所显示的窗口相同，只不过前者窗口中的字段值已被预设。要删除某一条目，选择它然后单击【删除】按钮即可。

技巧：

如果设置了服务器监听 1024 以下的端口，那么必须是根用户才能启动它。对于 1024 和以上的端口，httpd 可以被普通用户启动。

18.5.3　默认设置

定义了服务器名称、网主电子邮件地址以及可用地址之后，单击【虚拟主机】标签，然后单击【编辑默认设置】按钮，打开如图 18-4 所示的对话框。

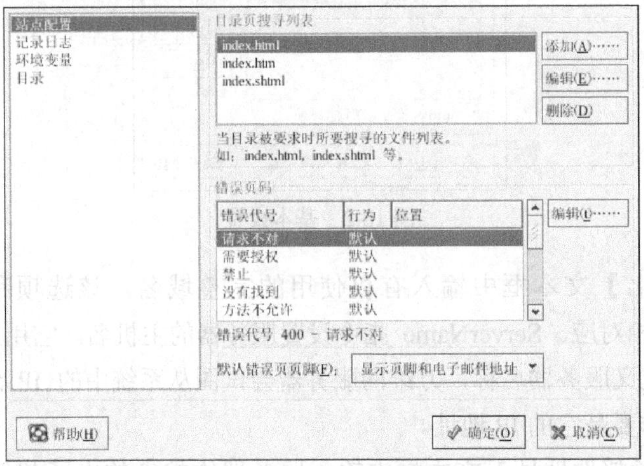

图 18-4　站点配置

该对话框中为万维网服务器配置默认设置。如果添加了一个虚拟主机，那么为该虚拟主机配置的设置会被优先采用。对于虚拟主机内没有定义的指令，就会使用默认值。

1. 站点配置

【目录页搜索列表】和【错误页码】中的默认值对于多数服务器都适用。如果不能肯定这些设置，那么就不要修改它们。

【目录页搜索列表】中列出的项目定义DirectoryIndex 指令。DirectoryIndex 是用户通过在目录名后指定正斜线(/)来请求目录索引时，由服务器提供的默认网页。

例如，当某用户请求网页 http://www.example.com/this_directory/时，他会得到 Directory Index 网页(若存在)，或由服务器生成的目录列表。服务器会试图寻找 DirectoryIndex 指令中列出的文件，并提供它找到的第一个文件。如果没找到任何文件，并且 Options Indexes 为该目录设置，服务器就会生成并返回一个 HTML 格式的列表，列出该目录中的子目录和文件。

使用【错误代号】列配置 Apache HTTP 服务器。在出现错误和问题时，把客户重导向给本地或外部 URL。该选项和ErrorDocument指令相对应。如果当客户试图连接 Apache HTTP 服务器时出现了问题或错误，默认行动是显示【错误代号】列中的简单错误信息。要取代默认配置，选择该错误代号，然后单击【编辑】按钮。选择【默认】来显示默认的简短错误信息。选择 URL 把客户重导向到一个外部 URL，并在【位置】字段中输入包括 http://在内的 URL。选择【文件】把客户重导向到一个内部 URL，并在万维网服务器的文档根目录下输入文件的路径。位置必须以斜线(/)开头，并相对于文档根目录的位置。

例如，要把 404“没有找到”错误代号重导向到在 404.html 文件创建的网页中，把 404.html 复制到 DocumentRoot/errors/404.html。在这个例子里，DocumentRoot 是用户定义的文档根目录(默认为/var/www/html)。然后，选择【文件】作为【404 - 没有找到】错误代号的行为，然后输入/errors/404.html 作为【位置】。

从【默认错误页页脚】下拉列表中，可以选择下列选项。

- 【显示页脚和电子邮件地址】：在所有错误页中显示默认页脚以及在 ServerAdmin 指令中指定的网站维护者的电子邮件地址。
- 【显示页脚】：在错误页的底部只显示默认的页脚。
- 【无页脚】：在错误页的底部不显示页脚。

2. 记录日志

服务器默认把传输日志写入/var/log/httpd/access_log 文件，把错误日志写入/var/log/httpd/error_log 文件。

如图 18-5 所示，传输日志包含一个所有对万维网服务器连接企图的列表。它记录试图连接的客户 IP 地址，试图连接的日期和时间，以及试图检索的万维网服务器上的文件。输入要存储该信息的路径和文件名。如果路径和文件名不以斜线(/)开头，该路径就是相对于配置的服务器根目录而言的。该选项与TransferLog指令相对应。

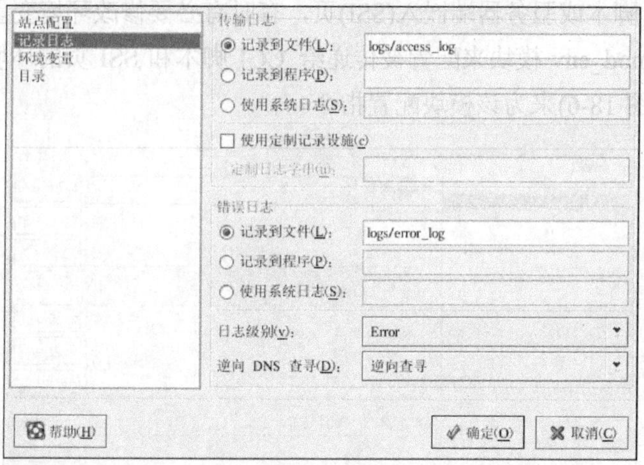

图 18-5　记录日志

用户可以配置定制的日志格式。方法是选择【使用定制记录设施】复选框，然后在【定制日志字串】文本框中输入定制的日志字符串。它配置LogFormat指令。请参阅 http://httpd.apache.org/docs-2.0/mod/mod_log_config.html#formats 来获取该指令的格式信息。

错误日志包含所发生的服务器错误的列表。输入要存储该信息的路径和文件名。如果路径和文件名不以斜线(/)开头，该路径就是相对于配置的服务器根目录而言的。该选项与 ErrorLog 指令相对应。

使用【日志级别】下拉列表设置错误日志中错误信息的详细程度。它可以被设置成(从最简略到最详细)emerg、alert、crit、error、warn、notice、info 或 debug。该选项和 LogLevel 指令相对应。

【逆向 DNS 查寻】下拉列表中选定的值定义HostnameLookups 指令。选择【无逆向查寻】会关闭它。选择【逆向查寻】会启用它。选择【双重逆向查寻】把值设为双重。

如果选择了【逆向查寻】，服务器会自动为每个从你的万维网服务器请求文档的连接解析 IP 地址。解析 IP 地址意味着你的服务器会连接 DNS 来寻找和某 IP 地址相对应的主机名。

如果选择了【双重逆向查寻】，服务器会执行双重逆向查寻 DNS。换句话说，执行一次逆向查寻后，服务器会在结果上再执行一次正向查寻。在正向查寻中，至少应有一个 IP 地址匹配第一次逆向查寻中的地址。

通常来说，应该把该选项设为【无逆向查寻】，因为 DNS 请求会给你的服务器增加载量，服务器的速度可能会减慢。如果服务非常繁忙，试图执行逆向查寻或双重逆向查寻的影响就会非常明显。

逆向查寻和双重逆向查寻从互联网整体上来说也是个问题。所有查寻主机名的个别连接加在一起的效应不容忽视。因此，为自己的万维网服务器考虑，也为整个互联网的利益考虑，应该把该选项设为【无逆向查寻】。

3. 环境变量

为了把 CGI 脚本或服务器端嵌入(SSI)页，有时有必要修改环境变量。Apache HTTP 服务器可以使用 mod_env 模块来配置被传递给 CGI 脚本和 SSI 页的环境变量。使用【环境变量】选项卡(图 18-6)来为该模块配置指令。

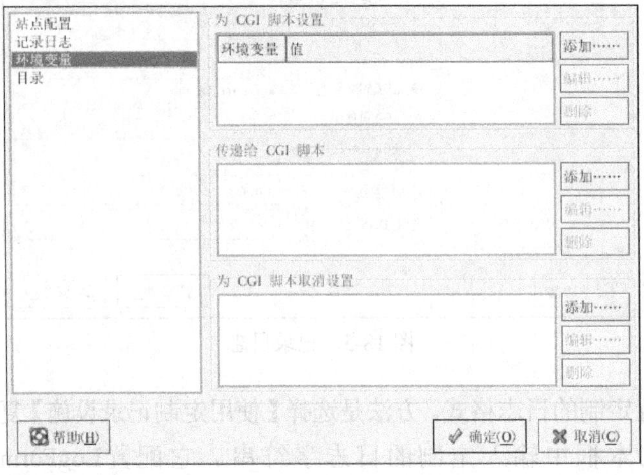

图 18-6　【环境变量】选项卡

使用【为 CGI 脚本设置】部分来设置要传递给 CGI 脚本和 SSI 页的环境变量。例如，要把环境变量 MAXNUM 设为 50，单击【为 CGI 脚本设置】选项组的【添加】按钮，然后在【环境变量】文本框内输入 MAXNUM，在【值】文本框内输入 50。单击【确定】按钮，【为 CGI 脚本设置】部分配置SetEnv指令。

使用【传递给 CGI 脚本】在服务器首次启动 CGI 脚本时传递环境变量值。要查看该环境变量，在 shell 提示下输入 env。单击【传递给 CGI 脚本】选项组的【添加】按钮，在弹出的对话框中输入环境变量的名称。单击【确定】把它添加到列表中。

如果想删除某个环境变量，它的值就不会传递给 CGI 脚本和 SSI 页，使用【为 CGI 脚本取消设置】选项组。单击其中的【添加】按钮，然后输入要取消设置的环境变量名称。它和 UnsetEnv 指令相对应。

要编辑环境变量值，可从列表中选择它，然后单击相应的【编辑】按钮。要从列表中删除任一项目，单击相应的【删除】按钮即可。

要进一步了解 Apache HTTP 服务器中的环境变量，请参考网页 http://httpd.apache.org/docs-2.0/env.html。

4. 目录

使用【目录】选项卡(图 18-7)来为指定目录配置选项。它与<Directory>指令相对应。

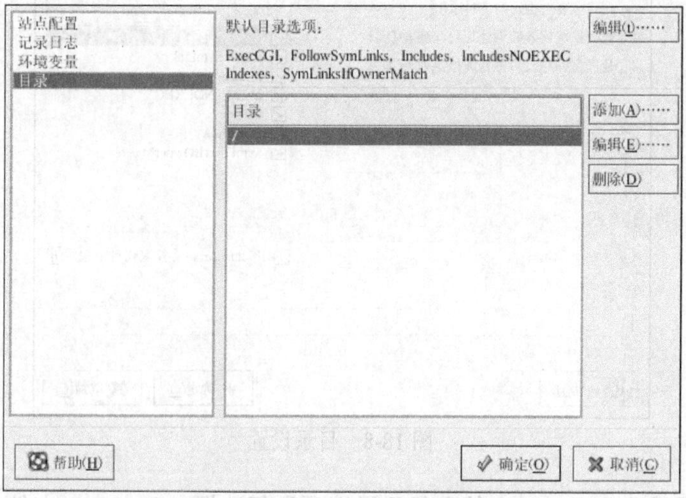

图 18-7　【目录】选项卡

单击右上角的【编辑】按钮为所有没在【目录】列表中指定的目录配置【默认目录选项】。用户选择的选项被列举在<Directory>指令内的 Options 指令中。用户可以配置下列选项。

- ExecCGI：允许执行 CGI 脚本。如果该选项没有被选，CGI 脚本就不会被执行。
- FollowSymLinks：允许追随符号链接。
- Includes：允许服务器端嵌入。
- IncludesNOEXEC：允许服务器端嵌入，但是在 CGI 脚本中禁用#exec 和#include 命令。
- Indexes：如果请求的目录中不存在 DirectoryIndex(如 index.html)，那么显示目录内容格式化了的列表。
- Multiview：支持 content-negotiated multiviews，该选项被默认禁用。
- SymLinksIfOwnerMatch：只有在目标文件或目录和链接的所有者相同时，才追随该符号链接。

要为指定目录指定选项，单击【目录】选项卡中的【添加】按钮，出现如图 18-8 所示的对话框。在对话框底部的【目录】文本框中输入要配置的目录。从右侧的列表中选择选项，并用左侧的选项配置 Order 指令。Order 指令控制 allow 和 deny 指令被评价的顺序。在【允许主机来自】和【拒绝主机来自】文本框内，可以指定下列值之一。

- 允许所有主机：输入 all 来允许所有主机的访问。
- 部分域名：允许所有名称匹配指定字符串或以指定字符串结束主机的访问。
- 完整 IP 地址：允许到特定 IP 地址的访问。
- 子网：如 192.168.1.0/255.255.255.0。
- 网络 CIDR 具体规范：如 10.3.0.0/16。

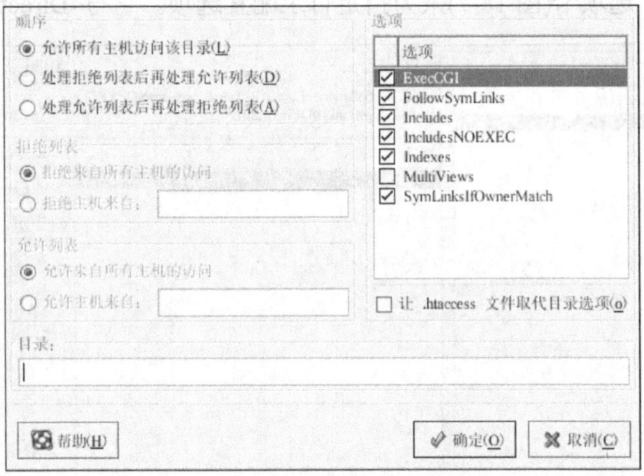

图 18-8　目录设置

如果选择了【让.htaccess 文件取代目录选项】复选框，.htaccess 文件中的配置指令就会被优先选用。

18.5.4　虚拟主机设置

用户可以使用“HTTP 配置工具”来配置虚拟主机。虚拟主机允许为不同的 IP 地址、主机名或同一机器上的不同端口运行不同的服务器。例如，用户可以在同一个万维网服务器上使用虚拟主机来运行 http://www.example.com 和 http://www.anotherexample.com 这两个网站。对于默认的虚拟主机和基于 IP 的虚拟主机，该选项和<VirtualHost> 指令相对应；对于基于名称的虚拟主机，该选项和 <NameVirtualHost> 指令相对应。

为某个虚拟主机设置的指令只应用于该虚拟主机。如果某指令使用【编辑默认设置】按钮为整个服务器全局设置，而虚拟主机设置中却没有被定义，那么默认设置就会被使用。例如，用户可以在【主】选项卡中定义【网主电子邮件地址】，而不必在每个虚拟主机中个别定义电子邮件地址。

HTTP 配置工具包括如图 18-9 所示的默认虚拟主机。

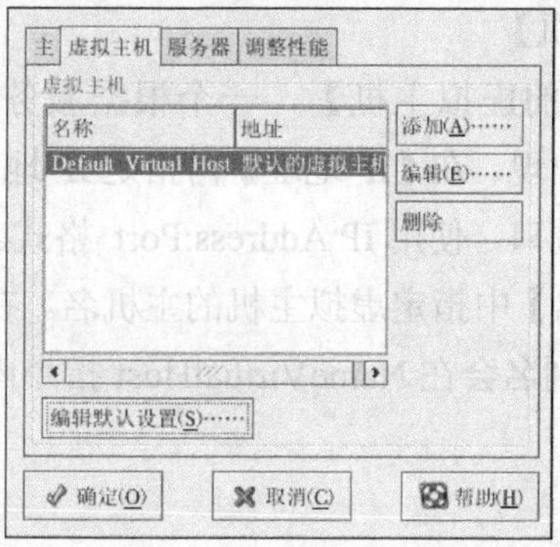

图 18-9　【虚拟主机】选项卡

http://httpd.apache.org/docs-2.0/vhosts/和在用户的机器上安装的 Apache HTTP 服务器文档提供了更多关于虚拟主机的信息。

1. 添加和编辑虚拟主机

要添加虚拟主机，单击【虚拟主机】选项卡，然后单击【添加】按钮。还可以从列表中选择一个虚拟主机，然后单击【编辑】按钮来编辑它。

常规选项

【常规选项】设置只应用于正在配置的虚拟主机。在【虚拟主机名】文本框内设置虚拟主机的名称。该名称被 HTTP 配置工具用来区别不同的虚拟主机。

把【文档根目录】的值设为包含该虚拟主机根文档(如 index.html)的目录。该选项和<VirtualHost>指令内的DocumentRoot指令相对应。在 Red Hat Linux 7.0 之前，所提供的 Apache HTTP 服务器使用/home/httpd/html 作为 DocumentRoot。但是在 Red Hat Linux 9.0 中，默认的 DocumentRoot 是/var/www/html。

【网主电子邮件地址】和 VirtualHost 内的 ServerAdmin 指令相对应。如果选择了要在错误页里显示页脚和电子邮件地址，该地址将被用在错误页内的页脚上。

在【主机信息】部分，选择【默认虚拟主机】、【基于 IP 的虚拟主机】或【基于名称的虚拟主机】。

(1)【默认虚拟主机】

应该只配置一个默认虚拟主机(切记，默认只有一个设置)。当请求的 IP 地址没有在另一个虚拟主机中确切列出时，默认的虚拟主机就会被使用。如果默认虚拟主机没有被定义，就会使用主服务器设置。

(2)【基于 IP 的虚拟主机】

如果选择了【基于 IP 的虚拟主机】，一个根据服务器的 IP 地址来配置 <VirtualHost> 指令的屏幕就会出现。在【IP 地址】文本框内指定 IP 地址。要指定多于一个 IP 地址，用空格把它们分开。要指定端口，使用 IP Address:Port 格式。使用“:*”来为该 IP 地址配置的所有端口。在【服务器主机名】中指定虚拟主机的主机名。

(3)【基于名称的虚拟主机】

如果选择了【基于名称的虚拟主机】，一个根据服务器的主机名称来配置 NameVirtualHost 指令的窗口就会出现。在【IP 地址】内指定 IP 地址。要指定多于一个 IP 地址，用空格把它们分开。要指定端口，使用 IP Address:Port 格式。使用“:*”为该 IP 地址配置所有端口。在【服务器主机名】中指定虚拟主机的主机名。在【别名】部分，单击【添加】来添加主机名的别名。添加别名会在 NameVirtualHost 指令内添加 ServerAlias 指令。

2. SSL

注意：

不能在 SSL 中使用基于名称的虚拟主机，因为 SSL 握手(浏览器接受安全万维网服务器的证书时)发生在识别正确的基于名称的虚拟主机的 HTTP 请求之前。如果想使用基于名称的虚拟主机，它们只能在非安全万维网服务器中使用。

如果没有配置 SSL 支持，Apache HTTP 服务器和客户之间的通信就不会被加密。不加密就可以被窃听。启用 SSL 支持会启用 mod_ssl 安全模块。要通过 HTTP 配置工具来启用它，必须在【主】选项卡的【可用地址】选项组中允许通过端口 443 访问。然后，在【虚拟主机】选项卡选择虚拟主机名，单击【编辑】按钮，从左侧的菜单中选择【SSL】，并且选择【启用 SSL 支持】复选框，如图 18-10 所示。【SSL 配置】选项组被预配置了虚构的数码证书。数码证书为用户的安全万维网服务器提供验证，并向客户万维网浏览器表明安全服务器的身份。用户必须另行购买自己的数码证书。不要在自己的网站使用 Red Hat Linux 中提供的虚构证书。

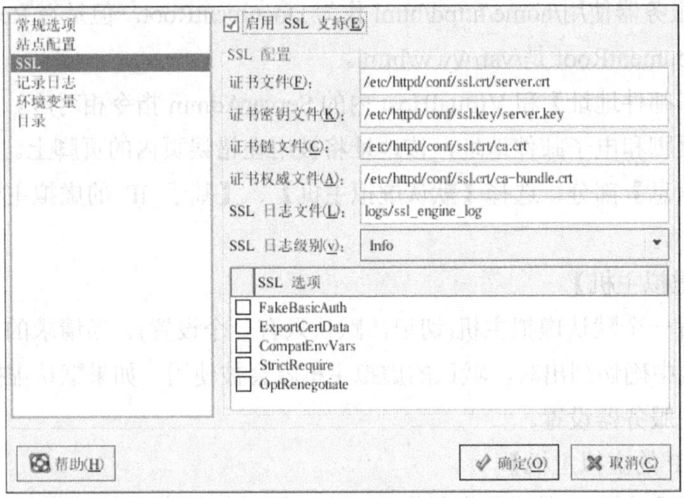

图 18-10　SSL 支持界面

3. 其他虚拟主机选项

虚拟主机的【站点配置】、【环境变量】以及【目录】选项卡和单击了【编辑默认设置】按钮以后所见的指令相同。不过，这里的配置仅用于正在配置的个别虚拟主机。

18.5.5　服务器设置

【服务器】选项卡(图 18-11)允许用户配置基本的服务器设置。默认设置在多数情况下都是适用的。

图 18-11　服务器配置

【锁文件】的值和LockFile指令相对应。在服务器使用 USE_FCNTL_SERIALIZED_ACCEPT 或 USE_FLOCK_SERIALIZED_ACCEPT 编译时，该指令把路径设为锁文件所用的路径。它必须存储在本地磁盘上。除非 logs 目录位于 NFS 共享上。如果事实如此，就应该把默认值改为本地磁盘上某处只能被根用户读取的目录。

【PID 文件】的值和 PidFile 指令相对应。该指令设置服务器记录进程 ID(PID)的文件。该文件应该只能够被根用户读取。多数情况下，应该使用默认值。

【核心转储目录】的值和 CoreDumpDirectory 指令相对应。Apache HTTP 服务器在转储核心前会试图转换到该目录中。默认值是 ServerRoot。然而，如果运行服务器的用户所使用的身份没有得到该目录的写权限，核心转储就无法被写入。如果想把核心转储写入磁盘以用于调试，那么把这个值改为能够被服务器的运行身份写入的目录。

【用户】的值和 User 指令相对应。它设置服务器回答请求所用的 userid。用户的设置决定服务器的访问权限。该用户无法访问的文件，网站来宾也不能够访问。默认的 User 是 Apache。

该用户应该仅拥有一定的特权，因此它能够存取外部用户可以看见的文件。该用户还是所有被服务器生出的 CGI 进程的所有者。它不应该被允许执行任何目的不是回答 HTTP 请求的编码。

在正常操作中，httpd 父进程首先以根用户身份来运行，但是，它会立即被交给 Apache 用户。服务器必须以根用户启动的原因是它需要关联到 1024 以下的端口。1024 以下的端口是为系统使用而保留的，因此只有根用户才有使用权。一旦服务器把自己连接到它的端口，它就会在接受任何连接请求前把进程交给 Apache 用户。

Group 的值与 Group 指令相对应。Group 指令和 User 指令相似。它设置服务器回答请求所用的组群。默认组群也是 Apache。

18.5.6　调整性能

单击【调整性能】选项卡(如图 18-12 所示)配置你想使用的服务器子进程的最大数量，以及客户连接方面的 Apache HTTP 服务器选项。这些选项的默认设置在多数情况下是恰当的。改变这些设置会影响万维网服务器的整体性能。

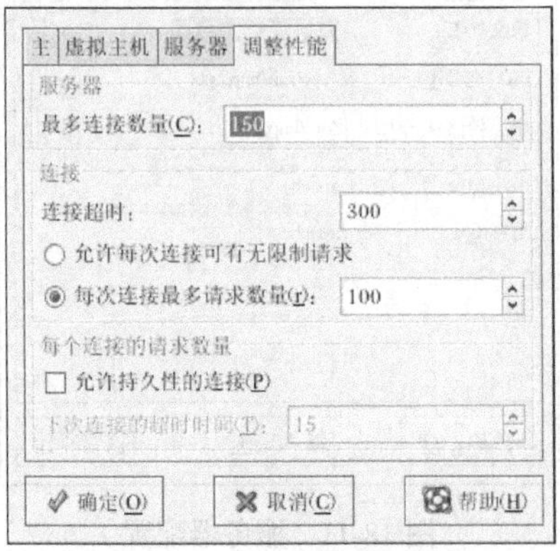

图 18-12　【调整性能】选项卡

把【最多连接数量】设为服务器能够同时处理的客户请求的最多数量。服务器为每个连接创建一个 httpd 子进程。进程数量达到最大限度后，直到某子进程结束，万维网服务器才能够接受新客户连接。如果不重新编译 Apache，为该选项设置的值将不能超高 256。该选项与MaxClients指令相对应。

【连接超时】定义服务器在通信时等候传输和回应的秒数。特别是【连接超时】定义自己的服务器在接收 GET 请求时要等多久，在接收 POST 或 PUT 请求的 TCP 包时要等多久，以及在回应 TCP 包的 ACK 之间要等多久。【连接超时】被默认设为 300 秒，这在多数情况下都是适用的。该选项与TimeOut指令相对应。

把【每次连接最多请求数量】设为每个持续连接所允许的最多请求次数。默认值为 100，这应该在多数情况下都适用。该选项与MaxRequestsPerChild指令相对应。

如果选择了【允许每次连接可有无限制请求】单选按钮，MaxKeepAliveRequests 指令的值就会是 0，这会允许无限制的请求次数。

如果取消选择【允许持久性的连接】复选框，KeepAlive 指令就会被设为 false；如果选择了它，那么会被设为 true，并且KeepAliveTimeout 指令的值会被设为【下次连接的超时时间】中选定的值。该指令设置的超时秒数是服务器在回答了一项请求之后，关闭连接之前，等待下一个请求时会等候的秒数。一旦接收到请求，服务器就会改用【连接超时】中的值。

把【持续连接】设为一个较大的数值可能导致服务器速度减慢，这要依据试图连接该服务器的用户数量而定。数值越大，等候前一个用户再次连接的服务器进程就越多。

18.5.7　保存设置

用户可以单击 HTTP 配置工具窗口右下角的【确定】和【取消】按钮来保存或丢弃所做的配置。如果保存配置，配置会被保存在/etc/httpd/conf/httpd.conf 中。切记，原有配置会被覆盖。

注意：

保存设置之后，必须使用 service httpd restart 命令来重新启动 httpd 守护进程，并且必须是根用户才能执行该命令。

18.5.8　其他资料

- http://www.apache.org：The Apache Software Foundation。
- http://www.redhat.com/support/resources/web_ftp/apache.html：Red Hat 的技术支持，维护一个有用的 Apache HTTP 服务器链接的列表。
- http://www.redhat.com/support/docs/faqs/RH-apache-FAQ/book1.html：由 Red Hat 编译的 Red Hat Linux Apache Centralized Knowledgebase。
- Apache: The Definitive Guide，作者为 Ben Laurie 和 Peter Laurie；O'Reilly & Associates, Inc.出版。

18.6　LAMP Web 服务器

LAMP 是目前非常流行且成熟的 Web 服务器架构，用来搭建动态网站，LAMP 具有开源免费、资源丰富、轻量、开发速度快、通用、跨平台、高性能等特点，所以它能够和 Java/J2EE 架构和微软的.NET 架构相抗衡，很多流行的商业应用都是采取这个架构。

18.6.1　LAMP 的组件

LAMP 由 Linux 操作系统、Apache 网络服务器、MySQL 数据库和 PHP(Perl 或 Python)脚本语言组合而成，各个组成成员都是开源软件。

没有特殊说明，本节用 LAMP 特指在 Linux 操作系统中配置 Apache 服务器、MySQL 数据库服务器、PHP 应用程序服务器，组成强大的 Web 开发平台。

MySQL 是关系型数据库管理系统，它是一个开放源代码的软件，MySQL 数据库系统使用最常用的结构化查询语言(SQL)进行管理，它是一个真正的多用户、多线程的 SQL 数据库服务器。采用客户机/服务器模式实现，稳定性好，能与 PHP 完美结合。

超级文本预处理语言 PHP 是 Hypertext Preprocessor 的缩写。PHP 是一种在服务器端执行的动态可编程的脚本语言，能够嵌入到 HTML 里面。PHP 具有非常强大的功能，所有的 CGI 功能 PHP 都能实现，而且支持所有流行的数据库以及操作系统。

18.6.2　工作原理

这里用图 18-13 来阐述 LAMP 的工作原理。

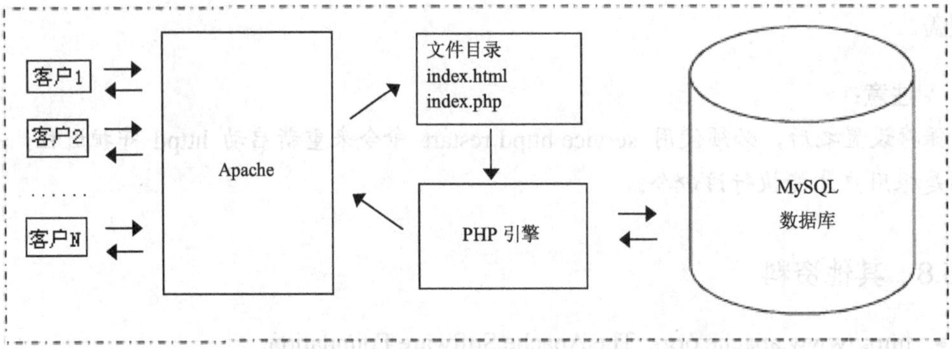

图 18-13　LAMP 的工作原理图

工作过程如下。

(1) 用户在 Web 浏览器地址栏中输入要访问的网页，按 Enter 键就会触发一个访问请求，并将请求传送到 Apache 服务器。

(2) Apache 服务器接收到请求后，根据网页后缀判断是否是一个 PHP 请求。如果是一个 PHP 请求，Web 服务器从硬盘或内存中取出用户要访问的 PHP 文件，并将其发送给 PHP 引擎。

(3) PHP 引擎对传送过来的文件进行处理，并动态地生成相应的 HTML 页面。

(4) PHP 引擎将生成 HTML 页面返回给 Apache 服务器。Apache 服务器再将 HTML 页面返回给客户端浏览器。

18.6.3　安装与配置

LAMP 是一个组合框架，各组件之间的版本搭配非常重要。读者可使用表 18-3 推荐的软件版本，当然互联网上还公布了很多其他的经典搭配，读者可灵活选择。

表 18-3　安装需要的软件包

软　件　包	下载网址(供参考，读者可通过搜索引擎自行下载)
Httpd-2.2.8.tar.gz	http://www.apache.org
libxml2-2.7.1.tar.gz	http://xmlsoft.org/sources/old
mysql-5.0.91.tar.gz	http://www.mysql.com
Php-5.2.5.tar.gz	http://www.php.net

由于 Red Hat Linux 9.0 自带的 Apache、MySQL、Libxml2 和 PHP 的版本比较陈旧，有些较新的 PHP 程序不能安装或正常运行，如果读者遇到这样的情况，可以先将过旧的软件卸载。

假设相关软件都放在/usr/local/work 目录下。

1. 安装配置 Apache

依次执行以下命令，就完成了 Apache 的安装。

```
[root@localhost root]#cd /usr/local/work
[root@localhost work]#tar xfz httpd-2.2.8.tar.gz
[root@localhost work]#cd httpd-2.2.8
[root@localhost httpd-2.2.8]#./configure -prefix=/usr/local/Apache2 -enable-
module=so
[root@localhost httpd-2.2.8]#make
[root@localhost httpd-2.2.8]#make install
```

Apache 的配置是 usr/local/Apache2/conf/httpd.conf 文件。

(1) 设置 Apache 的网站根目录

Apache 默认的网站根目录是/usr/local/Apache2/htdos，如果要更改根目录，可以打开 httpd.conf 文件，找到包含 Documentroot 的行，修改后面的路径即可。

(2) 设置 Apache 提供服务的端口

打开/httpd.conf 文件，找到#ServerName 行，将其后面的域名加端口号改为 localhost:80，并且把前面的#去除。

(3) 启动 Apache 服务器并加入系统启动项

启动 Apache 服务器并加入系统启动项后，重新启动服务器，再输入一下命令启动服务。

```
[root@localhost root]#usr/local/Apache2/bin/apachectl start >> /etc/rc.d/
rc.local
```

(4) 重启 Apache 服务器

[root@localhost root]#usr/local/Apache2/bin/apachectl restart

打开浏览器，在地址栏里输入 http://localhost/，按 Enter 键后如果能显示 Apache 安装测试页面或者浏览器显示“It works!”，就说明 Apache 安装成功。

2. 安装配置 MySQL

首先需要创建 MySQL 账号并加入组。

```
[root@localhost root]#groupadd mysql
[root@localhost root]#useradd -g mysql
```

接下来安装 mysql。

```
[root@localhost root]#cd /usr/local/work
[root@localhost work]#tar -zxvf mysql-5.0.91.tar.gz
```

```
[root@localhost work]#cd mysql-5.0.91
[root@localhost mysql-5.0.91]#./configure --prefix=/usr/local/mysql
[root@localhost mysql-5.0.91]#make
[root@localhost mysql-5.0.91]#make install
[root@localhost mysql-5.0.91]#cp support-files/my-medium.cnf /etc/my.cnf
[root@localhost mysql-5.0.91]#cp support-files/mysql.server /etc/init.d/
mysqld
[root@localhost mysql-5.0.91]#chmod 755 /etc/init.d/mysqld
[root@localhost mysql-5.0.91]#cd /usr/local/mysql
[root@localhost mysql]#chown -R mysql.mysql
[root@localhost mysql]#./bin/mysql_install_db --user=mysql
[root@localhost mysql]#chown -R root
[root@localhost mysql]#chown -R mysql var
```

安装完成后启动 MySQL 数据库服务。

```
[root@localhost root]#/usr/local/mysql/bin/mysqld_safe -user=mysql &
```

进入 MySQL。

```
#/usr/local/mysql/bin/mysql -uroot
    Welcome to the MySQL monitor.  Commands end with ; or "g.
    Your MySQL connection id is 3 to server version: 5.0.22-log
    Type 'help;' or '"h' for help. Type '"c' to clear the buffer.
    mysql>
```

如何使用 MySQL，本书不详细介绍，读者可以参考相关书籍。

3. 安装配置 PHP

由于 Red Hat Linux 9.0 自带的 Libxml2 非常陈旧，需要先彻底卸载再重装，否则无法成功安装 PHP。

查看系统是否安装了 Libxml2。

```
[root@localhost root]#rpm –qa | grep libxml
```

如果安装了，使用下面的命令进行卸载。

```
[root@localhost root]#rpm –e –nodeps 文件名(不用版本号)
```

重装 Libxml2。

```
[root@localhost root]#cd /usr/local/work
```

```
[root@localhost work]#tar xfz libxml2-2.7.1.tar.gz
[root@localhost work]#cd /usr/local/work/libxml2-2.7.1
[root@localhost libxml2-2.7.1]#./configure -prefix=/usr/local/libxml2
[root@localhost libxml2-2.7.1]#make
[root@localhost libxml2-2.7.1]#make install
[root@localhost libxml2-2.7.1]cp /usr/local/libxml2/lib/libxml2.so.2 /usr/
lib/libxml2.so.2
```

libxml2 安装完毕，重启 Linux 系统，之后开始安装 PHP5。

```
[root@localhost root]#cd /usr/local/work
[root@localhost work]#tar xfz php-5.2.5.tar.gz
[root@localhost work]#cd /usr/local/work/php-5.2.5
[root@localhost php-5.2.5]#./configure -with-apxs2=/usr/local/Apache2/
bin/apsx
            -with-mysql=/usr/local/mysql -
    with-libxml-dir=/usr/local/libxml2
[root@localhost php-5.2.5]#make
[root@localhost php-5.2.5]#make install
[root@localhost php-5.2.5]#cp php.ini-dist /usr/local/lib/php.ini
```

安装完 PHP 之后，需要配置 Apache，将 Apache 和 PHP 关联起来。

(1) 配置 AddType 字段

在/usr/local/Apache2/conf/httpd.conf 中，找到 AddType 字段，并在此字段下添加以下代码。

```
AddType application/x-httpd-php.php
```

(2) 配置 DirectoryIndex 字段

在/usr/local/Apache2/conf/httpd.conf 中，找到 DirectoryIndex 字段，添加 index.php。

重启 Apache 并在网站根目录下建立一个文件 phpinfo.php，文件内容如下：

```
<?php
phpinfo();
?>
```

使用命令重新启动 httpd 和 mysql，在浏览器中输入 http://localhost/phpinfo.php，如果能显示，说明此配置已完成。

如何进行 PHP 编程，本书不详细介绍，读者可以参考相关书籍。

18.7　本章小结

Red Hat Linux 非常适合用作网络服务器，只需要简单配置就可以了，但为了帮助读者理解网络服务，本章先简单介绍了守护进程和配置文件等基本概念。然后，重点介绍了电子邮件、FTP 文件传输、WWW 及应用服务器等几类最主要的网络服务器类型，用户可以根据自身需要来建立相应的服务器。

18.8　习　　题

1. 填空题

(1) 守护进程是某种特殊的______，又称精灵进程。它为用户提供了相当多的服务，但本身不会在屏幕上显示任何东西，所以显得非常神秘。

(2) 在 Linux 系统中，网络功能都必须凭借许多______的内容来控制，可以非常灵活地实现定制网络服务。

(3) 邮件系统中包括______、______两个部分。

2. 选择题

(1) 什么不能用做 WWW 服务器端口？(　)

A. 43　　B. 80　　C. 3128　　D. 8080

(2) 通常 FTP 服务器打开的是哪个 TCP 端口？(　)

A. 20　　B. 21　　C. 22　　D. 23

3. 思考题

(1) 什么是守护进程，用它实现网络服务有什么优势？

(2) 什么是秘密扫描，它用什么方式探测网络服务？

(3) 什么是虚拟主机？

第19章 远程系统管理

系统管理员或网络管理员可能经常需要进行远程维护。早期的远程维护非常困难，如果管理员出差到外地，而公司的数据库服务器的数据库出现了故障，急需进行处理。这时无论是打电话指导公司里的同事进行处理，还是立即放下手头的工作赶回去，都是件非常烦恼的事情。

现在随着网络技术的不断发展及 Internet 的日益普及，网络已经可以延伸到任何想到达的地方，只需随身携带一台笔记本电脑，便可以轻松进行远程系统维护和故障处理。本章将介绍几种常用的网络远程管理工具，有字符界面的，也有图形方式的，希望对读者有所帮助。

本章学习目标：

- 使用 Telnet 远程管理
- 更安全的 SSH
- 图形化的远程管理工具

19.1 使用 Telnet

Telnet 是经典的远程管理服务，它起源于 1969 年的 ARPANet，全称是电信网络协议(Telecommunication Network Protocol)。迄今已使用了四十多年，虽然由于使用明文传送信息造成安全隐患而颇受非议，但不可否认，它仍然是当今使用得最多的远程管理方式之一。

Telnet 采用客户端服务器模式。也就是说，客户端需要运行客户端程序，服务器端运行服务器端程序。对 Telnet 的使用者来讲，通常仅需了解客户端的程序。客户端程序要完成如下操作。

- 主动发起连接请求，与服务器建立 TCP 连接。
- 从键盘上接收用户输入的字符。
- 把输入的字符串变成标准格式，并送给远程服务器。
- 从远程服务器接收输出的信息。
- 把返回信息显示在屏幕上。

首先应确保系统安装了 telnet-server 软件包，查看是否安装此软件包的命令如下。

```
[root@localhost root]#rpm -qa |grep telnet
```

```
telnet-0.17-25                    //说明安装了客户端程序
telent-server-0.17-25             //说明安装了服务器程序
```

如果没有安装服务器程序，可以在 Red Hat Linux 9.0 第 3 张安装盘中找到 telnet-server-0.17-25-i386.rpm 软件包。安装命令如下：

```
[root@localhost root]#rpm -ivh telnet-server-0.17-25-i386.rpm
```

19.1.1 使用 Telnet 客户端

使用 Telnet 客户端程序登录远程系统十分简单。比如，想使用 Telnet 访问一个远程主机，远程主机利用的是 8000 端口，命令如下：

```
[root@localhost root]#telnet remotehost 8000
```

其中 remotehost 为目的主机 IP 地址或主机名称。执行后，若对方系统运行着服务端程序，便可以进行用户登录和口令验证，通过验证后，就进入了远程系统中，可以进行权限内的任何操作。

Telnet 命令格式和常用命令选项如下：

```
#telnet [-l user] [-x] [host [port]]
```

Telnet 参数很多，一般情况下以上几个就已经完全够用了，这些参数的功能见表 19-1。

表 19-1　Telnet 命令参数

参　数	说　明
-l user	若远程登录可以设置环境变量，就把 USER 变量设为 user
-x	若有加密功能，就打开这个功能
host	所要登录的主机 IP 地址或主机名
port	服务器的服务端口，默认情况下为端口 23

19.1.2 使用 Telnet 服务器

Red Hat Linux 9.0 默认安装 Telnet 服务器，但并未启动。有以下两种方法可启动 Telnet 服务。

- 在命令行模式下，可输入 setup 命令，进入系统配置菜单，选择 System Service 后按 Enter 键，进入系统服务配置菜单，使用上、下方向键找到 Telnet 项，按空格键选中，退出设置并重新启动系统，Telnet 服务将会在每次系统启动时自行启动。
- 在图形界面下，可以在【启动程序】|【系统设置】|【服务】中进行配置，选中 Telnet 项后保存退出并重新启动系统即可。

图 19-1 显示了进行 Telnet 服务配置的过程。

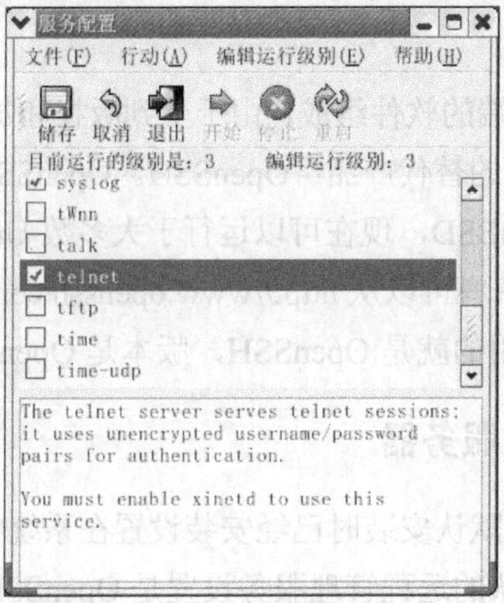

图 19-1　对 Telnet 进行配置

由于 Telnet 是标准的提供远程登录功能，几乎每个操作系统的 TCP/IP 协议的实现都提供了这个功能，所以，Telnet 不仅可以用于同种操作系统之间的远程登录，还可以应用于不同操作系统之间远程登录。而另一些远程控制，如 Rsh、Rlogin 等只能运行于 Linux 及 UNIX 之间。因此，可以说 Telnet 是最流行的远程控制解决方案。

19.2　安 全 的 SSH

安全 Shell(Secure Shell，SSH)实现了与 telnet 类似的功能，可以实现字符界面的远程登录管理。SSH 采用了密文的形式在网络中传输数据，因此可以实现更高的安全级别，它是 telnet 的安全替代品。

19.2.1　SSH 简介

1. 产生 SSH 的原因

传统的远程登录程序，如 rsh、rlogin 和 telnet 都是不安全的，这是因为它们的口令和数据在网络上是用明文传送的，非常容易被截获，而且早期的多种远程登录服务程序的安全验证方式有这样或那样的弱点，最主要的就是很容易受到“中间人”(man-in-the-middle)攻击。所谓“中间人”攻击，就是“中间人”冒充真正的服务器接收客户机传给服务器的数据，然后再冒充客户机把数据传给真正的服务器。这样便可未经验证而获取服务器和客户机的信任，从而进行非法操作。因此，需要有更安全的管理方法。

SSH 则是上面问题的一个解决方案。SSH 对所有传输的数据进行加密，从而避免窃听和“中间人”攻击，传输的数据也是经过压缩的，传输速度更快。SSH 还有很多功能，它既可以代替 Telnet，又可以为 ftp 及 pop，甚至 ppp 等应用协议提供一个安全的加密“通道”。

2. SSH 的实现

SSH 是由客户端和服务端的软件组成，由于受到版权和加密算法的限制，现在大多数人都开始转而使用一个 SSH 的替代产品：OpenSSH。OpenSSH 是开源免费的 SSH 协议的实现版本，最早应用于 OpenBSD，现在可以运行于大多数 Unix 操作系统，当然也包括各种发行版本的 Linux。详细资料可以从 http://www.openssh.com 获得。

Red Hat Linux 9.0 中使用的就是 OpenSSH，版本是 OpenSSH_3.4p1。

19.2.2　配置 OpenSSH 服务器

OpenSSH 服务器在系统默认安装时已经安装设置在系统中了，并设置为随系统一起启动。Red Hat Linux 9.0 中默认的远程管理服务设置是 OpenSSH 而不是 Telnet。

1. 了解 SSH 的配置文件

OpenSSH 服务器使用的配置文件是/etc/ssh/sshd_config。默认配置已经可以满足绝大多数用户的需要，如果想要自行配置，请查阅 sshd 在线帮助手册。

OpenSSH 客户端系统配置文件是/etc/ssh/ssh_config。OpenSSH 客户端用户配置文件是/$HOME/.ssh/config。

2. 启动服务器

可以从【启动程序】|【系统设置】|【服务】中配置系统启动时是否自动运行 SSH 服务器，还可以停止或是重新启动服务器。

配置服务器的界面如图 19-2 所示。

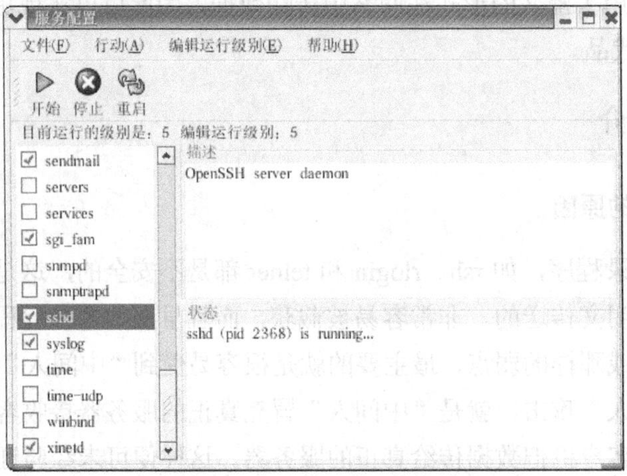

图 19-2　配置 SSH 服务器

要手工启动 OpenSSH 服务器进程，可使用如下命令。

```
[root@linux root]# service sshd start
```

3. 重启服务器

可以手动重新启动 SSH 服务器进程，使用如下命令：

```
[root@linux wb]# service sshd restart
```

4. 停止服务器

要手工停止 OpenSSH 服务器进程，可使用如下命令：

```
[root@linux wb]# service sshd stop
```

5. 其他报警信息

可能用户重新安装或升级系统后，会出现一些意想不到的问题，这些问题主要是由一些与安全相关因素引起的。其中需要特别注意的是，当重新安装 Red Hat Linux 9.0 系统后，如果没有重新进行 SSH 服务配置，这时使用 OpenSSH 客户机进行连接此系统，会看到如下报警信息。

```
@@@@@@@@@@@@@@@@@@@@@@@@@@@@@@@@@@@@@@@@@@@@@@@@@@@
@    WARNING: REMOTE HOST IDENTIFICATION HAS CHANGED!     @
@@@@@@@@@@@@@@@@@@@@@@@@@@@@@@@@@@@@@@@@@@@@@@@@@@@
IT IS POSSIBLE THAT SOMEONE IS DOING SOMETHING NASTY!
Someone could be eavesdropping on you right now (man-in-the-middle attack)!
It is also possible that the RSA host key has just been changed.
```

这是由于在重新安装系统时也同时重新生成了身份密钥，因此使用原来的客户端设置访问，会产生“RSA 主机密钥改变”的报警。

要避免上述情况的发生，请在重新安装系统之前备份/etc/ssh/ssh_host*key*文件，在重装系统之后，把备份的文件恢复到原来的目录下。这样用户在连接服务器时就不会收到报警信息了。

19.2.3 使用 OpenSSH 客户端

Red Hat Linux 9.0 中直接带有 OpenSSH 客户端，使用该客户端连接服务器时，可以使用以下两种用户验证方式。

1. 基于口令的验证方式

这种验证方式要求用户在登录服务器时，输入服务器中存在的用户名和用户口令。若没有指定用户名，则默认使用当前在客户机上使用的用户名登录服务器，这就要求在服务器上也有同样的一个账户才行。

否则用户就需要指定一个服务器上存在的用户名。

- 直接输入登录的命令。

```
[root@linux wb] # ssh 192.168.10.1
```

- 指定用户名登录的命令格式如下。

```
#ssh  username@192.168.10.1
```

或者

```
#ssh -l username 192.168.10.1
```

- 若是第一次登录到 OpenSSH 服务器上，会看到如下的提示信息。

```
The authenticity of host 192.168.10.1 can't be established.
RSA key fingerprint is 94:68:3a:3a:bc:f3:9a:9b:01:5d:b3:07:38:e2:11:0c.
Are you sure you want to continue connecting (yes/no)?
```

输入 yes 并按 Enter 键，将看到如下信息：

```
Warning: Permanently added 192.168.10.1 (RSA) to the list of known hosts.
```

这个过程结束后，表示已经将服务器加入到用户的～/.ssh/known_hosts(记录的已知主机名单)中了。

然后，系统将会提示输入账户口令进行验证。口令验证正确，用户便成功登录到远程系统中了。

图 19-3 显示从主机 A 正确远程登录到新系统“Linux”中的全过程。

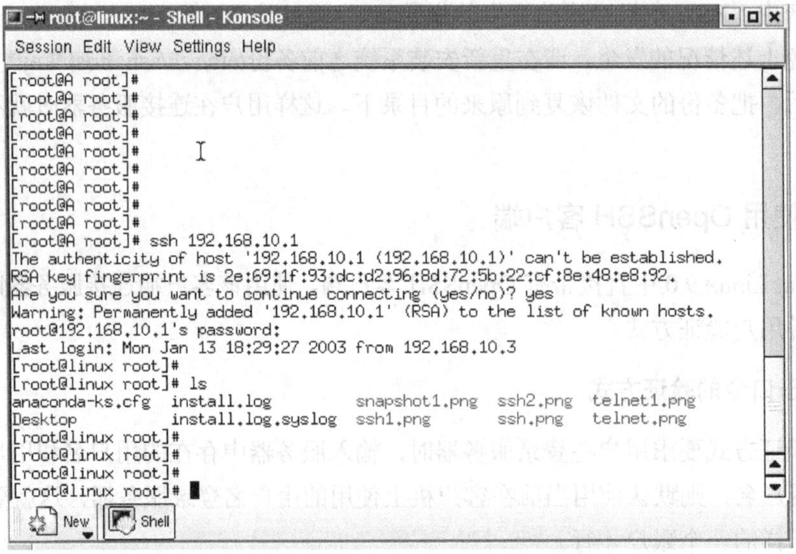

图 19-3　进行 SSH 登录

2. 基于密钥的验证方式

使用密钥的验证方式，用户必须首先为自己创建一对密匙。OpenSSH 支持的公开密钥密码体制有 RSA 及 DSA。使用密匙的步骤如下(以创建 RSA 密钥对为例)。

(1) 产生密钥存放目录。

在命令行输入如下。

```
[root@linux wb]# ssh-keygen -t rsa
```

按 Enter 键之后系统提示输入使用密钥时的口令，输入并确认口令后，便生成了公钥 ~/.ssh/id_rsa.pub 和私钥 ~/.ssh/id_rsa。

图 19-4 显示了密钥的产生过程。

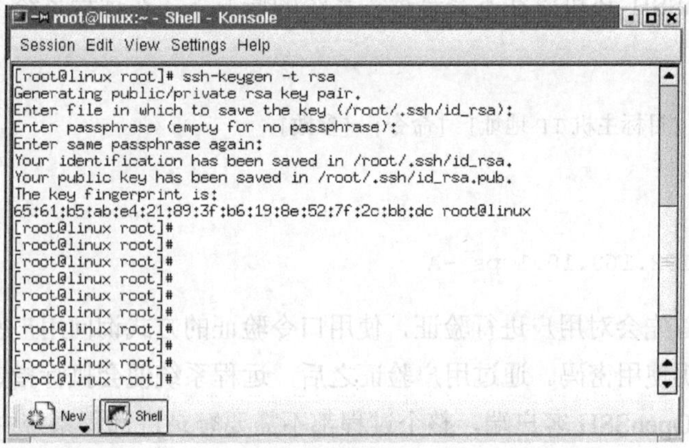

图 19-4　生成密钥

提示：

一定要保护好自己的私钥，否则私钥一旦被他人获得，就可以冒充用户登录到服务器中。

(2) 使用 chmod 755 ~/.ssh 命令，更改~ / .ssh 目录的权限为 775。

(3) 将公钥~/.ssh/id_rsa.pub 文件里的内容追加到想要登录的服务器的~/.ssh/authorized_keys 文件里，如果没有 authorized_keys 文件那么创建 authorized_keys 文件，authorized_keys 文件里的每一行都代表一个公钥。

(4) 完成以上步骤之后，便可以使用密钥的验证方式登录远端服务器了。

ssh 命令格式和常用选项如下。

```
# ssh [目标主机名或 IP 地址]
```

根据其中的提示输入命令用户密码，通过用户验证后，登录远程系统就成功了，如图 19-5 所示。

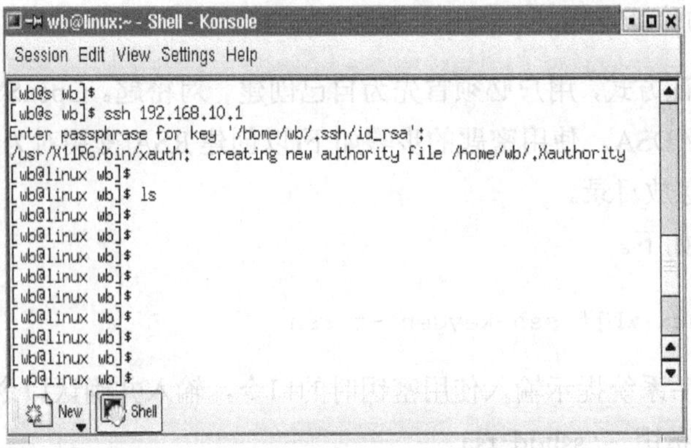

图 19-5　登录成功

使用 OpenSSH 还可以在不登录远程系统的情况下，在远程系统上执行命令，命令格式如下。

```
#ssh  [目标主机 IP 地址] [命令] [参数]
```

例如：

```
#ssh 192.168.10.1 ps -A
```

远程系统首先会对用户进行验证，使用口令验证的方式询问用户密码，使用密钥验证的方式询问密钥使用密码。通过用户验证之后，远程系统便会执行指定的命令，并将执行的结果输出到 OpenSSH 客户端，整个过程都不需要登录进远程系统中。

图 19-6 显示进行管理远程主机上的网卡配置命令。

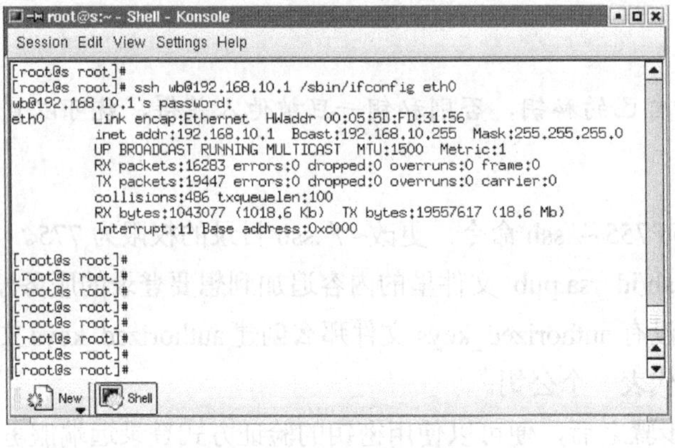

图 19-6　远程配置网卡

OpenSSH 还提供了以下两个用于在网络中能够保密的传输文件的小工具—— scp 和 sftp。

(1) scp

scp 不仅可以将远程文件通过保密途径复制到本地系统中，也可以将本地文件复制到远程系统中。使用 scp 命令将本地的文件复制到远程系统中，命令格式和常见的选项如下。

```
#scp localfile username@tohostname:/newfilename
```

如图 19-7 所示是 scp 命令的执行过程。

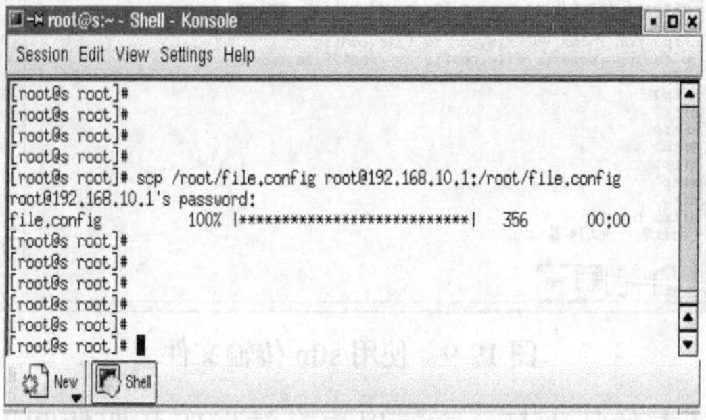

图 19-7　scp 执行远程安全复制

使用 scp 复制远程系统的文件到本地的命令用法如下。

```
#scp username@tohostname:/newfilename localfile
```

同样，执行 scp 复制文件也可以利用通配符，将本地的一个文件夹下的所有文件复制到远程系统的用法如下。

```
#scp localdir/* username@tohostname:/newfilename
```

图 19-8 显示的是 scp 进行安全复制。

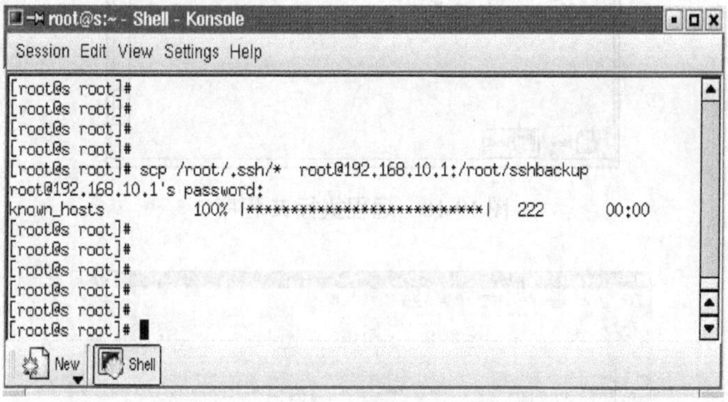

图 19-8　使用 scp 复制目录中全部文件

(2) sftp

sftp 可以用来打开一个安全的 ftp 会话，它除了使用一个安全、加密的连接以外，其他方面都与通常所用的 ftp 命令十分相似，可以使用与通常 ftp 相似的命令进行文件传输，更详细的命令格式可以查看在线帮助手册。

sftp 只在 OpenSSH 2.5.0p1 版或更高的版本中才提供。图 19-9 显示了文件传输命令的执行过程。

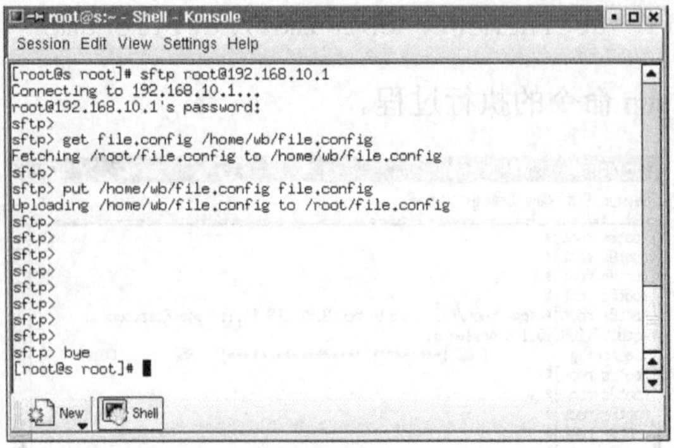

图 19-9　使用 sftp 传输文件

OpenSSH 另一个独有的特点是：它可以自动转发服务器的图形界面到客户端。

也就是说，用户在本地计算机中运行 X Window 系统后，使用 SSH 命令登录远程系统，当在远程系统上运行一个需要 X Window 环境的程序时，该程序会将图形界面显示在本地系统上，这比起 Telnet、Rlogin 等只能以字符形式输入/输出的远程登录工具来就要灵活多了。

如果喜欢以图形界面进行管理工作，会发现通过 OpenSSH，可以非常容易地实现远程图形管理。图 19-10 和图 19-11 显示了从一台 Linux 主机上通过 OpenSSH 连接，运行在另一服务器上的 gftp 程序。

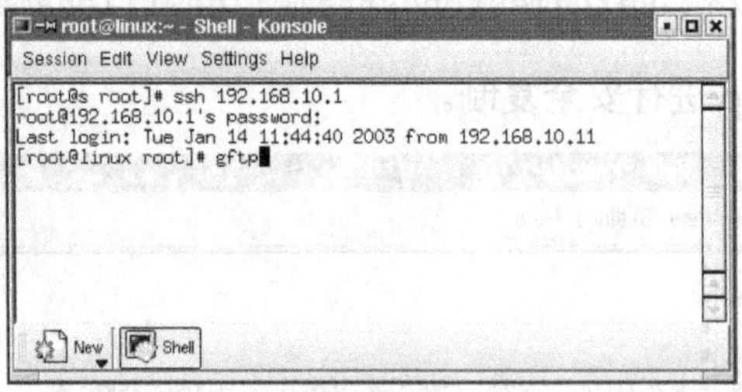

图 19-10　远程执行 X 程序

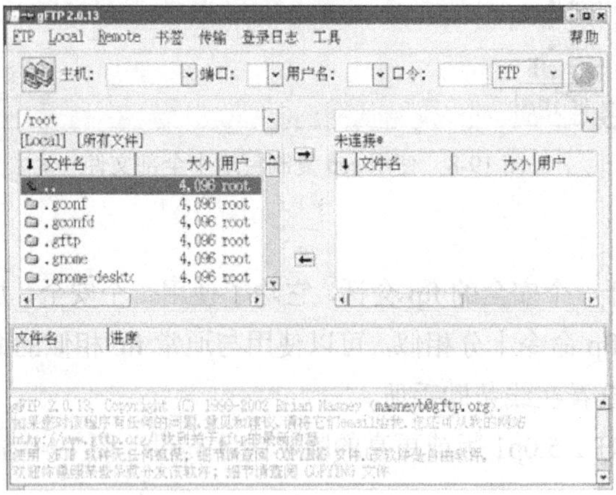

图 19-11　执行 X 程序后显示的结果

在图 19-11 中，用户可以看到通过 SSH 显示的 gftp 程序与在本地执行时的效果一模一样，但是下载后的文件的确可以保存在本地。

通过 OpenSSH，用户不仅可以非常容易地实现远程的保密登录管理，还可以实现以图形化方式进行远程管理工作。想要了解更多的使用信息，可以参考它的帮助或其他资料。

19.2.4　使用 Windows 的 SSH 客户端

在 Windows 系统中也可以使用 SSH 客户端程序远程登录 Red Hat Linux，但遗憾的是 Windows 系统本身并没有提供 SSH 客户端程序，所以倘若想要从 Windows 上使用 SSH 方式远程登录到 Red Hat Linux 9.0 或其他 SSH 服务器时，需要选用第三方客户端程序。

在此推荐一款支持 SSH 协议的优秀远程登录工具 SecureCRT(如图 19-12)。

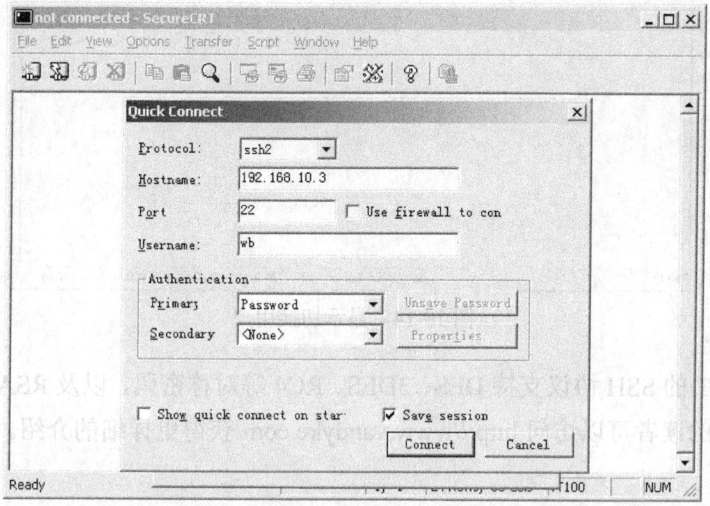

图 19-12　使用 SecureCRT 连接服务器

图 19-13 和图 19-14 显示了登录和进行用户切换的图形，用户可以看到它们的使用几乎与在 Linux 下直接使用相同。

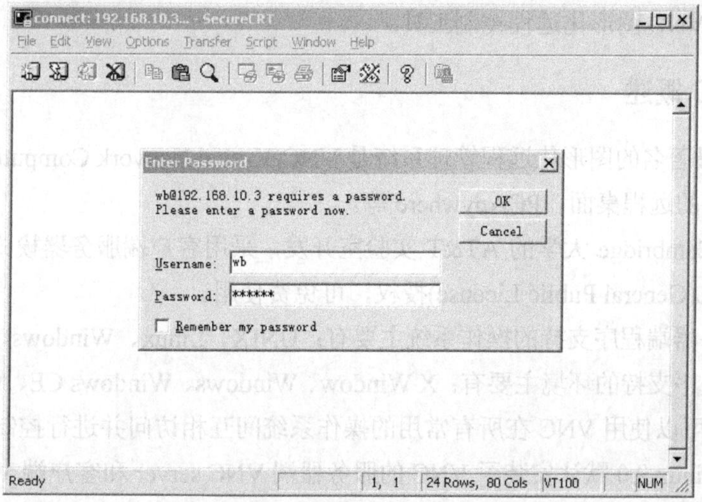

图 19-13　登录验证过程

使用 SecureCRT，用户不仅能够非常容易地进行登录远程系统，甚至可以同时管理多个主机，并在多个窗口界面间进行切换。利用 SecureCRT 强大的管理功能，进行远程管理安全可靠。

如图 19-14 显示了切换成超级用户管理远程系统的界面。

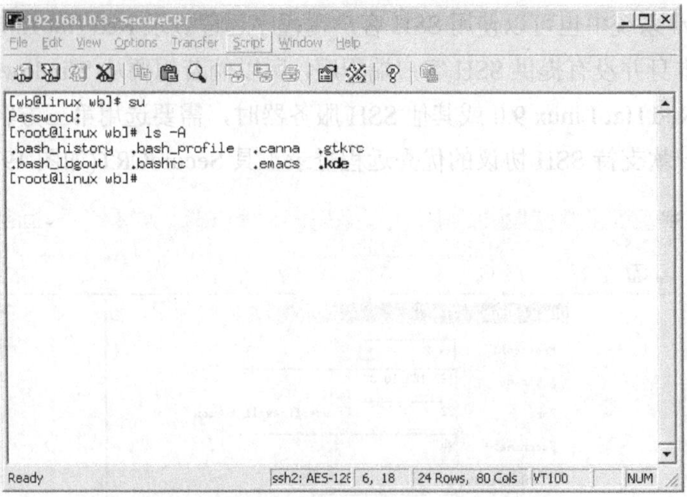

图 19-14　显示切换用户

SecureCRT 的 SSH 协议支持 DES、3DES、RC4 等对称密码，以及 RSA 等公钥密码的鉴别。有兴趣的读者可以访问 http://www.vandyke.com/获得更详细的介绍。

19.3　使用图形化的 VNC

除了可使用命令行方式的 Telnet 及 SSH 两种远程管理控制系统外，Linux 还提供了功能更加强大的 VNC 图形化远程控制工具。

19.3.1　VNC 概述

Linux 下最著名的图形化远程管理系统是 VNC(Virtual Network Computing)。VNC 类似于 Windows 下的远程桌面、PCAnywhere 等。

VNC 由 Cambridge 大学的 AT&T 实验室开发，采用客户端服务器模式实现。同时，VNC 遵循 GPL(General Public License)授权，可免费使用。

VNC 服务器端程序支持的操作系统主要有：UNIX、Linux、Windows、Macintosh 等，VNC 客户端程序支持的环境主要有：X Window、Windows、Windows CE、Macintosh、Java 等，也可以说可以使用 VNC 在所有常用的操作系统间互相访问并进行控制。

Red Hat Linux 9.0 默认安装了 VNC 的服务器端 VNC server 和客户端 VNC viewer。在 Linux 系统中，VNC 的工作原理如图 19-15 所示。

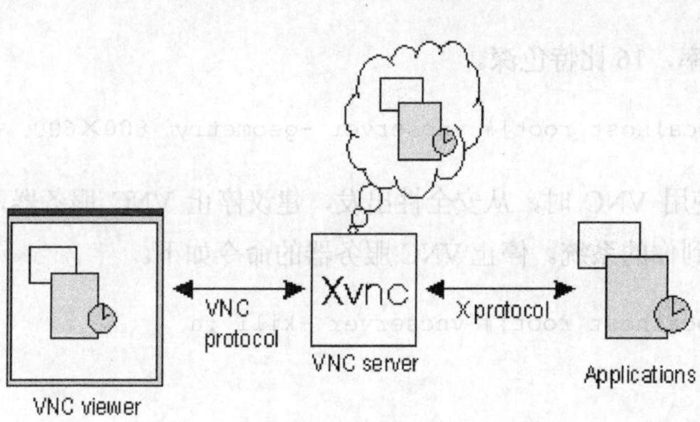

图 19-15　VNC 的工作原理

VNC 服务器端是以一个标准的 X 服务器为基础的，所以如果想要在 Linux 上使用 VNC 服务器，就必须在系统中安装至少一个标准的 X Window 环境，若希望得到更好的显示效果，可以选择 GNOME、KDE 等。

VNC 服务器启动后，使用 VNC 协议(VNC Protocol)将应用程序显示到 VNC 客户端上。

19.3.2　使用 VNC 服务器

在 Red Hat Linux 9.0 默认安装时，VNC 服务器和 VNC 客户端都已经装入了系统。使用 rpm -q 命令可以查看 VNC 的版本号，Red Hat Linux 9.0 使用的是 vnc-3.3.3r2-39。

1. 安装 VNC 服务器

如果系统已经安装了 VNC 服务器，但并没有启动 VNC 服务器，用户需要设置系统服务来选择启动 VNC 服务器，具体做法和启动 Telnet 服务一样。

手工启动 VNC 服务器的命令如下。

```
[root@linux wb]# vncserver
You will require a password to access your desktop
Password:
Verify:
New 'X' desktop is linux:1

Starting applications specified in /root/.vnc/xstartup
Log file is /root/.vnc/linux:1.log
```

第一次启动 VNC 服务器时，会进行口令验证(口令必须满足一定的复杂性，否则程序不会接受)，然后便会显示出显示装置的编号和启动日志文件的存放路径，这时便可以使用 VNC 客户端程序，按照显示装置的编号连接 VNC 服务器，进行各种操作了。

2. 配置 VNC 服务器

按照默认配置，VNC 服务器提供给 VNC 客户端的桌面环境是 1024×768 的分辨率，8 比特的色深，用户可能很不习惯。可通过如下参数启动 VNC 服务器，使 VNC 服务器提供 800×600 分辨率，16 比特色深。

```
[root@localhost root]# vncserver -geometry  800×600  -depth 16t
```

但在不需要使用 VNC 时，从安全性出发，建议停止 VNC 服务器，以防止他人使用 VNC 客户端连接到你的系统。停止 VNC 服务器的命令如下。

```
[root@localhost root]# vncserver -kill :n
```

提示：

其中的:n 表示已打开的显示装置的编号，编号是从 1 开始的数字。

19.3.3　VNC 客户端

如果想要在 Windows 系统下运行 VNC 客户端，还需要用户自己在 Internet 上下载，网址为 http:\\www.uk.research.att.com\vnc\download.html。

下载用于 Windows 下的 VNC 查看器程序是一个 zip 压缩文件。解压缩后即是一个可执行文件，运行即可进行连接。

图 19-16 显示了 VNC 客户端连接远程服务器的界面。

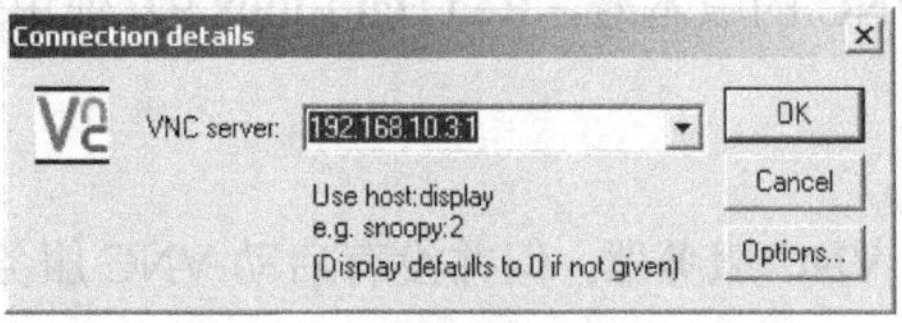

图 19-16　VNC 客户端界面

在 Connection details 对话框中输入 VNC 服务器的 IP 地址和显示装置的编号，中间用冒号隔开。单击 Options 按钮可以进一步设置 VNC 查看器的显示特性，包括鼠标、色深、编解码方式、显示方式、显示大小等。

与 VNC 服务器连接上之后，会进行口令验证，这时就要输入在第一次启动 VNC 服务器时输入的口令。通过口令验证后，一个 X Window 便呈现在眼前了。

19.4　更加安全地使用 VNC

VNC 使用 Random Challenge-Response System(随机挑战响应系统)的方案，提供基本的身份验证，用来验证到 VNC 服务器的连接。这是比较安全的验证机制，因为这种机制在认证过程中并不需要传输口令。但是，与服务器建立连接之后，VNC 浏览器和 VNC 服务器之间的数据传输就完全是以未加密的明文方式传送了，这样传输的数据就可能被网络中的窃听者窃听，造成关键数据和秘密的泄漏，这将严重威胁网络和系统的安全。

如果利用 SSH 使用 VNC，可以更安全地进行远程系统管理，这样可以将 SSH 的安全性与 VNC 的方便性结合在一起，其工作原理如下。

为了解决这个问题，可以借助 OpenSSH 的端口转发(Port Forwarding)功能，实现一个安全保密的“隧道”。端口转发的工作原理就是把本地客户端的一个端口映射为远程的服务器的服务端口。SSH 允许用户映射服务器的任一服务端口到本地客户机的任何没有使用的端口上，这样就可以在本地和远程服务器之间通过 SSH 建立一条“加密通道”。所有对本地映射端口的请求都被 SSH 加密，然后转发到远程服务器的端口。当然，只有远程服务器上运行 SSH 服务器，才能建立“加密通道”。

关于在 SSH 上运行 VNC 的详细说明，有兴趣的读者还可以访问 http://www.uk.research.att.com/vnc/sshvnc.html。

19.5　本 章 小 结

对系统进行远程管理与维护给系统或网络管理员带来很大的方便，使其能够不必再到机器跟前去进行维护。本章介绍了几种常用的网络远程管理的工具，有字符界面的，也有图形方式的，使管理员能够方便远程管理，同时还介绍了提高远程管理安全性的措施。

19.6　习　　题

1. 填空题

(1) Telnet 是经典的远程管理服务，它起源于 1969 年的_____，全称是____(_____)。

(2) 使用 SSH 可以把所有传输的数据进行_____，这样用户验证信息和传输的数据不会因第三方窃听而泄漏。

(3) 除了可使用命令行方式的 Telnet 及 SSH 两种远程管理控制系统外，Linux 还提供了功能更加强大的_____图形化远程控制工具。

(4) 除了 VNC viewer，使用_____也可以进行远程控制。

2. 思考题

(1) 什么是“中间人”(man-in-the-middle)方式的攻击，为什么 SSH 比传统的 telnet、rsh 等有较强的抵抗力？

(2) 为什么 Linux 下能够非常容易地实现远程图形化管理？

(3) 什么是 Random Challenge-Response System 的(随机挑战响应系统)方案，它有什么作用？

3. 上机题

(1) 使用 rsh、telnet、rlogin 远程登录主机，并且修改用户密码。

(2) 使用 VNC 远程浏览主机的目录。

(3) 修改 VNC，使其显示的分辨率更高一些。

第5部分

基 本 编 程

部分内容

第20章　Linux基本编程

使用了 Linux 一段时间后，很多朋友都希望能为这个开发源代码作出自己的贡献，但是对于一个初学者来说，面对五花八门的开发工具，如何选择？使用什么开发工具去开发 Linux 程序呢？本章将在这里进行简单介绍。

本章主要内容包括：GNU 计划、GCC 编译器、调试工具 gdb、项目管理工具 make 和 X Window 编程工具 gtk。

本章学习目标：

- 了解什么是 GNU 计划及其意义
- 熟悉 GCC 编译器的用法和执行过程
- 熟悉 gdb 调试程序
- 了解多文件项目
- 熟悉 MakeFile 的结构

20.1　GNU 计划

要想对 Linux 编程有所了解，首先必须对 GNU 有所了解，因此本章首先简单介绍什么是 GNU。

GNU(表示“GNU is not UNIX”)是由 Richard stallman 开发的一个与 UNIX 兼容的软件系统。大多数 Linux 软件是经过自由软件基金会(Free Software Foundation)的 GNU(www.gnu.org)公开认证授权的，因而通常被称为 GNU 软件。GNU 软件免费提供给用户使用，并被证明是非常可靠和高效的。许多流行的 Linux 实用程序(如 C 编译器、shell 编辑器)都是 GNU 软件应用程序。第 8 章中介绍的常用命令基本都是属于 GNU 计划的实用程序。

说实话，如果没有上百位的编程者投入时间和精力开发这些程序，Red Hat Linux 不会像现在这样有这么丰富的内容。

20.2　编程环境

各种编程语言或 shell 程序脚本的源代码文件可以用任何一种文本编辑器来打开和编辑。Linux 开发程序一般来说有两个主要的编辑器，vi 或者 vim，还有 Emacs。这些文本编辑器如何选择？你可以都试试看，然后选择自己喜欢的。反正它们都可以让用户输入文本，都可以生成源代码。在此推荐 vim，它简洁好用。

20.3 GCC 的介绍

GCC 是 GNU C Compiler 的缩写，是 GNU/Linux 下最好的编译器之一。这个编译器稳定，而且文档齐全，大部分的自由软件都是用它编译的。如果使用 C，那么就可以选择 GCC。本节主要介绍 GCC 的基本原理和使用方法，以及编译过程中所产生的错误原因及对策。

20.3.1 GCC 简介

GCC 是 GNU 推出的功能强大、性能优越的多平台编译器，也是 GNU 的代表作品之一。GCC 是可以在多种硬件平台上编译出可执行程序的超级编译器，其执行效率与一般的编译器相比平均效率要高 20%~30%。

GCC 编译器能将 C、C++语言源程序编译成目标程序，然后将目标程序连接成可执行文件，如果没有给出可执行文件的名字，GCC 将生成一个名为 a.out 的文件。在 Linux 系统中，可执行文件没有统一的后缀，系统从文件的属性区分可执行文件和不可执行文件。而 GCC 则通过后缀来区别输入文件的类别，下面介绍 GCC 所遵循的部分约定规则。

- .c 为后缀的文件：C 语言源代码文件。
- .a 为后缀的文件：由目标文件构成的档案库文件。
- .C、.cc 或.cxx 为后缀的文件：C++源代码文件。
- .h 为后缀的文件：程序所包含的头文件。
- .i 为后缀的文件：已经预处理过的 C 源代码文件。
- .ii 为后缀的文件：已经预处理过的 C++源代码文件。
- .m 为后缀的文件：Objective-C 源代码文件。
- .o 为后缀的文件：编译后的目标文件。
- .s 为后缀的文件：汇编语言源代码文件。
- .S 为后缀的文件：经过预编译的汇编语言源代码文件。

20.3.2 GCC 的执行过程

GCC 的编译分以下 4 个步骤。

(1) 预处理：GCC 调用 cpp 程序进行预处理，即分析像#include、#define 之类的命令。

(2) 编译：GCC 调用 ccl 程序进行编译，它根据源代码生成汇编语言。

(3) 汇编：GCC 调用 as 程序将上一步的结果生成.o 目标文件。

(4) 连接：GCC 调用 ld 程序将目标文件进行连接，最后生成可执行文件。在连接阶段，所有的目标文件被安排在可执行程序中的恰当位置，同时，该程序所调用的库函数也从各自所在的档案库中连到合适的地方。

20.3.3　GCC 的基本用法和选项

GCC 最基本的用法如下。

```
GCC [options] [filenames]
```

其中 options 就是编译器所需要的选项，filenames 给出相关的文件名称。这里只介绍其中最基本、最常用的选项。 表 20-1 列出了 GCC 的一些重要选项。要想获得有关选项的完整列表和说明，可以查阅 GCC 的联机手册或 CD-ROM 上的信息文件。

表 20-1　GCC 的命令行选项

选　项	描　述
-x language	指定语言(C、C++和汇编为有效值)
- c	只进行编译和汇编(不连接)
-S	编译(不汇编或连接)
-E	只进行预处理(不编译、汇编或连接)
-o file	用来指定输出文件名(a.out 为默认值)
-l library	用来指定所使用的库
-I directory	为 include 文件的搜索指定目录
- w	禁止警告消息
- pedantic	严格要求符合 ANSI 标准
- Wall	显示附加的警告消息
- g	产生排错信息(同 gdb 一起使用时)
- ggdb	产生排错信息(用于 gdb)
- p	产生 proff 所需的信息
- pg	产生 groff 所使用的信息
- o	优化

假定有一个程序名为 test.c 的 C 语言源代码文件，要生成一个可执行文件，最简单的办法就是输入以下命令。

```
GCC test.c
```

这时预编译、编译和连接一次完成，生成一个系统预设的名为 a.out 的可执行文件，对于稍复杂的情况，比如有多个源代码文件、需要连接档案库或者有其他比较特别的要求，就要给定适当的调用选项参数。再看一个简单的例子。

整个源代码程序由两个文件 testmain.c 和 testsub.c 组成，程序中使用了系统提供的数学库，同时希望给出的可执行文件为 test，这时的编译命令可以如下。

```
GCC testmain.c testsub.c -lm -o test
```

其中，-lm 表示连接系统的数学库 libm.a。

20.3.4 GCC 的错误类型及对策

GCC 编译器如果发现源程序中有错误，就无法继续进行，也无法生成最终的可执行文件。为了便于修改，GCC 给出错误信息，我们必须对这些错误信息逐个进行分析、处理，并修改相应的语言，才能保证源代码的正确编译连接。GCC 给出的错误信息一般可以分为以下 4 类，下面分别讨论其产生的原因和对策。

1. C 语法错误

文件 source.c 中第 *n* 行有语法错误。这种类型的错误一般都是 C 语言的语法错误，应该仔细检查源代码文件中第 *n* 行及该行之前的程序，有时也需要对该文件所包含的头文件进行检查。有些情况下，一个很简单的语法错误，GCC 会给出一大堆错误，我们最主要的是要保持清醒的头脑，不要被其吓倒，必要的时候再参考一下 C 语言的基本教材。

2. 头文件错误

找不到头文件 head.h。这类错误是源代码文件中的包含头文件有问题，可能的原因有头文件名错误、指定的头文件所在目录名错误等，也可能是错误地使用了双引号和尖括号。

3. 档案库错误

连接程序找不到所需的函数库，例如 ld: -lm: No such file or directory。

这类错误是与目标文件相连接的函数库有错误，可能的原因是函数库名错误、指定的函数库所在的目录名称错误等，检查的方法是使用 find 命令在可能的目录中寻找相应的函数库名，确定档案库及目录的名称，并修改程序中及编译选项中的名称。

4. 未定义符号

有未定义的符号。这类错误是在连接过程中出现的，可能有两种原因。一是使用者自己定义的函数或者全局变量所在源代码文件，没有被编译、连接，或者干脆还没有定义，这需要使用者根据实际情况修改源程序，给出全局变量或者函数的定义体；二是未定义的符号是一个标准的库函数，在源程序中使用了该库函数，而连接过程中还没有给定相应的函数库的名称，或者是该档案库的目录名称有问题，这时需要使用档案库维护命令 ar 检查所需的库函数到底位于哪一个函数库中，确定之后，修改 GCC 连接选项中的-l 和-L 项。

排除编译、连接过程中的错误，应该说这只是程序设计中最简单、最基本的一个步骤，可以说只是开了个头。这个过程中的错误，只是在使用 C 语言描述一个算法中所产生的错误，是比较容易排除的。写一个程序，到编译、连接通过为止，应该说刚刚开始，程序在运行过程中所出现的问题，是算法设计有问题，也就是对问题的认识和理解不够，还需要更加深入地测试、调试和修改。一个程序(稍复杂的程序)，往往要经过多次的编译、连接、测试及修改。

20.4　调试工具：gdb

Linux 包含了一个叫 gdb 的 GNU 调试程序。gdb 是一个用来调试 C 和 C++程序的调试器，它有非常好的调试特性。它能在程序运行时观察程序的内部结构和内存的使用情况。

20.4.1　启动 gdb

gdb 程序调试的对象是可执行文件，如果要让产生的可执行文件可以用来调试，需要在执行 GCC 指令编译程序时，加上-g 参数，这样才可用 gdb 来调试可执行文件。

首先重新编译程序，然后启动 gdb。

```
$cc -g -o debug2 debug2.c
$gdb debug2
```

注意：

启动 gdb 时，以所要调试的程序名为参数，这样 gdb 启动后就马上装载这个程序，也可以单独使用 gdb 启动，然后输入 file debug2 来指定所要装载的程序。

gdb 提供了很详细的帮助信息，可以通过 info 命令或者在 emacs 中获得相关的信息。

20.4.2　gdb 的功能

gdb 所提供的功能如下。

- 堆栈跟踪。
- 监视程序中变量的值。
- 设置断点使程序在指定的代码行上停止执行。
- 单步执行代码。

20.4.3　gdb 基本命令

gdb 支持很多的命令，使其能实现不同的功能。这些命令从简单的文件装入到允许检查所调用的堆栈内容的复杂命令，表 20-2 列出了在用 gdb 调试时会用到的一些命令。

表 20-2　基本 gdb 命令

命　令	描　述
file	装入想要调试的可执行文件
print	显示变量或表达式的值
set	修改变量的值
kill	终止正在调试的程序
list	列出产生执行文件的源代码的一部分
next	单步执行下一行，但不进入函数内部

(续表)

命　令	描　述
step	单步执行下一行，进入函数内部
run	执行当前被调试的程序
quit	终止 gdb
watch	使用户能监视一个变量的值而不管它何时被改变
break	在代码中设置断点，这将使程序执行到这里时被挂起
clear	清除断点
continue	从短点处继续执行
make	使用户不退出 gdb 就可以重新产生可执行文件
shell	使用户不退出 gdb 就执行 UNIX shell 命令

gdb 支持很多与 UNIX shell 程序一样的命令编辑特征，就像在 bash 或 tcsh 里那样按 Tab 键让 gdb 补齐一个唯一的命令。如果不是唯一的，gdb 会列出所有匹配的命令。也能用光标键上下翻动历史命令。想了解 gdb 的详细使用，请参考 gdb 的指南页。

20.5　GNU make 的介绍

本节介绍 GNU make 的用法。make 是所有想在 UNIX/Linux 系统上编程的用户必须掌握的工具。GNU make 工具的作用就是实现编译连接过程的自动化。它定义了一种语言，用来描述源文件、目标文件以及可执行文件之间的关系，通过检查文件的时间戳来决定程序中哪些文件需要重新编译，并发送相应的命令。

本节首先介绍为什么要将 C 源代码分离成几个合理的独立档案，什么时候需要分，怎样才能分得好。然后再介绍 GNU make 怎样使编译和连接步骤自动化。对于其他 make 工具的用户来说，虽然在用其他类似工具时要做适当的调整，本节内容仍然非常有用。如果对自己的编程工具有怀疑，可以实际试一试，但请先阅读用户手册。

20.5.1　多文件项目

1. 为什么要使用多文件项目

看起来好像多文件项目会把事情弄得复杂无比，又要头文件，又要外部声明，而且如果需要查找一个文件，要在更多的文件中搜索。但其实把一个项目分解成小块是有很多好处的。

首先，当改动一行代码，编译器需要全部重新编译来生成一个新的可执行文件。但如果项目是分开在几个小文件里，当改动其中一个文件时，别的源文件的目标文件已经存在，所以就没有必要再去重新编译它们。而此时所需要做的仅仅是重现编译被改动过的那个文件，然后重新连接所有的目标文件。而在大型的项目中，这意味着从很长的(几分钟到几小时)重新编译时间缩短为十几、二十几秒的简单调整。通过基本的规划，将一个项目分解成多个小文件，可使用户更加容易地找到一段代码。实际上这很容易做到，用户可以根据代码的作用把代码分解到不同的文件里，而当用户要看一段代码时，就可以准确地知道在哪个文件中去寻找它。

除此之外，从很多目标文件生成一个程序包(Library)比从一个单一的大目标文件生成要好，当然这还要由所用的系统来决定。但是，当使用 GCC/ld(GNU C 编译/连接器)把一个程序包连接到一个程序时，在连接的过程中，它会尝试不去连接没有使用到的部分。但它每次只能从程序包中把一个完整的目标文件排除在外。因此如果参考一个程序包中某一个目标档中任何一个符号，那么整个目标文件都会被连接进来。要是一个程序包被非常充分地分解了，那么经连接后，得到的可执行文件会比从一个大目标文件组成的程序包连接得到的文件小得多。

另外，因为程序一般是很模块化的，文件之间的共享部分被减到最少，而这些模块经常又可以用在其他的项目里，这样不但有利于查询错误，而且别人也可以更容易理解这段代码是干什么的。其实关于多文件项目的优点远不止这些，还有很多，主要要靠读者在实践中慢慢体会。

2. 何时分解项目

显然，把任何东西都分解是不合理的。像“hello,world!”这样的简单程序就根本没有必要分解，实在也没什么可分的。分解用于测试的小程序也没有任何意义。当分解项目有助于布局、发展和易读性时，一般都要对文件进行分解。在大多数的情况下，这其实也都是很适用的。如果你需要开发一个相当大的项目，首先应该考虑其如何实现，以及生成几个文件(用适当的名字)来放置代码。当然，在项目开发过程中，也可以建立新的文件，但如果这么做，说明可能改变了当初的想法，这就应该想想是否需要对整体结构也进行相应地调整。

对于中型的项目，也可以采用上述技巧，但也可以直接开始输入自己的代码，当代码多到难以管理时再把它们分解成不同的档案。以经验来说，最好在开始时就在脑子里形成一个大概的方案，并且尽量遵从它，或在开发过程中，随着程序的需要而进行修改，以使开发变得更加容易。

3. 怎样分解项目

对于如何分解项目，不同的人有不同的看法，以下提供几个要点以供参考。

- 不要用一个头文件指向多个源代码文件(不包括程序包的头文件)。用一个头文件定义一个源代码文件的方式会更有效，也更容易查寻。否则改变一个源文件的结构(包括它的头文件)就必须重新编译好几个文件。
- 如果可以的话，完全可以用超过一个的头文件指向同一个源码文件。有时将不可公开调用的函数原型、类型定义等，从它们的C源码文件中分离出来是非常有用的。

使用一个头文件保存公开符号，用另一个保存私人符号，这意味着如果改变了这个源代码文件的内部结构，还可以重新编译它，而不需要重新编译那些使用它的公开头文件的其他源文件。

- 不要在多个头文件中重复定义信息。如果需要，在其中一个头文件里#include 另一个头文件，但是不要重复输入相同的头信息两次。原因是如果以后改变了这个信息，只需要把它改变一次，不用搜索并改变另外一个重复的信息。
- 在每一个源代码文件里，用#include 预编译那些声明了源代码文件中用到的符号的头文件。这样一来，在源代码文件和头文件对某些函数做出的矛盾声明可以比较容易就被编译器发现。

20.5.2 GNU make 工具

如果有在其他软件平台上开发软件的经验，那么对于用户来讲这些程序则是很容易理解的。

1. 使用 make 编译程序

make 程序是 Red Hat Linux 中几个可以实现编程自动化工具中的一个。还有其他的几个，如 pmake(并行的 make)、imake(独立的 MakeFile 文件生成器，一般针对 X11 的应用程序)、automake 和 autoconf(编译用来配置程序源码软件包的 shell 脚本)工具。

make 命令的核心部分是从较早版本的 System V UNIX 演变而来的。而 Red Hat Linux 中所带的 make 包含在 GNU 工具中。make 可以像如下命令那样自动地编译和安装程序。

```
#make install
```

make 的神奇之处在于，它可以自动更新和编译应用程序。当然，需要创建一默认的名为 MakeFile 的文件。若使用带有-f 选项的 make 命令，就可以声明 MakeFile 文件，如 MyMakeFile。

```
# make -f MyMakeFile
```

MakeFile 文件是文本文件，它包含了在编译时需要传递给编译预处理器、编译器和连接器的信息。在 MakeFile 中也可以为一段代码模块声明要进行编译的源代码和编译器的命令行，而这些代码模块是编译程序时所必需的——在这里被称为相关性检测。

通过使用宏，make 也可以帮助用户使程序变为可移植的。这样，在其他操作系统中的用户可以只改变一些本地的值，如所用到的软件工具名称、位置或文件名，就可以使程序正常运行。下面的例子定义了一系列的宏。它们包括编译器的名称(CC)、安装程序(INS)、程序被安装的路径(INSDIR)、包含连接器需要的类库的目录(LIBDIR)、所需要库的名称(LIBS)、源文件名称(SRC)、中间目标文件名称(OBS)、最终文件名称(PROG)。

```
# a sample MakeFile for a skeleton program
CC=GCC
```

```
INS=install
INSDIR=/usr/local/bin
LIBDIR=-L/usr/X11R6/lib
LIBS=-lXm -lSM -lICE -lXt -lX11
SRC=skel.c
OBJS=skel.o
PROG=skel
Skel: ${OBJS}
      ${CC} -o ${PROG} ${SRC} ${LIBDIR} ${LIBS}
install: ${PROG}
         ${INS}-g root -o root ${PROG} ${INSDIR}
```

使用如下命令编译程序。

```
#make
```

可以在命令行中使用目标参数，以在编译过程中使用 MakeFile 中的特定部分，例如：

```
# make skel
```

如果目标对象中的内容有所变化，如源代码文件，那么 make 需要重新编译目标。使用 install 目标选项，用一步实现程序的编译和安装(使用例子程序)，例如：

```
# make install
```

大型软件项目的 MakeFile 中都包含着一些传统的目标。

- test：在最终程序中运行特殊的测试。
- man：在使用-man 宏时产生 troff 文档。
- clean：删除保留的目标文件。
- archive：整理，归档并压缩整个源代码数。
- bugreport：自动收集、发送编译和错误日志。

make 的使用十分灵活。它可以使用一个很简单的 MakeFile 文件，也可以使用一个很复杂的 MakeFile 文件(该 MakeFile 文件中可能包括了无数的宏和规则)，还可以使用在单独目录中工作的命令，或在文件系统中递归地编译程序并更新系统，make 甚至可以得到文档管理系统的功能。make 命令几乎可以和所有的程序一同使用，包括文本处理系统，如 TeX。

2. 基本的 MakeFile 结构

GNU make 的主要工作是读进一个文本文件——MakeFile。这个文件里主要是有关哪些文件(目的文件)，是从哪些别的文件(依靠文件)中产生的，用什么命令来进行这个产生过程。有了这些信息，make 会检查磁盘上的文件，如果目的文件的时间戳(该文件生成或被改动时的时间)至少比它的一个依靠文件旧，make 就执行相应的命令，以便更新目的文件。目的文件不一定是最后的可执行文件，它可以是任何一个文件。

一个 MakeFile 主要含有一系列的规则。例如以下的 MakeFile。

```
=== MakeFile 开始 ===
myprog : foo.o bar.o GCC foo.o bar.o -o myprog
foo.o : foo.c foo.h bar.h
GCC -c foo.c -o foo.o
bar.o : bar.c bar.h
GCC -c bar.c -o bar.o
=== MakeFile 结束 ===
```

这是一个非常基本的 MakeFile——make 从最上面开始，把上面第一个目的——myprog 作为它的主要目标(一个它需要保证其总是最新的最终目标)。给出的规则说明，只要文件 myprog 比文件 foo.o 或 bar.o 中的任何一个旧，下一行的命令将会被执行。但是，在检查文件 foo.o 和 bar.o 的时间戳之前，它会往下查找那些把 foo.o 或 bar.o 作为目标文件的规则。它找到的关于 foo.o 的规则，该文件的依靠文件是 foo.c、foo.h 和 bar.h。它从下面再找不到生成这些依靠文件的规则，它就开始检查磁盘上这些依靠文件的时间戳。如果这些文件中任何一个的时间戳比 foo.o 的新，将会执行命令 GCC -o foo.o foo.c，从而更新文件 foo.o。接下来对文件 bar.o 做类似的检查，依靠文件在这里是文件 bar.c 和 bar.h。

现在，make 回到 myprog 的规则。如果刚才两个规则中的任何一个被执行，myprog 就需要重建(因为其中一个.o 文件就会比 myprog 新)，因此连接命令将被执行。

到此可以看出使用 make 工具建立程序的好处——所有繁琐的检查步骤都由 make 完成了：检查时间戳。源码文件里一个简单改变都会造成那个文件被重新编译(因 为.o 文件依靠.c 文件)，进而可执行文件被重新连接(因为 .o 文件被改变了)。其实真正的得益是在当改变一个头文件时，用户不再需要记住哪个源码文件依靠它，因为所有的资料都在 MakeFile 里。make 会很轻松地重新编译所有那些因依靠这个头文件而改变了的源代码文件，如有需要，再进行重新连接。当然，首先要确定在 MakeFile 中所写的规则是正确无误的。

3. 编写 make 规则

最明显的(也是最简单的)编写规则是一个一个地查看源码文件，把它们的目标文件作为目的，而 C 源代码文件和被它#include(包含)的头文件作为依靠文件。但是也需要把其他被这些头文件#include 的头文件列为依靠文件，还有那些被包括的文件所包括的文件，用户会逐渐发现需要对越来越多的文件进行管理，因此这种办法是非常繁琐和不实际的。而使用编译器就能解决这一问题。

在编译每一个源代码文件时，编译器知道应该包括什么样的头文件。使用 GCC 的时候，使用-M 开关，它会为每一个 C 文件输出一个规则，把目标文件作为目的，把该 C 文件和所有应该被 #include 的头文件作为依靠文件。它加入所有头文件，包括被尖括号(< >)和双引号(" ")所包围的文件。由于系统头文件(比如 stdio.h 及 stdlib.h 等)是不会被更改的，因此可以使用-MM 代替-M 传递给 GCC，那些用尖括号包围的头文件将不会被包括(这会节省一些编译时间)。由 GCC 输出的规则不会含有命令部分；可以自己写入命令或者什么也不写，而让 make 使用它的隐含规则。

4. MakeFile 变量

前面提到MakeFile里主要包含一些规则。除此之外，在MakeFile中还包括变量定义。MakeFile 里的变量就像一个环境变量。事实上，环境变量在 make 过程中被解释成 make 的变量。这些变量是有大小写区别的，一般使用大写字母。它们几乎可以从任何地方被引用，也可以被用来做很多事情如下所述。

- 存储一个文件名列表。在上面的例子里，生成可执行文件的规则包含一些目标文件名作为依靠。在这个规则的命令行里同样的那些文件被输送给 GCC 作为命令参数。如果在这里使用一个变数来存储所有的目标文件名，加入新的目标文件会变得简单而且较不易出错。
- 存储可执行文件名。如果项目被用在一个非 GCC 的系统里，或者如果使用一个不同的编译器，那么必须将所有使用编译器的地方改成新的编译器名。但是如果使用一个变量来代替编译器名，那么只需要改变一个地方，其他所有地方的命令名就都改变了。
- 存储编译器旗标。假设给所有的编译命令传递一组相同的选项(如-Wall -O -g)，把这组选项存入一个变量，那么可以把这个变量放在所有呼叫编译器的地方。当要改变选项时，只需在一个地方改变这个变量的内容。

要设定一个变量，只要在一行的开始写下这个变量的名字，后面跟一个“=”号，后面再跟要设定的这个变量的值。以后要引用这个变量，写一个“$”符号，后面是加上括号的变量名。下面，我们把前面的 MakeFile 里使用的变量重写一遍。

```
=== MakeFile 开始 ===
OBJS = foo.o bar.o
CC = GCC
CFLAGS = -Wall -O -g
myprog : $(OBJS)
$(CC) $(OBJS) -o myprog
foo.o : foo.c foo.h bar.h
$(CC) $(CFLAGS) -c foo.c -o foo.o
bar.o : bar.c bar.h
$(CC) $(CFLAGS) -c bar.c -o bar.o
=== MakeFile 结束 ===
```

还有一些设定好的内部变量，它们根据每一规则的内容定义。3 个比较有用的变量是 $@、$<和$^ (这些变量不需要括号括住)。$@扩展成当前规则的目的文件名， $< 扩展成依靠列表中的第一个依靠文件，而$^扩展成整个依靠的列表(除掉里面所有重复的文件名)。利用这些变量，可以把上面的 MakeFile 写成如下形式。

```
=== MakeFile 开始 ===
OBJS = foo.o bar.o
CC = GCC
```

```
CFLAGS = -Wall -O -g
myprog : $(OBJS)
$(CC) $^ -o $@
foo.o : foo.c foo.h bar.h
$(CC) $(CFLAGS) -c $< -o $@
bar.o : bar.c bar.h
$(CC) $(CFLAGS) -c $< -o $@
=== MakeFile 结束 ===
```

用户可以用变量做许多其他的事情，特别是当把它们和函数混合使用时。如果需要更进一步的了解，请参考 GNU Make 手册('man make'，'man MakeFile')。

5. 隐含规则

如果把生成 foo.o 和 bar.o 的命令从它们的规则中删除，make 将会查找它的隐含规则，然后找到一个适当的命令。这个命令会使用一些变量，因此用户可以按照自己的想法来设定它：它使用变量 CC 作为编译器(如前面的例子)，并且传递变量 CFLAGS(给 C 编译器，C++编译器用 CXXFLAGS)、CPPFLAGS(C 预处理器旗标)和 TARGET_ARCH(现在不用考虑这个)，然后它加入旗标 '-c'，后面跟变量$< (第一个依靠名)，然后是旗标'-o' 跟变量$@ (目的文件名)。一个 C 编译的具体命令将会是$(CC) $(CFLAGS) $(CPPFLAGS) $(TARGET_ARCH) -c $< -o $@，当然也可以按照自己的需要来定义这些变量。这就是为什么用 GCC 的-M 或-MM 开关输出的码可以直接用在一个 MakeFile 里的原因。

6. 函数

MakeFile 里的函数使用的时候跟它的变量很相似，用一个$符号跟开括号，函数名，空格后跟一列由逗号分隔的参数，最后用闭括号结束。例如，在 GNU Make 里有一个叫 wildcard 的函数，它有一个参数，功能是展开成一列所有符合由其参数描述的文件名，文件间以空格间隔，命令如下。

```
SOURCES = $(wildcard *.c)
```

这行会产生一个所有以.c 结尾的文件列表，然后存入变量 SOURCES 里。当然不一定需要把结果存入一个变量。

另一个有用的函数是匹配替换(Patten Substitude，patsubst)函数。它需要 3 个参数：第一个是一个需要匹配的式样，第二个表示用什么来替换它，第三个是一个需要被处理的由空格分隔的字列。例如，处理那个经过上面定义后的变量，

```
OBJS = $(patsubst %.c,%.o,$(SOURCES))
```

这行将处理所有在 SOURCES 字列中的字(一列文件名)，如果它的结尾是.c，就用.o 把.c 取代。注意这里的%符号将匹配一个或多个字符，而它每次所匹配的字串叫做一个柄。在第二个参数里，%被解读成用第一个参数所匹配的那个柄。

GNU Make 是一件强大的工具，虽然它主要是用来建立程序，但是它还有很多别的用

处。如果想要知道更多有关这个工具的知识，它的句法、函数和许多别的特点，就应该参看它的参考文件(info pages, 别的 GNU 工具也一样，看它们的 info pages)。

20.5.3　GNU automake 工具

总的来说，写 MakeFile 文件还是比较复杂的，而且还容易出现各种错误，为了减轻程序开发人员维护 MakeFile 文件的负担，GNU 提供了一个自动生成 Makefile 文件的工具，即 GNU automake 工具。

使用 automake，开发人员只需要写一些简单的含有预定义宏的文件，由 autoconf 根据一个宏文件生成 configure，由 automake 根据另一个宏文件 MakeFile.am 生成 MakeFile.in，再使用 configure 依据 MakeFile.in 来生成一个符合惯例的 MakeFile。感兴趣的读者可以阅读 http://www.ibm.com/developerworks/cn/linux/l-makefile。

20.6　Linux C 程序的框架

在 Red Hat Linux 中集成了好几种编辑环境和编译器，它们为各种编程语言提供相应的开发环境，这些编程语言主要包括：Shell 命令脚本、C/C++、gawk 编程语言、Perl 编程语言、Python 语言、Java 语言等。Linux 程序需要首先转化为低级机器语言，即所谓的二进制代码以后，才能被操作系统执行。所以在编程时，应先用普通的编程语言生成一系列指令，这些指令可被翻译成适当的可执行应用程序的二进制代码。这个翻译过程可由解释器一步步来完成，或者也可以立即由编译器明确地完成。Shell 编程语言(如 BASH、TCSH、GAWK、Perl 等)都利用它们自己的解释器。用这些语言编制的程序尽管是应用程序文件，但可以直接运行。编译器则不同，它将生成一个独立的二进制代码文件，然后才可以运行它。

但 C/C++编程是 Linux 编程的基础。

20.6.1　关于程序的存放目录

本节首先介绍 Linux 的系统程序和应用程序的存放目录，以及各目录之间的区别。

- 所有用户皆可使用的系统程序存放在/bin 中。
- 超级用户才能使用的系统程序存放在/sbin 中。
- 所有用户皆可使用的应用程序存放在/usr/bin 中。
- 超级用户才能使用的应用程序存放在/usr/sbin 中。
- 所有用户皆可使用的与本地机器有关的程序存放在/usr/local/bin 中。
- 超级用户才能使用的与本地机器有关的程序存放在/usr/local/sbin 中。
- 与 X Window 有关的程序存放在/usr/X11R6/bin 中。

因此，在系统的 PATH 环境变量中，至少应该包含以上这些路径。了解这些信息的目的就是在开发成功某类软件之后，应该能够根据软件的用途，将其存放在相应的目录里。

20.6.2　头文件

在 C 语言和很多计算机语言中，需要利用头文件来定义结构、常量以及声明函数的原型。几乎所有 C 的头文件都放在/usr/include 及其子目录下；可以在这个目录很容易地见到 stdio.h、stdlib.h 等。用户应该建立这个目录，因为日后肯定需要查找一些诸如结构的细节、常量的定义等信息。

引用以上目录中的头文件在编译时无需加上路径信息，但是如果程序中引用了其他路径的头文件，在编译的时候要用-l 参数，例子如下。

```
$cc -l /usr/openwin/include ex1.c
```

20.6.3　函数库

函数库是以重复利用为目的，经过编译的函数集合。一般来说，总是围绕某一功能来开发函数库的，比如大家熟知的 stdio(STandarD Input Output)库就是输入、输出函数的集合，dbm 则是数据库函数的集合。

标准的系统函数库都放在/lib 和/usr/lib 两个目录下，C 编译器(确切地说是在连接的时候)需要这些函数库。

函数库的名字总是以 lib 开头，后面紧跟一个用于说明用途的字符串，如 m 表示数学函数库，然后是一个“.”，后面部分指明函数库的类型，函数库有以下两种类型。

- .a：静态链接函数库。
- .so 和.sa：共享函数库。

通常函数库以两种形式同时存在，可以执行下列命令。

```
$ls /usr/lib/libm.a -l
$ls /lib/libm* -l
```

如果在编译程序时需要指定所用的函数库，此时可以给出全路径或使用-l 参数，例如：

```
$cc -o ex1 ex1.c /usr/lib/libm.a
```

这样 C 编译器在连接时就能找到程序中所用的 libm.a 函数，如果用-l 参数那么更简单，例如：

```
$cc -o ex1 ex1.c -lm
```

另外和头文件类似，若使用了非标准路径下的函数库，则需要在编译时给出搜索路径，这时需要-L 参数，例如：

```
$cc -o x11ex11 -L/usr/openwin/lib x11ex1.c -lX11
```

这个命令表示编译过程中需要/usr/openwin/lib 目录下的函数库 libX11.Co。

20.6.4　静态函数库

这是最简单的函数库形式，通常如果某个程序需要引用这种函数库中的函数，需要先包含此函数原型声明的头文件，然后自编译；连接的时候编译器就会把函数库中的函数，连同程序一起生成一个二进制可执行文件，而这个可执行文件在没有此函数库的情况下可以照常运行。

静态函数库一般也叫做档案(archives)，所以静态函数库以.a 结尾，比如/usr/lib/libc.a是标准的 C 语言函数库，而/usr/X11/libX11.a 是 X 窗口函数库。

我们也可以创建自己的静态函数库，这实际上非常简单，只需要 cc -c 和 ar 程序。下面我们来举例说明。

首先开发一个含有两个函数的静态函数库，然后在自己的程序中使用其中的一个。这两个函数分别为 my1 和 my2，它们的功能只是输出一个字符串。然后建立两个文件，文件名分别为 my1.c 和 my2.c。

```
/*This is my1.c*/
#include <stdio.h>
void my1(char * argv)
{
   printf("my1:  %s\n", argv);
}
/*This is my2.c*/
#include <stdio.h>
void my2(char * argv)
{
   printf("my2:  %s\n", argv);
}
```

接下来分别编译这两个文件，记住要用-c 参数。

```
$cc -c my1.c my2.c
$ls *.o
my1.o my2.o
```

现在写一个头文件，它将包含函数原型说明。

```
/*This is mylib.h*/
void my1(char *);
void my2(char *);
```

最后创建主程序(main.c)，将包含上面写的头文件，并引用 my2.o 静态函数库中的 my1 函数。

```
/*This is main program*/
#include "mylib.h"
```

```
int main()
{
    my2("Hello World!");
    exit(0);
}
```

现在就可以编译程序了。

```
$cc -c main.c
$cc -o main mian.o my2.o
$./main
my2:Hello World
```

下面就可用 ar 程序创建自己的静态链接函数库。

```
$ar crv libmy.a my1.o my2.o
a - my1.o
a - my2.o
$ls libmy.a
libmy.a
```

还可以用这个 libmy.a 重新编译 main.c。

```
$rm -f main
$cc -o main main.c libmy.a
$ ./main
my2: Hello World
```

现在看看都有哪些函数在程序里面，可以使用 nm 命令：nm main 和 nm libmy.a，不难发现在 libmy.a 里面含有 my1 和 my2 两个函数，但是在 main 里面却只有 my2 函数，这表明尽管在头文件中含有两个原型说明，但在连接时只是将真正使用的函数包含进去了。

如果对 MS-DOS 下的 C 语言比较熟悉，表 20-3 可以帮助理解 Linux 下 C 程序的框架。

表 20-3 Linux 与 MS-DOS 下 C 程序的框架

名　称	Linux	DOS
目标文件	Function.o	Function.obj
静态链接库	Lib.a	Lib.lib
生成程序	Program	Program.exe

20.6.5 共享函数库

静态函数库有一个缺点：当同时运行很多使用同一函数库中函数的程序时，必须为每一个程序都复制一份同样的函数，这样占用了大量的内存和磁盘空间。

共享函数库克服了这一缺点，很多 UNIX 系统都对其提供支持，关于共享函数库的介绍以及在不同系统的实现方法不再详细介绍了。在 Linux 系统中共享函数库存放于/lib 中，在典型的 Linux 中应该可以找到/lib/libc.so.N，其中 N 指的是主板本号。

如果某个函数使用共享函数库(如 libc.so.N)，那么此程序被链接到/usr/lib/libc.sa，这是一个特殊类型的函数库，它并不包含实际的函数，只是指向 libc.so.N 中的相应函数，并且只有在运行状态条用此函数时才将其调入内存。

这有两个好处，首先解决了浪费内存与磁盘空间的问题，其次使得函数库可以单独升级而不需要编译、链接应用程序。

在 Linux 下可以用 ldd 命令查询某个程序使用了哪些动态库。

20.7　创建、编译和执行第一个程序

C 程序的开发是一个不断重复的过程，在以下 4 个步骤中将用到软件开发人员所熟悉的许多 UNIX 工具。

(1) 利用某个编辑器把程序的源代码编写到一个文本文件中。

(2) 编译程序。

(3) 运行程序。

(4) 调试程序。

不断重复执行前两个步骤，直到程序能够成功编译为止，然后对这一程序开始运行和排错。

当在本章中说明这些步骤时，用户可能会感到其中某些概念有些陌生，对于非程序员尤其如此。

20.7.1　创建一个简单的 C 程序

下面，将编写一个简单的程序，这个程序将输出一个包含前 10 个整数及其平方、立方和平方根的表格。

1. 编写代码

利用所选择的文本编辑器，输入下列代码，并把它们保存在名为 sample.c 的文件中。

```
#include <stdio.h>
#nclude <math.h>
main()
{
  int i;
  double a;
  for(i=1; i<11; i++)
    {
      a=i*1.0;
```

```
    printf("%2d, %3d, %4d, %7.5f\n", i, i*i, i*i*i, sqrt(a));
  }
}
```

前两行是头文件。文件 stdio.h 包含的是与输入输出相关的 C 函数库中函数的定义和结构。文件 math.h 包含数学库函数的定义，所使用的平方根函数就需要这个文件。

main 是必需的函数，它也是这一例子的唯一函数，它不接受任何变元。在 main 中，定义了两个变量，一个变量是整数 i，另一个变量是双精度浮点数 a。a 并不是必须的，这里只是为了方便。

该程序只是一个从 1 开始到 11 结束的简单 for 循环。在循环中，变量 i 的每次增加量为 1，当 i 等于 11 时，for 循环终止执行。在循环中，也可以把 i<11 写为 i<=10，因为这两个表达式在这里具有相同的含义。

在循环中，首先对 i 乘以 1.0，并把乘积赋给 a。直接赋值也是可行的，但这个乘法用来提示，应该把这一值转换为双精度浮点型。接下来，调用函数 printf。格式字符串包含用来定义 3 个整数宽度的数字 2、3 和 4。在输出第一个整数后，将输出一个句点。在输出第三个整数后，将输出一个浮点数，它共有 7 个字符的宽度，并且在小数点后有 5 个数位。格式字符串之后的变量用来表示所要输出的是整数、整数的平方、整数的立方，以及整数的平方根等。

2. 编译器

要利用 GNU C 编译器编译该程序，可输入如下命令。

```
$ GCC sample.c -lm
```

这一命令将产生一个名为 a.out 的输出文件，这是 C 编译器最简单的使用方式。GCC 是 UNIX 系统最有力最灵活的命令之一。

用户可以利用一些标志来改变编译器的输出，这些标志通常与系统或编译器有关，而有些标志对所有 C 编译器是通用的。在下面一些段落中，将对这些标志分别进行介绍。

- 标志-o 用来通知编译器把输出的内容写入该标志后所命名的文件中。

例如，GCC-o sample sample.c -lm 命令将把编译过的程序放入名为 sample 的文件中。

注意：

这里所讨论的输出指的是编译器的输出，而不是示范程序的输出。编译器的输出通常是程序，并且在这里介绍的每个例子中，它们都是可执行程序。

避免使用 test 作为例子的名称，除非用如下的命令来运行本程序。

```
#./test
```

这将会终止/usr/bin 目录中的 test 命令的运行。

- 标志-g 用来通知编译器在可执行文件中保存符号表(程序用来把变量名和内存位置联系在一起的数据)，这个标志对于调试程序是十分必要的。与这一标志相对应的是-o 标志，它用来通知编译器对代码进行优化，也就是说要使程序更高效。

- 标志-i 可用来改变头文件的搜索路径，标志-l 和-L 可用来添加库。在前面的例子中在命令行中加入数学库(libm)来对函数 aqrt()进行支持。

编译过程通常按如下几个步骤进行。

(1) 首先，由 C 预处理程序对文件进行分析。当分析文件时，它将按照顺序读取各行、包含头文件，并执行宏替换等。

(2) 编译器对代码的语法进行分析。这时，将建立一个符号表并生成一种中间格式的文件。大多数符号都具有特定的内存地址，尽管不具有其他的模块中所定义的符号(例如外部变量)。

(3) 最后一个编译步骤是连接，这一步将把不同的文件和库连接起来。

3. 执行程序

当执行以上程序时，它的输出结果如下。

```
$sample.c
1.      1     1      1.00000
2.      4     8      1.41421
3.      9    27      1.73205
4.     16    64      2.00000
5.     25   125      2.23607
6.     36   216      2.44949
7.     49   343      2.64575
8.     64   512      2.82843
9.     81   729      3.00000
10.   100   1000     3.16228
```

注意：

要执行某一程序，只需在 shell 提示符下正确地输入这一程序的名字就可以了，该程序的输出结果随之会立刻显示出来。但根据系统设置不同有时需要前面增加当前目录或全路径，如./test 或/usr/test。

20.7.2　建立大型的应用程序

只要一个函数不跨越多个文件，C 程序就可以被分隔为许多文件。要编译这样的程序，可以先把每个源文件编译成为中间的目标文件，然后再把所有的目标文件连接成为一个可执行文件。-c 标志用来通知编译器在把每个源文件编译为目标文件后终止。在连接时，所有目标文件都应该被列在命令行上。目标文件由后缀. o 标识。

接下来介绍用 ar 建库的方法。

当几个不同的程序利用相同的函数时，可以把这些函数归并在单独的一个库中。ar 就是用来创建库命令的。当在命令行中包含这个库时，这个库将被搜索，以便分析一些外部符号。创建及使用库的例子如下。

```
$GCC  -c  sine.c
$GCC  -c  cosine.c
$GCC  -c  tangent.c
$ar  c  libtrig.a  sine.o  cosine.o  tangent.o

$GCC  -c mainprog.c
$GCC  -o  mainprog  mainprog.o  libtrig.a
```

大型的应用程序可能需要数百个源代码文件，编译和连接这些应用程序是一个既复杂又容易出错的任务。make 实用程序是一个很有用的工具，它有助于开发者组织大量的源文件，为复杂的应用程序生成可执行文件。

20.8　本章小结

Linux 是开发者的天堂。开发者既可以控制特定的硬件环境，又可以创建自己的工具，使得自己的工作和生活更加轻松。通常来说，学习编程的最好方法就是读别人的代码，然后看他们是怎么做的。Linux 的开发源代码使得用户有机会看到别人的源代码，有更多学习的机会。

20.9　习　　题

1. 思考题

(1) 什么是 GNU 计划？

(2) 什么是 GCC？试述它的执行过程？

(3) 为什么要使用多文件项目？

2. 上机题

(1) 试编写简单的 C 程序，输出“hello”，在 Linux 下用 GCC 进行编译。

(2) 编写一个 make 脚本程序，然后使用 make 命令编译工程。

(3) 试将上述程序编译为共享库，然后部署到用户库目录中。

第21章　shell 编 程

shell 编程是 Linux 下一种非常常用的扩展用户交互能力的方式，通过简单的编程可以把常见的命令扩展成为灵活的新功能。

本章主要介绍有关 shell 编程的一些基本知识，主要包括如何创建 shell 脚本程序；shell 变量、参数以及 shell 的基本语法结构。

本章学习目标：

- 学会创建一个 shell 脚本程序
- 掌握 shell 程序的基本语法结构
- 学会应用 shell 的基本语句

21.1　shell 编程的意义

在命令行中每次只能输入一行命令。如果一个任务需要连续输入大量命令行才能完成，这时就需要一种批处理机制才能简化工作。刚开始理解 shell 编程，可以把它想象成 DOS 下的批处理程序。

shell 其实远比批处理要强大。shell 编程有很多 C 语言和其他编程语言的特征，然而又没有编程语言那么复杂。

下面所讲的编程都是在 bash shell 中编写的，不同的 shell 会稍有不同。

21.2　创建和执行 shell 程序

21.2.1　创建第一个 shell 程序

创建第一个 shell 程序后，读者就会觉得 shell 编程并不困难。

例如，希望在查看时间时，系统按照读者喜欢的方式输出，并且要富有人情味，就可以按以下步骤编程。

首先，建立一个内容如下的文件，名为 mydate，存放在目录的 bin 子目录下，如果没有这样一个子目录那么创建一个。

```
#program mydate
```

```
#usageto ::show the date in another way
echo "Mr.$USER, today is:"
echo date "+%B %d %A"
echo "Whish you a lucky day"
```

注意：

Shell 的注释是以#开头的。

21.2.2 执行第一个 shell 程序

这个文件在编辑完之后还不能执行，因为它现在仅是个文本文件，要设置为可执行文件，需进行如下操作。

```
chomd +x mydate
```

执行这个程序的过程如下。

```
[echo@echo bin]$./mydate
Mr.echo,today is:
July 11 Sunday
Wish you a lucky day
```

为了在任何目录里都能够执行这个程序，将 bin 目录添加到路径里去，操作如下。

```
[echo@echo bin]$ PATH=$PATH: $HOME/bin
```

在这里用$HOME 指代目录/home/echo，这样只要读者将 mydate 存放在自己目录下的 bin 目录中，就可以在任何目录中执行这个 shell 程序。

为了使自己的程序更加通用，应尽量使用如$HOME 这样的环境变量来替代具体的像/home/echo 这样的路径。

mydate 还有一种执行方法，就是把它作为一个参数传递给 shell 命令。

例如，使用 bash 作为 shell。

```
[echo@echo/]$ bash mydate
Mr.echo,today is:
July 11 Sunday
Wish you a lucky day
```

与上面的运行结果一模一样。

其实，如果在前面没有用 chomd+x mydate 将 mydate 设置为可执行，也没关系。在 Linux 中可以执行 shell 脚本，但是首先得告诉它是一个可以执行的脚本。

其操作如下。

```
[echo@echo/]$ .mydate
```

```
Mr.echo,today is:
July 11 Sunday
Wish you a lucky day
```

在 mydate 前面加上了一个点“.”，并且用空格与后面的 shell 脚本的文件名隔开。这样就告诉了 shell 这个文件是可执行的。使用该方法不需要设置文件的执行许可。不过，还是设置成可以执行比较方便。

21.3　shell 变量

Linux 系统有 3 种变量：环境变量、内部变量和用户变量。

环境变量如 PATH，是系统自动为用户提供的。用户可以对其中的一些变量进行修改。

内部变量仍然是系统提供的，用户可以利用它们，但是不能修改它们。

用户变量是为 shell 编程使用的。它由用户定义，可以被用户任意地修改。

用户变量不像 C(或是 C++)语言里的变量，它不需要声明。一个变量可以是数字型的，也可以是字符串型的。

21.3.1　给变量赋值

在 shell 中，当第一次使用某变量名时，实际上就定义了这个变量。变量名可以由字母、数字和下划线组成，但数字不能是变量名的第一个字母。变量名不能使用其他种类的符号，如惊叹号(!)、&或者空格。因为这些符号已经被 shell 预留使用了。

21.3.2　访问变量值

在变量前面加上一个$就是这个变量的值了。所以，如果想把一个变量的值赋给另外一个变量，操作如下。

```
变量 1=$变量 2
```

21.3.3　输出变量

在 shell 的提示符下就可以使用变量，如下所示。

```
[echo@ echo bin]$ me=echo
[echo@ echo bin]$ echo $me
echo
```

在当前的 shell 里都可以使用 me 这个变量，但是假如在由当前的 shell 生成的子 shell 中也试图使用 me，就不会出现想要的值，如下所示。

```
[echo@ echo bin]$ me=echo                    #定义了变量
[echo@ echo bin]$echo $me                    #在当前的 shell 里显示变量的值
```

```
echo                                   #变量值
[echo@ echo bin]$ bash                 #进入子 shell
[echo@echo bin]$echo $me               #显示变量
                                       #结果为空行
[echo@echo bin]$ exit                  #退出子 shell
exit
[echo@echo bin]$ export me             #输出变量
[echo@echo bin]$ bash                  #进入子 shell
[echo@echo bin]$ echo $me              #显示变量
echo                                   #正确显示变量
```

前面 6 行就是在当前 shell 中和在子 shell 中使用的情况，请注意第 6 行屏幕上有一个空行。因为此时，子 shell 并不认识父 shell 中赋值的变量。由于此变量在子 shell 中并未赋值，它就认为是 0。

如果要使当前 shell 中定义的变量在由此 shell 生成的子 shell 中都能使用，那么需用 export 命令，用法如下。

```
export 变量
```

上例的第 9 行至最后就是 export 的使用例子。

21.4 shell 参 数

编程自然要用到参数，shell 编程中的参数可以自己定义，也可以使用系统准备的各种参数。

21.4.1 Linux 的参数

像 ls 这样的命令可以接受目录作为它的参数，在 shell 编程时同样可以使用参数，系统为 shell 程序提供了以下两种参数。

1. 位置参数

在 Linux 中由系统提供的参数叫做位置参数，它记录了传递给 shell 程序的参数。位置参数的值可用$N 得到。N 是一个数字，如果 N 为 1，即$1。

与 C 语言相似，Linux 的系统把输入的命令字符串分解，并给每段标上号。标号从 0 开始。第 0 号是程序的名字，从 1 开始表示传递给程序的参数。$1 表示传递给程序的第一个参数，$0 则代表程序的名称。

2. 内部参数

$0 是一个内部变量，它与$1 不同，它是必需的，而后者可有可无，所以$0 是个内部变量，而$1 不是。另外内部变量还有以下 3 个。

- $#指传递给程序的总的参数数目。
- $?指上一个命令的代码或所执行的 shell 程序在 shell 中的退出情况，如果是正确退出，这个值就是 0；不正确退出，就是个非 0 值。
- $*执行 shell 程序时，传递给程序的所有参数组成的一个字符串。

下面的例子会使以上各个内部参数的意义更加清楚。

程序名为 Program，内容如下。

```
echo "The name of this program is $0"
echo "There are totally $# parameters passed to this program"
echo "The last is $?"
echo "The parameters are $"
```

执行如下。

```
[echo@echo bin]$program this is a test
The name of this program is /home/echo/bin/program
There are totally 4 parameters passed to this program
The last is 0
The parameters are this is a test
```

利用内部变量和位置参数就可以编出一些比较有用的程序了。

21.4.2　变量表达式

在编程当中，既然有变量，就有关于变量的表达式——比较(test)。在 C 语言里，对于数字可以用>、<、=等进行比较判断。对于字符串可以用字符串比较函数进行判断，那么 Linux 的 shell 中呢？

在 bash shell 里同样可以简单地实现比较。Linux 中也使用表达式，如 str1=str2，而有个命令 test 可以对表达式的两端进行比较，如果表达式成立，test 的返回值就是“是”；如果表达式不成立，返回值就是“否”。

通过 shell 提供的 if 等条件语句结合 test 语句可以方便地完成判断。

test 的用法如下。

```
test 表达式
```

同其他编程语言一样，test 的后面跟的表达式的操作符有字符串操作符、数字操作符和逻辑操作符。由于 shell 编程并非真正意义上如同 C 语言那样的编程，它没有像 C 语言那样大量可用的函数，在对文件进行判断时，它不能像常规的 C 语言里那样先定义一个文件变量，然后用有关文件的函数对这个文件进行操作。shell 里的变量都是字符串，为了能够对文件进行操作，shell 提供了一种独特的操作符——文件操作符。

所以 shell 编程中通过 test 可以用到的有关比较如下。

- 字符串比较
- 数字比较

- 逻辑比较
- 文件操作

1. 字符串比较

字符串的比较操作符如表21-1所示。

表21-1 字符串比较操作符

字 符 串	说 明
=	比较两个字符串是否相同，如果相同，值为“是”
!=	比较两个字符串是否相同，如果不同，值为“是”
-n	比较字符串的长度是否大于零，如果大于零，值为“是”
-z	比较字符串的长度是否等于零，如果等于零，值为“是”

为了说明这4个操作符的作用，编程如下。

```
#String Operations
name="echo"
if test $USER=$name
then
      echo "Hi, you are echo"
else
      echo "Hi,you are not echo"
fi
if test $USER !=$name
then
      echo "HeHe, you are someone else"
else
      echo "HeHe, you are not someone else! "
fi
if test -n $USER
then
      echo "You sure have a name"
else
      echo "You don't have a name!!! "
fi
if test -z $USER
then
      echo "Your name isn't empty"
else
      echo "Your name could be empty? "
fi
if test $USER
then
```

```
        echo "It can work with no Operation Symbol"
else
        echo "It can’t work without Operation Symbols"
fi
```

为程序命名 string，程序执行结果如下。

```
[echo@echo bin]$ .string
Hi, you are echo
HeHe, you are not someone else!
You sure have a name
Your name could be empty?
It can work with no Operation Symbol
```

2. 数字的比较

数字的比较操作符如表 21-2 所示。

表 21-2　数字比较操作符

比较字符串	说　明
-eq	(相等)equal
-ge	(大于等于)greater or equal
-le	(小于等于)less or equal
-ne	(不等于)not equal
-gt	(大于)greater than
-lt	(小于)less than

如果不说明，且表格右边的描述成立，表达式的返回值就是“是”，否则为“否”。举例说明如下。

```
#Number Operation
num1=3
num2=5
#输出变量的值：
echo " num1=$num1"
echo "num2=$num2"
#输出一个空行；
echo
#数字 1 是否大于等于数字 2
if test $num1 -ge $num2
then
        echo "number1 is greater than or equal to number2"
else
```

```
    echo "number1 isn't greater than or equal to number2"
fi
```

为程序命名为 number，执行如下：

```
[echo@echo bin]$ .number
num1=3
num2=5
number1 isn't greater than or equal to number2
```

3. 逻辑操作

逻辑操作是对逻辑值进行的操作，逻辑值只有两个："是"和"否"。逻辑操作有"反"、"与"和"或"。逻辑操作符如表 21-3 所示，它们的含义如下。

表 21-3　逻辑操作符

逻辑操作符	说　明
!	反
-a	与(and)
-o	或(or)

- 反：与一个逻辑值相反的逻辑值，如果反的对象是"是"，那么得到的值就是"否"。
- 与：两个逻辑值同为"是"，返回值才是"是"，有一个为"否"，返回值就是"否"。
- 或：两个逻辑值有一个为"是"，返回值就是"是"。

举例说明如下。

```
#Logi Operations
num1=3
num2=3
if test 'test $num1 -ge $num2' -a 'test $num1 -le $num2'
then
      echo "Two numbers equal each other"
else
      echo "Two numbers don't equal each other"
fi
```

运行结果如下。

```
[echo@echo bin]$Logi
Two numbers equal each other
```

请注意上面这个例子中 if test 'test $num1 -ge $num2' -a 'test $num1 -le $num2'，在 test $num1-ge $num2 的两端有两个单引号。单引号的作用是执行里面的内容，test $num1-ge $num2 的返回值只可能是两个结果：是和否(其实是 1 和 0，计算机里的逻辑值都是 0 和 1)。

shell 执行的时候先执行 test $num1 -ge $num2，返回值是 1；再执行 test $num1 -le $num2，返回值是 1；然后执行 test 1 -a 1，返回值是 1，所以执行 then 后的内容。

在使用逻辑操作符时一定要注意使用单引号，假设没有单引号就会出错。若将上例中的单引号去掉，则显示如下。

```
[echo@echo bin]$Logi
test: too many argments
Two numbers don't equal each other
```

4. 文件操作

文件操作符如表 21-4 所示。

表 21-4　文件操作符

文件操作符	说　明
-d	对象存在且为目录，则返回值为“是”
-f	对象存在且为文件，则返回值为“是”
-L	对象存在且为符号连接，则返回值为“是”
-r	对象存在且可读，则返回值为“是”
-s	对象存在且长度非零，则返回值为“是”
-w	对象存在且可写，则返回值为“是”
-x	对象存在且可执行，则返回值为“是”

另外，文件操作符还根据文件最后的修改时间提供两个文件之间新、旧的比较。操作符如下：

```
文件 1 -n 文件 2          如果文件 1 比文件 2 新，则返回“是”
文件 1 -o 文件 2          如果文件 1 比文件 2 旧，则返回“是”
```

test 关于文件的操作符很多，详情请查看 test 的帮助。

21.5　控制结构语句

控制结构(如循环结构等)可以使一些复杂的操作变得简单明了。本节主要介绍循环语句。shell 常见的循环语句有：for、while、until 和 repeat(csh shell)等。

1. for 循环

这里的 for 循环与一般的编程语言里的 for 有些不同，for 的语法如下。

```
for　变量　in　列表
```

```
do
        操作
done
```

列表是在 for 循环内部要操作的对象，它们可以是字符串。如果是文件，那么这些字符串就是文件名。

变量是在循环内部用来指代当前所指的列表中的那个对象的。

例如，若要删除垃圾箱中的所有.gz 文件，则源文件如下。

```
#to delete all file with extension of  "gz" in the dustbin
#2003/7/21
for i in $HOME/dustbin/*.gz
do
    rm -f $i
    echo "$i has been deleted"
done
```

当 shell 执行到$HOME/dustbin/*.gz 时就会将$HOME 展开，并且将/dustbin/*.gz 展开成列表。执行情况如下。

```
[echo@echo bin]$ .for_rmgz
/home/echo/dustbin/file1.gz has been deleted
/home/echo/dustbin/file2.gz has been deleted
/home/echo/dustbin/file3.gz has been deleted
```

2. while 循环

while 的用法如下。

```
while 表达式
do
    操作
done
```

只要表达式成立，do 和 done 之间的操作就会一直进行。

计算 1+2+3+4+…+10，并输出结果的程序如下。

```
#to test 'while'
#add from 1 to10
result=0
num=1
while test $num -le 10
do
    result='expr $result + $num'
    num='expr $num+1'
done
```

```
echo "result=$result"
```

执行结果如下。

```
[echo@echo bin]$add
result=55
```

注意：

在给 result 赋值时，expr$result+$num 两边加单引号。

3. expr 的用法

expr 的用法如下。

```
expr 表达式
```

expr 是非常有用的控制语句，它可将后面的表达式的结果输出到标准输出中。表达式共有两大类：针对数字和针对字符串。

针对数字的表达式如下。

- 数 1+数 2　　数 1 与数 2 的和。
- 数 1 - 数 2　　数 1 与数 2 的差。
- 数 1*数 2　　数 1 与数 2 的积。
- 数 1/数 2　　数 1 与数 2 的商。
- 数 1%数 2　　数 1 被数 2 除后的余数。

针对字符串的表达式如下。

- match　字符串 1　字符串 2：将两个字符串对于字母做“与”操作，返回值为与对应位置字母相同的数目。
- substr　字符串　位置　长度：从字符串中选定的位置截取指定长度的子字符串。
- index　字符串　字母：在字符串中搜索给定的字母，如果找到就返回字母所在的位置，否则返回 0。
- length　字符串　返回字符串的长度。

在 shell 编程里有了 expr 可谓如虎添翼，下面例子显示了 expr 的用法。

```
[echo@echo bin]$ expr 1+1
2
[echo@echo bin]$ expr 1/1
1
[echo@echo bin]$ expr 1%1
0
[echo@echo bin]$ expr match hello hey
2
[echo@echo bin]$ expr substr "You are my darling"1 3
```

```
you
[echo@echo bin]$ expr index you y
1
[echo@echo bin]$ expr length "hello echo"
10
```

4. until 的用法

until 的用法如下。

```
until  表达式
do
操作
done
```

until 的作用是重复 do 与 done 之间的操作直到表达式成立。它和 while 非常相似，while 是在条件成立时才执行，而 until 是在条件不成立时执行。

例如：

```
#to test 'until'
#add from 10 to1
total=0
num=10
until test num -eq 0
do
  total='expr $total + $num'
  num='expr $num -1'
done
echo "The result is $total"
```

执行结果如下。

```
[echo@echo bin]$ until_test
The result is 55
```

21.6 条 件 语 句

在某种条件下才进行某种操作，这就是条件语句的作用。

1. if 语句

if 的语法如下：

```
if 表达式 1 then
    操作
```

```
elif 表达式 2 then
    操作
…
else
    操作
fi
```

shell 首先判断 if 后面的表达式 1 是否成立，如果成立就执行后面 then 里的内容，然后跳出 if；如果不成立就接下来判断 elif 后的表达式 2 是否成立，成立就执行 then 后的内容，否则继续判断下面的 elif 中的表达式；如果上面的表达式都不成立，shell 就会执行 else 里的操作。

elif 理论上可以有无限多个。

Linux 里 if 的结束标志是将 if 反过来写成 fi；而 elif 其实是 else if 的缩写。

这种反写表示结束是 bash 和 pdksh shell 的特征，另外一种 shell——tcsh 的编程则更接近 C 语言。

下面这个程序显示了 if 语句的用法。

```
if test $USER=root
then
    echo "You are root? "
elif test $USER=echo
then
    echo "Ha, Ha, You are echo"
else
    echo "Who are you?$USER? "
fi
```

echo 执行结果如下。

```
[echo@echo bin]$iftest
Ha, Ha, You are echo
```

2. case 语句

case 语句同样也是各种高级编程语言里必不可少的。

case 的语法如下。

```
case 字符串 in
值 1 | 值 2)
    操作；；
值 3 | 值 4)
    操作；；
*)
   操作；；
```

```
esac
```

case 的作用是当字符串于某个值相同时就执行那个值后面的操作。

如果对于同一个操作有许多值，就可以用分隔符“|”将各个值分开，如上面的“值1 | 值2”所示。

下面就利用 case 实现上面 if 语句的程序。

```
case $USER in
root)
    echo "You are root? ";;
echo)
    echo "Ha, Ha, You are echo";;
*)
    echo "Who are you?$USER? ";;
esac
```

执行如下。

```
[echo@echo bin]$ casetest
Ha, Ha, You are echo
```

很显然 case 程序的长度比用 if 语句编写要简短一些。

注意：

在 case 的每一项操作的后面都有两个分号“;;”，这个就好像是 C 语言在每一个 case 后都有 break 跳出一样。分号是必需要加的，但是并不是每一项命令后面都写两个分号。

分号是用来分隔两个选项的，所以应该是在关于每一个选项的所有操作的最后一个命令后面加上分号如下。

```
*)
echo "I don't know who are you! "
echo "Are you $USER? ";;
```

这时，在第一个命令的后面不加分号，在第二个命令后才加分号。

如果一个选项有几个命令，除了可以像上面那样分行写之外，还可以将各个命令写在一行，并用一个分号作为分隔符，如下所示。

```
echo "I don't know who are you! "; echo"Are you $USER? ";;
```

如果没有分号分隔各项，shell 就会出错。若将上例程序的第五行 echo "Ha, Ha, You are echo";; 的两个分号去掉，则结果如下。

```
[echo@echo bin]$ casetest
bash: syntax error near unexpected token '*)'
bash: /home/echo/bin/casetest: line8: '*)'
```

21.7 其 他 命 令

还有一些命令在编程中也经常用到。

1. break 命令

在 C 语言中可以用 break 跳出循环。在 Linux 里跳出循环也可以用 break 命令。break 可跳出的循环有 for、until 和 repeat(csh)等。

2. continue 命令

continue 忽略本循环中的其他命令，继续下一个循环。

3. exit 命令

用 exit 可以退出子 shell，在 shell 执行脚本的时候，其实是生成一个子 shell，用这个子 shell 来执行脚本。在脚本里使用 exit 命令就能退出这个脚本。

21.8 常见错误解析

在学习 Linux 的时候，读者可能会遇到这样的情况：虽然手边放着一本书，但还是常常搞不懂为什么自己的程序就是通不过。那些书上也没有提醒什么地方该注意什么，读者常常因为解决不了问题，而很长时间觉得郁闷。所以本节将可能遇到的常见错误介绍一些，希望读者在平时遇到的问题在此能够得到解决。另外，在下面的分析中除了特别说明之外都是指在 bash shell 中使用的情况。

21.8.1 有关变量

1. name=echo Liu

错误原因：当字符串中含有空格等分隔符时，必须用引号。

正确格式：name="echo Liu"

2. book=Liu's

错误原因：当字符串中含有“'”等特殊字符时，必须用引号引导或是使用反斜杠。

正确格式：book=Liu\'s

3. num1=num2

错误原因：将一个变量给另一个变量赋值的时候必须用“$变量”将自己的值赋给另一个变量。

正确格式：num1=$num2

4. num1='expr $num2+1'

错误原因：变量与操作符“+”以及数字“1”必须隔开。
正确格式：num1='expr $num2' +1

21.8.2　有关表达式

1. test num1 -eq num2

错误原因：test 的对象必须是变量的值，而不是变量。
正确格式：test $num1 -eq $num2

2. test(test $num1 -ge $num2)-a (test $num1 -le $num2)

错误原因：在 bash 中不能用()来指定运行的优先级，为了正确运行上面括号中的内容应该用单引号。
正确格式：test 'test $num1 -ge $num2' -a 'test $num1 -le $num2'

21.8.3　重复与循环

1. 错误：

```
if test $num1 -gt $num2
        then
               echo "hi"
        elif
               echo "xi"
        fi
```

错误原因：在 elif 后面同样应该跟 then。
正确格式：elif then

2. 在 csh shell 中，if($USER=="echo")&&($num1<$num2)then

错误原因：在使用逻辑操作符时，在表达式的最外面应加上一个括号。
正确格式：if(($USER=="echo")&&($num1<$num2))then

3. 在 csh shell 中，if($num>0)

```
                then
```

错误原因：csh 中的 if…then 要写在一行上。
正确格式：if($num>0)then

4. 在 csh shell 中：if($num>0)

错误原因：if 与“(”之间必须用空格或 Tab 隔开。
正确格式：if ($num>0)then

5. for name in "echo qixi root"

结果并未有 3 个名字可供选择。
错误原因：引号之中的内容并不会被 shell 分解。
正确格式：for name in echo qixi root

6. 在 csh shell 中，foreach file in "ls"

错误原因：foreach 的语法中没有 in。
正确格式：foreach file 'ls'

21.8.4　其他

还有个很重要的问题。如果读者在 DOS 系统中写好 shell 脚本，然后复制到 Linux 下，并且用 chmod +x 将它的执行许可打开。但是，却怎么也执行不了，这是为什么呢？

读者可能反复检查过，没发现错误，真是百思不得其解。在用 vi 编辑时，在 vi 编辑器中发现，底部写着类似“DOS FILE”的文字。原来，被复制到 Linux 系统中的 DOS 格式的文件 Linux 会特别对待。而且，DOS 下的新起一行需要回车和换行符，在 Linux 下只需换行符，这些回车符虽然看不见，但是 shell 在试图执行时就会出错。

处理方法就是将这个 DOS 文件复制到 Linux 下的时候，对 mcopy 使用-t 参数，这样它就被转换成 Linux 文本文件了。

21.9　本 章 小 结

本章主要介绍了 shell 编程的一些基本知识，主要包括如何创建 shell 脚本程序；shell 变量、参数以及 shell 的一些基本的语法结构，用户可以自己总结 shell 和 C 语言两者语法结构的异同点。

21.10　习　　题

1. 填空题

(1) shell 程序是通过文本编辑程序放在一个文件中的一系列______和______。
(2) 这个文件在编辑完之后还不能执行，因为它现在仅是个文本文件，要设置为______。

2. 思考题

(1) shell 变量与 C 语言变量之间在用法上有什么区别？

(2) shell 程序提供了哪几类参数？

3. 上机题

(1) 编写一简单 shell 程序，并设置为可执行。

(2) 编写一简单 shell 程序，判断系统中是否有某文件。

参考文献

[1] 陈莉君等. Linux 操作系统原理与应用[M]. 北京：清华大学出版社，2006.

[2] 朱居正. Red Hat Enterprise Linux 3 系统管理[M]. 北京：清华大学出版社，2004.

[3] 陈明. Linux 基础与应用[M]. 北京：清华大学出版社，2005.

[4] 杨明军，王风琴. Linux 命令、编辑器与 Shell 编程[M]. 北京：清华大学出版社，2007.

[5] 余柏山. Linux 系统管理与网络管理[M]. 北京：清华大学出版社，2009.

[6] 胡剑锋，易著梁，姚华等. Linux 操作系统[M]. 北京：清华大学出版社，2008.

[7] 方建国，曹江华. Linux 核心应用命令速查[M]. 北京：电子工业出版社，2010.

[8] 彭英慧，刘建卿，梁仲杰. Linux 操作系统案例教程[M]. 北京：机械工业出版社，2010.

[9] 何世晓. Linux 系统管理师[M]. 北京：机械工业出版社，2009.